化学工程与工艺应用型本科建设系列教材

普通高等教育"十三五"规划教材

化工单元操作

HUAGONG DANYUAN CAOZUO

陈桂娥　俞　俊　顾静芳　石　勇　主编

化学工业出版社

·北京·

《化工单元操作》主要内容包括化工生产认知、流体输送过程及操作、非均相物系分离过程及操作、传热过程及操作、蒸发过程及操作、吸收过程及操作、精馏过程及操作、干燥过程及操作、化工生产综合实训。尤其注重强化学生实际应用能力的培养，按照项目化教学要求编写，每个项目含若干化工生产典型单元操作工作任务，主要由任务引入、相关知识、任务实施、讨论与拓展四大部分组成，融理论、仿真、实操为一体，使得理论与实践结合更为紧密。教材的编排便于理实一体化课程组织实施项目化教学。

《化工单元操作》可作为化工、石油化工、材料工程等专业本科和中职学生的教材，亦也可作为成人高校及相关企业职工的培训教材。

图书在版编目（CIP）数据

化工单元操作/陈桂娥等主编．—北京：化学工业出版社，2018.10（2022.1重印）
化学工程与工艺应用型本科建设系列教材　普通高等教育"十三五"规划教材
ISBN 978-7-122-32818-2

Ⅰ.①化…　Ⅱ.①陈…　Ⅲ.①化工单元操作-高等学校-教材　Ⅳ.①TQ02

中国版本图书馆 CIP 数据核字（2018）第183179号

责任编辑：刘俊之　　　　　　　　　文字编辑：孙凤英
责任校对：边　涛　　　　　　　　　装帧设计：韩　飞

出版发行：化学工业出版社（北京市东城区青年湖南街13号　邮政编码100011）
印　　装：涿州市般润文化传播有限公司
787mm×1092mm　1/16　印张 24¾　字数 641千字　2022年1月北京第1版第3次印刷

购书咨询：010-64518888　　　售后服务：010-64518899
网　　址：http://www.cip.com.cn
凡购买本书，如有缺损质量问题，本社销售中心负责调换。

定　价：59.00元　　　　　　　　　　　　　　　　　　　　　　　版权所有　违者必究

前　言

"化工原理"是化工类和材料、制药、轻工、生物、环境等许多工科专业学生必修的一门基础课程。我国不少高校已编写出版了各具特色的优秀的《化工原理》教材，但大多数教材篇幅都较大，其深广度和教学侧重点与应用型本科的要求不尽相同。

《化工单元操作》是遵照上海市教委关于上海市高校"应用型本科专业建设"的要求，为适应应用型本科层次的学生学习化工原理而编写的教材。依据本层次是培养在生产第一线工作的应用型人才的目标需要，并为适应教学课时（110～120），本书在立足清晰阐明基本概念和基础理论的基础上，力求内容简明扼要，学以致用，重点介绍化工生产中普遍应用的多种化工单元操作，从生产现场实况出发，以提出问题—分析问题—解决问题的认知顺序，结合实用实例和例题，由感性到理性组织教材，强调工程观念，注重实践问题分析，并强调化工安全及环保的理念，对某些尚欠成熟的理论，暂不详论或仅指出其由来及趋向，以确保教材之侧重点，亦激发学生继续探索求知的兴趣。

《化工单元操作》可作为高等院校化工及有关专业的教材，也可作为高职高专职业教育的化工原理课程的教学参考用书。

本书由陈桂娥、俞俊、石勇、顾静芳任主编。绪论、第3章、第8章、第9章、附录由陈桂娥编写，第1章、第2章由俞俊编写，第4章、第5章由石勇编写，第6章、第7章由顾静芳编写。在编写过程中，得到了苏友福老师的大力支持和帮助，毛海舫教授对本书的内容选取与编排处理提出了许多中肯的宝贵意见和建议，研究生孔亚芳对此书的编排提供很多帮助，在此一并表示感谢。由于编者学识水平所限，书中不妥之处在所难免，恳请读者批评指正。

编者

2018 年 5 月

目 录

绪论 ... 1

0.1 课程内容和任务 ... 1
0.2 单元操作的分类和特点 ... 1
    0.2.1 单元操作的分类 ... 1
    0.2.2 单元操作的特点 ... 2
0.3 课程中常用的研究方法 ... 2
0.4 课程中常用的基本概念 ... 3
0.5 单位与单位换算 ... 4
    0.5.1 SI 制（国际单位制） ... 4
    0.5.2 工程单位制和英单位制 ... 5
    0.5.3 物理量单位换算 ... 5
0.6 量纲和经验公式变换 ... 6
    0.6.1 量纲 ... 6
    0.6.2 经验公式变换 ... 6
思考题 ... 7
习题 ... 7

第1章 流体流动 ... 9

本章符号说明 ... 9
1.1 流体性质和管道设计 ... 10
    1.1.1 流体的物理性质 ... 10
    1.1.2 管径计算与选择 ... 12
    1.1.3 连续稳态流动流体的物料衡算 ... 13
    1.1.4 化工常用管子、管件和阀门 ... 14
1.2 流体流动系统中的机械能衡算 ... 16
    1.2.1 流体机械能衡算式 ... 16
    1.2.2 流体静力学 ... 17
    1.2.3 管内流体机械能损失的测定 ... 21
    1.2.4 满足输送要求的位差或压差确定 ... 21
    1.2.5 输送机械提供能量的计算 ... 22

1.2.6	流量测量	23
1.3	管内流体流动的机械能损失	26
1.3.1	流体流动类型和雷诺数	26
1.3.2	层流的摩擦阻力	28
1.3.3	量纲分析法分析机械能损失	29
1.3.4	局部摩擦阻力损失	32
1.3.5	管路系统中总机械能损失的计算	33
1.3.6	阻力对管内流体流动的影响	35
1.4	管路的安装与操作	37
1.5	管路计算及案例分析	37
1.5.1	简单管路计算	38
1.5.2	复杂管路计算	39
思考题		41
习题		43

第2章　流体输送机械　47

本章符号说明		47
2.1	离心泵	48
2.1.1	离心泵的工作原理	48
2.1.2	离心泵的性能参数	49
2.1.3	离心泵的工作点与流量调节	51
2.1.4	离心泵类型和选用	53
2.1.5	离心泵的吸上高度	54
2.2	化工中常用的其他类型泵	57
2.2.1	往复泵	57
2.2.2	旋转泵	58
2.2.3	旋涡泵	59
2.3	化工中常用的气体输送机械	60
2.3.1	离心式通风机	60
2.3.2	离心式鼓风机和离心式压缩机	63
2.3.3	旋转式鼓风机和旋转式压缩机	64
2.3.4	往复式压缩机	64
2.3.5	真空泵	66
2.4	离心泵的操作	67
2.4.1	离心泵的使用	67
2.4.2	日常维护	68
2.5	案例分析	68
思考题		69
习题		70

第3章 过滤与沉降　　72

本章符号说明 …………………………………………………………………………………… 72
3.1 化工中的过滤操作和常用设备 …………………………………………………………… 73
　　3.1.1 板框压滤机 ………………………………………………………………………… 73
　　3.1.2 叶滤机 ……………………………………………………………………………… 74
　　3.1.3 转筒真空过滤机 …………………………………………………………………… 75
　　3.1.4 离心过滤机 ………………………………………………………………………… 76
3.2 过滤过程的工艺计算 ……………………………………………………………………… 77
　　3.2.1 过滤的速度方程 …………………………………………………………………… 77
　　3.2.2 过滤过程的物料衡算 ……………………………………………………………… 78
　　3.2.3 恒压过滤时间与滤液的关系 ……………………………………………………… 79
　　3.2.4 过滤常数的测定 …………………………………………………………………… 79
　　3.2.5 洗涤过程的计算 …………………………………………………………………… 82
　　3.2.6 过滤机生产能力 …………………………………………………………………… 82
3.3 重力沉降 …………………………………………………………………………………… 85
　　3.3.1 重力沉降速度 ……………………………………………………………………… 85
　　3.3.2 影响沉降速度的其他因素 ………………………………………………………… 88
　　3.3.3 降尘室 ……………………………………………………………………………… 89
　　3.3.4 沉降槽 ……………………………………………………………………………… 90
　　3.3.5 分级器 ……………………………………………………………………………… 91
3.4 离心沉降 …………………………………………………………………………………… 92
　　3.4.1 惯性离心力作用下的沉降速度 …………………………………………………… 93
　　3.4.2 旋风分离器 ………………………………………………………………………… 94
3.5 板框压滤机的操作 ………………………………………………………………………… 97
　　3.5.1 开车前的准备 ……………………………………………………………………… 97
　　3.5.2 开停车步骤 ………………………………………………………………………… 98
　　3.5.3 事故分析 …………………………………………………………………………… 98
3.6 案例分析 …………………………………………………………………………………… 99
　　3.6.1 案例1 ……………………………………………………………………………… 99
　　3.6.2 案例2 ……………………………………………………………………………… 101
思考题 …………………………………………………………………………………………… 102
习题 ……………………………………………………………………………………………… 102

第4章 传热　　104

本章符号说明 …………………………………………………………………………………… 104
4.1 化工中的传热操作及常用换热设备 ……………………………………………………… 105
　　4.1.1 夹套换热器 ………………………………………………………………………… 105

  4.1.2 蛇管换热器 ………………………………………………………………… 106
  4.1.3 喷淋式换热器 ……………………………………………………………… 106
  4.1.4 套管换热器 ………………………………………………………………… 106
  4.1.5 列管式换热器 ……………………………………………………………… 107
  4.1.6 平板式换热器 ……………………………………………………………… 108
  4.1.7 螺旋板式换热器 …………………………………………………………… 109
  4.1.8 翅片管换热器 ……………………………………………………………… 109
  4.1.9 板翅式换热器 ……………………………………………………………… 109
4.2 载热体和间壁式换热器的热量衡算 ……………………………………………… 110
  4.2.1 化工中常用载热体 ………………………………………………………… 110
  4.2.2 换热器热负荷计算 ………………………………………………………… 112
  4.2.3 间壁换热器的传热速率 …………………………………………………… 113
4.3 热传导 ……………………………………………………………………………… 113
  4.3.1 导热基本方程式 …………………………………………………………… 113
  4.3.2 热导率 ……………………………………………………………………… 114
  4.3.3 平壁的定态导热 …………………………………………………………… 114
  4.3.4 圆筒壁的定态导热 ………………………………………………………… 115
4.4 对流传热 …………………………………………………………………………… 117
  4.4.1 对流传热方程式 …………………………………………………………… 118
  4.4.2 影响对流传热（给热）系数的主要因素 ………………………………… 118
  4.4.3 传热过程中常用到的准数 ………………………………………………… 119
  4.4.4 流体管内强制对流的传热系数关联式 …………………………………… 119
  4.4.5 流体管外强制对流时的传热系数关联式 ………………………………… 121
  4.4.6 蒸气冷凝时的对流传热系数 ……………………………………………… 123
  4.4.7 液体沸腾时的传热系数 …………………………………………………… 124
4.5 间壁式换热器的传热计算 ………………………………………………………… 125
  4.5.1 传热平均温度差 Δt_m 的计算 …………………………………………… 125
  4.5.2 总传热系数 ………………………………………………………………… 129
  4.5.3 传热面积的计算与操作核算 ……………………………………………… 132
  4.5.4 传热单元数法 ……………………………………………………………… 135
  4.5.5 非定态传热计算示例 ……………………………………………………… 138
  4.5.6 列管式换热器的选用 ……………………………………………………… 139
4.6 辐射传热 …………………………………………………………………………… 142
  4.6.1 物体对热辐射的性能表现 ………………………………………………… 142
  4.6.2 物体的辐射能力 …………………………………………………………… 143
  4.6.3 物体间的辐射传热 ………………………………………………………… 144
  4.6.4 辐射和对流的联合传热 …………………………………………………… 145
  4.6.5 保温层材料的选择 ………………………………………………………… 146
4.7 传热的操作 ………………………………………………………………………… 147
  4.7.1 传热操作的开工准备 ……………………………………………………… 147

    4.7.2 传热操作的开停车 ………………………………………………………… 147
    4.7.3 传热操作的故障及处理 …………………………………………………… 148
    4.7.4 传热操作的日常维护和检修 ……………………………………………… 149
    4.7.5 传热操作的安全技术 ……………………………………………………… 149
  4.8 案例分析 …………………………………………………………………………… 150
    4.8.1 案例1 ……………………………………………………………………… 150
    4.8.2 案例2 ……………………………………………………………………… 153
  思考题 …………………………………………………………………………………… 155
  习题 ……………………………………………………………………………………… 156

第5章 蒸发　　158

  本章符号说明 …………………………………………………………………………… 158
  5.1 化工中的蒸发操作及常用蒸发设备 ……………………………………………… 159
    5.1.1 循环式蒸发器 ……………………………………………………………… 160
    5.1.2 单程型蒸发器 ……………………………………………………………… 161
  5.2 蒸发过程溶液沸点的确定 ………………………………………………………… 163
    5.2.1 因溶质存在溶液蒸气压下降而引起的沸点升高 ………………………… 163
    5.2.2 因液柱压头引起的溶液沸点升高 ………………………………………… 165
    5.2.3 因流动阻力产生压降引起的沸点升高 …………………………………… 165
  5.3 单效蒸发的计算 …………………………………………………………………… 166
    5.3.1 物料衡算 …………………………………………………………………… 166
    5.3.2 热量衡算 …………………………………………………………………… 166
    5.3.3 蒸发器传热面积的计算 …………………………………………………… 167
    5.3.4 蒸发操作的调节 …………………………………………………………… 169
  5.4 多效蒸发及提高加热蒸汽利用率的其他措施 …………………………………… 170
    5.4.1 多效蒸发的流程 …………………………………………………………… 170
    5.4.2 多效蒸发与单效蒸发的比较 ……………………………………………… 171
    5.4.3 多效蒸发的效数限制 ……………………………………………………… 172
    5.4.4 引出额外蒸汽为他用热源 ………………………………………………… 172
    5.4.5 热泵蒸发 …………………………………………………………………… 173
    5.4.6 冷凝水自蒸发的应用 ……………………………………………………… 174
  5.5 蒸发的操作 ………………………………………………………………………… 174
    5.5.1 蒸发操作的开工准备 ……………………………………………………… 174
    5.5.2 蒸发操作的开停车 ………………………………………………………… 175
    5.5.3 蒸发操作的故障及处理 …………………………………………………… 175
    5.5.4 蒸发操作的安全技术 ……………………………………………………… 176
  5.6 案例分析 …………………………………………………………………………… 176
    5.6.1 案例1 ……………………………………………………………………… 177
    5.6.2 案例2 ……………………………………………………………………… 178

思考题 ··· 179
习题 ·· 180

第6章 吸收　181

本章符号说明 ··· 181
6.1 化工中的吸收操作 ·· 182
　6.1.1 吸收分离的依据 ·· 182
　6.1.2 吸收操作的分类 ·· 183
　6.1.3 吸收操作在化工中的应用 ··· 183
　6.1.4 吸收操作的流程 ·· 183
　6.1.5 吸收剂选择原则 ·· 185
　6.1.6 吸收操作需要解决的基本问题 ··· 185
6.2 气液相平衡 ··· 185
　6.2.1 气体在液体中的溶解度 ·· 185
　6.2.2 亨利定律 ·· 186
　6.2.3 气液相平衡在吸收中的应用 ··· 188
6.3 吸收过程速率 ·· 189
　6.3.1 吸收机理 ·· 189
　6.3.2 吸收速率方程 ·· 189
　6.3.3 总吸收系数与膜系数关系 ··· 191
6.4 吸收塔计算 ··· 192
　6.4.1 吸收塔物料衡算 ·· 192
　6.4.2 吸收剂用量的确定 ··· 193
　6.4.3 填料层高度的基本计算式 ··· 195
　6.4.4 传质单元高度概念 ··· 196
　6.4.5 传质单元数的解析计算 ·· 196
　6.4.6 传质单元数的其他求解法 ··· 199
　6.4.7 吸收的操作型计算示例 ·· 201
　6.4.8 解吸塔的计算 ·· 204
　6.4.9 理论塔板数的计算 ··· 206
6.5 填料塔 ·· 206
　6.5.1 填料塔的结构与操作 ·· 206
　6.5.2 填料特性 ·· 206
　6.5.3 常用填料 ·· 207
　6.5.4 气、液两相逆流通过填料层的流动状况 ·· 209
　6.5.5 填料塔直径的计算 ··· 210
　6.5.6 填料塔的主要附件 ··· 212
6.6 吸收塔的操作和调节 ·· 214
6.7 吸收塔的操作技术 ·· 215

6.7.1 装填料 · 215
6.7.2 设备的清洗机填料的处理 · 216
6.7.3 系统的开车 · 216
6.7.4 系统的停车 · 216
6.7.5 正常操作要点 · 217
6.7.6 吸收塔操作正常维护要点 · 217
6.7.7 吸收塔常见的异常现象及处理方法 · 217
6.8 案例分析 · 218
6.8.1 案例1 · 218
6.8.2 案例2 · 221
思考题 · 222
习题 · 223

第7章 蒸馏 225

本章符号说明 · 225
7.1 概述 · 226
　7.1.1 蒸馏分离的依据 · 226
　7.1.2 蒸馏过程的分类 · 227
　7.1.3 精馏操作的工程问题 · 228
7.2 双组分溶液的气液平衡 · 229
　7.2.1 理想物系的泡点方程和露点方程 · 229
　7.2.2 相平衡的温度组成图（t-x-y 图） · 230
　7.2.3 相平衡的气液组成关系图（y-x 图） · 231
　7.2.4 相对挥发度与相平衡组成关系表达式 · 232
7.3 精馏操作过程 · 234
　7.3.1 精馏原理 · 234
　7.3.2 理论板概念与恒摩尔流假设 · 235
　7.3.3 精馏段与提馏段两塔段的气液流量关系 · 236
7.4 双组分物系连续精馏的计算 · 237
　7.4.1 全塔物料衡算 · 237
　7.4.2 确定理论塔板数的途径 · 238
　7.4.3 精馏段任意两相邻板间气、液的组成关系 · 238
　7.4.4 提馏段任意相邻两板间气、液的组成关系 · 239
　7.4.5 理论塔板数的逐板计算法 · 240
　7.4.6 精馏段与提馏段两操作线交点的轨迹方程 · 242
　7.4.7 理论塔板数的图解法（McCabe-Thiele 法） · 242
　7.4.8 直接蒸汽加热的精馏塔理论塔板数计算 · 244
　7.4.9 塔板效率与实际塔板数 · 245
　7.4.10 填料层的理论板当量高度 · 246

  7.4.11 冷凝器和再沸器 ·· 247
 7.5 精馏操作条件参数选择 ·· 247
  7.5.1 精馏操作压强的确定 ··· 247
  7.5.2 进料热状态的影响 ··· 247
  7.5.3 操作回流比的选择 ··· 249
  7.5.4 理论塔板数的简捷计算 ·· 251
 7.6 精馏的操作型计算 ·· 252
 7.7 连续精馏的操作 ··· 261
 7.8 间歇精馏的操作 ··· 262
 7.9 板式塔 ··· 262
  7.9.1 塔板结构与气液接触状态 ·· 262
  7.9.2 应避免的操作现象与操作负荷性能图 ································ 263
  7.9.3 塔径的确定 ·· 264
  7.9.4 塔高的确定 ·· 265
  7.9.5 塔板类型简介 ··· 267
 7.10 精馏塔的开停车操作和调节技术 ··· 268
  7.10.1 精馏塔的开工准备 ·· 268
  7.10.2 精馏塔的开车操作 ·· 272
  7.10.3 精馏塔的停车操作 ·· 273
  7.10.4 精馏的操作与调节 ·· 273
  7.10.5 精馏的操作故障及处理 ·· 275
  7.10.6 精馏塔的日常维护和检修 ··· 276
  7.10.7 精馏塔的节能 ··· 277
  7.10.8 精馏操作的安全技术 ··· 278
 7.11 案例分析 ·· 280
  7.11.1 案例1 ··· 280
  7.11.2 案例2 ··· 282
 思考题 ·· 288
 习题 ··· 289

第8章 萃取 291

本章符号说明 ·· 291
 8.1 化工中的萃取操作 ·· 292
  8.1.1 萃取操作在化工中的应用 ··· 292
  8.1.2 萃取的操作流程 ·· 293
  8.1.3 萃取剂的选择原则 ·· 293
  8.1.4 萃取操作中的工程问题 ·· 294
 8.2 液-液相平衡 ··· 294
  8.2.1 三角形相图上的表示方法 ··· 294

- 8.2.2 杠杆原则 ··· 295
- 8.2.3 溶解度曲线与平衡连接线 ································· 296
- 8.2.4 辅助曲线和临界混溶点 ··································· 297
- 8.2.5 分配系数与分配曲线 ····································· 298
- 8.2.6 温度对相平衡关系的影响 ································· 300
- 8.2.7 选择性系数 ··· 300
- 8.3 萃取过程计算 ·· 301
  - 8.3.1 萃取剂与稀释剂为部分互溶体系 ··························· 302
  - 8.3.2 萃取剂与稀释剂为完全不溶体系 ··························· 307
- 8.4 液-液萃取设备 ··· 308
  - 8.4.1 逐级接触式萃取设备 ····································· 308
  - 8.4.2 微分接触式萃取设备 ····································· 309
  - 8.4.3 萃取设备的选择 ··· 311
- 8.5 萃取操作 ·· 312
  - 8.5.1 萃取装置的操作规程 ····································· 312
  - 8.5.2 操作过程的注意事项 ····································· 313
  - 8.5.3 不正常现象原因及处理方法 ······························· 313
  - 8.5.4 事故处理 ··· 313
- 8.6 案例分析 ·· 314
  - 8.6.1 案例1 ·· 314
  - 8.6.2 案例2 ·· 314
- 思考题 ·· 315
- 习题 ·· 316

第9章 干燥　317

- 本章符号说明 ·· 317
- 9.1 化工中的干燥操作及常压干燥设备 ······························ 317
  - 9.1.1 厢式干燥器 ··· 318
  - 9.1.2 气流干燥器 ··· 319
  - 9.1.3 沸腾床干燥器 ··· 319
  - 9.1.4 喷雾干燥器 ··· 320
  - 9.1.5 转筒干燥器 ··· 321
- 9.2 湿空气的性质和湿焓图 ·· 321
  - 9.2.1 湿空气性质 ··· 322
  - 9.2.2 湿空气的湿焓图（H-I 图） ····························· 325
  - 9.2.3 H-I 图的应用 ·· 325
- 9.3 固体干燥的平衡关系 ·· 327
  - 9.3.1 物料含水量的表示方法 ··································· 327
  - 9.3.2 平衡水分与干燥平衡曲线 ································· 328

  9.3.3 结合水分与非结合水分 ……………………………………………………… 328
  9.3.4 平衡曲线的应用 …………………………………………………………… 329
 9.4 干燥过程的物料衡算和热量衡算 ………………………………………………… 330
  9.4.1 干燥过程的物料衡算 ……………………………………………………… 330
  9.4.2 干燥过程的热量衡算 ……………………………………………………… 331
  9.4.3 干燥过程的热效率 η ……………………………………………………… 332
  9.4.4 干燥介质条件的影响与确定 ……………………………………………… 334
 9.5 干燥速度与干燥时间 ……………………………………………………………… 334
  9.5.1 干燥曲线 …………………………………………………………………… 335
  9.5.2 干燥速度曲线 ……………………………………………………………… 335
  9.5.3 干燥过程分析 ……………………………………………………………… 336
  9.5.4 恒速阶段干燥时间计算 …………………………………………………… 336
  9.5.5 降速阶段干燥时间计算 …………………………………………………… 336
 9.6 柱式干燥塔的操作 ………………………………………………………………… 337
  9.6.1 开机准备 …………………………………………………………………… 337
  9.6.2 停车过程 …………………………………………………………………… 338
  9.6.3 事故分析与处理 …………………………………………………………… 338
  9.6.4 安全操作注意事项 ………………………………………………………… 338
 9.7 案例分析 …………………………………………………………………………… 339
  9.7.1 案例1 ……………………………………………………………………… 339
  9.7.2 案例2 ……………………………………………………………………… 340
思考题 …………………………………………………………………………………… 343
习题 ……………………………………………………………………………………… 344

附 录　346

附录1 单位换算系数 ……………………………………………………………… 346
附录2 基本物理常数 ……………………………………………………………… 349
附录3 水的物理性质 ……………………………………………………………… 350
附录4 某些气体的重要物理性质 ………………………………………………… 350
附录5 某些液体的重要物理性质 ………………………………………………… 351
附录6 某些有机液体的相对密度（液体密度与4℃水的密度之比）………… 353
附录7 饱和水蒸气（以温度为准）……………………………………………… 354
附录8 饱和水蒸气（以压强为准）……………………………………………… 355
附录9 水在不同温度下的黏度 …………………………………………………… 356
附录10 液体黏度共线图 ………………………………………………………… 357
附录11 气体黏度共线图（常压下用）…………………………………………… 359
附录12 某些液体的热导率 ……………………………………………………… 360
附录13 某些固体物质的黑度 …………………………………………………… 360
附录14 固体材料的热导率 ……………………………………………………… 361

附录15 常用固体材料的密度和比热容 ……………………………………………… 362
附录16 气体热导率共线图（101.3kPa） ………………………………………… 363
附录17 液体的比热容共线图 ……………………………………………………… 365
附录18 气体的比热容共线图（101.325kPa） …………………………………… 367
附录19 液体比汽化热共线图 ……………………………………………………… 369
附录20 液体表面张力共线图 ……………………………………………………… 370
附录21 某些气体溶于水的亨利系数 ……………………………………………… 372
附录22 双组分溶液的汽液相平衡数据 …………………………………………… 372
附录23 管子规格 …………………………………………………………………… 373
附录24 IS型离心泵规格 …………………………………………………………… 375
附录25 热交换器系列标准（摘自 JB/T 4714—1992、JB/T 4715—1992） …… 379
附录26 部分三元组分体系的平衡数据 …………………………………………… 380

参考文献 382

绪 论

0.1 课程内容和任务

化工原理课程是化工、制药、生物、环境等专业的一门主干课。它是综合运用数学、物理、化学、计算技术等基础知识,分析和解决化工类生产过程中各种物理操作问题的技术基础课。在化工类专业创新人才培养中,它承担着工程科学与工程技术的双重教育任务。

化工产品的种类繁多,每种产品都有其特定的生产过程。但在所有化工生产过程中,除了产品特有的化学反应过程外,还包含着一系列的物理加工过程。这些物理加工过程,或是用于原料预处理以建立化学反应的适宜条件;或是用于反应产物的分离提纯以获得合格产品。根据操作原理,将从化工生产过程中归纳出来的一些通用性的物理加工过程,称为化工单元操作,如流体输送、沉降、过滤、热交换、蒸发、气体吸收、液体蒸馏、固体干燥等过程,都是化工生产中常见的化工单元操作。化工单元操作好比是英文字母,26个字母可以组成无数的单词。为数不多的化工单元操作和一些化学反应过程相结合,则构成了品种繁多的化工生产过程。

随着科技发展,不断有新的化工单元操作出现,此外,化工单元操作还广泛应用于轻工、纺织、食品加工、冶金等行业中。

化工原理就是一门以阐述化工单元操作为内容的技术基础课程。本课程主要任务是介绍主要单元操作的基本原理、典型设备的结构和操作特性、过程计算、设备的选用和工艺尺寸的确定。培养学生分析和解决工程实际问题的能力,一旦参与生产实践,能及早掌握维护操作正常运行和合理调节的技能,有从事一般工艺设计和设备选用的基本能力。培养学生工程观念,使其具有从技术可行性与经济合理性综合分析问题的初步能力。

化工原理课程是整个化学工程学科系统中的一个基础组成部分,所以,也称化工原理为"基础化学工程"。为与其内容更直接联系,有时就命名为"化工单元操作"或"化工过程及设备"。

0.2 单元操作的分类和特点

0.2.1 单元操作的分类

各种单元操作依据不同的物理化学原理,采用相应的设备,达到各自的工艺目的。对于单元操作，可从不同角度加以分类。根据各单元操作所遵循的基本规律，将其划分为以下几类。

① 遵循流体动力学基本规律的单元操作，包括流体输送、沉降、过滤、物料混合（搅拌）等。

② 遵循热量传递基本规律的单元操作，包括加热、冷却、冷凝、蒸发等。

③ 遵循质量传递基本规律的单元操作，包括蒸馏、吸收、萃取、吸附、膜分离等。从工程目的来看，这些操作都可将混合物进行分离，故又称为分离操作。

④ 同时遵循热质传递规律的单元操作，包括气体的增湿与减湿、结晶、干燥等。

另外，还有热力过程（制冷）、粉体工程（粉碎、颗粒分级、流态化）等单元操作。

0.2.2 单元操作的特点

单元操作内容包括"过程"和"设备"两个方面。故单元操作又称化工过程和设备。一方面，同一单元操作在不同的化工生产中虽然遵循相同的过程规律，但在操作条件及设备类型（或结构）方面会有很大差别。另一方面，对于同样的工程目的，可采用不同的单元操作来实现。例如一种液态均相混合物，即可用蒸馏方法分离，也可用萃取方法，还可用结晶或膜分离方法，究竟哪种单元操作最适宜，需要根据工艺特点、物系特性，通过综合技术经济分析做出选择。

随着新产品、新工艺的开发或为实现以低碳、可持续发展为目标的绿色化工生产，对物理过程提出了一些特殊要求，又不断地发展出新的单元操作或化工技术，如膜分离、参数泵分离、电磁分离、超临界技术等。同时，以节约能耗、提高效率、洁净无污染生产为特点的集成化工艺（如反应精馏、反应膜分离、萃取精馏、多塔精馏系统的优化热集成等）将是未来的发展趋势。

随着对单元操作研究的不断深入，人们逐渐发现若干个单元操作之间存在着共性。从本质上讲，所有的单元操作都可分解为动量传递、热量传递、质量传递这三种传递过程或它们的结合。前述的四大类单元操作可分别用动量、热量、质量传递的理论进行研究。三种传递现象中存在着类似的规律和内在联系，可用相类似的数学模型进行描述，并可归结为速率问题进行综合研究。"三传理论"的建立，是单元操作在理论上的进一步发展和深化，构建了联系各种单元操作的一条主线。

0.3 课程中常用的研究方法

本课程是一门实践性很强的工程学科，在长期的发展过程中，形成了以下两种基本研究方法。

（1）实验研究方法（经验法）

实验研究方法一般以量纲分析和相似论为指导，依靠实验来确定过程变量之间的关系，通常用量纲为1的数群（或标准数）构成的关系来表达。实验研究方法避免了数学方程的建立，是一种工程上通用的基本方法。

（2）数学模型方法（半经验半理论法）

数学模型方法是在对实际过程的机理深入分析的基础上，在抓住过程本质的前提下，作出某些合理简化，建立物理模型，进行数学描述，得出数学模型，通过实验确定模型参数。这是一种半经验半理论的方法。

值得指出的是，尽管计算机模拟技术在化工领域中的应用发展很快，但实验研究方法仍不失其重要性，因为即使是采用数学模型法，但模型参数还需通过实验来确定。

研究工程问题的方法论是联系各单元操作的另一条主线。

0.4 课程中常用的基本概念

讨论化工单元操作时，通常用物料衡算、能量衡算、过程平衡、过程速率和经济核算等5个基本概念，作为基本手段贯穿于全课程。现仅就其含义和作用作简要说明，便于了解研究化工单元操作的思路进程。

(1) 物料衡算

物料衡算是质量守恒定律在化工中的具体应用。物料衡算式反映一个过程中各物料之间量的关系，工艺设计时，运用物料衡算由过程已知量求出未知量，为过程流程和设备设计提供了必不可少的基础数据。对已有过程，物料衡算可揭示生产用料、设备操作的实际情况和完善程度，物料衡算成为寻找问题和提出对策的基本方法。

【例 0-1】 将 5%（质量分数）乙醇水溶液以 10t/h 进入精馏塔。从塔顶蒸出的产品含 95%乙醇，从塔底放出的废水中含 0.1%乙醇。求塔顶乙醇的产量。若全废水放掉，每年（按 7200h 计）损失乙醇多少吨？

解 ①以乙醇塔为衡算范围；②以乙醇水溶液中的乙醇组分为衡算对象；③因是连续操作，以每小时为计算基准；④列出衡算式求解。

设产品产量为 x，废水量为 y。

按题意，精馏塔为连续稳定操作

$$输入=输出$$

全塔总物料衡算　　　　　　　　$10000=x+y$

乙醇组分衡算　　　　　　$0.05\times10000=0.95x+0.001y$

联立以上两式得：

产品量　　　　　　　　　　　$x=516\text{kg/h}$

废水量　　　　　　　　　　　$y=9484\text{kg/h}$

废水中乙醇含量为：　　　$9484\times0.001=9.484$（kg/h）

每年损失的乙醇为：$9.484\times7200=6.82848\times10^4$（kg）＝68（t）

(2) 能量衡算

能量衡算是能量守恒和转化定律在化工中的具体应用。能量有多种形式，化工中依据不同场合的工程实际需要作不同形式的能量衡算，最常用的是机械能衡算和热量衡算。由于物料作为能量的载体，所以能量衡算是在物料衡量的基础上进行的。在过程和设备设计或选用时，能量衡算可以确定过程的能量需要，又为设备设计或选用提供依据。在生产操作中，能量衡算可以检验能耗程度，并帮助选择操作条件和制订合理利用能量的方案。

【例 0-2】 设在一列管换热器中，用压强为 136kPa 的饱和蒸汽加热 298K 的冷空气，蒸汽的流量为 0.01kg/s，空气的流量为 1kg/s，冷凝液在饱和温度 381K 下排出。若在该温度范围内，空气的平均比热容为 1.005kJ/(kg·℃)。试计算空气的出口温度（忽略热损失）。

解 热量衡算基准如下。

数量基准：以单位时间内物流量为基准。

加热蒸汽：0.01kg/s；冷空气：1kg/s。

温度基准：以进口冷空气的温度为基准 298K。

取 $H_{冷空气}=0$。

由热量衡算式得：
$$W_{蒸汽}(H_{蒸汽}-H_{冷凝水})=W_{冷空气}(H_{热空气}-H_{冷空气})$$

查饱和水蒸气表，得到136kPa、381K条件下的物性数据：
$$H_{蒸汽}=2690\text{kJ/kg},\ H_{冷凝水}=452.9\text{kJ/kg}$$
$$H_{冷空气}=0,\ H_{热空气}=C_p\Delta t=C_p(T-298)$$

将数据代入热量衡算式得：
$$0.01\times(2690-452.9)=1\times[1.005\times(T-298)]$$

则出口温度 $T=320.3\text{K}$。

(3) 过程平衡

过程平衡就是过程进行所能达到的极限。必须了解过程的平衡关系，才能判断过程进行的方向和确定过程限度。有的过程平衡关系很容易确定，例如热交换过程的平衡关系就是两物体的温度相等。但许多单元操作的平衡关系难以立即确定，例如：空气中的氨溶解到水中能达到什么浓度，固体能否干燥到所需程度，等等，都是化工热力学研究的问题。相平衡关系常是一些单元操作章节中首先讨论的内容。

(4) 过程速率

过程速率是指过程进行的快慢。过程所处状态与平衡状态之间的距离愈大，过程进行就愈快。所以，化工中常以这种差距作为过程的推动力，而将过程中其他各种因素对速率影响的总体现，作为过程的阻力，则将过程速率表示为：

$$过程速率=\frac{过程推动力}{过程阻力}$$

根据过程机理建立各自化工单元操作的具体过程速率方程式。设计时，运用速率方程确定满足生产能力所需的设备尺寸。速率方程还可用来分析设备的生产能力。

(5) 经济核算

对一个化工生产任务可以有多个设计方案，每确定一台设备，都因操作参数选取不同而影响到设备费用和操作费用。因此，要用经济核算确定最经济的设计方案。

0.5 单位与单位换算

本书采用以国际单位制（SI）为基础的法定单位制，但由于有些仪器、设备的延续使用，或从旧书刊手册中有可能接触到其他单位制，所以有必要对一些单位制作简略说明，以利于掌握单位换算方法。

0.5.1 SI制（国际单位制）

SI制中选择7个物理量为基本量，并相应地确定了7个基本单位，列于表0-1。还有两个辅助单位：平面角的单位弧度（rad）和立体角的单位球面度（sr）。

表0-1 SI制的基本单位

量的名称	长度	质量	时间	热力学温度	物质的量	电流	发光强度
单位名称	米	千克(公斤)	秒	开尔文	摩尔	安培	坎德拉
单位符号	m	kg	s	K	mol	A	cd

SI制对一些导出单位给予专有名称，表0-2列出一些化工中常用的导出单位名称。

表0-2 一些具有专门名称的导出单位

量的名称	频率	力、重量	压强、应力	能、功、热	功率	温度
导出单位	s^{-1}	$kg·m/s^2$	N/m^2	$N·m$	J/s	①
单位名称	赫兹	牛顿	帕斯卡	焦耳	瓦特	摄氏度
单位符号	Hz	N	Pa	J	W	℃

① 温度：$t(℃)=T(K)-273$。

SI制中还引用一些词头来表示原单位的倍数，化工中较常用的有用M（兆）、k（千）、c（厘）、m（毫）、μ（微）分别表示 10^6、10^3、10^{-2}、10^{-3}、10^{-6} 等，如 $100×10^3 Pa=100kPa=0.1MPa$。

0.5.2 工程单位制和英单位制

重力工程单位制不以质量为基本量，而是选用重力为基本量，将SI制的1kg质量在 $9.80665m/s^2$ 标准重力加速度作用下所受到的重力，定为1kgf（公斤力）。重力工程制与SI制的相应关系为：

$$1kgf=1kg×9.80665m/s^2=9.81N$$

英单位制，简称英制，就是单位制中物理量所采用的是英国人习惯使用的单位。英制中长度单位为英尺，质量单位为磅等。英制中也有英工程制，用磅力作为重力单位。英制与SI制和一般工程制的基本相应关系为：

$$1ft（英尺）=12in（英寸）=0.3048m$$
$$2.205lb（磅）≈1kg$$
$$2.205lbf（磅力）≈1kgf$$

工程制和英制中都有热量专用单位，它们与焦耳的相应关系为：

$$1kcal（千卡）=1000cal（卡）=3.968Btu（英热单位）=4187J$$

英制温度用℉（华氏度），$t/℃=(t/℉-32)×\dfrac{5}{9}$。

0.5.3 物理量单位换算

工程制和英制是化工中仍较可能遇到的，一般来说，熟悉上述一些基本的相应关系，便能够对化工中通常所涉及的各物理量进行单位换算，将其换算为SI制单位。

将一物理量在新单位制中的表达值与在原单位制中的表达值相比，其比值称为该物理量从原单位换算为新单位的换算因数。

当得知换算因数之后，根据换算因数的定义，则可反过来，按照"原单位物理量×换算因数=新单位物理量"的规则进行物理量的单位换算。

化工中就是利用几个基本单位的相应关系求取换算因数，进而用于复杂的导出单位的换算。

【例0-3】 求英制压强单位 $1lbf/in^2$（磅力/英寸²）为多少 Pa？

解　　　　　　　　　　$1Pa=1N/m^2$

依据 $1kgf=2.205lbf=9.81N$，将 lbf 换算为 N 的换算因数应为：$\dfrac{9.81N}{2.205lbf}$

依据 $1ft=12in=0.3048m$，将 in 换算为 m 的换算因数应为：$\dfrac{0.3048m}{12in}$

所以 $$1\text{lbf/in}^2 = 1\frac{\text{lbf} \times \left(\frac{9.81\text{N}}{2.205\text{lbf}}\right)}{\left[\text{in} \times \left(\frac{0.3048\text{m}}{12\text{in}}\right)\right]^2} = 6896\text{N/m}^2 = 6896\text{Pa}$$

0.6 量纲和经验公式变换

0.6.1 量纲

若用 M、L、T 和 θ 等符号依次代表质量、长度、时间和温度等基本量,则将符号连同它的指数称为所表示物理量的量纲。有了基本量的量纲,依据物理概念或物理定律,便可得其他各物理量的量纲,如加速度量纲为 $[LT^{-2}]$,重力量纲为 $[MLT^{-2}]$,能量量纲为 $[ML^2T^{-2}]$,等等。由推导得出的复杂量纲,也称为复合因式、量纲式。

量纲式反映物理量与基本量的关系,选用同样基本量的单位制中,物理量不因具体单位而变化。量纲分析可帮助简化实验(将在以后课程中讨论),还可利用量纲判断方程性质。

0.6.2 经验公式变换

化工学科中的公式大都是量纲恒等的方程式,即方程式等号两边的量纲是相同的。由物理推导而得的方程式和借助量纲分析法建立的关联式(课程中将应用到)都属于此类。只要方程中物理量采用同一单位制中的单位,这类公式不因单位制不同而变化。

化工中还会用到另一类由经验或实验数据归纳整理所得的经验公式。物理量是以"物理量=数值×单位"来表达的,而经验公式只是表示在各自指定单位下各物理量数值部分的关系。公式等号两边的量纲不同,公式形式随所指定单位变换而变换,引用时务必注意。现以下面示例说明。

【例 0-4】 现有一公式

$$h = 0.48\left(\frac{V}{l}\right)^{2/3}$$

式中 h——堰上液面高度,in;

V——通过堰的流量,gal/min(加仑/分钟);

l——堰的长度,in。

[$1\text{m}^3 = 264.2\text{gal}$(美国加仑)。]

试问,(1) 如果堰上液面高度单位用 m,堰的长度单位用 m,流量单位用 m^3/s,公式是否要变化?(2) 若要变化,请写出变换后的公式。

解 (1) 判断公式性质:

以 L 和 T 分别表示长度和时间的量纲,即公式等号左边的量纲为 L,等号右边的量纲为 $[L^2T^{-1}]^{2/3}$。两边量纲不同,此公式为经验公式,所以,改换单位后公式要变换。

(2) 变换公式形式:

用 h' 表示单位为 m 的液面高度的数值,V' 表示单位为 m^3/s 的流量的数值,l' 表示单位为 m 的堰长的数值,则根据同一物理量两个表达法的关系:

a. 液面高度 $= h \times \text{in} = h' \times \text{m}$

因 $12\text{in} = 0.3048\text{m}$,即单位换算:

$$h \times \text{in} = h' \times \text{m} \times \left(\frac{12\text{in}}{0.3048\text{m}}\right) = h' \times 39.37\text{in}$$

即：
$$h = 39.37h' \tag{a}$$

b. 流量 $= V \times \text{gal/min} = V' \times \text{m}^3/\text{s}$。

因 $1\text{m}^3 = 264.2\text{gal}$，$1\text{min} = 60\text{s}$。

$$V \times \text{gal/min} = V' \times \frac{\text{m}^3 \times \left(\frac{264.2\text{gal}}{1\text{m}^3}\right)}{\text{s} \times \left(\frac{1\text{min}}{60\text{s}}\right)} = V' \times 15852\text{gal/min}$$

即：
$$V = 15852V' \tag{b}$$

c. 堰的长度 $= l \times \text{in} = l' \times \text{m}$

因 $12\text{in} = 0.3048\text{m}$，$l \times \text{in} = l' \times \text{m} \times \left(\frac{12\text{in}}{0.3048\text{m}}\right) = l' \times 39.37\text{in}$。

即：
$$l = 39.37l' \tag{c}$$

将式（a）～式（c）代入原经验公式，得：

$$39.37h' = 0.48 \left(\frac{15852V'}{39.37l'}\right)^{2/3}$$

得出变换指定单位之后的新的经验公式：

$$h' = 0.665 \left(\frac{V'}{l'}\right)^{2/3}$$

思考题

0-1 何谓单元操作？如何分类？

0-2 联系单元操作的两条主线是什么？

0-3 比较数学模型方法和实验研究方法的区别与联系。

0-4 何谓单位换算因子？

习题

0-1 试从基本单位间的相应关系开始，作下列物理量单位换算：

比热容　　$1\text{Btu}/(\text{lb} \cdot °\text{F}) = \underline{\qquad}\text{kcal}/(\text{kg} \cdot °\text{C})$

　　　　　$1\text{kcal}/(\text{kg} \cdot °\text{C}) = \underline{\qquad}\text{J}/(\text{kg} \cdot \text{K})$

压强　　　$1\text{kgf}/\text{cm}^2 = \underline{\qquad}\text{Pa}$

能量　　　$1\text{kW} \cdot \text{h} = \underline{\qquad}\text{J}$

热导率　　$1\text{kcal}/(\text{m} \cdot \text{h} \cdot °\text{C}) = \underline{\qquad}\text{W}/(\text{m} \cdot °\text{C})$

　　　　　$1\text{Btu}/(\text{m} \cdot \text{h} \cdot °\text{F}) = \underline{\qquad}\text{W}/(\text{m} \cdot °\text{C})$

0-2 甲烷饱和蒸气压与温度关系符合下面经验公式：

$$\lg p = 6.421 - \frac{252}{t + 261}$$

式中　p——饱和蒸气压，mmHg（$760\text{mmHg} = 101.33\text{kPa}$）；

　　　t——温度，$°\text{C}$。

今需将蒸气压单位改用 Pa，温度单位改用 K，试对该式加以变换。

0-3 筛孔塔板上清液高度可用下式计算：

$$h_c = 0.24 + 0.725h_w - 0.29u\sqrt{\rho} + 0.01\frac{q}{l}$$

式中　h_c——清液高度，in；
　　　h_w——堰高，in；
　　　u——气流速度，ft/s；
　　　ρ——气体密度，lb/ft^3；
　　　q——液体流量，gal/min（此处为美加仑，264.2gal=1m^3）；
　　　l——堰长，in。

试将该式变换为采用 SI 制单位表示的形式。

0-4　将 A、B、C、D 四种组分含量各为 0.25（摩尔分数，下同）的某混合溶液，以 1000kmol/h 的流量送入精馏塔内分离，得到塔顶与塔釜两股产品，进料中全部 A 组分、96％B 组分及 4％C 组分存于塔顶产品中，全部 D 组分存于塔釜产品中。试计算塔顶和塔釜产品的流量及其组成。

0-5　将密度为 810kg/m^3 的油与密度为 1000kg/m^3 的水充分混合成为均匀的乳浊液，测得乳浊液的密度为 950kg/m^3。试求乳浊液中油的质量分数。水和油混合后体积无变化。

0-6　每小时将 200kg 过热氨气（压强为 1200kPa）从 95℃ 冷却、冷凝为饱和液氨。已知冷凝温度为 30℃。采用冷冻盐水为冷凝、冷却剂，盐水于 2℃ 下进入冷凝、冷却器，离开时为 10℃。求每小时的盐水用量。热损失可以忽略不计。

数据：

95℃ 过热氨气的焓，1647kJ/kg。

30℃ 饱和液氨的焓，323kJ/kg。

2℃ 盐水的焓，6.8kJ/kg。

10℃ 盐水的焓，34kJ/kg。

第1章 流体流动

本章符号说明

英文字母

A——面积，m^2
d——管径，m
d_e——当量直径，m
d_0——孔径，m
g——重力加速度，m/s^2
H——外加压头，m
H_f——压头损失（单位重量流体的机械能损失），m
h_f——能量损失（单位质量流体的机械能损失），J/kg
l——管长，m
l_e——局部阻力的当量长度，m
M——摩尔质量，kg/kmol
m——质量，kg
p——流体压力（压强），Pa
w_s——质量流量，kg/s
V_s——体积流量，m^3/s
R——压差计读数，m 液柱
R——摩尔气体常数，kJ/(kmol·K)
Re——雷诺数

r——半径，m
T——热力学温度，K
t——温度，℃
u——流速，m/s
v——比体积，m^3/kg
W——外加能量，J/kg
G——质量流速，$kg/(m^2·s)$
z——高度，m

希文

α——流量系数
ε——绝对粗糙度
ζ——局部阻力系数
λ——摩擦系数
μ——黏度，Pa·s
v——运动黏度，m^2/s
Π——湿润周边长度，m
ρ——密度，kg/m^3

上标

⊖——标准状态

下标

max——最大

知识目标

1. 流体流动是最基础、最重要的化工单元操作过程，通过本章的学习，掌握流体输送管路的基本组成，掌握各种管件和阀门的结构、用途，掌握流体静力学方程式、连续性方程和伯努利方程式的内容及其应用，掌握管路中流体的压力、流速和流量的测定原理及方法。

2. 熟悉流体的基本特性（密度、黏度），理解流体静止和流体流动时的规律，熟悉连续性、稳定与不稳定流动、流动类型，熟悉流体在管路中流动时流动阻力的产生原因、影响因素及流动阻力的计算。

3. 了解管路布置的基本原则，掌握管路的计算，掌握流量测量的原理并了解认识常用的流量计。

能力目标

1. 掌握各种流体压力和流体测量仪表的使用方法，熟悉掌握根据生产任务选择合适流体输送方式的方法。
2. 学会根据生产任务进行管路的布置、阀门的安置等。

1.1 流体性质和管道设计

1.1.1 流体的物理性质

为了不考虑流体内部的复杂分子运动，便于从工程实际出发研究流体流动，一般将流体视为由无数质点组成的、完全充满所占空间的连续介质。

(1) 密度

单位体积流体的质量称为密度。常用 ρ 表示，单位为 kg/m^3。设体积为 V、质量为 m，则：

$$\rho = \frac{m}{V} \tag{1-1}$$

不同流体的密度是不同的。任一流体的密度随压强和温度的变化而变化。

在压力不太高、温度不太低的情况下，可将气体视为理想气体，依据标准状态或某一已知条件下的密度，便可求得操作条件下的密度。即

$$\rho = \frac{pM}{RT} = \rho' \frac{T'p}{Tp'} \tag{1-2}$$

式中 p——气体的绝对压强，kPa；

T——气体的热力学温度，K；

M——气体的摩尔质量，kg/kmol；

R——气体常数，8.314kJ/(kmol·K)。

（上标 ′ 表示已知条件下的值）

液体密度受压强影响很小，可忽略不计，故通常视液体为不可压缩流体。但液体密度受温度影响明显，所以在查阅和使用时，液体密度应附注温度条件。

化工中常会遇到各种混合物，当无直接实测数据时，混合物密度可根据混合物中各组分单独存在时的密度 ρ_i，用近似公式估算。

液体混合物的组成常用各组分的质量分数 a_i 表示，设混合前后体积不变，混合液密度 ρ_m 可按下式估算：

$$\frac{1}{\rho_m} = \sum_{i=1}^{n} \frac{a_i}{\rho_i} \tag{1-3}$$

气体混合物组成常用体积分数 y_i（即摩尔分数）表示，故混合气体密度 ρ_m 的计算式可为：

$$\rho_m = \sum_{i=1}^{n} y_i \rho_i \tag{1-4}$$

若仍视气体混合物为理想气体，同样可用式(1-2)计算其密度 ρ_m，其中 M 等于混合气

平均摩尔质量 M_m：

$$M_m = \sum_{i=1}^{n} y_i M_i \tag{1-5}$$

【例 1-1】 已知硫酸与水的密度分别为 1830kg/m³ 和 998kg/m³。试求硫酸含量为 60%（质量分数）的硫酸水溶液的密度。

解
$$\frac{1}{\rho_m} = \frac{0.6}{1830} + \frac{0.4}{998}$$

$$\rho_m = 1370 \text{kg/m}^3$$

【例 1-2】 已知干空气的组成为 21% O_2 和 79% N_2（体积分数）。试求在 100kPa 和 300K 时空气的密度。

解
$$M_m = 0.21 \times 32 + 0.79 \times 28 = 28.8 \text{ (kg/kmol)}$$

$$\rho = \frac{pM}{RT} = \frac{100 \times 28.8}{8.314 \times 300} = 1.15 \text{ (kg/m}^3\text{)}$$

单位质量流体的体积称为比体积，即密度的倒数，常用 v 表示，单位为 m³/kg。为了测量方便，还常将液体密度与 4℃ 纯水密度之比称为该液体的相对密度，如纯苯的相对密度 $[S]_4^{20} = 0.88$，表示 20℃ 纯苯密度与 4℃ 纯水密度之比为 0.88，4℃ 水的密度为 1000kg/m³，即 20℃ 纯苯密度为 880kg/m³。

(2) 压强

流体垂直作用于单位面积上的力称为流体的静压强，简称压强或称压力，常以 p 表示，单位为 N/m²，即 Pa（帕斯卡）。

某些常用单位及其关系：

1 标准大气压（atm）= 1.033 工程大气压（at）= 1.033kgf/cm²
= 760mmHg = 10.33mH₂O
= 1.0133bar = 101.33kPa

用液柱高度表示压强的大小，它的意思是：流体的压强等于该液柱作用在其底部单位面积上的重力。若以密度为 ρ 的 h 高度液柱表示压强，即作用在面积为 A 的底部上的重力为 $Ah\rho g$（g 为重力加速度），则压强应是：

$$p = Ah\rho g/A = h\rho g \tag{1-6}$$

化工中称流体的真实压强为绝对压强。而装置上测压仪表的读数是指设备内流体真实压强与设备外大气压的差值。将流体真实压强比外界大气压高出的压强数值称为表压强或表压，将流体真实压强低于外界大气压的压强数值称为真空度，即：

表压强 = 绝对压强 − 大气压强
真空度 = 大气压强 − 绝对压强

【例 1-3】 某液体输送管路系统上，离心泵出口处压力表读数为 0.255MPa，泵进口处真空表读数为 200mHg。试求泵出口与入口之间的压差。

解 设大气压为 $p_大$，N/m²，取 Hg 密度为 13600kg/m³，g 为 9.81m/s²。
依式(1-6)，泵入口真空度为 $0.2 \times 13600 \times 9.81$ （N/m²）
泵入口液体绝对压强 $p_入 = (p_大 - 0.2 \times 13600 \times 9.81)$ （N/m²）
泵出口液体绝对压强 $p_出 = (0.255 \times 10^6 + p_大)$ （N/m²）
则泵出入口压差：

$$p_出 - p_入 = (0.255 \times 10^6 + p_大) - (p_大 - 0.2 \times 13600 \times 9.81)$$
$$= 0.282 \times 10^6 \text{ （N/m}^2\text{)} = 0.282 \text{MPa}$$

（3）黏度

衡量流体黏性大小的物理量称为黏度。

日常中可见，河道中央水流最快，愈靠河岸流速愈慢，在垂直于流动方向上，流体速度存在着差异。表明相对运动的两相邻流体层之间，势必有着相互作用的内摩擦力存在，这就是流体流动时的黏性。

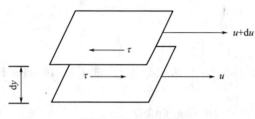

图1-1 黏性力推导

如图1-1所示，若相邻两流体层在垂直于运动方向上的距离为 dy，两层的相对速度为 du，即在垂直于流体运动方向上的速度变化率（或称速度梯度）为 du/dy。实验证明，对多数流体，两流体层间单位接触面积所产生的剪应力 τ，与速度梯度成正比。引入比例系数，则可得：

$$\tau = \mu du/dy \qquad (1-7)$$

式(1-7)表示的关系，称为牛顿黏性定律。满足该定律的流体称为牛顿型流体。不服从定律的称为非牛顿型流体。

从公式(1-7)可看出：同一速度梯度下，比例系数 μ 越大，表现剪应力 τ 越大，所以，μ 可作为衡量流体黏性的物理量，称为动力黏度，或绝对黏度，简称黏度，单位为 Pa·s（N·s/m²）。

由于 Pa·s 的单位太大，如 20℃ 水的黏度为 1×10^{-3} Pa·s，空气为 0.0184×10^{-3} Pa·s。手册上查到单位为 cP（厘泊），其相应关系如下：

$$1cP（厘泊）=10^{-2}P（泊，dyn \cdot s/cm^2）=10^{-3} Pa \cdot s$$

液体黏度随温度升高而减小，气体黏度随温度升高而增大。

有时还以黏度 μ 与密度 ρ 之比值来表示黏性，称为运动黏度，以 ν 表示，单位为 m^2/s。非法定单位 cm^2/s（斯托克斯，斯），其相应关系为：

$$1cSt（厘斯）=10^{-2} cm^2/s（斯）=10^{-6} m^2/s$$

1.1.2 管径计算与选择

（1）流量

单位时间内流经管道任一截面积的流体量，称为流体流量。流体量以体积计量时，称为体积流量，常以 V_s 表示，单位为 m^3/s（或 m^3/h）；若流体量以质量计量，称为质量流量，以 w_s 表示，单位为 kg/s（或 kg/h）。

（2）流速

单位时间内流体在流动方向流过的距离，称为流速。管道截面上各点的流速不同，管中心流速最大，愈近管壁流速愈小，管壁处流速为零。工程上为计算方便，将通过单位截面的体积流量作为该截面的流体平均流速，简称流速，以 u 表示，单位为 m/s。若管截面积为 A，则：

$$u = V_s/A \qquad (1-8)$$

（3）质量流速

通过单位截面积的质量流量，称为质量流速，或称质量通量，以 G 表示，单位为 $kg/(m^2 \cdot s)$。

$$G = w_s/A \tag{1-9}$$

在同一截面处，依据密度ρ的概念，可得如下关系：

$$\rho = \frac{m}{V} = \frac{w_s}{V_s} = \frac{G}{u} \tag{1-10}$$

(4) 管径估算

化工生产中最常用的是圆管，以 d 表示管内径，根据管截面积 $A = \frac{\pi}{4}d^2$，依式(1-8)得：

$$d = \sqrt{\frac{4V_s}{\pi u}} \tag{1-11}$$

当流量为定值时，选择了流速，即可计算出管径，进而按所用管子的标准规格进行套级选定。

流速大，管径可小，节省了基建费，但流速大所需的输送动力就大，增加了日常操作费用。适宜的流速须按现场可提供的条件和通过经济核算而定。

对于车间内部某些单个装置的管路，或管路较短和输送量不大的管路系统，可套用经验数据，表1-1列出一些流体的常用流速范围，可供参考。

当然，对于流动过程能量消耗受到限制的管路系统，只能依据所允许的能耗来确定管径。

表 1-1　某些流体在管道中的常用流速范围

流体的类别及情况	流速范围/(m/s)
自来水(0.3 MPa 左右)	1.0~1.5
水及低黏度液体(0.1~1.0 MPa)	1.5~3.0
高黏度液体	0.5~1.0
工业供水(0.8 MPa 以下)	1.5~3.0
锅炉供水(0.8 MPa 以下)	>3.0
饱和蒸汽	20~40
过热蒸汽	30~50
蛇管、螺旋管内的冷却水	<1.0
低压空气	12~15
高压空气	15~25
一般气体(常压)	10~20
鼓风机吸入管	10~15
鼓风机排出管	15~20
离心泵吸入管(水一类液体)	1.5~2.0
离心泵排出管(水一类液体)	2.5~3.0
往复泵吸入管(水一类液体)	0.75~1.0
往复泵排出管(水一类液体)	1.0~2.0
液体自流速度(冷凝水等)	0.5
真空操作下气体流速	<10

1.1.3　连续稳态流动流体的物料衡算

(1) 稳态流动

流体在管道中流动时，在任一位置上的流速、压力等物理参数全都不随时间变化，这种流动情况称为稳态流动（或称定态流动、续衡流动）。

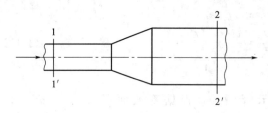

图 1-2 管内流动流体物料衡算

(2) 物料衡算

流体在图 1-2 所示管道中作稳态流动，依质量守恒定律，由 1—1′ 截面进入的质量流量 m_{s_1} 应等于从 2—2′ 截面流出的质量流量 m_{s_2}，即：

$$w_{s_1}=w_{s_2}$$

或

$$A_1u_1\rho_1=A_2u_2\rho_2$$

此关系推广到管道任一截面，则有：

$$A_1u_1\rho_1=A_2u_2\rho_2=\cdots=Au\rho=常数 \tag{1-12}$$

上式称为稳态流动的连续性方程。若流体不可压缩，$\rho=$ 常数，方程可简化为：

$$A_1u_1=A_2u_2=\cdots=Au=常数 \tag{1-12a}$$

对圆形管道，则可得：

$$\frac{u_1}{u_2}=\left(\frac{d_2}{d_1}\right)^2 \tag{1-13}$$

式(1-13) 说明不可压缩流体在管道中的流速与管内径的平方成反比。

1.1.4 化工常用管子、管件和阀门

(1) 管子

化工中用于输送管路的管子有水煤气管、无缝钢管、铸铁管等规格。

水煤气管常用作水、煤气、低压压缩气、低压蒸汽和冷凝液以及无浸蚀性物料的输送管路，其规格用公称直径 DN 表示，公称直径既非外径亦非内径，仅是与其相近的整数。

无缝钢管可用于输送蒸汽、高压水、过热水等压力较高的物料，以及具有燃烧性、爆炸性和毒性的物料。规格用"ϕ 外径×壁厚"表示。

铸铁管常用作给水总管、煤气管和污水管等埋于地下的管路。规格用公称直径 D_g 表示，其数值大都是管内径。

还有各种适应不同物料性质和传热要求的非金属管与有色金属管。

(2) 管件

管件为管与管的连接部件，用以改变管道方向、连接支管、改变管径及堵塞管道等。图 1-3（a）～(f) 所示为常用的几种管件。

(3) 阀门

阀门是安装于管道中用以调节流量的部件。常用的阀门见图 1-3 (g)～(l)。

截止阀：它依靠阀盘的升降，以改变阀盘与阀座的距离来达到调节流量的目的。可精确调节流量，常用于蒸汽、压缩空气及液体输送管道，但阻力较大。若流体中含有悬浮颗粒时应避免使用。

闸阀：它利用闸板升降以调节流量，阻力小又不易被悬浮物所堵塞，常用于较大管道。但阀体高，制造及维修较难。

此外，旋塞常用于控制开关，一般不作流量调节。碟阀一般只用于气体管道的流量调节。单向阀用于防倒流的场合。

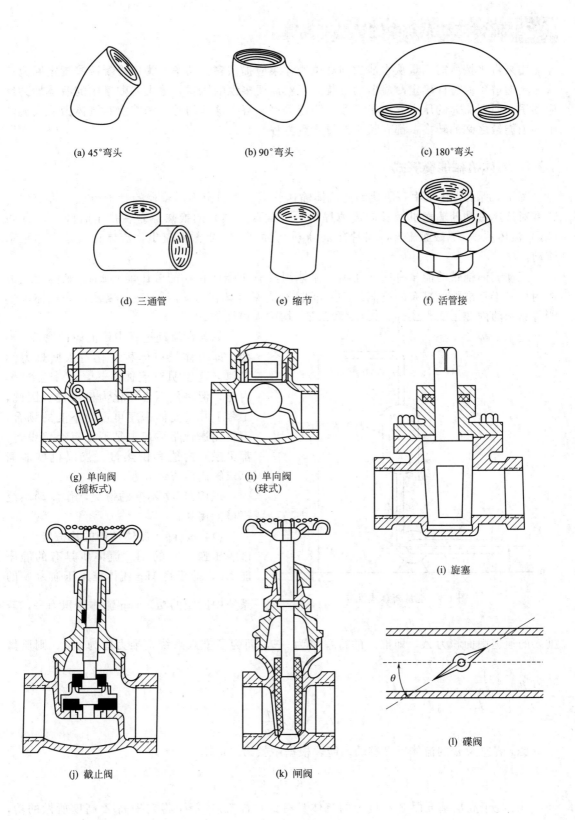

图 1-3　管件和阀门

1.2 流体流动系统中的机械能衡算

用泵将水按所需用量从水池送到高位槽,泵应提供多少功率?为使冷凝液按指定回流量流入精馏塔,应怎样确定冷凝器的安装高度?需要多大的压差,才可将贮槽中的液体加到反应器里?还有流体的压力、流量等参数测定等等。解决这些问题,都涉及对流体做功或流体中各项能量之间的转换,都有赖于能量衡算方程。

1.2.1 流体机械能衡算式

图1-4所示为化工中一段典型的流体输送管道。管道由不同管径的管子组成,管道中包含有对流体做功的输送机械及向流体提供热(或取走热)的换热器。在指定时间内,有 m(kg)流体从1—1'截面流入,同时有 m(kg)流体从2—2'截面流出,流体在管道中作稳态流动。

流动流体携带的能量有这样几项:流体因具有压强而存在的静压能 ΣE_P、流体受重力作用相对于基准面所具有的位能 ΣE_Z、流体有流速而具有的动能 ΣE_K,以及代表流体内部能量总和的内能 ΣU。ΣE_P、ΣE_Z 和 ΣE_K 均称为机械能。

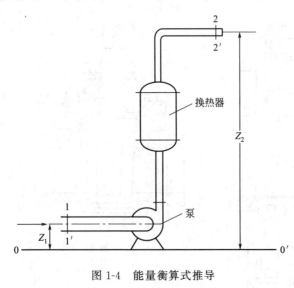

图1-4 能量衡算式推导

如若在流动过程中,流体的密度 ρ 不变,即流体没有体积变化。依据热力学定律,这表明对流体供热,改变了流体内能,但热量不会转化为机械能。因此,工程上凡是流体密度可视为不变的场合,不管输送管路系统中是不是有换热设备,都可撇开内能和供热量,仅以机械能衡算求解流体流动问题。

现按密度 ρ 不变的情况,作流动系统机械能衡算:

(1) m(kg) 流体携带的机械能

压强为 p 的1kg流体所具有的静压能 E_P,等于将1kg流体推入压强为 p 的系统中所做的功。1kg流体体积为 $\frac{1}{\rho}$,若推入的通道截面积为 A,即推入的行程应为 $\frac{1}{\rho A}$,而为了推入系统,推力应为 pA,则所做功为 $pA \times \frac{1}{\rho A}$。

$$E_P = \frac{p}{\rho}$$

1kg流速为 u 的流体所具有的动能,根据牛顿第二定律

$$E_K = \frac{1}{2}u^2$$

1kg处于高出基准面 Z 高度上的流体具有的位能 E_Z,等于将它提高 Z 高度所做的功,即 $E_Z = 1 \times gZ$。

所以，m（kg）流体从 1—1′截面带入的机械能 $\sum E_1$ 和从 2—2′截面带出的机械能总量 $\sum E_2$ 分别为：

$$\sum E_1 = m\left(\frac{p_1}{\rho} + \frac{u_1^2}{2} + gZ_1\right)$$

$$\sum E_2 = m\left(\frac{p_2}{\rho} + \frac{u_2^2}{2} + gZ_2\right)$$

(2) 输送机械提供给流体的能量

以 W_e 表示每千克流体所接受的能量，则 m（kg）流体所接受的能量为 mW_e。

(3) 流体从 1—1′截面到 2—2′截面，流经全管段的机械能损失

设 1kg 流体流经全管段，因克服流动阻力而损失的机械能为 $\sum h_f$，则 m（kg）流体流经全管段所损失的总能量为 $m\sum h_f$。

根据能量守恒定律，稳态流动过程中管段内无能量积累，即：

$$m\left(\frac{p_1}{\rho} + \frac{u_1^2}{2} + gZ_1\right) + mW_e - m\sum h_f = m\left(\frac{p_2}{\rho} + \frac{u_2^2}{2} + gZ_2\right) \tag{1-14}$$

若以单位质量流体为衡算基准，即将式(1-14) 除以 m，则：

$$\frac{p_1}{\rho} + \frac{u_1^2}{2} + gZ_1 + W_e = \frac{p_2}{\rho} + \frac{u_2^2}{2} + gZ_2 + \sum h_f \tag{1-15}$$

式中，各项单位为 J/kg。

若以单位重量流体为衡算基准，即以式(1-14) 的每一项除以 mg，则得：

$$\frac{p_1}{\rho g} + \frac{u_1^2}{2g} + Z_1 + H_e - \sum H_f = \frac{p_2}{\rho g} + \frac{u_2^2}{2g} + Z_2 \tag{1-15a}$$

式中，$H_e = W_e/g$；$\sum H_f = \sum h_f/g$；各项单位为 m；$\frac{p}{\rho g}$、$\frac{u^2}{2g}$、Z 分别称为静压头、动压头、位压头；H_e 为外加压头（或扬程）；$\sum H_f$ 为单位重量流体的能量损失，称压头损失。

若以单位体积为衡算基准，即式(1-14) 中的每一项除以 V，则得：

$$p_1 + \frac{u_1^2}{2}\rho + Z_1\rho g + W_e\rho - \sum H_f\rho = p_2 + \frac{u_2^2}{2}\rho + Z_2\rho g \tag{1-15b}$$

式中，每项单位为 Pa。

若没有外加能量又不存在能量损失，式(1-15) 可改为：

$$\frac{p_1}{\rho} + \frac{u_1^2}{2} + gZ_1 = \frac{p_2}{\rho} + \frac{u_2^2}{2} + gZ_2 \tag{1-15c}$$

式(1-15c) 为柏努利方程（Bernoulli's equation）。习惯上也将式(1-15) 的各表达式都称为扩展了的柏努利方程。

对可压缩的气体，工程上当压强变化小于 15%，引用一个密度平均值，可认为柏努利方程仍可适用。

1.2.2 流体静力学

单一连续流体静止时，既无需外加能量也不存在流速和流动阻力，即 W_e、u、$\sum h_f$ 均为零，则机械能衡算式(1-15) 变为：

$$\frac{p_1}{\rho}+Z_1g=\frac{p_2}{\rho}+Z_2g \tag{1-16}$$

$$p_2=p_1+(Z_2-Z_1)\rho g=p_1+h\rho g \tag{1-16a}$$

式(1-16)称为流体静力学方程式。方程表明：在静止的单一连续流体中，静压能与位能之总和处处相同。随流体位置不同，两种能量相互转换，处于同一水平的流体压强相同。位能和静压能的总和称为"静态机械能"。

利用静止流体静压能与位能的相应关系，可以量度液位差而测得静压差；以固定液位差而固定静压差，从而达到气体容器的恒压液封；还可以同压差下改变不同液体的液位差，来测量容器中液位。

(1) 压差测定

【例1-4】 如附图所示，用装有指示液的透明玻璃U形管为压差计，测量输水管路1—1′与2—2′两截面处的压差（p_1-p_2）。指示液为水银，其密度$\rho_c=13600 \text{kg/m}^3$，水的密度$\rho=1000\text{kg/m}^3$，1—1′与2—2′两截面高度差为0.2m，当压差计读数R为100mm，试求p_1-p_2?

解 在U形管两侧取同水平的O与O'两点，取同水平的i与i'两点。单一连续水银，同水平$p_O=p_{O'}$

依据式(1-16a)，$p_O=p_i+\rho g$，$p_{O'}=p_i+R\rho_c g$，可得：

$$p_i-p_{i'}=R(\rho_c-\rho)g$$

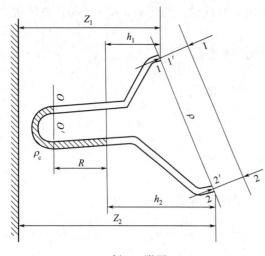

例1-4 附图

压差计读数所反映的$R(\rho_c-\rho)g$值，是读数上端水平线上两侧液体压强之差。
又依据式(1-16a)，$p_i=p_1+h_1\rho g$；$p_{i'}=p_2+h_2\rho g$，又得：

$$R(\rho_c-\rho)g=(p_1+h_1\rho g)-(p_2+h_2\rho g)$$

又因：$\quad Z_1-h_1=Z_2-h_2$

所以：$\quad R(\rho_c-\rho)g=(p_1+Z_1\rho g)-(p_2+Z_2\rho g) \tag{1-17}$

压差计读数所反映的$R(\rho_c-\rho)g$值，是压差计连接点1与2两处液体的"静态机械能"之差，只有当测压点1与2位于同一水平（$Z_1=Z_2$），压差计读数的反映值才是两测压点的压差（p_1-p_2）。压差计所测的是差值，因而与基准面位置无关。

本题1与2两处高度差（Z_2-Z_1）=0.2m。

所以：$p_1-p_2=R(\rho_c-\rho)g+(Z_2-Z_1)\rho g$
$\quad=0.1\times(13600-1000)\times9.81+0.21\times1000\times9.81$
$\quad=1.43\times10^4\ (\text{Pa})=14.3\ (\text{kPa})$

【例1-5】 如附图所示，用以$\rho_c=877\text{kg/m}^3$的溶液为指示液的压差计测量某容器内气体的表压p，读数R为11.4mm。

(1) 试求p值为多少（表压）？

(2) 若改用附图右边所示的微差压差计，微差压差计的U形管两侧上端带有扩大室，室内和U形管装有两种指示剂。现设其一种指示液仍用$\rho_c=877\text{kg/m}^3$的溶液，另一种用$\rho_D=830\text{kg/m}^3$的溶液，试求：微差压差计读数R'为多少？

解 (1) 取 U 形管两侧同水平两点 O 与 O'，$p_O = p_{O'}$。

因气体密度很小，相对于 p 项，气体的 $Z\rho g$ 可忽略不计，即可认为气体处处压强相同，$p_{O'} = p_O$，依式(1-16a)，$p_O = p_{大} + R\rho_c g$，以表压计，大气压 $p_{大} = 0$（表压）。

所以：$p = R\rho_c g = 11.4 \times 10^{-3} \times 877 \times 9.81$ （Pa）
$= 98.1$ Pa（表压）

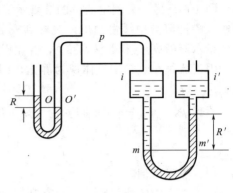

例 1-5 附图

(2) 测压前，微差压差计内指示液在两侧管中原为同一水平，因扩大室截面远大于 U 形管截面，所以，测压时 U 形管内液面变化，而扩大室液面基本不变，即在 i—i' 同一水平。

在读数下端水平面的两侧液面 $p_m = p_{m'}$
从例 1-4 已得知：

$$R'(\rho_c - \rho_D)g = (p_i + Z_i\rho_D g) - (p'_i + \rho_D g)$$

因为 $Z_i \approx Z_{i'}$，以及 $p_i = p$，$p_{i'} = p_{大}$，则：

$$R' = \frac{p - p_{大}}{(\rho_c - \rho_D)g} = \frac{98.1}{(877-830) \times 9.81} = 0.212 \text{ (m)} = 212 \text{ (mm)}$$

从计算结果可见，微差压差计可使小压差有较大的读数，便于压差变动的观察。若需获得更准确的测量结果，可用较大直径的扩大室，以减小 $Z_{i'} - Z_i$ 值；或使 ρ_c 与 ρ_D 更为接近，以放大测量读数 R'。如要精确测量，即要修正 R' 对 $Z_{i'} - Z_i$ 的影响。

(2) 液位测定

图 1-5 是一种利用 U 形压差计测定液位的示意图。在容器外边设一个称为平衡器的小室，室里所装液体与容器内的液体相同，以装有密度为 ρ_c 的液体的 U 形压差计，将容器与平衡器连通起来，读得读数 R，即可得知容器内液面位置。

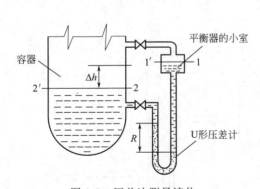

图 1-5 压差法测量液位

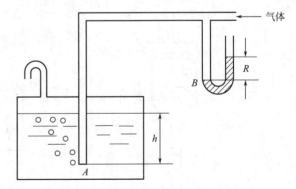

图 1-6 测定液位的装置示意图

现取容器内液面为 2—2'，平衡器液面为 1—1'。
依 U 形压差计反映值，$R(\rho_c - \rho)g = (p_1 + Z_1\rho g) - (p_2 + Z_2\rho g)$，因平衡器与容器气相相通 $p_1 = p_2$，则得：

$$\Delta h = Z_1 - Z_2 = \frac{R(\rho_c - \rho)}{\rho} \tag{1-18}$$

图 1-6 是另一种测定液位的装置示意图。调节流量，使惰性气体以很小的流量经吹气管道通入贮槽溶液中缓慢逸出，观察到安装在吹气管道上 U 形压差计的读数 R，则可依据压差计指示液密度 ρ_c 和贮液密度 ρ，算出贮槽中的液位。

因气流很小，管中气体视为静止，即管子出口处 A 的气压与 U 形压差计 B 处的气压相同，$p_A = p_B$。

依据 $p_A - p_{大} = h\rho g$ 和 $p_B - p_{大} = R\rho_c g$，则

$$h = \frac{\rho_c}{\rho}R \tag{1-19}$$

(3) 液封示例

化工生产中的液封装置，就是利用液柱高度来限制设备内部的气体压强。设置液封的目的，有时是使气压不超过规定值，当气压超值，气体能穿过液层排出以保证设备安全；有时是防止气体窜入设备，而保证设备在指定压强下操作或排液或防止气体倒流等。

图 1-7 是几种液封装置示意图：图(a) 是用液封来防止气体容器超压。图(b) 是用液封保证负压设备中的水流排放，而空气不会窜入设备，维护设备真空操作。图(c) 是以液封维护设备气体不外漏，而液体正常排放。图(d) 是以 h_1 液封保证气体正常流向，又留有足够的气体管高 h_2，防止气体倒流。若液封所隔断的两部分气体压差为 Δp、溶液密度为 ρ，则

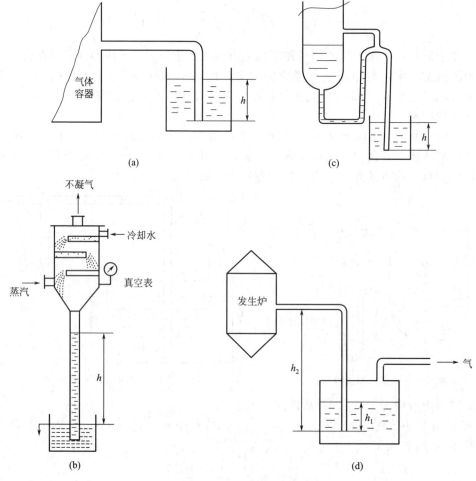

图 1-7 液封装置示意图

液封平衡高度为：
$$h = \Delta p / \rho \tag{1-20}$$
依据液封目的，对液封 h 值出于安全考虑作适当增减。

1.2.3 管内流体机械能损失的测定

现以一段等直径管路为例，如图1-8所示，密度 ρ 的流体由 1—1′截面向 2—2′截面流动，两截面间无输送机械，$W_e = 0$，等直径，$u_1 = u_2$，依据机械能衡算式(1-15b)，则 $(p_1 + Z_1 \rho g) - (p_2 + Z_2 \rho g) = \sum h_f \rho$。

现用装有密度为 ρ_c 的指示液的 U 形压差计的两侧管连接 1—1′ 与 2—2′ 截面，从例 1-4 已了解到：压差计读数所反映值

$$R(\rho_c - \rho)g = (p_1 + Z_1 \rho g) - (p_2 + Z_2 \rho g)$$

所以 $\sum h_f \rho = R(\rho_c - \rho)g$

$$\sum h_f = R(\rho_c - \rho)g / \rho \tag{1-21}$$

这表明：前后端截面相等的管段，不管两端截面存在怎样的高度差，都可直接由压差计读数测知机械能损失。压差计读数不因管段的平放、斜放还是直放而变。

对管道截面不等的情况，结合物料衡算式，亦不难测出机械能损失。

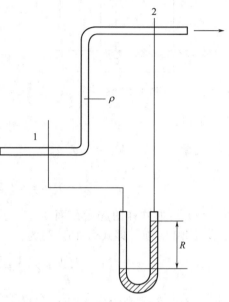

图 1-8 $\sum h_f$ 测定

1.2.4 满足输送要求的位差或压差确定

当输送管道系统中没有输送机械时，$W_e = 0$，机械能衡算式变为：

$$\left(\frac{p_1}{\rho} + Z_1 g + \frac{u_1^2}{2}\right) - \left(\frac{p_2}{\rho} + Z_2 g + \frac{u_2^2}{2}\right) = \sum h_f$$

由于流动过程中存在阻力，损失了部分机械能，所以 $\sum h_f > 0$，在没有外加机械的情况下，则必须将位差 $(Z_1 - Z_2)$ 或压差 $(p_1 - p_2)$ 提高到足够的程度，才能满足所需的输送要求。

【例 1-6】 有一输水系统如附图所示，输水管为 $\phi 45\text{mm} \times 2.5\text{mm}$，设管路能量损失以 $\sum h_f = 12 \times \dfrac{u^2}{2}$ 计算（u 为管内流速），试求：

(1) 水流量为多少？

(2) 欲使水量增加 20%，水箱应提高多少米？

解 (1) 首先选择截面，划定系统，列出机械能衡算式。

截面应选在已知数据多且与问题有关的地方。本题选水箱液面为系统起始的截面 1—1′；选管出口处为系统终端的截面 2—2′，因为两截面的高度已标出，而截面压强均为大气压，水箱截面远大于管截面，1—1′ 处流速可视为零，而管出口处 2—2′ 的流速正是求流量所需的。

根据机械能衡算式(1-15)：

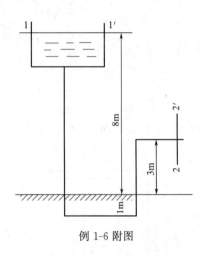

例1-6 附图

$$\frac{p_1}{\rho}+Z_1g+\frac{u_1^2}{2}+W_e-\sum h_f=\frac{p_2}{\rho}+Z_2g+\frac{u_2^2}{2}$$

然后，代入已知数，求解方程。

本题 $p_1=p_大$，$p_2=p_大$，均为大气压

取低位的 2—2′ 截面为基准面 $Z_2=0$，$Z_1=8-3=5$（m）。

视 $u_1=0$，$u_2=u$ 是待求未知数。

无外功，$W_e=0$，依题意知：$\sum h_f=6u^2$

取水的 $\rho=1000\mathrm{kg/m^3}$，$g=9.81\mathrm{m/s^2}$，将数据代入方程：

$$\frac{p_大}{1000}+5\times 9.81+0+0-6u^2=\frac{p_大}{1000}+0+\frac{u^2}{2}$$

解得：$u_2=u=2.75\mathrm{m/s}$

流量 $V_s=\frac{\pi}{4}d^2u$

$=\frac{\pi}{4}\times 0.04^2\times 2.75=3.45\times 10^{-3}$（$\mathrm{m^3/s}$）$=12.4$（$\mathrm{m^3/h}$）

（2）可取同样的起始截面 1—1′ 与终端截面 2—2′，因管路无输送机械，在列方程时，可不写出 W_e 项，即式(1-15)写为：

$$\frac{p_1}{\rho}+Z_1g+\frac{u_1^2}{2}-\sum h_f=\frac{p_2}{\rho}+Z_2g+\frac{u_2^2}{2}$$

此时：$p_1=p_2=p_大$，$Z_2=0$，$Z_1=Z$ 为待求的未知数。

$u_1=0$，因流量增大 20%，$u_2=1.2\times 2.75=3.3$（m/s）。

$$\sum h_f=6u^2=6\times 3.3^2=65.34\text{（J/kg）}$$

$g=9.81\mathrm{m/s^2}$，$\rho=1000\mathrm{kg/m^3}$

数据代入方程：

$$\frac{p_大}{1000}+9.81Z+0-65.34=\frac{p_大}{1000}+0+\frac{3.3^2}{2}$$

解得：$Z_1=Z=7.22\mathrm{m}$，则需将水箱提高 $7.22-5=2.22$（m）。

1.2.5 输送机械提供能量的计算

由机械能衡算式(1-15)可知：

$$W_e=\frac{p_2-p_1}{\rho}+(Z_2-Z_1)g+\frac{u_2^2-u_1^2}{2}+\sum h_f$$

管路输送系统为了将流体由低处送到高处，或从低压设备送入高压设备，或为提高流速加大流量，以及克服流动过程的阻力，往往需要由输送机械提供机械能。

【例1-7】 如附图所示，用泵将常压贮槽中温度为 20℃，密度 $\rho=1200\mathrm{kg/m^3}$ 的硝基苯以流量 $30\times 10^3\mathrm{kg/h}$ 输送到反应器，反应器内保持 9.81kPa（表压），反应器进料管入口处高出贮槽液面 15m，管道为 $\phi 89\mathrm{mm}\times 4\mathrm{mm}$ 的钢管，设流体流经全管路（截面 1—1′ 至截面 2—2′ 的机械能损失以 $\sum h_f=24.7\mathrm{J/kg}$ 计），试求泵应向流体提供的功率。

解 首先选择截面，列出机械能衡算式，进而确定数据代入求解。

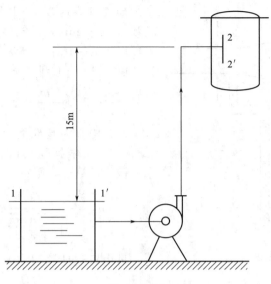

例 1-7 附图

输送机械应包括在划定系统之内,即系统的两端截面 1—1′ 与 2—2′ 必定要分别取在输送机械之前后。

本题取泵前已知数据最多的贮槽液面为 1—1′ 截面,取泵后已知数据最多的进料管入口处为 2—2′ 截面。列方程:

$$W_e = \frac{p_2 - p_1}{\rho} + (Z_2 - Z_1)g + \frac{u_2^2 - u_1^2}{2} + \sum h_f$$

确定数据:$p_1 = p_大$(大气压),$p_2 = 9810 + p_大$。

取低位的 1—1′ 截面的基准面 $Z_1 = 0$,$Z_2 = 15\text{m}$。

$$u_1 = 0, u_2 = \frac{V_s}{A} = \frac{w_s}{\rho A} = \frac{30 \times 10^3 / 3600}{1200 \times \frac{\pi}{4} \times 0.081^2} = 1.35 \text{ (m/s)}$$

$$\sum h_f = 24.7 \text{J/kg}, g = 9.81 \text{m/s}^2, \rho = 1200 \text{kg/m}^3$$

将数据代入方程:

$$W_e = \frac{9810}{1200} + 15 \times 9.81 + \frac{1.35^2}{2} + 24.7$$

得:
$$W_e = 181 \text{J/kg}$$

机械能衡算是以 1kg 流体为基准的,现流体流量为:

$$w_s = 30 \times 10^3 / 3600$$

则泵对流体做功,或流体由泵得到的有效功率为:

$$N_s = w_s W_e = (30 \times 10^3 / 3600) \times 181 = 1508 \text{ (W)}$$

1.2.6 流量测量

利用流体流动过程中动能与静压能之间的相互转换,可以测量流体的流量,现示例说明。

【例 1-8】 如附图所示,密度 $\rho = 1.2 \text{kg/m}^3$ 的气体,从水平管道通过,管道直径 $d_1 = 100\text{mm}$,流经收缩管段之后的管径 $d_2 = 50\text{mm}$。用密度 $\rho_c = 13600 \text{kg/m}^3$ 的汞为指示液的

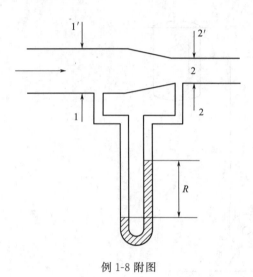

例 1-8 附图

U形压差计，连接 1—1′ 截面与 2—2′ 截面，测得读数 R 为 36mm，设气体通过收缩管段的流动阻力可以忽略。试求气体流量。

解 从 1—1′ 到 2—2′，列出机械能衡算式：

$$\frac{p_1}{\rho}+Z_1 g+\frac{u_1^2}{2}-\sum h_f=\frac{p_2}{\rho}+Z_2 g+\frac{u_2^2}{2}$$

以管中心为基准面，$Z_1=Z_2=0$，忽略阻力 $\sum h_f=0$，又根据物料衡算式 $u_1=u_2 A_2/A_1$，代入机械能衡算式，则得：

$$u_2=\frac{1}{\sqrt{1-\left(\frac{A_2}{A_1}\right)^2}}\times\sqrt{\frac{2(p_1-p_2)}{\rho}} \tag{a}$$

再由压差计测得 $(p_1-p_2)=R(\rho_c-\rho)g$，所以

$$V_s=A_2 u_2=A_2\times\frac{1}{\sqrt{1-\left(\frac{A_2}{A_1}\right)^2}}\times\sqrt{\frac{2R(\rho_c-\rho)g}{\rho}} \tag{b}$$

将已知数据代入，得：

$$V_s=\frac{\pi}{4}\times 0.05^2\times\frac{1}{\sqrt{1-\left(\frac{0.05^2}{0.1^2}\right)^2}}\times\sqrt{\frac{2\times 0.036\times(13600-1.2)\times 9.81}{1.2}}$$

$$=0.1813 \ (m^3/s)=652 \ (m^3/h)$$

从本例可见，在管路中存在收缩管段，流速明显变化，产生相应的压差，只要测量此压差，即可计算出流量。

工程上，与收缩管段起同样作用的流量计有孔板流量计和文丘里流量计两种。

孔板流量计 如图 1-9 所示，它是在管道中插入一片中央带有圆孔的金属板构成的。当

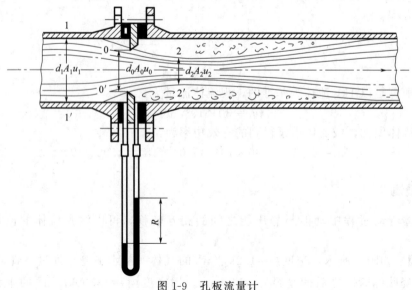

图 1-9 孔板流量计

流体通过板孔后，即出现一个截面最小的流束，称为缩脉。缩脉相当于收缩管段流体流动情况。

文丘里流量计 如图 1-10 所示，它本身就是一个定形的渐缩又渐扩的管段。一般渐缩的角度 $\alpha_1=15°\sim20°$，渐扩角 $\alpha_2=5°\sim7°$。

孔板流量计和文丘里流量计都配置有 U 形压差计，由压差计测得压差值 $R(\rho_c-\rho)g$ 之后，则可仿照例 1-8 中的公式(b)，写出流量计的流量计算式：

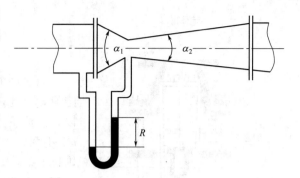

图 1-10 文丘里流量计

$$V_s = A_0 u_0 = \frac{A_0 C}{\sqrt{1-\left(\frac{A_0}{A_1}\right)^2}}\sqrt{\frac{2R(\rho_c-\rho)g}{\rho}}$$

$$V_s = A_0 C_0 \sqrt{2R(\rho_c-\rho)g/\rho} \tag{1-22}$$

式中 V_s——管道流体流量，m^3/s；

A_1、A_0——管道与小孔（喉孔）的截面积，m^2；

ρ_c、ρ——压差计指示液与管道流体的密度，kg/m^3；

R——压差计液柱读数，m；

g——重力加速度，m/s^2；

C——考虑到流动阻力及测压点位置的校正系数；

C_0——孔流系数，$C_0 = C\bigg/\sqrt{1-\left(\frac{A_0}{A_1}\right)^2}$。

C_0 值应由实验测定，孔板流量计的 C_0 值较小；文丘里流量计的 C_0 较大，一般可达 0.98～0.99。标准孔板流量计和文丘里流量计的 C_0 值，可参阅有关专著及手册。对安装在管径较小的管道（如 $d_1<50mm$）的流量计，可先由实验方法求得 V_s-R 的关系曲线，而后就可使用流量计。

转子流量计 转子流量计是一种变动通道截面的恒流速流量计。如图 1-11 所示，它是由一根截面积逐渐向下缩小的锥形玻璃管，和一个能上下移动而密度比流体大的转子所构成的。转子也称为浮子。流体由管底部流入，经过转子与管壁间的环隙从管顶部流出。

设转子的最大截面积为 A_f，转子体积为 V_f，转子与流体的密度分别为 ρ_f 与 ρ。由于转子存在，在管道 A 截面中形成了一个环隙形的收缩截面 A_R，所以，转子流量计可视为一个具有环隙孔的孔板。因此，流体通过环隙 A_R 截面时的压差 $(p-p_2)$，与通过环隙的流体流速 u_R 的相应关系，可以参照示例 1-8 中的式(a)，得出：

$$u_R = \frac{1}{\sqrt{1-\left(\frac{A_R}{A}\right)^2}}\sqrt{\frac{2(p_1-p_2)}{\rho}}$$

当转子停在一定位置时，转子两端的压差 (p_1-p_2) 造成的升力等于转子的净重量，即处于力平衡状态：

$$(p_1-p_2)A_f = V_f(\rho_f-\rho)g$$

将力平衡式代入 u_R 算式，即 u_R 可表达为：

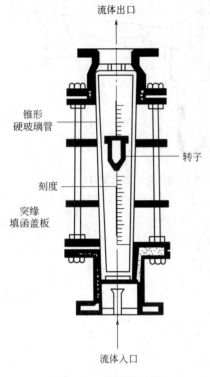

图 1-11 转子流量计

$$u_R = \frac{1}{\sqrt{1-\left(\frac{A_R}{A}\right)^2}}\sqrt{\frac{2V_f(\rho_f-\rho)g}{A_f\rho}}$$

因式中的 A_R/A、V_f 和 ρ_f 均为转子流量计特有固定值,由此可见,对一定液体,u_R 为一个不变值。所以,当流量增大时,转子上升,扩大环隙截面以维持 u_R 不变;当流量减少时,转子下降,减小环隙截面以维持 u_R 不变。这样,就可以在管壁上刻度,表示出不同位置上的流量。按 $V_s = A_R u_R$,并考虑到流体通过环隙的阻力校正,则得:

$$V_s = A_R C_R \sqrt{\frac{2V_f(\rho_c-\rho)g}{A_f\rho}} \qquad (1-23)$$

式中,C_R 称为转子流量计的流量系数,它包含着转子形状和流动状态等因素的校正。不过,转子流量计生产厂不是提供流量计的 C_R 值,而是将实验标定的 V_s 值直接刻在管壁上。

从式(1-23)可看出,同一流量计用于测量不同密度的流体,同一刻度位置下的流量是不同的。使用流量计时,当所测量流体与出厂前进行标定的流体(液体为20℃水,气体为常压下20℃空气)不同,流量计刻度所标流量应重新校正。另外,若适当改变转子的 ρ_f 或 A_f,也可改变原有流量计的流量测量范围。在密度差别不大,测量范围变化不大时,可视 C_R 为常数,参照式(1-23)作校正或变换计算。

1.3 管内流体流动的机械能损失

机械能损失 $\sum h_f$ 包括两项:一项是流体沿等直径直管流动,为克服摩擦阻力而损失的机械能,称为直管机械能损失 h_f 或称直管阻力;另一项是流体通过管道系统中的进出口、阀门、管件时,因流速与方向变化,流动受到干扰而损失的机械能,称为局部机械能损失 h_f^0,或称为局部阻力。

机械能损失不仅与流体性质和管道结构特性有关,而且还与流动形态有关。本节将先讨论流体流动形态,进而讨论机械能损失的计算方法。

1.3.1 流体流动类型和雷诺数

图 1-12 为雷诺实验装置图,有一根入口为喇叭状的玻璃管浸没在有着恒定液面的透明水槽内,管出口处设阀门以调节水流速。水槽上方置一小瓶,瓶中有密度与水相近的有色液体,该液体从瓶底引出,注入管内。

当管内流速小时,管中心的有色液体呈一根平稳的细线沿管内轴线方向流动,流动截面上各质点沿彼此平行的流线流动,这种流动状态称为层流或滞流,见图1-13(a)。

当管内流速加大到一定程度,有色液体便成为波浪形细线;流速再增,细线波动加剧,

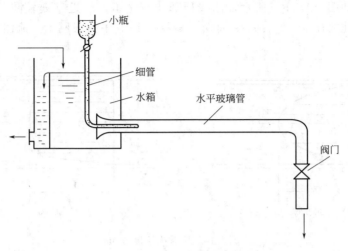

图 1-12 雷诺实验装置图

继而被冲断向四周散开与水混合,此种流体质点除在沿轴线总的方向运动外,还附加有各个方向的运动,这种流动形态称为湍流或紊流,见图 1-13(b)。

若用不同的流体在不同管径的管内进行实验,发现流速 u、管径 d、流体黏度 μ 和密度 ρ 对流动形态都有影响。雷诺研究得出:将这些影响因素组合成无量纲的 $du\rho/\mu$ 数群,称为雷诺数 Re,即 $Re=\dfrac{du\rho}{\mu}$。若 $Re<2000$,则流动总是层流;若 $Re>4000$,流动为湍流。Re 在 2000~4000 之间,流动处于一种过渡状态,可能层流亦可能湍流,随外界条件影响而变。

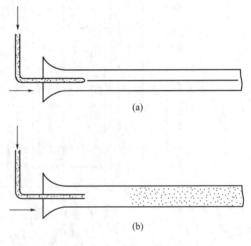

图 1-13 两种流动类型

【例 1-9】 20℃的水在内径 50mm 的管内流动,流速为 2m/s,试判断水的流动形态。

解 查附录,20℃水的 $\rho=98.2\text{kg/m}^3$,$\mu=1.005\text{mPa}\cdot\text{s}$。

$$Re=\frac{du\rho}{\mu}=\frac{0.05\times 2\times 998.2}{1.005}=99320>4000$$

判断管内流动为湍流形态。

层流流动时,管内流体严格地分成无数同心圆的流体层向前运动,管中心点流速 u_c 最大,在半径为 R 的管截面上,各质点流速 u 随点所处的半径 r 位置不同而不同,经实验和理论推导均可得出,管内速度分布表达式为:

$$u=u_c\left(1-\frac{r^2}{R^2}\right) \tag{1-24}$$

这是一条抛物线形的分布曲线,如图 1-14(a) 所示,管中心点流速最大,相当于按整个管截面的平均流速 $\left(u=\dfrac{V_s}{A}\right)$ 的 2 倍,即 $u_c=u_{max}=2u$。

湍流流动时,流体内部并非严格分成流体层。流速分布规律无法以理论导出,由实验所得分布曲线大致如图 1-14(b) 所示，曲线顶部比较平坦，靠近壁处较陡。截面平均流速与管中心最大点流速之比 u/u_{max} 随 Re 而变，参照图 1-15 中曲线所示。流体输送常在 Re 范围内，u/u_{max} 约为 0.8。

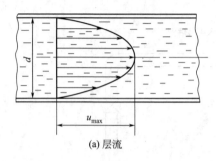
(a) 层流

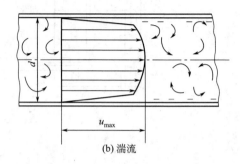
(b) 湍流

图 1-14　圆管内速度分布

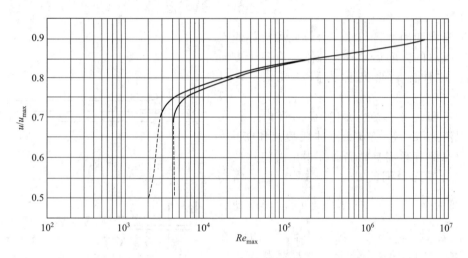

图 1-15　u/u_{max} 与 Re、Re_{max} 的关系

工程上，将流动流体分为两个区：将壁面附近流速变化较大的区域，称为边界层；将远离壁面流速基本不变的区域，称为主流区。流体在管道中流动，除了在一定长度的管子入口段之外，沿程管道截面上的流速都随半径位置不同而变化，即管道中流体边界层厚度就是管半径。

即使管内流体处于湍流流动，由于靠近管壁流速很小，仍然存在着层流流动，这种靠近壁的层流流体薄层被称为层流内层（或滞流底层）。层流内层厚度 δ，按经验估计通常约为 $\delta = 62 d Re^{-7/8}$。层流内层中流体保持着层流的运动特征。所以，在流体中进行热量传递或质量传递，当其传递方向与流体运动方向垂直时，横穿层流内层所受到的阻力必然较大，可见，流动流体的 Re，还影响到传热及传质。

1.3.2　层流的摩擦阻力

层流流动的阻力主要是流体的内部摩擦力。如图 1-16 所示，流体在水平圆管中稳态流动时，在流体中取一段长为 l、半径为 r 的圆柱体。圆柱体滑动的表面积为 $2\pi r l$。流体流动服从牛顿黏性定律，滑动的摩擦阻力 F 为：

$$F = 2\pi r l \tau = -2\pi r l \mu \, du/dr$$

式中，负号表示流速沿半径方向而减少。

流体流动要克服滑动阻力，流体柱两端必须有一定的压强差 $\Delta p=p_1-p_2$，流体柱截面为 πr^2，即克服阻力的推力为 $\pi r^2 \Delta p$，稳态流动合力为零，推力等于摩擦阻力：

$$\Delta p \pi r^2 = -2\pi r l \mu \frac{\mathrm{d}u}{\mathrm{d}r}$$

利用边界条件，$r=0$，$u=u_c$（管中心流速）；$r=R$，$u=0$，积分得：

$$\int_0^R \Delta p r \mathrm{d}r = \int_{u_c}^0 -2l\mu \mathrm{d}u$$

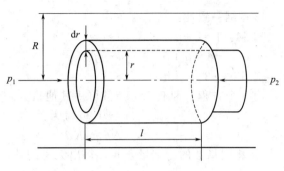

图 1-16 直管阻力通式的推导

$$\Delta p \frac{R^2}{2} = 2l\mu u_c$$

可以证明层流管中心最大流速为平均流速的 2 倍，即 $u_c=2u$，又 $d=2R$，则得：

$$\Delta p = 32\mu u l/d^2 \tag{1-25}$$

此式称为哈根-泊肃叶（Hagen-Poiseuille）方程。

水平圆形直管，从机械能衡算式得知，式(1-25) 的 Δp 就是单位体积流体流动的能量损失 $h_f \rho$，所以：

$$h_f = 32\mu u l/(d^2 \rho) \tag{1-26}$$

为使能量损失与流动形态和动能相联系，方程改写为：

$$h_f = \frac{64}{Re} \times \frac{l}{d} \times \frac{u^2}{2}$$

令 $\lambda=64/Re$，λ 称为摩擦系数，即得机械能损失计算式：

$$h_f = \frac{64}{Re} \times \frac{l}{d} \times \frac{u^2}{2} \tag{1-27}$$

1.3.3 量纲分析法分析机械能损失

影响流体流动阻力的因素很多，尤其是湍流流动。对于层流，尚有可能理论推导出机械能损失的计算式，而对湍流则还不能完全用理论分析建立能量损失的计算式。

化学工程实验研究中，常应用量纲分析法，使得实验工作量减少，并使实验所得结果可以推广应用。现介绍以量纲分析法为指导，建立能量损失计算式的过程。

① 列出影响因素，以幂函数形式表示。由分析和实验研究得知，影响圆直管中流体流动过程能量损失 $\Delta p_f \sum h_{f_x} \rho$ 的因素有管道直径 d、管长 l、流速 u、密度 ρ、黏度 μ 和管壁粗糙度 ε。以幂函数形式表示：

$$\Delta p_f = K d^a l^b u^c \rho^e \mu^f \varepsilon^g \tag{1-28}$$

式中，常数 K 和指数 a、b、c、e、f、g 均为待定值。

将各物理量的量纲式代入幂函数方程；根据量纲一致性原则，减少指数变量数。

② 分别以 M、L 和 T 表示质量、长度和时间的量纲，即各物理量的量纲分别为：

$[p] = ML^{-1}T^{-2}$、$[d] = L$、$[l] = L$、$[u] = LT^{-1}$、$[\rho] = ML^{-3}$、$[\mu] = ML^{-1}T^{-1}$、$[\varepsilon] = L$。

代入式(1-28) 得：

$$ML^{-1}T^{-2}=KL^aL^b(LT^{-1})^c(ML^{-3})^e(ML^{-1}T^{-1})^fL^g$$

按量纲一致性：

对 M：$1=e+f$

对 L：$-1=a+b+c-3e-f+g$

对 T：$-2=-c-f$

有三个方程，即有三个指数可用其他指数来表示，由解三个方程可得：$a=-b-f-g$，$c=2-f$，$e=1-f$，则式(1-28)可写为：

$$\Delta p_f=Kd^{-b-f-g}l^bu^{2-f}\rho^{1-f}\mu^f\varepsilon^g$$

③ 将同指数的物理量合并，得出无量纲数群关系式：

$$\frac{\Delta p_f}{\rho u^2}=K\left(\frac{l}{d}\right)^b\left(\frac{du\rho}{\mu}\right)^{-f}\left(\frac{\varepsilon}{d}\right)^g \tag{1-29}$$

原来涉及 7 个物理量，因含有 3 个基本量纲，便可改变为 4 个无量纲群的关系。这即为量纲分析法的基本定理，称 π 定理："无量纲数群的个数＝物理量数－基本量纲数"。

④ 结合实验，将方程整理为物理意义较明显的或便于使用的形式。实验证明，在等直径直管，Δp_f 与管长 l 成正比，即 $b=1$，同时，为了明显表达 Δp_f 与动能 $u^2/2$ 的关系，式(1-29)可写为：

$$h_f=\frac{\Delta p_f}{\rho}=2K\left(\frac{du\rho}{\mu}\right)^{-f}\left(\frac{\varepsilon}{d}\right)^g\frac{l}{d}\frac{u^2}{2} \tag{1-30}$$

式中，$\frac{du\rho}{\mu}=Re$，是判断流形的雷诺数；$\frac{\varepsilon}{d}$ 称为相对粗糙度，用来表示管子特性。可见 $2K(du\rho/\mu)^{-f}(\varepsilon/d)^g$ 是一个与流形和管子特性有关的待定函数，即 $2KRe^{-f}(\varepsilon/d)^g=\phi(Re\varepsilon/d)$。

$$h_f=\Phi\left(Re\frac{\varepsilon}{d}\right)\frac{l}{d}\frac{u^2}{2} \tag{1-31}$$

对照式(1-27)，可得：

$$\lambda=\Phi\left(Re,\frac{\varepsilon}{d}\right) \tag{1-32}$$

通过实验建立其函数关系，在确定湍流 λ 值后，即可同样应用式(1-27)计算能量损失 h_f。

图 1-17 是一张将实验结果标绘在对数坐标纸（双对数坐标）上的摩擦系数 λ 与相对粗糙度 $\frac{\varepsilon}{d}$ 和雷诺数 Re 的关系图。

在图 1-17 中，可分为几种区域：

层流区（$Re\leqslant 2000$）内，λ 与 $\frac{\varepsilon}{d}$ 无关，$\lg\lambda$ 随 $\lg Re$ 增大呈线性下降，其关系为 $\lambda=64/Re$，与理论推导所得相符，表明能量损失与流速成正比。

湍流区（$Re\geqslant 4000$）内，λ 与 Re 和 ε/d 都有关，每一个值对应一条 λ-Re 关系线，λ 随 Re 增大而减小。ε/d 值大的关系线在 ε/d 值小的关系线的上方，即同一个 Re 值下，λ 随 $\frac{\varepsilon}{d}$ 的增大而增大。

完全湍流区（在图中虚线以上的区域）内，各 $\frac{\varepsilon}{d}$ 值的 λ 与 Re 关系线均为水平线，即 λ 不再随 Re 变化，λ 仅与 $\frac{\varepsilon}{d}$ 有关。一定 $\frac{\varepsilon}{d}$ 值下，λ 为常数，由式(1-27)可见，h_f 与流速平方

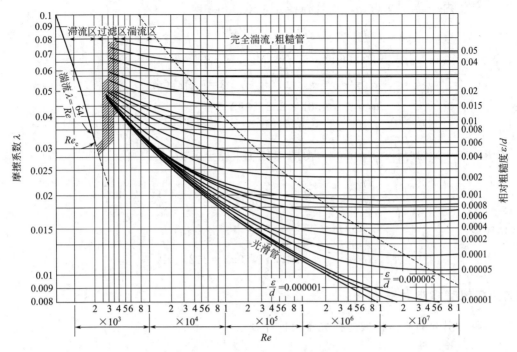

图 1-17　摩擦系数与雷诺数及相对粗糙度的关系图

成正比,所以此区亦称为阻力平方区。

对于 $2000<Re<4000$,流形随外界条件影响,λ 值也随之波动。简单起见,可按湍流延伸线查 λ。

此外,对各种 Re 范围还有不少经验关联式可参考使用。

流体通过非圆形直管流动时的机械能损失,仍可按式(1-27)计算,但计算时,Re 及 l/d 中的直径 d 应以当量直径 d_e 代替。当量直径 d_e 的定义为:

$$d_e = 4 \times 流体通道截面积/润湿周边长度 \tag{1-33}$$

对于由外径为 d_1 的内管和内径为 d_2 的外管所构成的环隙通道:

$$d_e = \frac{4(\pi d_2^2 - \pi d_1^2)}{\pi d_2 + \pi d_1} = d_2 - d_1 \tag{1-34}$$

对于长为 a、宽为 b 的矩形管道:

$$d_e = \frac{4ab}{2(a+b)} = \frac{2ab}{a+b} \tag{1-35}$$

这种做法,对于湍流,其结果较可靠。对于滞流,按 $\lambda = C/Re$,C 依截面形状而定。某些截面 C 值列于表 1-2 中。

表 1-2　某些非圆形管的常数 C 值

截面形状	正方形	等边三角形	环形	长方形(2:1)	长方形(4:1)
常数 C 值	57	53	96	62	73

【例 1-10】　一套管换热器,由 $\phi 56mm \times 3mm$ 与 $\phi 30mm \times 2.5mm$ 的钢管所构成,冷却水在环隙中流动,流量为 $10m^3/h$。按水的平均温度 $40℃$,相应 $\rho \approx 992 kg/m^3$,$\mu = 0.656 mPa \cdot s$,设管道相对粗糙度 (ε/d) 为 0.002,试估算水流过每米管长的机械能损失。

解 外管内径 $d_2=0.05$m，内管外径 $d_1=0.03$m。

$$u=\frac{V_s}{\frac{\pi}{4}(d_2^2-d_1^2)}=\frac{10/3600}{\frac{\pi}{4}\times(0.05^2-0.03^2)}=2.2 \text{（m/s）}$$

$$d_e=d_2-d_1=0.05-0.03=0.02 \text{（m）}$$

$$Re=\frac{d_e u \rho}{\mu}=\frac{0.02\times 2.2\times 992}{0.656\times 10^{-3}}=6.65\times 10^4 > 4000$$

依 $Re=6.65\times 10^4$ 和 $\frac{\varepsilon}{d}=0.02$，由图 1-17 查得 $\lambda=0.026$。

$$\sum h_f=\lambda\frac{l}{d_e}\times\frac{u^2}{2}=0.026\times\frac{1}{0.02}\times\frac{2.2^2}{2}=3.15 \text{（J/kg）}$$

相应地：
$$H_f=\frac{\sum h_f}{g}=\frac{3.15}{9.81}=0.32 \text{（m）}$$

$$\Delta p_f=\sum h_f\rho=3.15\times 992=3125 \text{（Pa）}$$

1.3.4 局部摩擦阻力损失

局部阻力引起的流体机械能损失有两种计算法。

(1) 当量长度法

流体流动过程中，将和管件、阀门产生同样阻力损失的直管长度称为管件的当量长度，以 l_e 表示。若管件、阀门两端的管径相同，l_e 是指同一管径的直管长度；如若管件、阀门两端的管径不同，l_e 则是指管径小的管子的直管长度。

管件、阀门的当量长度均由实验测得。图 1-18 为一共线图，先在左垂直线上找定管件的相应点，又在右垂直线查得表示管径的点，两点所连直线与图中间标尺相交，标尺上交点读数即为 l_e 值。

还可以从化工手册查到各种管件、阀门的 l_e/d 值。

在确定 l_e 之后，即可对应式(1-27)，写出局部阻力算式：

$$h_f^0=\lambda\frac{l_e}{d}\frac{u^2}{2} \tag{1-36}$$

(2) 阻力系数法

近似认为局部阻力引起的机械能损失，服从速度平方规律，即：

$$h_f^0=\zeta\frac{u^2}{2} \tag{1-37}$$

式中，ζ 称为局部阻力系数，由实验测定。

表 1-3 摘录一些常用的局部阻力系数值，许多管件的局部阻力系数可从有关手册中查到。

由于规格形式和加工精度差别甚大，从手册所查得的 l_e/d 与 ζ 值只是近似值，仅供参考。

表 1-3 部分管件、阀门的局部阻力系数值

名称	45°弯头	90°弯头	三通	四头弯	管接头	活接头	闸阀全开	闸阀半开	闸阀1/4开	截止阀全开	截止阀半开	管出口	管入口
阻力系数 ζ	0.35	0.75	1	1.5	0.04	0.04	0.17	4.5	24	6.4	9.5	1	0.5

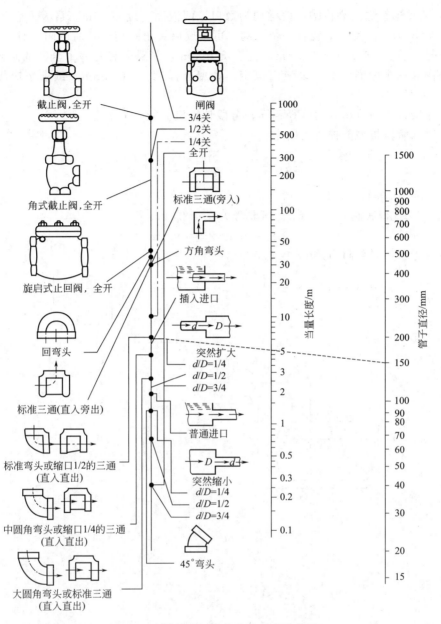

图 1-18　管件与阀件的当量长度共线图

1.3.5　管路系统中总机械能损失的计算

对于流体流经直径不变的管路时，要将直管总长度 l、管路上所有以 l_e 表示的管件当量长度之和 Σl_e 和以 ζ 表示的阻力系数之和 $\Sigma \zeta$，一并考虑，即全管路系统的总机械能损失 Σh_f，应按下式计算：

$$\Sigma h_f = \left(\lambda \frac{l + \Sigma l_e}{d} + \Sigma \zeta \right) \frac{u^2}{2} \tag{1-38}$$

如若管路系统由不同管径的管子组成，机械能损失应先按管径不同分段用式(1-38)计算，而后再将各段相加。

【**例 1-11**】　如附图所示，将 $\rho = 880 \text{kg/m}^3$，$\mu = 0.65 \text{mPa·s}$ 的 20℃ 苯，以流量 $V_s =$

$18m^3/h$，从贮槽输送到高位槽，两槽均为敞口，两液面高度差 10m。泵吸入管为 $\phi 89mm \times 4mm$，直管长 15m。管路上装有一个底阀（可按旋启式止回阀全开时的阻力计）、一个标准弯头。泵排出管为 $\phi 57mm \times 3.5mm$，直管长为 50m，管路上装有一个全开的闸阀、一个全开的截止阀和三个标准弯头。设液面恒定，管壁粗糙度 $\varepsilon = 0.3mm$。试求泵应提供的有效功率。

解 泵吸入管与排出管两管径不同，分段计算机械能损失：

（1）吸入管段机械能损失 $\sum h_{fa}$：

$$\sum h_{fa} = \left(\lambda \frac{l + \sum l_e}{d} + \sum \zeta\right)_a \frac{u_a^2}{2}$$

相应数据：$d = 0.081$，$l = 15m$。

由图 1-18 查得底阀 $l_e = 6.3m$、标准弯头 $l_e = 2.7m$。

$$\sum l_e = 6.3 + 2.7 = 9 \text{ (m)}$$

取进入管口的局部阻力系数 $\zeta = 0.5$。

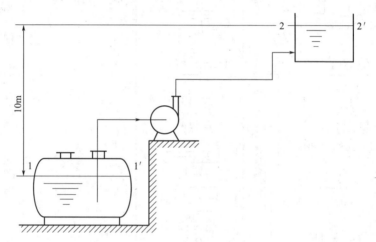

例 1-11 附图

$$u = \frac{18/3600}{\frac{\pi}{4} \times 0.081^2} = 0.97 \text{(m/s)}$$

$$Re = \frac{0.081 \times 0.97 \times 880}{0.65 \times 10^{-3}} = 1.06 \times 10^5$$

$$\varepsilon/d_a = 0.3/81 = 0.0037$$

从图 1-17 查得 $\lambda = 0.029$，所以：

$$\sum h_{fa} = \left(0.029 \times \frac{15+9}{0.081} + 0.5\right) \times \frac{0.97^2}{2} = 4.28 \text{ (J/kg)}$$

（2）泵排出管段机械能损失 $\sum h_{fb}$：

$$\sum h_{fb} = \left(\lambda \frac{l + \sum l_e}{d} + \sum \zeta\right)_b \frac{u_b^2}{2}$$

相应数据：$d = 0.05m$，$l = 50m$。

由图 1-18 查得全开闸阀 $l_e = 0.33m$，全开截止阀 $l_e = 17m$，三个标准弯头 $l_e = 3 \times 1.6 = 4.8$ (m)。

$$\sum l_e = 0.33 + 17 + 4.8 = 22.13 \text{(m)}$$

取管出口的局部阻力系数 $\zeta=1$。

$$u=\frac{18/3600}{\frac{\pi}{4}\times 0.05^2}=2.55(\text{m/s})$$

$$Re=\frac{0.05\times 2.55\times 880}{0.65\times 10^{-3}}=1.73\times 10^5$$

$$\varepsilon/d=0.3/50=0.006$$

从图 1-17 查得 $\lambda=0.0313$，所以：

$$\sum h_{fb}=\left(0.0313\times \frac{50+22.13}{0.05}+1\right)\times \frac{2.55^2}{2}=150\ (\text{J/kg})$$

(3) 管路系统的总机械能损失 $\sum h_f$：

取贮液面为 1—1′截面，高位槽液面为 2—2′截面。两槽中液流速度近似于 0，两槽液流机械能损失可不计，泵入口、出口和泵体内的机械能损失均计入泵效率中。所以全输送管路系统机械能损失，$\sum h_f=\sum h_{fa}+\sum h_{fb}$，即：

$$\sum h_f=4.28+150=154.3\ (\text{J/kg})$$

(4) 1—1′截面到 2—2′截面机械能衡算：

$$W_e=\frac{p_2-p_1}{\rho}+(Z_2-Z_1)g+\frac{u_2^2-u_1^2}{2}+\sum h_f$$

式中，以 $Z_1=0$；$Z_2=10$；$p_1=p_2=p_大$（大气压）。

提供给苯的有效功率为：

$$N_e=w_s W_e=\frac{18}{3600}\times 880\times 252.4=1110(\text{W})=1.11(\text{kW})$$

1.3.6 阻力对管内流体流动的影响

生产过程中，流体管路常由于阀门调节或管路连接的变动，而使流动阻力发生变化，因而改变了管内流体的流动状况，了解这种变化，对设计和对生产操作都有现实指导意义。现举例讨论以下几种情况：

(1) 简单管路中阻力对管内流动的影响

如图 1-19 所示，简单管路中有一阀门，阀门两侧管道上装有压强计 A 和 B。高位槽液面 1—1′恒定，其压强为大气压，$u_1\approx 0$，即 1—1′截面流体总机械能 E_1 为恒定值。管出口处高度一定，其压强为大气压，取 2—2′截面于管口外侧，$u_2=0$（出口机械能损失以局部阻力系数 $\zeta=1$，计入总机械能损失中），即 2—2′截面流体总机械能 E_2 也恒定。由 1—1′截面到 2—2′截面的机械能衡算可知，管路系统的总机械能损失 $\sum h_{f12}=E_1-E_2$ 是一个恒定值。

若阀门开度减小，局部阻力系数增大，则必然出现如下现象：

① 依 h_f 计算式(1-38)可知，$\sum h_{f12}$ 为定值，由于阀门的局部阻力系数 ζ 增大。则管道流速 u 必定减小。

② 因 u 减小，流体由 B 到管出口的机械能损失 $\sum h_{fB2}$ 相应减小，按机械能衡算 $E_B=E_2+\sum h_{fB2}$，则 B 截面处流体机械能 E_B 就要减小，压强计 B 的压强下降。

③ 因 u 减小，流体由 1—1′截面到 A 处的机械能损失 $\sum h_{f1A}$ 相应减小，按 $E_A=E_1-\sum h_{f1A}$，则 A 处流体机械能 E_A 增加，压强计 A 的压强升高。

对于简单管路分析，可得一般性结论：

① 管路中任何局部阻力增大都将使管路流速下降；
② 下游阻力增大将导致上游的静压强上升；
③ 上游阻力增大将导致下游的静压强下降。

还需注意的是，应避免将调节阀门装在明显高出管出口的高位管段上，因开度小时，阀后 E_B 较小，而高位处位能所占份额大，相应的静压 p_B 就显著很小，有可能引起液体汽化。

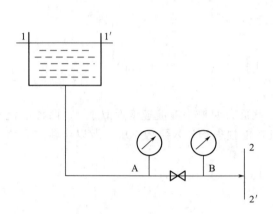

图 1-19　简单管路中阻力对管内流动的影响 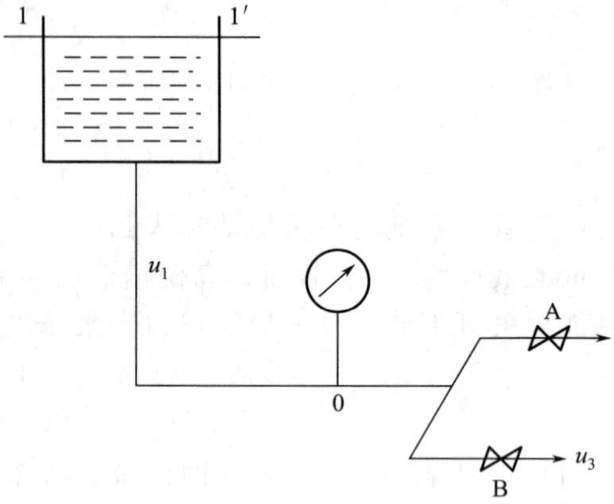　　　图 1-20　一根总管向两根支管分流的情况

（2）分支管路中阻力对管内流动的影响

图 1-20 所示为一根总管向两根支管分流的情况。

设原先 A、B 两阀均全开，现将 A 阀关小，此时将会出现如下情况：

① 由于 A 阀关小，按简单管路分析已得知：u_2 减小，0 点处 E_0 将增大，p_0 升高；

② E_0 增大，即 $E_0 - E_3 = \sum E_{f03}$ 增大，u_3 增大；

③ E_0 增大，即 $E_1 - E_0 = \sum E_{f10}$ 减小，u 减小。

总而言之，分支管中某一支阀门关小，阀门所在支管流量减小，另一支管流量增大，但总流量是减小的。

图 1-20 有两种极端情况应予以注意：

一种是主管阻力远小于支管，即主管机械能损失可忽略不计，$E_0 \approx E_1$，因此 $E_0 - E_3 \approx E_1 - E_3$ 基本不变，u_3 不会因 u_2 变化而明显变化。城市供水、煤气管路力求接近此情况。

另一种是主管阻力远大于支管，即支管阻力可忽略不计，$E_0 \approx E_3$，因此 $E_1 - E_0 \approx E_1 - E_3$ 基本不变，则总管流速 u_1 基本不变，总流量基本不变。一支管的流量减少将导致另一支管流量近似等量增加。

在分析分支管路管子加长情况时，要注意到支管是水平管还是垂直管。如支管是水平管，当支管加长即相当于一个支管阀门开度减小的情况；如若支管是垂直管，当支管加长时，虽增加管长，但却加大位能差，所以，定性分析可按开大阀门的情况来考虑。

（3）汇合管路中阻力对管内流动的影响

图 1-21 所示的是一个汇合管路系统。原先 A、B、C 三个阀都全开，高位槽 b 中 2—2′截面液体机械能 E_2 小于 a 槽中 1—1′截面的 E_1。

如若 A、B 阀保持全开，而关小 C 阀，则 0 处 E_0 增大，使 $E_1 - E_0$ 和 $E_2 - E_0$ 都减小，则 u_1、u_2 都减小，总管流速 u_3 也减小。支管和总管流量都减小。又因 $E_2 < E_1$，所以，当 C 阀关小到一定程度，就可能首先出现 $E_0 = E_2$，$u_2 = 0$，若继续将 C 阀关小，会出现倒流，流体由 0 点流向 b 槽。

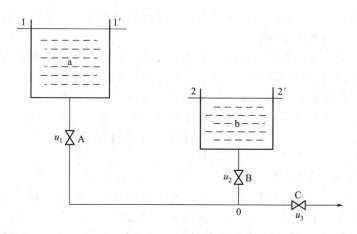

图 1-21 一个汇合管路系统

如若 A、C 阀保持全开，而将 B 阀关小，则 p_0 减小，E_0 减小，使 E_1-E_0 增大，u_1 增大，而 E_0-E_3 减小，u_3 减小。即一支管流量流小，引起另一支管流量增大，但总流量是减小的。

1.4 管路的安装与操作

在进行管路安装与排布时，应考虑到安装、检修、操作的方便和安全，并力图做到经济核算最优化。一般原则是：

① 除了下水道、上水总管和煤气总管之外，管道尽可能采用明线铺设。各种管线应成列平行铺设，便于设置共用管架。车间内，管架可固定在墙上，或沿天花板及平台安装；露天装置管路可沿柱架或吊架安装。管线尽可能走直线，少交叉。

② 管路距地高度以便于检修为准，但管路跨越道路时，不得低于通道要求的最低高度。跨过铁道的最低高度为 6m；跨过公路为 4.5m；跨过厂区主要交通干线一般为 5m；跨过人行道为 2m。

③ 无须拆修的管路连接用焊接；需要拆修的管路中，应适当配置法兰和活管接。并列管路上的管件和阀门位置应错开安装。输送腐蚀性流体管路的法兰不得位于通道上空。

④ 管路上下排列时：热介质管在上，冷介质管在下；高压管在上，低压管在下；无腐蚀介质管在上，有腐蚀介质管在下。管路内外排列时：低压管在外，高压管靠内（靠墙壁靠支柱）；需频繁检修的应在外，不常检修的靠内；重量大的管要靠墙靠支柱。管与管、管与墙之间都要留有检修的空间距离。

⑤ 为避免弯曲存液或受震，应按规范（或计算）跨距设支架。管路保证一定倾斜度：气体或易流液体为 3/1000～5/1000，含固粒液体为 1/100 或大于 1/100。对蒸汽管路经一定管段距应装有冷凝水排除器。冬季冰冻地区，地下管应埋在冰冻线之下。

⑥ 管路安装完毕后，应按规定进行强度和气密度试验。试验不合格，焊缝和连接处不得涂漆和保温。管路开工单前须用压缩空气或惰性气体进行吹扫。

1.5 管路计算及案例分析

就计算目的来说，管路计算可分为两类：一类是为完成给定的流体输送任务，确定合理的管路系统,称为设计型计算;另一类是对已固定的管路系统,核算在某给定条件下的输送能力或各项指标,称为操作型计算。

解决问题的手段,就是应用流体流动的物料衡算方程式、机械能衡算方程式和流动过程机械能损失的计算式(包括摩擦系数计算)三个基本关系式。在设计型计算中,一个参数的不同选择可得出不同的计算结果,所以,实际上还有一个经济核算问题。

因为在机械能损失的计算式中含有摩擦系数 λ,而 λ 与 Re 的关系是十分复杂的非线性函数,难于与其他基本关系式联立求解(层流或充分湍流情况除外)。所以,在管路计算的方法步骤上,依据已知参数的不同分为两种:

第一种,有直接计算 Re 的参数条件,此时,可从计算 Re 确定 λ 值开始,先求出流动过程流体机械能损失,进而按问题所求,应用机械能衡算式和物料衡算式求解出结果。

第二种,若管径 d 或流速 u,正是为满足流体输送需要的待定未知数。因而,不能直接计算 Re,无法确定 λ 值,难于按顺序直接计算,则通常采用试差法,或图解法等方法。

1.5.1 简单管路计算

简单管路,是指流体流动系统是一条没有分支的管道。管道可以是同一管径,也可以由不同直径管子串联而成。

例 1-11 的计算,是顺序直接计算方法的一个典型示例。此外,为确定输送管道所需位差或压差的计算,也是按这种方法进行,这里不再重复。

现举一示例,说明第二种方法的计算过程。

【**例 1-12**】 如附图所示,把 20℃ 的苯,由高位槽放入到低位设备,放液管内径为 25mm,管路总管长(包括进、出口和所有管路管件局部阻力的当量长度在内)为 30m,两设备均为常压,两容器液面高度差为 5m,管子相对粗糙度 $\varepsilon/d = 0.004$。试求输送流量为多少?(苯 $\rho = 879 \text{kg/m}^3$,$\mu = 0.737 \text{mPa·s}$)

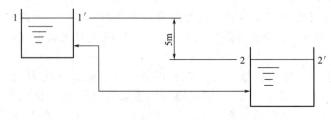

例 1-12 附图

解 取高位槽液面为 1—1′ 截面,低位设备内液面为 2—2′ 截面。

列出两截面间机械能衡算式:

$$\frac{p_1}{\rho} + Z_1 g + \frac{u_1^2}{2} - \sum h_f = \frac{p_2}{\rho} + Z_2 g + \frac{u_2^2}{2}$$

相应数据:$p_1 = p_2 = p_大$(大气压);$Z_2 = 0$,$Z_1 = 5\text{m}$,$u_1 \approx u_2 \approx 0$。

$$\sum h_f = \left(\lambda \frac{l + \sum l_e}{d} + \zeta\right)\frac{u^2}{2} = \lambda \frac{30}{0.025} \times \frac{u^2}{2} = 600\lambda u^2$$

数据代入:$\dfrac{p_大}{\rho} + 5 \times 9.81 + 0 - 600\lambda u^2 = \dfrac{p_大}{\rho} + 0 + 0$

得:$\lambda u^2 = 0.08175$

要解出 u,必须知道 λ,而 λ 取决于 Re,又需知 u。因 λ 与 Re 关系复杂,未能判断流

型，无法写出解析式用于联立求解，所以，一般用试差法求解。

由于 λ 值变化较小，从设 λ 值入手，依 $\frac{\varepsilon}{d}=0.004$，按完全湍流，参照 λ 与 Re 关系曲线，先设 λ＝0.028，则：

$$0.028u^2=0.08175$$
$$u=1.71\text{m/s}$$

校核：$Re=\dfrac{du\rho}{\mu}=\dfrac{0.025\times1.71\times879}{0.737\times10^{-3}}=5.10\times10^4$

依据 $Re=5.37\times10^3$ 和 $\varepsilon/d=0.004$，从图 1-17 查得 λ＝0.031。

重设 λ＝0.03，则：

$$0.03u^2=0.08175$$
$$u=1.65\text{m/s}$$

校核：$Re=4.92\times10^4$，查 $\dfrac{\varepsilon}{d}=0.004$ 的 λ 与 Re 关系曲线得 λ≈0.03。与假设基本相符，认为 u＝1.65m/s 正确。

所以：

$$V_s=u\times\frac{\pi}{4}d^2$$

$$V_s=1.65\times\frac{\pi}{4}\times0.025^2=8.1\times10^{-4}(\text{m}^3/\text{s})=2.91(\text{m}^3/\text{h})$$

由于 λ 与 Re 关系难以用单一简便方程表达，因而须用试差计算，但 λ 与 Re 已有关系曲线，所以此类题亦可用图解法。如本题将流速表示为 $u=Re\mu/(d\rho)=0.737\times10^{-3}Re/(0.025\times879)$，则题中计算式 $\lambda u^2=0.08175$ 可改写为 $\lambda Re^2=72.8\times10^6$，此表达式在双对数坐标的 λ-Re 图上为一直线，这样，只要定出 2 个点便可画出此直线，由直线与 $\varepsilon/d=0.004$ 的 λ-Re 关系线之交点，得出交点的 Re 值，则可算出 u 值。

对于管径 d 为输送管路系统待求的未知数，其解题过程也与求解 u 的过程相类同。

1.5.2 复杂管路计算

复杂管路，是指存在着流体分流或合流的管路系统。复杂管路的管子组合有分叉、汇合和并联等方式。

对子支管很少的稳态流动，可以按如下两个原则进行计算。

① 交汇点没有流体积累。对于不可压缩流体，若流体由一个主管分流入两个支管，或由两个支管汇合流入一个主管，总管流量必等于支管流量之和：

$$V_s=V_{s1}+V_{s2}$$

② 单位质量流体通过交汇点后，其所具有的机械能不变。因通常管路其他部分的阻力相对都较大，忽略流体经过交汇点的机械能变化是允许的。这样，就可以跨越交汇点列机械能衡算式，且对任一方向的管子来说，交汇点上单位质量流体所具有的机械能是相同的。

【例 1-13】 如附图所示的管道系统。用泵将 C 贮槽中密度 ρ 为 710kg/m³ 的油品，以流量 10800kg/h 向表压为 980.7kPa 的 A 塔顶部送油，又以流量 6400kg/h 向表压为 1180kPa 的 B 塔中部输油。C 贮槽液面表压为 49kPa，相对高度如附图所示。

依油品物性和管路情况，按输送油量，已估算出各管段的机械能损失分别为：贮液面 1—1′截面到交汇处 2—2′截面为 20J/kg、2—2′截面至 A 塔管进口 3—3′截面为 60J/kg、2—2′截面至 B 塔管进口 4—4′截面为 50J/kg。已知泵效率为 60％，试求泵的轴功率。

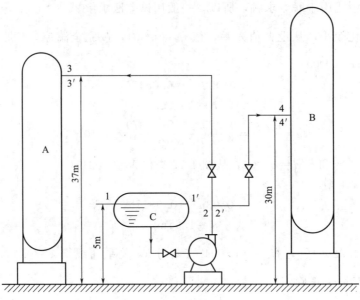

例 1-13 附图

解 先做机械能衡算,以地面为基准面,压强以表压计。在 2—2′ 截面到 3—3′ 截面列方程,2—2′ 截面处单位质量流体机械能为:

$$E_2 = \left(\frac{p_3}{\rho} + Z_3 g + \frac{u_3^2}{2}\right) + \sum h_{f23}$$
$$= 98.07 \times 10^4 \div 710 + 37 \times 9.81 + 0 + 60$$
$$= 1804 \ (\text{J/kg})$$

在 2—2′ 截面到 4—4′ 截面列方程,2—2′ 截面处单位质量流体机械能为:

$$E_2 = \left(\frac{p_4}{\rho} + Z_4 g + \frac{u_4^2}{2}\right) + \sum h_{f24}$$
$$= 118 \times 10^4 \div 710 + 30 \times 9.81 + 0 + 50$$
$$= 2006 \ (\text{J/kg})$$

为保证两支管均可按需流量输送,E_2 应取大的,即取 $E_2 = 2006 \text{J/kg}$。对 A 槽支管调节其阀门,增大 $\sum h_{f23}$,使流量仍符合任务要求。

在 1—1′ 截面到 2—2′ 截面列机械能衡算:

$$\frac{p_1}{\rho} + Z_1 g + \frac{u_1^2}{2} + W_e - \sum h_{f12} = E_2$$
$$49 \times 10^3 \div 710 + 5 \times 9.81 + 0 + W_e - 20 = 2006$$
$$W_e = 1908 \text{J/kg}$$

通过泵的质量流量为两支管流量的总和:

$$w_s = (10800 + 6400)/3600 = 4.78 \ (\text{kg/s})$$

泵提供的功率:

$$N_e = w_s W_e = 4.78 \times 1908 = 9116 \ (\text{W}) = 9.12 \ (\text{kW})$$

轴的功率:

$$N = N_e/\eta = 9.12/0.6 = 15.2 \ (\text{kW})$$

【例 1-14】 并联管路中,两支管直径皆为 80mm,都有一个局部阻力系数 $\zeta = 5$ 的换热

器和 $\zeta=0.17$ 的全开闸阀。支管 ADB 和其他管件当量长度 $(l+\sum l_e)$ 为 $20\mathrm{m}$，支管 ACB 的 $(l+\sum l_e)=5\mathrm{m}$。取两支管摩擦系数均为 0.03。已知总管流量为 $80\mathrm{m}^3/\mathrm{h}$，试求两支管流量各为多少？

解 对 1 支管（ADB）机械能衡算：

$$E_A - E_B = \sum h_{fADB}$$

对 2 支管（ACB）机械能衡算：

$$E_A - E_B = \sum h_{fACB}$$

依据交汇点单位质量流体机械能不发生变化，即 $\sum h_{fADB} = \sum h_{fACB}$。

$$\left(\lambda \frac{l+\sum l_e}{d} + \sum \zeta\right)_1 \times \frac{u_1^2}{2} = \left(\lambda \frac{l+\sum l_e}{d} + \sum \zeta\right)_2 \times \frac{u_2^2}{2}$$

$$\frac{u_1^2}{u_2^2} = \frac{\left(\lambda \frac{l+\sum l_e}{d} + \sum \zeta\right)_2}{\left(\lambda \frac{l+\sum l_e}{d} + \sum \zeta\right)_1} = \frac{0.03 \times \frac{5}{0.08} + 0.17 + 5}{0.03 \times \frac{20}{0.08} + 0.17 + 5} = 0.556$$

$$u_1 = \sqrt{0.556}\, u_2 = 0.745 u_2$$

因两只管径相同：

$$V_{s1} = 0.745 V_{s2} \quad \text{(a)}$$

稳态流动，交汇点无积累：

$$V_s = V_{s1} + V_{s2} \quad \text{(b)}$$

以 $V_s = 80\mathrm{m}^3/\mathrm{h}$ 代入式(a)、式(b) 联立得：

$$V_{s2} = 45.84 \mathrm{m}^3/\mathrm{h}$$
$$V_{s1} = 34.16 \mathrm{m}^3/\mathrm{h}$$

思考题

1-1 何谓绝对压力、表压和真空度？表压与绝对压力、大气压力之间有什么关系？真空度与绝对压力、大气压力有什么关系？

1-2 当气体温度不太低、压力不太高时，气体的密度如何计算？

1-3 若混合液接近理想溶液时，其密度如何计算？

1-4 流体静力学方程式有几种表达形式？它们都能说明什么问题？应用静力学方程分析问题时如何确定等压面？

1-5 如思考题 1-5 附图所示，在 A、B 两截面处的流速是否相等？体积流量是否相等？质量流量是否相等？

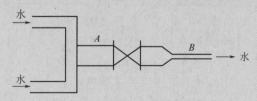

思考题 1-5 附图

1-6 如思考题 1-6 附图所示，很大的水槽中水面保持恒定。试求：(1) 当阀门关闭时，A、B、C 三点处的压力是否相同？(2) 将阀门开启，使水流出时，各点的压力与阀门关闭时是否相同？

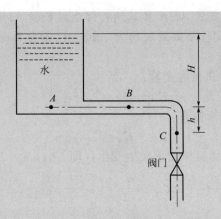

思考题 1-6 附图

1-7 何谓理想流体？实际流体与理想流体有何区别？如何体现在伯努利方程上？

1-8 如何利用伯努利方程测量等直径直管的机械能损失？测量什么量？如何计算？在测量机械能损失时，直管水平安装与垂直安装所测结果是否相同？

1-9 如何判断管路系统中流体流动的方向？

1-10 何谓牛顿黏性定律？流体黏性的本质是什么？

1-11 何谓流体的层流流动与湍流流动？如何判断流体的流动是层流还是湍流？

1-12 一定质量流量的水在一定内径的圆管中稳态流动，当水温升高时，Re 将如何变化？

1-13 在流体质点运动方面以及圆管中的速度分布方面，层流与湍流有什么不同？

1-14 层流时，管中心最大流速 u_{max} 的计算式是什么？管中心最大流速与平均流速有什么关系？

1-15 哈根-泊肃叶方程式是在什么条件下利用什么原理推导的？它能说明什么问题？

1-16 何谓层流底层？其厚度与哪些因素有关？

1-17 如何从哈根-泊肃叶方程式推导出流体在直管中作层流流动时的摩擦损失计算式？其摩擦系数 λ 如何计算？

1-18 管壁粗糙度对湍流流动时的摩擦阻力损失有何影响？何谓流体的光滑管流动？

1-19 何谓量纲分析法？量纲分析法的基础是量纲的一致性，何谓量纲的一致性？量纲分析的基本定理是 π 定理，何谓 π 定理？

1-20 摩擦系数只与雷诺数 Re 及相对粗糙度 ε/d 的关联图分为 4 个区域。每个区域中，λ 与哪些因素有关？哪个区域的流体摩擦损失 h_f 与流速 u 成正比？哪个区域的 h_f 与 u^2 成正比？光滑管流动时的摩擦损失 h_f 与 u 的几次方成正比？

1-21 何谓局部摩擦阻力损失？如何计算？与流速 u 的几次方成正比？

1-22 简单管路计算问题可分为几类？已知条件是什么？待求量是什么？用什么计算式？

1-23 在用皮托测速管测量管中流体的点速度时，需要用液柱压差计测量什么压力与什么压力之差值？

1-24 在用皮托测速管测量管内流体的平均流速时，需要测量管中哪一点的流体流速，然后如何计算平均流速？

1-25 孔板流量计测量流体流量的原理是什么？为什么在设计孔板流量计时，应使流量系数 α 处于定值的区域里（即 Re 改变而 α 不改变的区域里）？

习题

1-1 燃烧重油所得的燃烧气,经分析测知其中含 8.5% CO_2、7.5% O_2、76% N_2、8% H_2（均为体积分数）。试求在温度 500℃,压强 0.1MPa 时,该混合气体的密度。

1-2 某流化床反应器上装有两个 U 形管压差计（习题 1-2 附图）,测得 $R_1=400$mm,$R_2=50$mm,指示液为水银,为防止水银蒸气向空间扩散,在上面的 U 形管与大气连通的玻璃管内灌入一段水,其高度 $R_3=50$mm。试求 A、B 两处的表压。

1-3 某气柜（见习题 1-3 附图）内径 9m,钟罩及其附件共 10t,忽略其浸在水中部分所受的浮力,进入气柜的气速很低,动能及阻力可忽略。求:

(1) 入口气体表压为多少时,才能使钟罩上浮?

(2) 此时钟罩内外水位差 Δh 为多少?

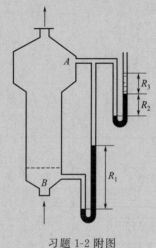

习题 1-2 附图

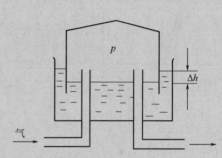

习题 1-3 附图

1-4 油水分离器中油水界面由倒装的 U 形管来维持与调节,其有关尺寸如习题 1-4 附图所示,油密度为 720kg/m³,水密度为 1000kg/m³。试求:

(1) 当 a 阀关闭,b 阀开启时,油水界面高度 H 为多少?

(2) 当 a 阀开启,b 阀也开启时,界面高度 H 又为多少?

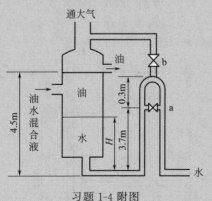

习题 1-4 附图

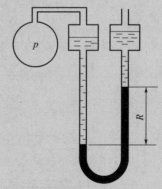

习题 1-5 附图

1-5 如习题 1-5 附图所示,用微压压差计测量管路中气体表压 p。压差计中以密度为 920kg/m³ 的油和密度为 998kg/m³ 的水为指示液,两扩大室内径 D 均为 60mm。U 形管

内径 d 为 6mm,当管路气体为大气压时,两扩大室液面平齐。当读数 $R=300$mm,问:

(1) 考虑扩大室液面变化,求气体表压为多少?

(2) 忽略扩大室液面变化(仍视为齐平),气体表压为多少?相对(1)计算,误差(%)为多少?

1-6 某气体转子流量计出厂刻度范围为 $10\sim50$m^3/h,现用来测量 98.1kPa(表压),50℃空气,按其刻度流量范围应为多少?

1-7 如习题1-7附图所示的密闭容器,插入的细管连通大气,容器的直径为 1m,小管的内径为 25mm,流动时的阻力系数为 0.62。试求容器中液面高度下降 1m(到通气管口处)所需的时间?

1-8 如习题1-8附图所示,用压缩空气压送 98% 浓硫酸,每批 0.3m^3,要求 10min 内压送完毕,管出口比贮液面高 15m。硫酸温度 20℃,管径 ϕ38mm×3mm,已估算出压送过程机械能损失为 10J/kg。试求开始时压缩空气的表压。

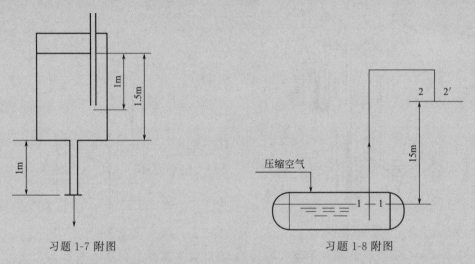

习题1-7附图　　　　　　　　习题1-8附图

1-9 如习题1-9附图所示,鼓风机吸入管内径为 200mm,现用以水为指示液的U形压差计,在喇叭形进口处测得U形压差计读数为 25mm,已知空气密度 $\rho=1.2$kg/m^3,忽略进口阻力。试求空气流量。

1-10 有一沉降池用于分离油水混合物(习题1-10附图)。池面上方为常压,液面计的水位高度读数是 1.2m。已知油密度为 833kg/m^3,水密度为 1000kg/m^3,混合物中油与水的体积比为 6:1。试求混合物分层后油水界面的高度和池内液面高度。

 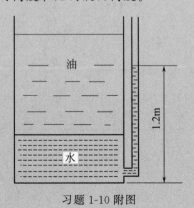

习题1-9附图　　　　　　　　习题1-10附图

1-11 27℃的N_2流过内径为150mm的管路，已知出口处气压为120kPa，出口处流量为20m/s，进口处气压为150kPa，试求进口处的流速和质量流速。

1-12 车间输水管路为$DN50$（2in）水管，流速为4m/s。今欲使流速减至2.5m/s，而用水量不变，拟采用两个改革方案：(1) 换一根粗管；(2) 增加一根管路。求各应选用的管子规格。

1-13 一管径由$\phi219\text{mm}\times 6\text{mm}$逐渐缩小到$\phi159\text{mm}\times 4.5\text{mm}$的水平管道，如习题1-13附图所示，管道中有甲烷流过，在操作温度和压强下，平均密度为1.43kg/m^3，流量为$1700\text{m}^3/\text{h}$，大小管道相距1m的A、B间连接一U形管压差计，以水为指示液，已算出由A到B因阻力引起的压降$\Delta p_f = W_e \rho$为196Pa。试求：U形管压差计的读数R值。

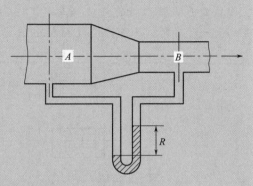

习题1-13附图

1-14 习题1-14附图所示为一个丙烯精馏塔回馏系统，精馏塔内的压强为1.33MPa（表压），贮槽内液面上方压强为2.06MPa（表压），丙烯管出口高出贮液面30m，丙烯密度为600kg/m^3。当输送量为40000kg/h时，管路全流程机械能损失为150J/kg。试核算将丙烯从贮槽送到塔是否需要泵。

1-15 将密度为900kg/m^3的液体从液面恒定的高位槽通过管子输送到设备中，如习题1-15附图所示。管子为$\phi89\text{mm}\times 3.5\text{mm}$，设备内压强为40kPa（表压），流量为$50\text{m}^3/\text{h}$时，管路系统压头损失（从槽到管出口的管内侧）为2m液柱。试确定高位槽液面应高出管出口的高度H。

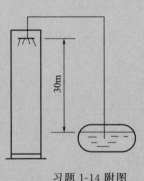

习题1-14附图

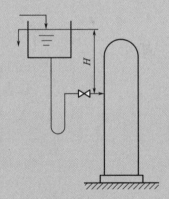

习题1-15附图

1-16 习题1-16附图所示的冷冻盐水循环系统。盐水的循环量为$45\text{m}^3/\text{h}$，密度为1100kg/m^3，管路直径相同，盐水自A流经两个换热器到B处的能量损失为98J/kg，自B到A处的能量损失为49J/kg、试计算：
(1) 设泵的效率为70%，泵的轴功率为多少？
(2) 若A处压强表读数为0.25MPa时，B处压强表读数为多少？

1-17 20℃的苯在一个由内径53mm的大管与内径为38mm的小管所组成的环状截面中流动，流速为1.5m/s。试判断其流动类型。

1-18 液体在圆直管内作层流流动，若流量、管长和液体的物性参数保持不变，而将管径减至原有的1/2,问因流动阻力而产生的机械能损失为原来的多少倍?

1-19 水由水塔引出,若输水管长度的最后设计方案较最初的设计方案短25%。因管子长度较长,即$\lambda l/d \gg 1$,局部阻力和动压头忽略不计,水塔水面高度不变,输送流动为完全湍流(阻力平方区)。试求缩短管长后的流量为原设计流量的多少倍?

1-20 习题1-20附图所示,将水由高位槽放入反应器,管子内径为30mm,在管子入口处B与高位槽的A点处接一U形压差计,指示液密度为1200kg/m³,当阀门调节到某一开度时,压差计读数$R=0.5$m,试估算其流量。

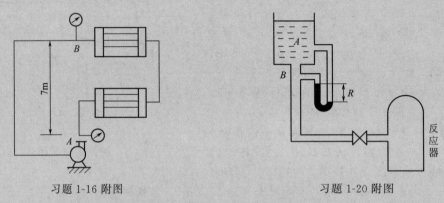

习题1-16附图　　　　　　　　　习题1-20附图

1-21 一锅炉由内径3.5m的烟囱所排出烟气为3.5×10^5m³/h,烟气平均温度260℃,烟气平均密度为0.6kg/m³,平均黏度为2.8×10^{-4}Pa·s。大气温度为20℃,在烟囱高度范围内大气的平均密度为1.15kg/m³。为克服煤灰阻力,烟囱底部压强较地面大气压要低243Pa,烟囱壁粗糙度取5mm。试求烟囱高度。

第 2 章　流体输送机械

本章符号说明

英文字母

D——当量直径，m
g——重力加速度，m/s²
H——泵的扬程（压力），m 液柱
H_g——泵的安装高度，m
Δh——汽蚀余量，m
k——绝热指数
l——长度，m
l_e——当量长度，m
m——质量，kg
P——轴功率，W
P_e——有效功率，W
n——转速，r/min
p_{st}——静风压，Pa

p_t——全风压，Pa
p——流体压力（压强），Pa
p_v——饱和蒸气压，Pa
V_s——体积流量，m³/s
T——热力学温度，K
u——流速，m/s
V——体积，m³
W_{iso}——等温压缩功，kJ/kg
W_{ad}——绝热压缩功，kJ/kg

希文

η——效率
λ——摩擦系数
ρ——密度，kg/m³

知识目标

1. 了解流体输送机械在工业生产及环境治理中的应用；了解各种类型泵的工作原理、特性；了解离心压缩机、鼓风机、各类真空泵的结构、工作原理。

2. 理解影响离心泵性能的主要因素；理解往复泵的结构、工作原理及性能参数；理解往复压缩机的工作原理。

3. 掌握离心泵的结构、工作原理、主要性能参数、特性曲线、流量调节、安装高度、操作及选型；掌握离心通风机的主要性能参数、特性曲线及选型。

能力目标

1. 通过本章学习，具备根据生产任务的要求和管道特性选择合适的输送设备的能力。

2. 学会离心泵安装高度的计算方法，并具备正确安装和使用的能力。

3. 掌握离心泵、往复泵、真空泵的操作与维护技术。

2.1 离心泵

离心泵是化工生产中最常用的一种液体输送机械。

2.1.1 离心泵的工作原理

图 2-1 是离心泵的装置简图。具有 6~12 片向后弯曲叶片的叶轮安装在泵壳内,并紧固于泵轴上。泵壳中央的吸入口与吸入管相连接,吸入管底部装有底阀,泵壳侧边的排出口与排出管路相接,其上装有调节阀。

离心泵由电动机带动,启动前先将被输送液体灌满吸入管路和泵壳。启动后泵轴带动叶轮旋转,迫使叶片间液体一起旋转,在离心力作用下,液体沿叶片通道从叶轮中心进口处被甩到外围,液体获得能量,静压能增高和流速增大,高速液体进入泵壳后,因流道逐渐扩大,大部分动能也变为静压能。于是液体以较高压强从排出口压入排出管路,输送到所需的场所。当液体被甩向外围时,叶轮中心造成低压,贮槽液面上的压力迫使液体进入叶轮中心。这样,只要不断旋转,液体就连续被吸入与排出。

如若离心泵启动前未充满液体,泵内存有空气,由于气体密度小,所产生离心力小,吸入口处所形成的低压不足以将液体吸入泵内。泵虽启动,但不能输送液体,此现象称为"气缚"。

离心泵的叶轮有闭式、半闭式和开式三种,如图 2-2 所示。开式适用于输送含有杂质的悬浮液,但效率较低,因部分液体会流回吸液侧。闭式效率较高,但只能输送清洁液体。

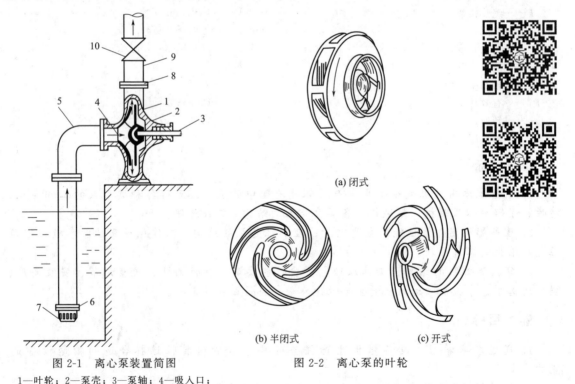

图 2-1 离心泵装置简图
1—叶轮;2—泵壳;3—泵轴;4—吸入口;
5—吸入管;6—底阀;7—滤网;
8—排出口;9—排出管;10—调节阀

图 2-2 离心泵的叶轮
(a) 闭式 (b) 半闭式 (c) 开式

2.1.2 离心泵的性能参数

离心泵的主要性能参数如下。

(1) 流量

流量就是以体积流量表示的送液能力，一般用 Q 表示，单位为 m^3/s（或 L/s、m^3/h 等）。可利用装在排出管上的阀门调节，由管路上的流量计直接测出流量。

(2) 扬程

扬程又称泵的压头，是指泵对单位重量液体所提供的能量，以 H 表示，单位为 J/N（或以 m 表示）。

离心泵压头的大小，取决于泵的结构、转速和流量，可通过实验测定，在泵的进出口处分别安装真空表和压力表，在一定转速下，测出某一流量下两表上的读数，便可依据机械能衡算求得相应的压头。

(3) 轴功率

轴功率是指泵轴从电动机所得到的功率，以 N 表示，单位为 W。可用功率表测出电动机的功率。当知道电动机效率，便能得到泵的轴功率。

(4) 泵效率

泵效率是指泵给液体的有效功率与泵轴所需的轴功率之比值，以 η 表示，即 $\eta = N_e/N$。

泵效率反映泵内部的能重损失，这可能出自三种原因：泵内高压液体泄漏回吸入口的容积损失、泵内液流速度大小和方向改变的水力损失，以及泵构件机械摩擦产生的机械损失。

【**例 2-1**】 附图所示的实验装置，泵吸入管径为 100mm，排出管径为 80mm，两测压口垂直距离为 0.5m，在 2900r/min 转速下，以 20℃ 清水为介质测得：

流量为 $15 \times 10^{-3} m^3/s$、出口处表压读数 $p_b = 255$kPa（表压）、吸入口处真空表读数 $p_a = 26.7$kPa（真空度）、电动机功率表测出功率为 6.2kW（电动机效率为 93%）。试求在该输送条件下的泵压头、轴功率和效率。

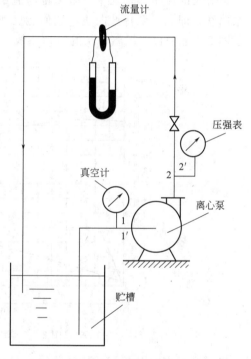

例 2-1 附图

解 入口和出口两测压处截面分别以 1—1′ 和 2—2′ 表示，对两截面进行机械能衡算：

$$H = \frac{p_2 - p_1}{\rho g} + (Z_2 - Z_1) + \frac{u_2^2 - u_1^2}{2g} + \sum H_f$$

相应数据：
$$\begin{aligned} p_2 - p_1 &= (p_b + p_{大}) - (p_{大} - p_a) = p_b + p_a \\ &= 2.55 \times 10^5 + 2.67 \times 10^4 \\ &= 28.17 \times 10^4 \ (Pa) \end{aligned}$$

$$Z_2 - Z_1 = 0.5 m$$

$$u_1 = \frac{4Q}{\pi d_1^2} = \frac{4 \times 15 \times 10^{-3}}{\pi \times 0.1^2} = 1.91 \ (m/s)$$

$$u_2 = \left(\frac{d_1}{d_2}\right)^2 u_1 = \left(\frac{0.1}{0.08}\right)^2 \times 1.91$$
$$= 2.98 \text{ (m/s)}$$

进出口到两测压处接管均很短，$\sum H_f \approx 0$。

即：
$$H = \frac{28.17 \times 10^4}{100.6 \times 9.81} + 0.5 + \frac{2.98^2 - 1.91^2}{2 \times 9.81} + 0$$
$$= 29.5 \text{ (m)}$$

泵的有效功率：
$$N_e = m_s W_e = Q\rho H g$$
$$= 15 \times 10^{-3} \times 1000 \times 29.5 \times 9.81 = 4340 \text{ (W)}$$

泵的轴功率：
$$N = 6.2 \times 10^3 \times 0.93 = 5766 \text{ (W)}$$

泵效率：
$$\eta = N_e/N = 4340/5776 = 0.751$$

离心泵的压头、轴功率、效率都与流量有关，通过实验测定，将这些关系标绘成一系列关系曲线，即离心泵特性曲线，它们能反映泵的基本性能。

图 2-3 是一台单级离心泵的特性曲线。

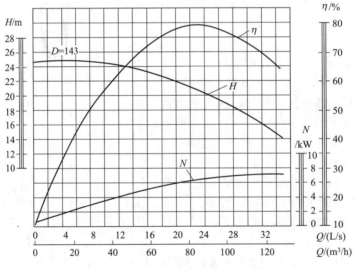

图 2-3 单级离心泵的特性曲线

各种型号离心泵各有其特性曲线，但有共同点：
① 离心泵的压头随流量的增大而下降（流量极小时可能有例外）；
② 轴功率随流量增大而增大，流量为零时轴功率最小；
③ 随流量增大，泵效率随之上升并达到一最大值，而后效率随流量增大而下降。表明在一定转速下有最高效率点，称为设计点。离心泵铭牌上标出的就是最高效率及其对应的流量、轴功率等最佳参数。

生产厂所提供的泵特性曲线，一般是用常温清水测定的，若输送液体与清水性质相差很大，就必须加以修正。

泵输送黏度大的液体，液体在泵内能量损失大，使泵的流量、压头和效率都减小，而轴功率加大。当液体运动黏度 μ/ρ 大于 $20\text{cSt}(20 \times 10^{-6} \text{ m}^2/\text{s})$ 时，要参考有关方法对用水测定的特性曲线作校正。

液体密度不影响泵的流量。密度大产生的离心力大，相应的液体出口压强增大，但压头是压强除以液体密度和重力加速度的乘积，密度对压头的影响就消除了，即密度不影响压头。流量和压头不受密度影响，则效率也不改变，但有效功率与密度成正比，所以轴功率应加以校正。

当转速由 n_1 改为 n_2，变化小于 20% 时，其流量、压头及功率的近似关系（称比例定律）为：

$$Q_2/Q_1=n_2/n_1, H_2/H_1=(n_2/n_1)^2, N_2/N_1=(n_2/n_1)^3 \tag{2-1}$$

在转速不变，叶轮直径由 D_1 改为 D_2，变化不大时，其流量、压头及功率的近似关系（称切割定律）为：

$$Q_2/Q_1=D_2/D_1, H_2/H_1=(D_2/D_1)^2, N_2/N_1=(D_2/D_1)^3 \tag{2-2}$$

2.1.3 离心泵的工作点与流量调节

当离心泵安装在特定的管路系统中工作时，其流量和扬程不仅与离心泵本身特性有关，而且还取决于管路的工作特性。

(1) 管路特性曲线

在用离心泵输送液体的管路系统中，液体要求泵提供的能量可由机械能衡算求得：

$$H_e = \Delta Z + \frac{\Delta p}{\rho g} + \frac{\Delta u^2}{2g} + \sum H_f$$

对特定管路，$\Delta Z + \frac{\Delta p}{\rho g}$ 是个不随流量变化的定值，现以 K 表示，动压头变化值相对来说很小，可略去不计（或作为进出口阻力计入机械能损失中）。由泵输送的流体在管内流动，通常为湍流状态，摩擦系数 λ 值变化很小，可视操作处于阻力平方区，即固定管路下，阻力随流量的平方变化，现表示为 $\sum H_f = BQ_e^2$。则液体所需压头的表达式可写为：

$$H_e = K + BQ_e^2 \tag{2-3}$$

式(2-3) 就是特定管路的液体所需压头与流量的关系式，将其标绘在 Q-H 坐标上所得的曲线，称为管路特性曲线，见图 2-4 中曲线 Ⅰ。

(2) 离心泵的工作点和流量调节

安装在特定管路上的离心泵所输送的液体流量和所提供的压头，就是管路的流量和液体所需的压头。所以，将管路特性曲线 Ⅰ 与离心泵的特定曲线 Ⅱ 绘制于同一坐标图内，如图 2-4 所示，两曲线的交点 M 就是离心泵在该管路中的工作点。

按液体输送的需要调节流量，实际上就是改变离心泵的工作点的位置。显然，可通过改变两特性曲线之一来达到工作点位置的变化。

利用安装在离心泵出口管路上的调节阀，改变阀门开度，就会改变管路的局部阻力，从而使管路特性曲线发生变化，导致离心泵的工作点改变，如图 2-5 所示。此法虽以增大阻力将能量浪费于阀门上，且大幅度调节容易使离心泵在低效率下工作，经济上不合理，但由于操作简便灵活，对经常需要改变流量的场合，尤为适用，是化工中最常用的方法。

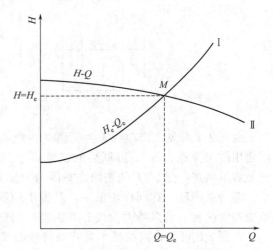

图 2-4 管路特性曲线与泵的工作点

通过改变离心泵的转速或叶轮直径，以改变离心泵特性曲线而达到工作点改变，如图 2-6 所示，这种方法虽不会额外增加管路阻力，但改变转速需要变速装置；变更叶轮只能是定期性的。所以，此法在化工中实际上很少使用。

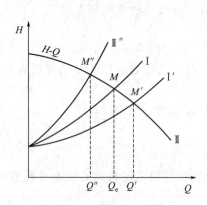

图 2-5　改变阀门开度时流量变化的示意图

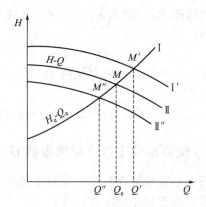

图 2-6　改变转速时流量变化的示意图

(3) 离心泵的组合操作

离心泵的组合操作，实质上就是通过泵组合形成一条新的组合泵特性曲线，从而与管路特性曲线形成新的工作点。

两台相同离心泵并联，各有其相同的吸入管路，则相同压头下，并联泵的流量为单泵的两倍。如图 2-7 所示，将一台泵特性曲线 II 在纵坐标不变条件下，在横坐标方向上加倍，可以绘出两泵并联后的特性曲线 II′。

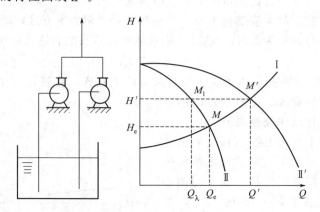

图 2-7　离心泵的并联

由图 2-7 可见，当曲线 I 为管路的特性曲线，一台泵单独使用时的工作点为 M，两台并联使用的工作点为 M'。并联后的流量 Q' 大于单独用时的 Q，但 $Q' < 2Q$，即两泵并联不可能使流量增加一倍。H' 的增加，是因阻力随 Q 增大。

两台泵串联，在同样流量下，其提供的压头为单台泵的两倍。如图 2-8 所示，在横坐标不变的情况将一台泵特性曲线 II 的纵坐标加倍，即可绘出串联后的特性曲线 II′。

由图 2-8 可见，当曲线 I 为管路特性曲线，一台泵单独使用时的工作点为 M，两台串联使用的工作点为 M''。串联后的压头 H'' 大于一台单独使用时的 H'，但 $H'' < 2H'$，即两泵串联不可能使压头提高一倍。串联还增大了流量。

离心泵组合操作的效果，因特性曲线不同而异。对于低阻输送管路，并联优于串联，如图 2-9 所示。低阻的管路特性曲线 I 上，并联工作点 I′ 的流量大于串联工作点 1″ 的流量。

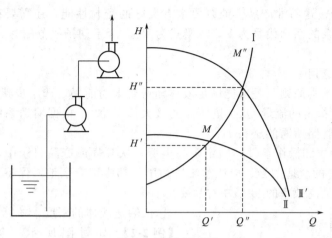

图 2-8 离心泵串联

而对于高阻的管路特性曲线 Ⅰ′上，串联工作点 2″的流量反而大于并联工作点 2″的流量，即高阻输送管路，串联却优于并联，所以，选择组合方式，应对具体情况加以比较而定。

如果输送量变化幅度很大时，采用并联方式，有可能通过增减泵运行台数来适应流量变化，而使泵在较好的效率下工作，但串联则较有可能满足管路因 $\Delta Z+\dfrac{\Delta p}{\rho g}$ 增加的压头需要。

2.1.4 离心泵类型和选用

(1) 离心泵的类型

为适应各种不同要求，离心泵的类型很多，现对化工厂常用的离心泵类型作简要说明。

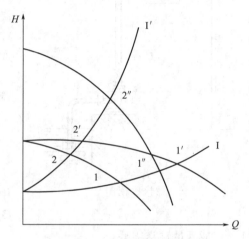

图 2-9 组合方式选择

① 水泵　常用于输送清水以及物理、化学性质类似于水的清洁液体。

应用最广的是单级单吸式离心泵。IB 型单级单吸离心泵是全国排灌机械行业按照 ISO 2858 国际标准和国家标准，联合设计和制造的更新换代的节能产品。性能范围（按设计点）：转速为 1450~2900r/min，流量为 6.3~400m³/h，扬程为 5~125m，功率为 0.55~110kW，输液温度不得超过 80℃，全系列泵有 31 种（见附录）。

现以 IB80-65-160 (A) 为例说明型号意义：

IB——符合国际标准的单级单吸离心泵；

80——泵体入口直径，mm；

65——泵体出口直径，mm；

160——叶轮名义外径，mm；

(A)——叶轮外径第一次切割（还有第二、第三次切割的 B、C）。

此外，水泵还有高扬程低流量的多级式离心泵和低扬程高流量的双吸式离心泵。

② 耐腐蚀泵　用于输送酸、碱等腐蚀性液体。耐腐蚀泵的特点是泵与液体接触的部件是用耐腐蚀材料制成的，其系列代号为 F，扬程范围为 15~105m，流量范围为 2~400m³/h。

③ 油泵　用于输送石油产品。油泵要求有良好的密封性能，还需要有良好的冷却系统（如冷却夹套），油泵的系列代号为Y，双吸式为YS，全系列扬程范围为60～600m，流量范围为25～500m³/h。

(2) 离心泵的选用

选择离心泵的基本原则，是以能满足液体输送要求为前提，选用步骤为：

① 按输送任务指定的流量 Q_e（按所需的最大值考虑），根据输送系统管路的安排，应用机械能衡算求出管路所需的压头 H_e。

② 根据液体性质和操作条件，确定泵的类型，从泵样或产品目录中，选出能满足所需流量 Q_e 和压头 H_e 的合适型号。应注意流量和压头都应留有余地，保持泵能在高效率区工作（通常以不低于最高效率的92%左右为妥）。

③ 依输送液体的密度，核算轴功率。

【例 2-2】　如附图所示，今要求将河水以100m³/h的流量，输送到一高位槽中，高位槽水面高出河面10m，管路系统总压头损失为7m（H_2O 柱）。试选择一适当的离心泵并估算由于阀门调节而多消耗的轴功率。

解　以河面 1—1′ 为基准面，作 1—1′ 与 2—2′ 截面间机械能衡算。

$$H_e = \Delta Z + \frac{\Delta p}{\rho g} + \frac{\Delta u^2}{2g} + \sum H_f$$

$$= 10 + 0 + 0 + 7 = 17 \text{ (m)}$$

依据 $Q_e = 100\text{m}^3/\text{h}$，$H_e = 17\text{m}$，从有关资料中选用 IB-100-80-125 型号的泵。该泵性能参数为：$Q = 100\text{m}^3/\text{h}$，$H = 20\text{m}$，轴功率 $N = 6.7\text{kW}$，$\eta = 81\%$。能满足输送需要。

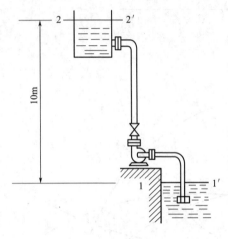

例 2-2 附图

由于所选泵压头高出所需，即 $\Delta H = 20 - 17 = 3$（m）。为了将离心泵工作点调节到 $Q = 90\text{m}^3/\text{h}$、$H = 20\text{m}$ 点，操作时调节阀门开度，将能量消耗在阀门上，则多耗的轴功率为：

$$\Delta N = \frac{\Delta N_e}{\eta} = \frac{Q \rho \Delta H g}{\eta}$$

$$= \frac{(100/3600) \times 1000 \times 3 \times 9.81}{0.81} = 1009.3 \text{ (W)} = 1.01 \text{ (kW)}$$

2.1.5　离心泵的吸上高度

液体是靠贮液槽液面与泵入口处的压强差而被吸入泵内的。

如图 2-10 所示，在贮液面与泵的入口处进行机械能衡算，得吸上高度 H_g 为：

$$H_g = \frac{p_0 - p_1}{\rho g} - \frac{u_1^2}{2g} - H_{f01} \tag{2-4}$$

式中，p_0、p_1 分别为贮液面和泵入口处压强；u_1 为入口处流速；H_{f01} 为吸入管阻力。

由式(2-4)可见，当贮液面压强 p_0 为定值，即使泵入口处达到绝对真空，液体被吸上高度 H_g 也不可能超过相当于贮液面压强的液柱高度 $\frac{p_0}{\rho g}$，$\frac{p_0}{\rho g}$ 是实际上不可能出现的一个理想限度。

当泵入口处的静压强下降至泵送液体在工作温度下的饱和蒸气压 p_v 时，液体将部分汽化，生成大量蒸气泡。含气泡液进入叶轮后，由于压强升高，气泡将急剧凝结，气泡消失，形成局部真空，使周围的液体以极高速度涌向原气泡处，产生非常大的冲击力，造成对叶轮和泵壳的冲击使其震动并发出噪声。尤其当气泡凝结发生在叶片表面附近时，叶轮被冲击，使金属粒子脱落呈海绵状，这种现象称为汽蚀现象。

为了避免汽蚀现象，液体在最低压处的压强必须高于工作温度下的饱和蒸气压。因泵内最低压处是在叶轮入口处，从泵入口到叶轮入口，还有流速的变化和阻力。所以，为了防止汽蚀，泵入口处可允许的最低压强只能通过实验确定，并将实验结果，以允许汽蚀余量 Δh 或允许吸上真空度 H_s 两种方式表达。

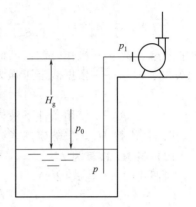

图 2-10　吸上高度示意图

① 允许汽蚀余量 Δh，是指为防止汽蚀，在泵入口处液体静压头与动压头之和 $\left(\dfrac{p_1}{\rho g}+\dfrac{u_1^2}{2g}\right)$，超过其饱和蒸气压头 $\left(\dfrac{p_v}{\rho g}\right)$ 的最小允许值，即：

$$\Delta h = \frac{p_1}{\rho g} + \frac{u_1^2}{2g} - \frac{p_v}{\rho g} \tag{2-5}$$

将式(2-5)代入式(2-4)，得出允许吸上高度的计算式：

$$H_g = \frac{p_0}{\rho g} - \frac{p_v}{\rho g} - \Delta h - H_{f01} \tag{2-6}$$

Δh 作为泵的抗汽蚀的性能参数，由泵生产厂测定提供（工厂提供的汽蚀余量的允许值 Δh 比最小汽蚀余量留有 0.3m 的裕量，最小汽蚀余量有时也表达为净正吸入压头"NPSH"）。Δh 随 Q 增大而增大，所以计算 H_g 应选取最大流量下的 Δh 值。

② 允许吸上真空度 H_s，是指为防止汽蚀，泵入口处可允许达到的最大真空度。当地大气压为 p_a，即

$$H_s = \frac{p_a - p_1}{\rho g} \tag{2-7}$$

泵厂提供的 H_s 值，是在 $p_a = 101.33$kPa 下，对敞口贮槽的 20℃清水进行测定得出的。如果泵的使用条件同泵厂的测定条件相同，将式(2-7)代入式(2-4)，因 $p_0 = p_a$，则得出吸上高度 H_g 为：

$$H_g = H_s - \frac{u_1^2}{2g} - H_{f01} \tag{2-8}$$

$$= H_s - H_{f01} \quad (一般 \frac{u_1^2}{2g} 项相对很小)$$

因为 H_s 值随 Q 增大而减小，因此计算 H_g 时，应采取操作 Q 最大时所对应的 H_s 值。

当泵的使用条件与泵厂测定条件不同时，可采用两种方法来确定 H_g。

(1) 将泵厂提供的 H_s 值校正为 H_s'

可认为吸上真空高度随贮液面压强增大而增大，随液体饱和蒸气压的增大而减小，按式(2-9)将 H_s 换算为 H_s'

$$H'_s = \left[H_s + \left(\frac{p_0}{9.81 \times 1000} - 10.33 \right) - \left(\frac{p_v}{9.81 \times 1000} - 0.24 \right) \right] \times \frac{1000}{\rho} \quad (2-9)$$

式中 p_0、p_v——操作时贮槽液面压强与操作温度下液体饱和蒸气压，Pa；

10.33、0.24——依据测定压强为101.33kPa、20℃水饱和蒸气压为2.33kPa，按（101.33$\times 10^3/9.81 \times 10^3$）与（2.33$\times 10^3/9.81 \times 10^3$）算得；

ρ——使用条件下液体密度，kg/m³。

以 H'_s 代替 H_s，仍然应用式(2-8) 计算吸上高度 H_g。

（2）将 H_s 换算为 Δh

对照式(2-6)与式(2-8)，则：

$$\frac{p_0}{\rho g} - \frac{p_v}{\rho g} - \Delta h - H_{f01} = H_s - \frac{u_1^2}{2g} - H_{f01}$$

在测定条件$\left(\frac{p_0}{\rho g} - \frac{p_v}{\rho g} \right) = (10.33 - 0.24) = 10.09$，即得：

$$\Delta h = 10.09 - H_s + \frac{u_1^2}{2g} \approx 10 - H_s \quad (2-10)$$

由于式(2-6)中已包括了 p_0 和 p_v 的影响，因此，通常不作 Δh 校正，可将 Δh 值作为不变值代入式(2-6)，用于计算不同操作条件下泵的吸上高度 H_g（对高黏度液体等情况，Δh 的校正可参考有关专著）。

【例 2-3】 使用 IB50-32-160 离心泵，输送的液体流量为 8.8～16.3m³/h（在 $n=2900$r/min 转速下操作）。①用在大气压为 101.33kPa 地区，从水池向它处输送 20℃的清水。②用在大气压为 100kPa 地区，从敞口贮槽输送油品到某设备，油品在操作温度下的密度 $\rho = 900$kg/m³、饱和蒸气压 $p_v = 27$kPa。吸入管的压头损失均按 2m（液柱）计。试求出两种情况下泵的允许吸上高度 H_g。

解 按最大使用流量为 16.3m³/h，从附录查得 IB50-32-160 的泵在转速 $n=2900$r/min 下，$H_s = 7.6$m。按型号知 $d_1 = 50$mm，

即

$$u_1 = \frac{16.3}{3600 \times \frac{\pi}{4} \times 0.05^2} = 2.3 \text{(m/s)}$$

① 操作条件与测定条件相同，无须校正 H_s，可直接应用式(2-8) 计算 H_g：

$$H_g = H_s - \frac{u_1^2}{2g} - H_{f01} = 7.6 - \frac{2.3^2}{2 \times 9.81} - 2 = 5.32 \text{(m)}$$

② 操作条件不同于测定条件，先按式(2-9) 算 H'_s：

$$H'_s = \left[H_s + \left(\frac{p_0}{9.81 \times 1000} - 10.33 \right) - \left(\frac{p_v}{9.81 \times 1000} - 0.24 \right) \right] \times \frac{1000}{\rho}$$

$$= \left[7.6 + \left(\frac{100 \times 10^3}{9.81 \times 1000} - 10.33 \right) - \left(\frac{27 \times 10^3}{9.81 \times 1000} - 0.24 \right) \right] \times \frac{1000}{900}$$

$$= 5.50 \text{ (m)}$$

应用式(2-8) 计算 H_g：

$$H_g = H'_s - \frac{u_1^2}{2g} - H_{f01} = 5.50 - \frac{2.3^2}{2 \times 9.81} - 2 = 3.23 \text{ (m)}$$

或者按式(2-10) 算 Δh：

$$\Delta h = 10.09 - H_s + \frac{u_1^2}{2g} = 10.09 - 7.6 + \frac{2.3^2}{2 \times 9.81} = 2.76 \text{ (m)}$$

应用式（2-6）：
$$H_g = \frac{p_0}{\rho g} - \frac{p_v}{\rho g} - \Delta h - H_{f01}$$

则得：
$$H_g = \frac{100 \times 10^3}{900 \times 9.81} - \frac{27 \times 10^3}{900 \times 9.81} - 2.76 - 2 = 3.50 \text{ (m)}$$

2.2 化工中常用的其他类型泵

2.2.1 往复泵

往复泵是一种容积式泵，图2-11为往复泵的装置简图。主要部件有泵缸、活塞、活塞杆、吸入单向阀和排出单向阀。活塞杆与传动机构相连而作往复运动。当活塞向泵缸外拉出时，泵缸内形成减压，吸入阀推开而液体被吸入。当活塞向泵缸内压入时，泵缸内形成高压，吸入阀关闭而排出阀被压开而将液体压入排出管道。

活塞运动距离称为冲程。活塞一个来回往复运动为一次工作循环，一次循环仅吸、排液各一次，这类泵称为单动泵。若活塞的左右两侧均装有吸入阀和排出阀，不论活塞往与返都同时有吸液和排液，此类泵即为双动泵，如图2-12所示。由于活塞是由曲柄连杆机构所带动的，活塞往复运动是不等速的，所以排液量随活塞移动而波动不匀。

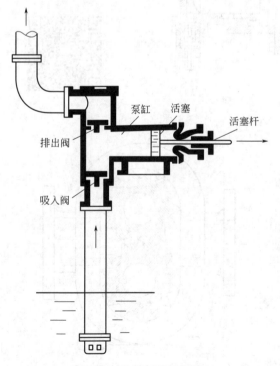

图 2-11 往复泵装置简图

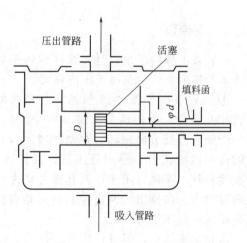

图 2-12 双动往复泵示意图

相对于离心泵，往复泵具有以下特点：

① 往复泵是靠工作容积扩张造成低压而吸液的，因而具有自吸能力，启动前无须先向泵内灌液。但是，和离心泵相同，都是依赖贮液面与泵内的压差而吸入液体的，所以，往复

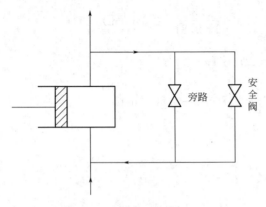

图 2-13 旁路部分循环调节示意图

泵的吸上高度同样是受限制的。

② 往复泵的流量只与活塞移动所扫过的体积和往复次数有关，而与管路情况无关，即不论在什么压头下工作，每往复一次，都排出同量液体（压头过高，可能有漏液）。

③ 往复泵的扬程与泵的几何尺寸无关，只要泵的机械强度和原动机的功率允许，往复泵就能依照输送系统要求，提供所需压头。

以上特点②、③称为正位移特性，具有正位移特性的泵称为正位移泵。正位移泵的流量调节通常采用排出液旁路部分循环的方法，如图 2-13 所示。

因往复泵的流量与活塞冲程成正比，因此，用偏心轮调节活塞冲程，可以准确控制或调节流量。所以，往复泵用途之一是作为化工生产中的计量泵。图 2-14 为一柱塞式计量泵。

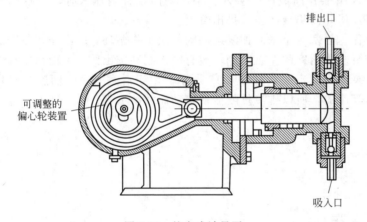

图 2-14 柱塞式计量泵

2.2.2 旋转泵

旋转泵也称转子泵，是靠泵体内转子的旋转而吸入和排出液体，也属于正位移泵。

① 齿轮泵　如图 2-15 所示，泵壳内的两个齿轮相互啮合，由传动机构带动一个齿轮转动，另一个随之作反方向旋转。在泵的吸入口，两齿轮的齿向两侧拨开，形成低压区，液体被吸入。齿轮旋转时，液体封闭于齿穴与泵壳体之间，被压向排出端。在排出端两齿轮的齿互相合拢，形成高压区将液体排出。

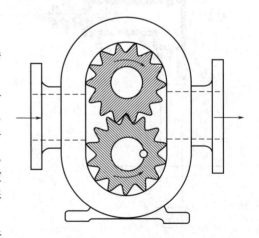

图 2-15 齿轮泵

齿轮泵流量小，但可产生较高压头，适用于输送黏稠液体以及膏状物料，但不宜输送含固粒的悬浮液。

② 螺杆泵　螺杆泵分为由单螺杆和多个螺杆构成的多种螺杆泵，图 2-16(a) 为单螺杆泵，螺杆在具有内螺旋的泵壳中偏心转动，将液体沿轴向推进，最后由排出口排出。

图 2-16(b) 为双螺杆泵，其工作原理与齿轮泵十分相似，利用两个相互啮合的螺杆来输送液体。螺杆泵压头高、效率高、无噪声，适用在高压下输送高黏度液体。

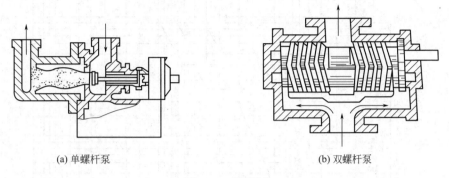

(a) 单螺杆泵　　　　　　　　　　(b) 双螺杆泵

图 2-16　螺杆泵

2.2.3　旋涡泵

旋涡泵是一种特殊类型的离心泵。如图 2-17 所示，泵壳呈圆形，吸入口在泵顶部与排出口相对，由与叶轮间隙极小的间壁，将吸入口与排出口隔开。叶轮是一个圆盘，四周铣有凹槽而构成叶片，叶片呈辐射状排列。在叶轮旋转过程中，泵内液体随之旋转，且在径向环隙的作用下多次进入叶片，液体在叶片凹槽和流道间反复作旋涡形运动，多次受离心惯性力作用。因此，液体在泵内流动与在多级离心泵中相类似。

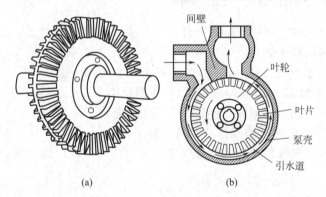

图 2-17　旋涡泵

由于同是靠离心力作用，故和离心泵一样，旋涡泵启动前也要灌液，压头也随流量的增大而下降。但旋涡泵压头随流量的增大而下降的幅度很大，致使流量减小时，压头升高很快，轴功率也增大，如图 2-18 所示。所以，应避免在太小流量或出口阀门关闭下长时间运转，应在出口阀全开时启动泵，也只能采用与正位移泵一样的旁路循环法调节流量。

图 2-19 为各种泵的适用范围，可作为结合生产任务选择泵的参考。随着各种泵的技术性能的改进，适用范围亦可随之变化，对泵的比较也不能孤立看待，要综合考虑。

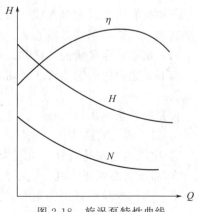

图 2-18　旋涡泵特性曲线

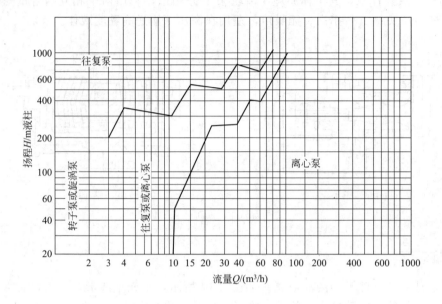

图 2-19　各类型泵的适用范围

2.3　化工中常用的气体输送机械

化工中气体输送机械主要用于输送气体、产生高压气体或产生真空。按气体可能达到的终压或压缩比（气体出口压强与进口压强之比）来分类，可分为：

① 通风机　终压小于 15kPa（表压），压缩比为 1～1.15。
② 鼓风机　终压为 15～294kPa（表压），压缩比小于 4。
③ 压缩机　终压大于 294kPa（表压），压缩比大于 4。
④ 真空泵　将低于大气压的气体从设备中抽至大气。

此外，气体输送机械按其结构和工作原理，可分为离心式、旋转式、往复式和流体作用式等。

2.3.1　离心式通风机

通风机有离心式和轴流式。轴流式如同生活中的电风扇，化工中只用在空冷器或冷却水塔中通风。广泛使用的是离心式。

(1) 离心式通风机的结构和工作原理

离心式通风机的结构和工作原理与离心泵大致相同，主要由蜗壳形机壳和多叶片叶轮组成。

依据所产生的出口风压，离心式通风机又分为三个等级：

① 低压离心式通风机　风压<1kPa（表压）。
② 中压离心式通风机　风压为 1～3kPa（表压）。
③ 高压离心式通风机　风压为 3～15kPa（表压）。

低、中压通风机截面为矩形，高压的多为圆形。低压的叶片多为平直，中、高压的叶片为后弯。图 2-20 为一台低压离心式通风机。图 2-21 为其特性曲线图。

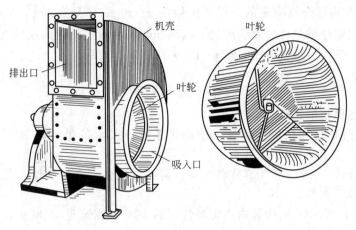

图 2-20　低压离心式通风机

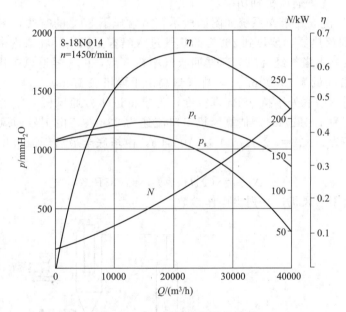

图 2-21　离心式通风机特性曲线

(2) 离心式通风机主要参数

① 风量 Q　按进口状态计算的通风机出口体积流量，单位为 m^3/s。

② 风压 p_t　单位体积气体从通风机获得的能量，单位为 $Pa(J/m^3)$。

由通风机出口 2 与进口处 1 列机械能衡算式，因进口处 $u_1 \approx 0$，并略去位能，即：

$$p_t = (p_2 - p_1) + \frac{u_2^2}{2}\rho \tag{2-11}$$

式中，$(p_2 - p_1)$ 称静风压 p_s，因通风机 u_2 大，p_s 与全风压 p_t 差别很大，出厂提供的特性曲线图同时标绘出 p_t-Q 与 p_s-Q。

③ 轴功率 N　运行时通风机从传动机获得的功率。当通风机效率为 η 时，即：

$$N = \frac{W_e w_s}{\eta} = \frac{W_e \rho Q}{\rho} = \frac{p_t Q}{\eta} \tag{2-12}$$

图 2-21 为一离心式通风机特性曲线示意图。生产厂所提供的特性参数，一般都是在常

压下以 20℃ 空气为输送介质测定的,即所提供的 p_t 和 N 都是在 $\rho=1.2\text{kg/m}^3$ 下测得的,操作条件下通风机输送的气体密度为 ρ' 时,因风压与密度成正比,则通风机在操作条件下的风压 p_t' 和轴功率 N',与测试条件下的 p_t 和 N 存在如下关系:

$$\frac{p_t'}{p_t}=\frac{N'}{N}=\frac{\rho'}{1.2} \quad (2\text{-}13)$$

(3) 离心式通风机的选择

① 对输送管路系统作机械能衡算,按操作条件下要求的最大流量,求出所需的风压 p_t'。

② 根据气体种类(清洁空气、易燃气体、腐蚀性气体、含尘气体、高温气体等)与风压范围,确定通风机类型。

③ 按式(2-13)将风压 p_t' 换算为测定条件下的 p_t,根据流量 Q 和 p_t,从通风机样本或产品目录中选择合适机号。

④ 按式(2-13)核算通风机轴功率。

【**例 2-4**】 某厂洗衣粉干燥系统如附图所示。将常压下 30℃ 的空气,用 1 号通风机以流量 12000m³/h 送到预热器,预热到 260℃ 的热气进入喷雾干燥塔,在塔内由下而上带走洗衣粉中蒸发出的水汽,出塔气经旋风分离器回收气中粉末后,由 2 号通风机排到大气。出塔气温度为 60℃,此塔气量为 15000m³/h,排气口高出干燥塔底 15m。

为防粉尘外漏,塔底处维持 98Pa 真空度,已求得进 1 号通风机空气密度为 1.1kg/m^3,出塔顶的空气密度为 1.0kg/m^3。估算风机出口流速为 23m/s,由 1 号通风机出口至塔底入口流动阻力的压降为 $\Delta p_{f12}=(\sum H_f \rho)_{12}=1034\text{Pa}$,由塔底至最后气流排出口全程阻力的压降为:

$$\Delta p_{f23}=(\sum H_f \rho)_{23}=1735\text{Pa}$$

试选择两台适用通风机,并列出操作参数。

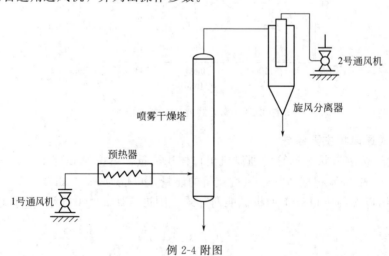

例 2-4 附图

解 取 1 号通风机入口处为 1—1′ 截面,塔底气入口为 2—2′ 截面,最后排出口为 3—3′ 截面。

(1) 在 1—1′ 截面到 2—2′ 截面作机械能衡算。按式(1-15b)

$$p_1+\frac{u_1^2}{2}\rho+Z_1\rho g+W_e-\sum H_f \rho=p_2+\frac{u_2^2}{2}\rho+Z_2\rho g$$

相应数据:$Z_1=Z_2=0$,$u_1=0$,$u_2=23\text{m/s}$

$$\sum H_f \rho=1034\text{Pa} \quad p_1=p_大,p_2=p_大-98$$

压强变化很小，视密度为常数 $\rho=1.1 \text{kg/m}^3$。

代入数据：$p_大+0+0+W_e\rho-1034=(p_大-98)+\dfrac{23^2}{2}\times 1.1$

$$W_e\rho=1227\text{Pa}$$

得 1 号通风机应提供的操作条件下风压 $p'_{t1}=W_e\rho=1227\text{Pa}$

依式（2-13）：$p_{t1}=\dfrac{1.2}{\rho}\times p'_{t1}=\dfrac{1.2}{1.1}\times 1227=1339$（Pa）

根据 $Q=12000\text{m}^3/\text{h}$ 和 $p_t=1339\text{Pa}$，从有关资料选用离心式通风机 4-72-11NN06C，其性能参数如下：

转速　　　1800r/min
全压　　　1569Pa
风量　　　12700m³/h
轴功率　　7.3kW
效率　　　91%

操作条件下密度 $\rho=1.1\text{kg/m}^3<1.2\text{kg/m}^3$，轴功率偏安全不用校核。

(2) 在 2—2′ 截面到 3—3′ 截面作机械能衡算，按式(1-15b)：

$$p_2+\dfrac{u_2^2}{2}\rho+Z_2\rho g+W_e\rho-\sum H_f\rho=p_3+\dfrac{u_3^2}{2}\rho+Z_3\rho g$$

相应数据：　　$Z_2=0$，$Z_3=15\text{m}$，$\rho=1.0\text{kg/m}^3$

$p_2=(p_大-98)\text{Pa}$，$p_3=p_大$

$u_2=u_3=u$，$\sum H_f\rho=1735\text{Pa}$

代入数据：$(p_大-98)+\dfrac{u^2}{2}\rho+W_e\rho-1735=p_大+\dfrac{u^2}{2}\rho+15\times 1.1\times 9.81$

$$W_e\rho=1995\text{Pa}$$

得 2 号通风机应提供操作条件下的风压 $p'_t=1994\text{Pa}$。

依式 (2-7)：$p_t=\dfrac{1.2}{\rho}$，$p'_t=\dfrac{1.2}{1.0}\times 1994=2392$（Pa）

依据 $Q=15000\text{m}^3/\text{h}$ 和 $p_t=2392\text{Pa}$，从有关资料选用离心式通风机 4-72-11N06C，其性能参数如下：

转速　　　2240r/min
全风压　　24321Pa
风量　　　15800m³/h
轴功率　　14.1kW（因操作条件下气体密度 $\rho<1.2\text{kg/m}^3$，故不作校正）
效率　　　91%

2.3.2 离心式鼓风机和离心式压缩机

离心式鼓风机和离心式压缩机又称为透平鼓风机和透平压缩机，工作原理与离心式通风机相同。由于单级通风机仅能产生低于15kPa（表压）的风压，所以离心式鼓风机和离心式压缩机都是多级的。离心式鼓风机风压仍不太高，各级压缩比也不大，所以离心式鼓风机各级叶轮直径大致相同，级间无需冷却装置。离心式压缩机则通常在 10 级以上，叶轮转速在 5000r/min 以上，由于压缩比高，气体体积缩小很多，温度升高，因此离心压缩机常分为几段，每段包括若干级，叶轮直径和宽度逐级减小，段间设置中间冷却器以降温。

离心式压缩机存在一个最小流量限制，若流量小于限制值，则离心式压缩机操作时处于风压随流量减小而下降的不稳定区域。此状态下，流量一减小，机内风压随之下降，引起出口管中气体倒流，倒流气使机中流量暂时超过限制。离心压缩机正常运行排气，但气体送出后流量减小，又引起风压下降出现倒流，这样重复出现，产生了低频率高振幅的脉动，造成噪声和机器振动，此现象称为喘振。

因此，为避免发生喘振，离心式压缩机不可以在低于限制流量下操作。

2.3.3 旋转式鼓风机和旋转式压缩机

(1) 罗茨鼓风机

罗茨鼓风机为旋转式鼓风机的一种，结构和工作原理与齿轮泵相似，如图2-22所示，在机壳中有两个腰形或三星形转子，两转子之间、转子与机壳之间的间缝很小，转子可以自由旋转又无过多气体泄漏。两转子的旋转方向相反，气体由一侧吸入，另一侧排出。

罗茨鼓风机的风量范围为 $2 \sim 500 m^3/h$，出口表压在 50kPa 之内，在化工中应用最广。主要特点是其风量与转速成正比，几乎不受出口压力影响，操作流量一般用旁路调节，其出口应安装气体稳压罐和安全阀，操作温度不能超过 85℃，以防热膨胀而发生碰撞和卡住。

(2) 液环压缩机

液环压缩机为旋转式压缩机的一种，又称纳氏泵。如图2-23所示。叶轮在存有适量液体的椭圆壳体内旋转，由叶轮带动，液体在离心力作用下抛向壳体周边而形成椭圆形的液环。椭圆长轴处形成两个月牙形空隙，在叶轮旋转一周过程中，在液环和叶片间所形成的空间逐渐变大和逐渐变小各两次，空间逐渐变大时从吸气口吸入气体，空间逐渐变小时将气体压出，由排气口排出。

液环压缩机的主要特点是气体只与叶轮接触而不与壳体接触，可用于输送腐蚀性气体，如在氯碱厂用于输送氯气。液环压缩出口压强可达 $500 \sim 600kPa$。

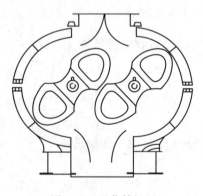

图 2-22 罗茨鼓风机

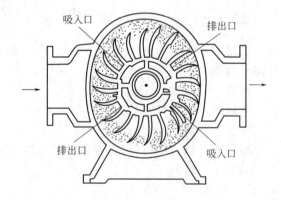

图 2-23 液环压缩机

2.3.4 往复式压缩机

(1) 往复式压缩机的工作原理

往复式压缩机的结构和工作原理与往复泵类似。由于气体的可压缩性和压缩过程的温度变化，所以气体在操作过程中必有着体积变化阶段，在结构上必须附设冷却装置。

图2-24为一立式单动双缸的往复式压缩机。曲柄连杆机构推动活塞在气缸中作往复运

动,不断改变气缸的工作容积。由于不可能使活塞运行至与阀门完全紧贴,活塞与气缸盖之间必有空隙,称为余隙。当活塞由气缸外拉时,存在余隙中的气体必先膨胀,直至缸中压强降到吸气阀外气压 p_1,才能使气体通过单向吸入阀进入气缸;当活塞向气缸内推入时,气缸内压升高,吸入阀关闭,活塞压缩气体直至缸内气压高于单向排出阀外压 p_2,才开始排气。活塞往复一次作了一次吸气—压缩—排气—膨胀的循环。

图 2-25 是压缩机操作循环的 p-V 图。图中 V_1、V_2、V_3 和 V_4 分别为吸气终了时、压缩终了时、排气终了时和膨胀终了时的气缸工作容积。即每次循环中,活塞扫过的气缸体积为 V_1-V_4,余隙的体积为 V_3。

称 $\varepsilon = \dfrac{V_3}{V_1-V_3}$ 为余隙系数,称 $\lambda_0 = \dfrac{V_1-V_4}{V_1-V_3}$ 为容积系数。

若操作为绝热过程,由热力学可知,气体膨胀后的体积 V_4 与膨胀前体积 V_3 的关系为:

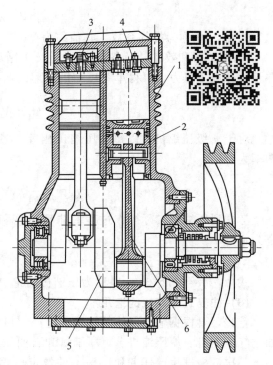

图 2-24 立式单动双缸的往复式压缩机
1—气缸体;2—活塞;3—排气阀;
4—吸气阀;5—曲轴;6—连杆

$$V_4 = V_3 \left(\dfrac{p_2}{p_1}\right)^{\frac{1}{k}} \tag{2-14}$$

式中,k 为气体的绝热系数。

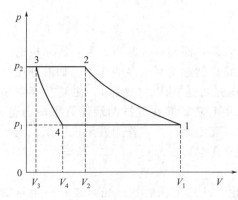

图 2-25 实际压缩循环的 p-V 图

将式(2-14)代入余隙系数 ε 和容积系数 λ_0,则可得:

$$\lambda_0 = 1 - \varepsilon\left[\left(\dfrac{p_2}{p_1}\right)^{\frac{1}{k}} - 1\right] \tag{2-15}$$

从式(2-15)中可见,对于一定余隙系数 ε,压缩比增大,相应 λ_0 减小,当压缩比达到某一数值,有可能使 $\lambda_0=0$,即活塞往复而不再吸入气体。出于对压缩比限制的考虑,以及为了冷却降温保证机件润滑和减小功率消耗,压缩机常采用多级压缩。

(2) 往复式压缩机的主要参数

① 排气量 又称为压缩机的生产能力,是指单位时间排出气体量,按吸入状态下计算的体积。

将单位时间吸气过程活塞扫过的气缸工作容积作为理论吸气量 V',其值可根据活塞直径、冲程、往复频率、气缸数和单双动等情况来计算。

由于存在余隙和压缩过程有多种泄漏,实际排气量小于理论吸气量。所以,排气量 V 为:

$$V = \lambda_d V' \tag{2-16}$$

式中，λ_d 称为排气系数，其值约为 $(0.8\sim0.95)\lambda$，一般为 $(0.7\sim0.9)\lambda$。

② 轴功率和效率　绝热条件下，操作循环中吸气—压缩—排气—膨胀都可逆地进行，并且不计流体阻力，可得单级压缩机的理论功率 N_a 为：

$$N_a = \frac{k}{k-1} p_1 V \left[\left(\frac{p_2}{p_1}\right)^{\frac{k-1}{k}} - 1 \right] \tag{2-17}$$

对于 n 级压缩机，以每级压缩比相等，各级进气温度都同于第一级进气温度，则理论功率为：

$$N_a = \frac{nk}{k-1} p_1 V \left[\left(\frac{p_2}{p_1}\right)^{\frac{k-1}{nk}} - 1 \right] \tag{2-18}$$

考虑到压缩机实际操作过程的非理想性和运动部件的机械摩擦等，压缩机所需的轴功率为：

$$N = N_a / \eta \tag{2-19}$$

式中，$\eta = 0.7 \sim 0.9$，η 称为压缩机的绝热总效率。

(3) 往复式压缩机的选用

首先，要根据输送气体的性质确定压缩机的种类，由于气体性质各异，压缩机有多种，如空气压缩机、氨压缩机、氢压缩机和石油气压缩机等，其结构和部件材料都有所不同。

其次，根据生产任务和厂房条件选定压缩机的结构形式，按压缩机气缸的空间位置不同，有立式的 Z 型，卧式的 P 型和几个气缸互相配置的 L 型、V 型、W 型等多种型式。

最后，根据生产上所需的排气量和终压，在样本或产品目录中选择合适型号。

往复压缩机送气量的调节方法可有多种，大型机大多采用改变余隙的方法，一般机常用旁路回流的方法。对空气压缩机可用改变吸入管阀门开度的方法调节气量，但此法不适用于易燃性气体压缩机，因关小吸入阀有可能使吸入管内压低于大气压，就可能漏入空气而造成事故。此外，改变往复次数也可达到调节气量的目的。

2.3.5 真空泵

实质上真空泵也是气体压缩机，只是它的入口压强低，而出口为常压。若将压缩机的入口连接要抽出气体的设备系统而将串口通大气，即压缩机就起着真空泵的作用。如液环压缩机（图 2-23），又称为纳氏泵、液环真空泵，其最低压强可达 4kPa（绝压）。往复式真空泵与往复式压缩机基本相同，不同之处是单向阀门要求更轻巧，并在气缸两端设置平衡通道，使压缩终了时余隙气流向另一侧，减少余隙影响。水环真空泵，也可作为鼓风机使用，出口压强可近 100kPa（表压）。下面介绍两种化工较常用的真空泵。

(1) 水环真空泵

如图 2-26 所示，在圆形壳内有一偏心安装的叶轮，叶片呈辐射状。壳内装有一定量的水，和纳氏泵原理相似，旋转时形成水环，随水环与叶片形成的密封小室的逐渐增大而吸入气体，随小室逐渐减小而排气。可适用于有液体夹带的气体，运转时需不断注水以保证液封并起冷却作用，依输气性质要求，可选用适宜液体代替水。最高真空度达 83kPa。

(2) 喷射真空泵

喷射真空泵是利用高速流体射流时静压能转换为动能而造成真空将气体吸入，吸入气与射流的工作流体在泵内混合后经扩大管逐步减速增压而排出泵外。工作流体可以是蒸汽也可以是水。

图 2-27 为单级蒸汽喷射泵,可达 90% 的真空度,达 13kPa(绝压)的低压。采用多级蒸汽喷射泵,可得到更高的真空度。

用水作工作流体的水喷射泵,真空度一般不高,但兼有冷凝作用,故又称为水喷射冷凝器或水冲泵。常用于真空蒸发设备上。若要获得高度真空,可与蒸汽喷射泵串联使用。安装于高位(扩大局管管长大于 9m)的水喷射泵,工作水压只要大于 150kPa(表压),对低位(尾管管长小于 4m)的低位水喷射泵,工作水压需高于 250kPa(表压)。

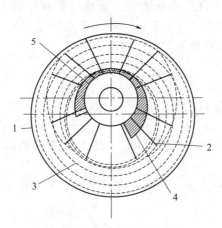

图 2-26　水环真空泵简图
1—外壳;2—叶片;3—水环;
4—吸入口;5—排出口

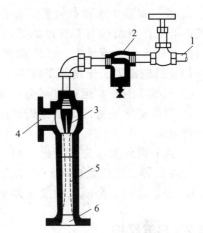

图 2-27　单级蒸汽喷射泵
1—工作蒸汽入口;2—过滤器;3—喷嘴;
4—吸入口;5—扩散管;6—压出口

2.4　离心泵的操作

2.4.1　离心泵的使用

离心泵的启动步骤应该是:首先将进口阀全部打开,然后关闭出口阀,启动电动机,待转速正常后,才能逐步打开出口阀,调整到所需流量。

离心泵的使用方法如下。

离心泵的运行可分为三个步骤,即启动、运行、停止。

启动:启动前应做好如下准备工作。

① 检查水泵设备的完好情况。

② 轴承充油、油位正常、油质合格。

③ 将离心泵的进口阀门全部打开。

④ 泵内注水或真空泵引水(倒灌除外),打开放气阀排气。

⑤ 检查轴封漏水情况,填料密封以少许滴水为宜。

⑥ 电动机旋转方向正确。

以上准备工作完成后,便可启动电动机,待转速正常后,检查压力、电流并注意有无振动和噪声。一切正常后,逐步开启出口阀,调整到所需流量,注意关阀空转的时间不宜超过 3min。

运行:运行期间,主要是巡回检查,检查的内容有以下三个方面。

(1) 轴承的检查

① 轴承温度不能过高。

② 轴承室不能进水、进杂质，油质不能乳化或变黑。
③ 有油室的泵机，油面应不低于油标中心线。
④ 是否有异音，滚动轴承损坏时一般会出现异常声音。

(2) 真空表、压力表是否正常

① 真空表指针不能摆动过大，摆动过大可能是泵入口的物料发生汽化，另外真空表读数也不能过高，过高可能是入口阀堵塞、卡住或吸水池水位降低等。

② 泵出口压力表读数过低，是由于泵腔内压力低。造成这种现象的最大的可能原因是泵腔内有气体（泵腔内有气体的原因可能是密封环、导叶套严重磨损；定、转子间隙过大），出口阀开启太大。流量大、扬程低也会导致泵腔内压力低。

(3) 机械密封工作是否正常

① 机械密封正常运行时不会有滴漏。
② 有冷却水装置的，要检查水流是否正常。

停泵：

① 离心泵停泵应先关闭出口阀，以防止回阀失灵，致使出口管道内的液体倒灌进泵内，引起叶轮反转，造成泵损坏。

② 停泵时，如果断电后泵立即就停下来，说明泵内有摩擦、卡塞或偏心现象。

2.4.2 日常维护

① 在开泵或停泵时，泵出口阀关闭的情况下，泵连续运转不应超过 3min，以免损坏泵的部件。

② 要定期检查电动机及泵的运转情况，如紧固、振动、泄漏情况，并要及时处理。

③ 要检查泵的温度情况，要对比泵腔与介质的温度，判别泵的流量情况。轴承温度不应超过 70℃。

④ 查看轴承室的油位情况，确保油杯油位正常，连续运转 3~6 个月应彻底换油，防止油变质。

⑤ 要经常检查泵的压力情况，泵不应在低于 30% 设计流量下连续运转，要按情况主动清理泵的过滤器，避免因其堵塞而上量不足。

⑥ 备用泵每日白班要盘车 180°，防止泵转子锈蚀和变形，对长期停用泵，液体要放掉、吹扫，防止锈蚀和冻坏设备。

2.5 案例分析

如案例附图所示，需安装一台泵，将流量 45m³/h、温度 20℃ 的河水输送到高位槽，高位槽水面高出河面 10m，管路总长度为 15m，其中吸入管路长为 5m。试选一台离心泵，并确定安装高度。

解 流量 $V_s=45m^3/h$，20℃ 水的 $\rho=998.2kg/m^3$，$\mu=1.005×10^{-3}Pa·s$。

选管内流速 $u=2.5m/s$，估算管内径：

$$d=\sqrt{\frac{V_s}{3600u×\pi/4}}=0.08m$$

选 $\phi 88.5mm×4mm$ 的水煤气管，内径 $d=80.5mm$。

管内流速：

$$u=\sqrt{\frac{V_s}{3600d^2\times\pi/4}}=2.46\text{m/s}$$

$$Re=\frac{du\rho}{\mu}=\frac{0.0805\times2.46\times998.2}{1.005\times10^{-3}}=1.97\times10^5$$

钢管绝对粗糙度 $\varepsilon=0.35$mm，相对粗糙度 $\varepsilon/d=\frac{0.35}{80.5}=0.0043$。

查得摩擦系数 $\lambda=0.028$，截止阀（全开）$l_e/d=300$，两个 90°弯头 $l_e/d=35\times2=70$，带滤水器的底阀（全开）$l_e/d=420$，管出口突然扩大 $\zeta=1$。

管路的压头损失：

$$\sum H_f=\lambda\left(\frac{l+\sum l_e}{d}+\zeta\right)\frac{u^2}{2g}$$

$$=0.028\times\left(\frac{15}{0.0805}+300+70+420+1\right)\times\frac{2.46^2}{2\times9.87}=8.44\text{（m）（水柱）}$$

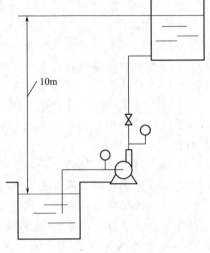

案例附图

以河面（1—1 截面）为基准面，在 1—1 截面与 2—2 截面间列伯努利方程，扬程：

$$H=\Delta Z+\sum H_f=10+8.44=18.4\text{（m）（水柱）}$$

根据已知流量 $V_s=45\text{m}^3/\text{h}$，扬程 $H=18.4$m（水柱），可从离心泵规格表中选用型号 IS80-65-125 的泵。其允许汽蚀余量 $\Delta h=3.0\sim3.5$m（水柱），因 Δh 随流量增大而增大。

计算泵的最大允许安装高度 $H_{g\max}$ 时，应选取最大流量下的 Δh 值。这里取 $\Delta h=5$m（水柱）。20℃水的饱和蒸气压 $p_v=2.335$kPa，当地环境的大气压力 $p_0=101.3$kPa，吸入管长 $l=5$m，吸入管压头损失为：

$$\sum H_f=\lambda\left(\frac{l}{d}+\frac{\sum l_e}{d}\right)\frac{u^2}{2g}=0.028\times\left(\frac{5}{0.0805}+420+35\right)\times\frac{2.46^2}{2\times9.81}=4.47\text{（m）（水柱）}$$

泵的最大允许安装高度为：

$$H_{g允}=\frac{p_0-p_v}{\rho g}-\Delta h-\sum H_f=\frac{(101.3-2.335)\times10^3}{998.2\times9.81}-3.5-4.47=2.13\text{（m）}$$

泵的实际安装高度 H_g 应小于 2.13m，这里取 1.5m。

思考题

2-1　流体输送机械有何作用？

2-2　离心泵在启动前，为什么泵壳内要灌满液体？启动后，液体在泵内是怎样提高压力的？泵入口的压力处于什么状态？

2-3　离心泵的主要性能参数有哪些？其定义与单位是什么？

2-4　离心泵的特性曲线有几条？其曲线形状是什么样子？离心泵启动时，为什么要关闭出口阀门？

2-5　什么是液体输送机械的扬程（或压头）？离心泵的扬程与流量的关系是怎样测定的？液体的流量、泵的转速、液体的黏度对扬程有何影响？

2-6　在测定离心泵的扬程与流量的关系时，当离心泵出口管路上的阀门开度增大后，出口压力及进口处的液体压力将如何变化？

2-7 离心泵操作系统的管路特性方程是怎样推导的？它表示什么与什么之间的关系？

2-8 管路特性方程 $H=H_0+kQ^2$ 中的 H_0 与 k 的大小受哪些因素的影响？

2-9 离心泵的工作点是怎样确定的？流量的调节有哪几种常用的方法？

2-10 何谓离心泵的汽蚀现象？如何防止发生汽蚀？

2-11 影响离心泵最大允许安装高度的因素有哪些？

2-12 往复泵有没有汽蚀现象？

2-13 往复泵的流量由什么决定？与管路情况是否有关？

2-14 往复泵的扬程（泵对液体提供压头）与什么有关？最大允许扬程是由什么决定的？

2-15 何谓通风机的全风压？其单位是什么？如何计算？

2-16 通风机的全风压与静风压及动风压有什么关系？

2-17 为什么通风机的全风压 p_t 与气体密度有关？在选用通风机之前，需先把操作条件下的全风压 p_t 用密度 ρ 换算成标定条件下（密度为 1.2kg/m^3）的全风压 p_{t0}。但为什么离心泵的压头 H 却与密度无关？

习题

2-1 本题附图所示，将溶液用泵从反应器送到敞口高位槽，溶液密度为 1073kg/m^3，黏度为 6.3×10^{-4} Pa·s，输送量为 $2\times10^4\text{kg/h}$，反应器液面上方保持 $26.7\times10^3\text{Pa}$ 的真空度，管子长 50m，管道上有 2 个全开阀，一个孔板流量计（局部阻力系数为 4）和 5 个标准弯头，管壁粗糙度可取 0.03mm，泵和电动机的总效率为 0.65，若电费价格为 0.50 元/(kW·h)，问每天 16h 操作所需的电费为多少元？

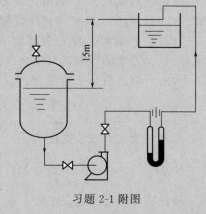

习题 2-1 附图

2-2 一锅炉由内径 3.5m 的烟囱所排出的烟气为 $3.5\times10^5\text{m}^3/\text{h}$，烟气平均温度为 260℃，烟气平均密度为 0.6kg/m^3，平均黏度为 2.8×10^{-4}Pa·s。大气温度为 20℃，在烟囱高度范围内大气的平均密度为 1.15kg/m^3。为克服煤灰阻力，烟囱底部压强较地面大气压要低 243Pa，烟囱壁粗糙度取 5mm。试求烟囱高度。

2-3 用水测定离心泵的实验中，当流量为 26m/h 时，泵出口处压强和入口处真空表的读数分别为 152kPa 和 24.7kPa，轴功率为 2.45kW，转速为 2900r/min。两表测压处的垂直距离为 0.4m，泵的进、出口管径相同，两测压点之间的管路很短，阻力不计。试求该泵的效率，并列出该效率下泵的性能。

2-4 用离心泵以 $40\text{m}^3/\text{h}$ 的流量将贮水池中 65℃ 的热水输送到凉水塔顶，并经喷头喷出而落入凉水池中，以达冷却的目的。已知水进喷头前需维持 40kPa 的表压，喷头入口高出热水池面 6m。吸入管路和排出管路压头损失分别为 1m 和 3m，管路动压头可不计。试选用一合适离心泵，并确定其安装高度。当地大气压为 101.33kPa。

2-5 常压贮槽内盛有石油产品，其密度为760kg/m³，黏度小于20cSt，贮存条件下饱和蒸气压为80kPa。现拟用库存的一台65Y-60B型油泵将油以15m³/h流量送往表压为177kPa的设备内，设备的油品入口高出贮液面5m，吸入管路和排出管路的压头损失分别为1m和4m。试核算该泵是否适用。

当地大气压为101.33kPa，若油泵位于贮液面以下1.2m处，该泵能否正常操作？

（附65Y-60B型油泵性能：$n = 2950\text{r/min}$，$Q = 19.8\text{m}^3/\text{h}$，$H = 38\text{m}$，$\eta = 40\%$，$N = 3.75\text{kW}$，电动机功率为5.5kW，$\Delta h = 2.6\text{m}$）

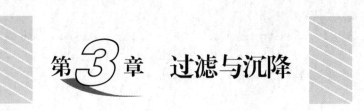

第3章 过滤与沉降

本章符号说明

A——过滤面积,m^2
u——过滤速度,m/s
Δp——滤饼两侧压差,Pa
V_e——当量滤液量,m^3
ρ_F——滤浆密度,kg/m^3
ρ_c——滤饼密度,kg/m^3
K——过滤常数
ρ_s——固相密度,kg/m^3
d——球形颗粒的直径
F_g——颗粒受到的重力,N
F_b——浮力,N
u_t——沉降速度,m/s
Q——过滤机的生产能力,m^3/s

Ψ——浸没于滤浆中的筒表面与全筒表面之比
R_m——平均旋转半径,m
ζ——阻力系数
ϕ_s——颗粒球形度
θ_r——颗粒沉降所需时间,s
u_r——颗粒离心沉降速度,m/s
μ——滤液黏度,Pa·s
L——滤饼厚度,m
q_e——比当量滤液,m^3/m^2
γ'——滤饼的比阻
S——滤饼的压缩指数
h——旋风分离器的进口高度,m
n——转速,r/min

知识目标

1. 掌握沉降分离、过滤分离的基本原理,熟悉相关计算及设备选用,并能分析解决实际问题。

2. 了解非均相混合物的特点,沉降、过滤、离心分离的基本概念,了解其在工业生产及环境保护中的应用及发展趋势。

能力目标

1. 通过本章学习,具备根据生产任务对过滤与沉降设备实施基本操作的能力。

2. 能对过滤与沉降操作过程中的影响因素进行分析,并运用所学知识解决实际工程问题。

3. 掌握过滤与沉降设备的操作与维护技术。

3.1 化工中的过滤操作和常用设备

由固体颗粒与流体组成的非均相混合物,在外力作用下,使流体通过某种多孔物质的孔道,而固体颗粒被截留下来,从而实现固体与流体分离,这种化工单元操作称为过滤。

化工生产中常用袋滤器除去一般沉降法难以除去的细尘就是过滤操作。不过,更多的是用于悬浮液的分离。染料与中间体化工厂绝大多数成品或半成品均需过滤,制药厂、农药厂、无机盐化工厂和合成洗涤剂厂等亦广泛应用过滤。

过滤用的多孔物质称为过滤介质。最常用的过滤介质是由涤纶、尼龙等合成纤维或其他纤维编织成的滤布,滤布材料须能适应机械强度、耐腐蚀、耐高温等项的具体要求。此外,有的场合还采用堆积的细砂、堆积木炭、多孔陶瓷、烧结金属、多孔塑料、高分子材料多孔膜等固体多孔物作为过滤介质。

利用过滤方法分离悬浮液时,将被处理的悬浮液称为滤浆或料浆,将通过介质的液体称为滤液,被截留的含液固体层称为滤饼或滤渣。

化工中常用的过滤设备有板框压滤机、叶滤机、转筒真空过滤机、离心过滤机等4种。

3.1.1 板框压滤机

板框压滤机是由组装在机架上的多块交替排列着的滤板与滤框所构成的,如图 3-1 所示。

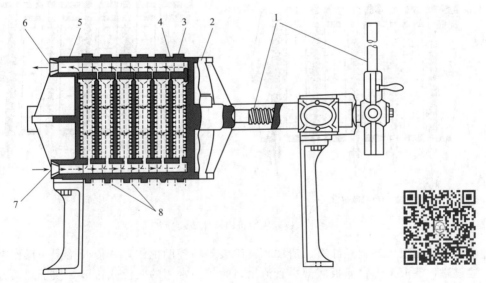

图 3-1　板框压滤机

1—压紧装置;2—可动头;3—滤框;4—滤板;5—固定头;6—滤液出口;7—滤浆进口;8—滤布

板和框多做成正方形,其结构如图 3-2 所示。板与框的角上均开有小孔,组合后即构成可供滤浆、滤液和洗涤液流动的孔道。滤框两面覆以滤布,围成容纳滤浆及滤饼的空间。滤布的角上也开有与滤板滤框相对应的孔。滤板表面有凸凹纹路沟槽,凸出部分支撑滤布,凹槽形成滤液流道。滤板分洗涤板与非洗涤板两种,洗涤板左上角的孔内开有与两侧相通的暗孔道,以便洗液进入滤框内。为便于区别,在非洗涤板、滤框、洗漆板的外侧分别铸有 1 钮、2 钮、3 钮的标志,组装时按 1—2—3—2—1—2…顺序排列。

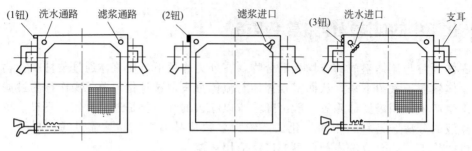

图 3-2 滤板和滤框

过滤时，在操作压强下，滤浆经滤浆通道由各滤框角上的暗孔进入框内，如图 3-3(a) 所示，滤液分别穿过滤框两面的滤布到达滤板表面，沿板面沟槽流至滤液出口排出。而固体颗粒被截留在框内。待滤饼充满全框，停止过滤。

洗涤时，应先关闭洗涤板的滤液出口，洗涤液经洗涤液通道由洗涤板角上的暗孔流到板的两面，如图 3-3(b) 所示，洗涤液穿过一层滤布进入滤框内，横穿整个框和滤饼之后由另一层滤布穿出，到达非洗涤板的洗涤液沿板面沟槽流至滤液出口排出。这种行程的洗涤称为横穿式洗涤。它的特点是：洗涤液穿过的途径正好是过滤终了时滤液途径的 2 倍，而洗涤液一次连穿两层滤布，即横穿截面积只是过滤滤液横穿截面积的 $\frac{1}{2}$。

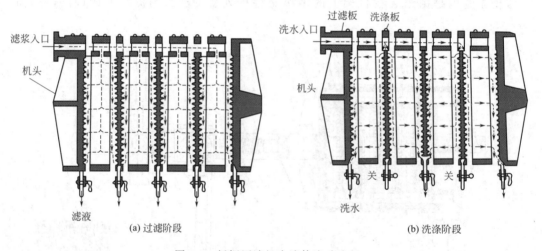

(a) 过滤阶段 (b) 洗涤阶段

图 3-3 板框压滤机内液体流动途径

过滤、洗涤结束后，须经卸料、清洗、再组装等项辅助工作，才能开始下一操作循环。

上述过滤，滤液由各自滤板底部小管流出，是较为常用的明流式排液，便于观察各板工作是否正常。若将各板滤液汇集于总管排出，如图 3-1 所示，即为暗流式排液。洗涤液可由滤液管排出，也可由板框另一角上孔所组合的专用排洗涤液孔道排出。是否需要洗涤，以及排液方式均依工艺需要而定。

板框压滤机操作表压一般在 0.3～0.5MPa。

3.1.2 叶滤机

叶滤机的主要构件是滤叶。滤叶为金属多孔板或金属丝网制成的叶状框架，内部具有空间，外罩滤布，外形可为圆形、矩形或与盛浆容器相适应的形状。若干平行排列的滤叶组装一体,各叶端出液口汇集到一总管,将滤叶组合体插入盛浆的容器中则构成一过滤装置。

图 3-4 为加压叶滤机,过滤时,机壳密闭,用泵压送滤浆至机壳内,滤液穿过滤布进入滤叶内部,经叶端出液口汇集,由总管排出机外。颗粒积于滤布上形成滤饼,至一定厚度停止过滤。通常饼厚 5～35mm,视料浆性质和操作情况而定。如需洗涤,则放出残留滤浆,用洗涤液按过滤同样流程进行置换式洗涤。洗涤后,滤饼可用压缩空气反吹使其脱落。

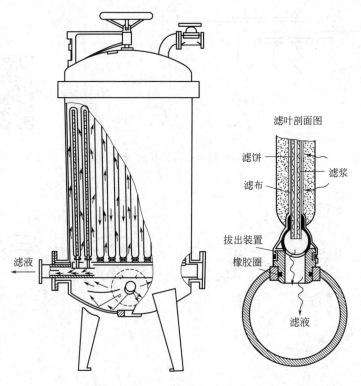

图 3-4 加压叶滤机

叶滤机亦可借助真空进行过滤,此时只要滤液出口管与真空容器相通即可。如用开启式,须使滤叶全部浸没在料液之中。有的工厂,用多孔管子套上滤布插入容器料浆中,构成一个简易的叶滤装置。

3.1.3 转筒真空过滤机

转筒真空过滤机是一种连续操作的过滤设备,图 3-5 是整个装置的示意图。它的主体是一个能转动的水平圆筒,筒表面有一层金属网,网上覆盖滤布,筒的下部浸入滤浆中。转筒沿圆周分隔成若干扇形格,见图 3-6,每格都与转筒端面处圆盘上的一个孔相通。转筒端面处圆盘为转动盘,它与固定在机架上的固定盘相对贴合构成分配头,固定盘上有三个凹槽分别与吸滤液、吸洗涤水和通压缩空气的管道相通。相对转筒转入料浆前的位置,在筒外装卸料刮刀。

操作时,圆筒转动时,转动盘上的各个孔依顺序与固定盘的三个凹槽相通,使转筒表面滤布顺序处于真空吸滤液、真空吸洗涤液和压缩吹气状态。图 3-6 所示操作瞬时状态为:1～7 扇格处于过滤区,8～10 扇格处于滤液吸干区,12～13 扇格处于洗涤区,14 扇格处于洗液吸干区,16 和 17 扇格处于吹松卸料区,11、15 和 18 扇格为隔开吸滤液、吸洗涤液和压缩空气的不工作区。转筒每转一周,各扇格表面滤布依次进行过滤、洗涤、卸料等项操作。

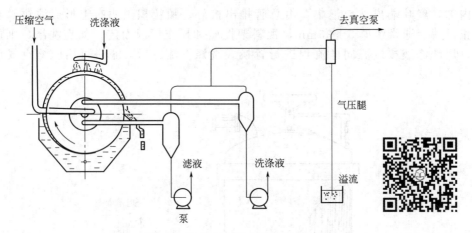

图 3-5 转筒真空过滤机装置示意图

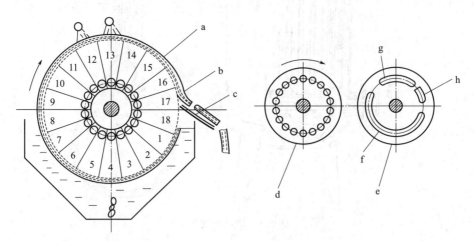

图 3-6 转筒及分配头的结构

a—转筒;b—滤饼;c—刮刀;d—转动盘;e—固定盘;f—吸走滤液的真空凹槽;
g—吸走洗涤液的真空凹槽;h—通入压缩空气的凹槽

转筒过滤机具有连续操作的优点,但真空操作推动力受限制,尤其对于高温滤浆更难达到真空操作的要求;另外转筒过滤较难获得充分的洗涤。

3.1.4 离心过滤机

图 3-7 为三足式离心机,其主要部件是一框式转鼓,称为滤筐。鼓壁开有许多小孔,内壁覆有袋式滤布。转鼓装在底盘中心的主轴上,通过皮带与电动机相连。鼓外有外壳,整个机体借助拉杆弹簧悬挂在三根支脚上。

离心过滤采用边运转边加料的方式以减轻启动功率,它利用旋转产生的惯性离心力为过滤动力,滤液穿过滤布抛至外壳,经底盘上出液口排出,滤饼积集于内壁滤布上。依设备允许量投料。需洗涤时,可向转动中转鼓内加水洗涤,按滤饼含液要求确定抛干时间。

过滤速率快,对含晶状或纤维状固体的料浆效果尤其好。三足式离心过滤机需人工卸料。此外,还有活塞式推料、卧式刮刀卸料等类型的离心过滤机。

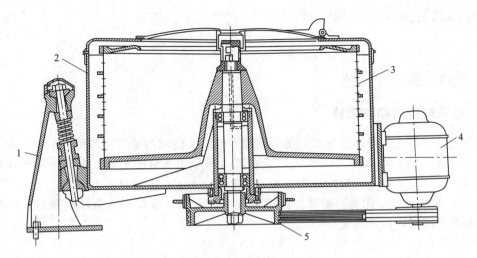

图 3-7 三足式离心机
1—支脚；2—外壳；3—转鼓；4—电动机；5—皮带轮

3.2 过滤过程的工艺计算

3.2.1 过滤的速度方程

单位时间内滤过的滤液体积，称为过滤速率，单位为 m^3/s，设过滤面积为 A，过滤时间 $d\theta$ 内滤过的滤液量 dV，即过滤速率为 $dV/d\theta$。而单位过滤面积的过滤速率则称为过滤速度，以 u 表示，即 $u=\dfrac{dV}{A d\theta}$，单位为 m/s。

从实践经验了解到滤饼两侧压差 Δp 越大，过滤速度 u 就越大；而滤液黏度 μ 加大和滤饼厚度 L 加大，都使过滤速度 u 减小，即可表达为：

$$u \propto \frac{\Delta p}{\mu L}$$

为了建立速度方程，将未能立即了解的其他因素对过滤阻力的影响，归纳为一个待研究的参数 γ，称为比阻；将过滤介质的影响也作为一层厚度为 L_e 的滤饼考虑在内，L_e 称为介质的当量厚度。则可将过滤速度方程写为：

$$\frac{dV}{A d\theta} = \frac{\Delta p}{\gamma \mu (L+L_e)} \tag{3-1}$$

由过滤过程的物料衡算可得知滤饼体积与滤液体积之比 v 值，即 $v=AL/V=AL_e/V_e$，则：

$$\frac{dV}{A d\theta} = \frac{\Delta p}{\gamma \mu v (V+V_e)/A} \tag{3-2}$$

式中 V_e——当量滤液量，它取决于过滤介质和滤浆性质。

考虑到滤饼的压缩性，按经验公式估算 Δp 对 γ 的影响：

$$\gamma = \gamma'(\Delta p)^s \tag{3-3}$$

式中 γ'——单位压差下的比阻；
s——滤饼的压缩指数，$s=0\sim 1$（$s=0$ 时，表示滤饼不可压缩）。

将式(3-3)代入式(3-2)中,得:

$$\frac{dV}{d\theta}=\frac{\Delta p^{1-s}A^2}{\gamma'\mu v(V+V_e)} \tag{3-4}$$

式(3-4)称为过滤基本方程式。

3.2.2 过滤过程的物料衡算

不论是设计型还是操作型计算,都必须确定滤浆、滤液与滤饼三者量的相应关系。

以ρ_F和ρ_c、X_F和X_c、Y_F和Y_c,分别表示滤浆和滤饼的密度、含固粒体积分数、含固粒质量分数。设滤饼与滤液的体积比为v,质量比为J,滤液密度为ρ。

以1m³滤液为基准作物料衡算,固体颗粒不可压缩,所有固体全部被截留,即料浆中的固体量等于滤饼中的固体量:

按体积计: $(1+v)X_F=vX_c$

得:
$$v=\frac{X_F}{X_c-X_F} \tag{3-5}$$

按质量计: $(1+J)Y_F=JY_c$

得:
$$J=\frac{Y_F}{Y_c-Y_F} \tag{3-6}$$

因为 $\dfrac{\text{滤饼质量}}{\text{滤液质量}}=\dfrac{\text{滤饼体积}\times\rho_c}{\text{滤液体积}\times\rho}$

即:
$$J=v\frac{\rho_c}{\rho} \tag{3-7}$$

如能方便地得知料浆和滤饼密度,以1m³滤液作物料衡算,滤浆质量为$(1+v)\rho_F$,等于滤饼质量与滤液质量之和$(v\rho_c+1\rho)$,则:

$$v=\frac{\rho_F-\rho}{\rho_c-\rho_F} \tag{3-8}$$

算出v值,就可确定滤浆、滤液与滤饼在操作中量的关系。

由于组成表示方式各异,上述公式仅是常见的几个,作物料衡算时应根据具体情况,尽可能方便地灵活选用。

【例3-1】 用一台BMS20/635-25板框压滤机过滤某水悬浮液,单位体积悬浮液含固粒质量为25kg/m³,固粒密度为2390kg/m³。过滤结束,所得滤饼的密度为1930kg/m³,滤液密度为1000kg/m³,滤饼孔隙全是滤液(无空气)。试求:(1)所积集的滤液量为多少?料浆投料量为多少?(2)滤饼孔隙率为多少?

解 BMS20/635-25是压滤机型号,符号表示:B为板框式,M为滤液明流(A为暗流),S为手动压紧(Y为液压压紧),20为过滤面积(单位为m²,近似整数),635为方框边长(单位为mm),25为框厚(单位为mm)。

为达到20m²过滤面积共需26个框。

(1) 实际过滤面积: $A=0.635^2\times2\times26\approx21$(m²)

滤框容积(滤饼): $V_c=0.635^2\times0.025\times26\approx0.262$(m³)

以1m³滤浆中含固体质量为25kg,体积为25/2930m³,含液体体积应为$1-\dfrac{25}{2930}$,质量为$\left(1-\dfrac{25}{2930}\right)\times1000$。

得滤浆密度：$\rho_F = 25 + \left(1 - \dfrac{25}{2930}\right) \times 1000 = 1016.5 (\text{kg/m}^3)$

依据式（3-8）：$v = \dfrac{\rho_F - \rho}{\rho_c - \rho_F} = \dfrac{1016.5 - 1000}{1930 - 1016.5} = 0.018$

滤液量：$V = V_c/v = 0.262/0.018 = 14.55$（m³）

滤浆处理量：$V + V_c = 14.55 + 0.262 = 14.82$（m³）

（2）滤饼：$\rho_c = \varepsilon\rho + (1-\varepsilon)\rho_s$

$$1930 = \varepsilon \times 1000 + (1-\varepsilon) \times 2930$$

空隙度：$\varepsilon = 0.518$

3.2.3 恒压过滤时间与滤液的关系

化工中过滤大都是在恒压下操作，推动力 Δp 不变，而过滤进程中滤饼逐渐加厚，过滤速率随之减小。

令 $k = \dfrac{1}{\gamma' \mu v}$ 称为过滤物料特性常数，即式（3-4）可写为：

$$\dfrac{\mathrm{d}V}{\mathrm{d}\theta} = \dfrac{k \Delta p^{1-s} A^2}{V + V_e} \tag{3-9}$$

过滤过程：时间从 0 到 θ，积集滤液量从 0 到 V，对基本方程进行积分：

$$\int_0^V (V + V_e)\mathrm{d}V = \int_0^\theta k \Delta p^{1-s} A^2 \mathrm{d}\theta \tag{3-9a}$$

式中，V_e、k、Δp、s、A 不随操作而变，积分可得：

$$V^2 + 2V_e V = 2k \Delta p^{1-s} A^2 \theta \tag{3-10}$$

式（3-10）表示恒压过滤过程积集滤液量与过滤时间的关系，称为恒压过滤方程。

将常数合并，令 $K = 2k \Delta p^{1-s}$，则：

$$V^2 + 2V_e V = K A^2 \theta \tag{3-11}$$

以 $q = V/A$，$q_e = V_e/A$，恒压过滤方程也可写为：

$$q^2 + 2q_e q = K\theta \tag{3-12}$$

式中　q_e——比当量滤液（因以单位面积计，不受过滤面积大小的影响，便于将从小设备所测值用到大设备计算）；

K——由物料特性和过滤压差所决定的过滤常数。

为计算方便，引入 $\theta_e = q_e^2/K$，式（3-12）可改写为：

$$(q + q_e)^2 = K(\theta + \theta_e) \tag{3-12a}$$

如果是经过非恒压操作 θ_1 时间，积集了 V_1 滤液时才开始恒压过滤，即对式（3-9a）两边的积分下限分别改为 V_1 和 θ_1，则相应的式（3-12）及式（3-12a）中，应分别以 $(V - V_1)$、$(q - q_1)$、$(\theta - \theta_1)$ 代替 V、q、τ。该两式同样可用于中途开始的恒压过滤计算。

3.2.4 过滤常数的测定

需要知道过滤常数 K 和 q_e，才可能作过滤计算，从式（3-12）可知，对一个恒压过滤过程，测得 2 个时间下的 2 个 q 值，便可求得 K、q_e。但为减少误差，需测定一系列实验数据来确定。

将式（3-12）各项除以 Kq，得：

$$\frac{\theta}{q} = \frac{1}{K}q + \frac{2}{K}q_e \tag{3-13}$$

此式表明，恒压过滤过程 $\frac{\theta}{q}$ 与 q 呈直线关系，在一系列过滤时间下测定一系列 q 数据，在 θ/q-q 坐标图中绘出一直线，其斜率为 $\frac{1}{K}$，截距为 $\frac{2q_e}{K}$。从而求得 K、q_e。

根据 $K = 2k\Delta p^{1-s}$，两边取对数得：

$$\lg K = \lg 2k + (1-s)\lg \Delta p \tag{3-14}$$

在不同操作压力 Δp 下测定出不同 K 值，将一系列 Δp 与 K 标绘于对数坐标上，连成一条直线，由直线斜率 $(1-s)$ 求出 s 值，由直线截距 $\lg 2k$ 求出 k 值，从而用已知 μv 值，按 $k = \frac{1}{\gamma'\mu v}$ 求 γ_0。

【例 3-2】 在 50℃、9.81×10^3 Pa 的恒定压差下过滤碳酸钙颗粒的悬浮液。已知 $K = 1.572 \times 10^{-5}$ m²/s。现测得过滤 11min 时，可得滤液 9.78×10^{-2} m³/m²。求再过滤 10min，又可得滤液多少？

解 依恒压过滤方程式(3-12)得：

$$(0.0978)^2 + 2 \times (0.0978)q_e = 660 \times 1.572 \times 10^{-5}$$

解得：

$$q_e = 4.14 \times 10^{-3} \text{m}^3/\text{m}^2$$

所以恒压过滤方程为：$q^2 + 8.28 \times 10^{-3} q = 1.572 \times 10^{-5} \theta$

将 $\theta = (660 + 600)\text{s} = 1260\text{s}$ 代入恒压过滤方程，解得：

$$q = 0.1367 \text{m}^3/\text{m}^2$$

所以再过滤 10min 后，又可得滤液 $\Delta q = (0.1367 - 0.0978)\text{m}^3/\text{m}^2 = 0.0389 \text{m}^3/\text{m}^2$

【例 3-3】 采用由 10 个滤框构成的板框压滤机过滤浓度为 $v = 0.025$ m³ 滤饼/m³ 滤液的某悬浮液，滤框的尺寸为 635mm×635mm×25mm，滤布阻力可以忽略。先恒速过滤 20min，得滤液 2m³。随即保持当时的压差再恒压过滤，直至滤饼充满滤框，计算恒压过滤阶段时间及可得的滤液体积。

解 恒速过滤阶段过滤速率为：

$$\left(\frac{\mathrm{d}V}{\mathrm{d}\theta}\right)_R = \frac{2}{20} \text{m}^3/\text{min} = 0.1 \text{m}^3/\text{min}$$

恒压过滤的最初速率等于等速阶段的过滤速率，恒压过滤阶段的最初速率为：

$$\frac{\mathrm{d}V}{\mathrm{d}\theta} = \frac{KA^2}{2V_R} \quad (V_e = 0)$$

$$KA^2 = 2V_R \left(\frac{\mathrm{d}V}{\mathrm{d}\theta}\right)_R = 0.4$$

充满滤框时所得的滤饼总体积为：

$$V_c = na^2 b = (10 \times 0.635^2 \times 0.025)\text{m}^3 = 0.1008 \text{m}^3$$

所得滤液总体积为：

$$V = \frac{V_c}{v} = \frac{0.1008}{0.025} \text{m}^3 = 4.032 \text{m}^3$$

则恒压过滤阶段所得滤液体积为 $(4.032 - 2)\text{m}^3 = 2.032 \text{m}^3$。

恒压过滤阶段所需过滤时间为：

$$\theta - \theta_R = (V^2 - V_R^2)/(KA^2) = \frac{4.032^2 - 2^2}{0.4} \text{min} = 30.64 \text{min}$$

【例3-4】 20℃下恒压过滤某种悬浮液，操作压差为$9.81×10^3$Pa。悬浮液中固相体积分数为20%，固相为直径0.1mm的球形颗粒。在此压差下过滤，形成空隙率为0.6的滤饼，滤饼不可压缩。试求过滤常数。

解 20℃、操作压差为$9.81×10^3$Pa的过滤过程，滤饼不可压缩，所以：

$$K=\frac{2\Delta p}{\mu r v}$$

已知$\Delta p=9.81×10^3$Pa，操作温度下水的黏度$\mu=1.0×10^{-3}$Pa·s，滤饼的空隙率$\varepsilon=0.6$。球形比表面积为：

$$a=\frac{6}{d}=\left(\frac{6}{0.1×10^{-3}}\right)\text{m}^2/\text{m}^3$$

于是$r=\dfrac{5a^2(1-\varepsilon)^2}{\varepsilon^3}=\left[\dfrac{5×(6×10^4)^2×(1-0.6)^2}{0.6^3}\right]\text{m}^{-2}=1.3333×10^{10}\text{m}^{-2}$。

根据料浆中的固相含量及滤饼的空隙率，可求出滤饼体积与滤液体积之比v。由于$\varepsilon=0.6$，所以形成1m^3滤饼需要固体颗粒0.4m^3，所对应的料浆量为$(0.4/0.2)\text{m}^3=2\text{m}^3$，因此形成$1\text{m}^3$滤饼可得到$(2-1)\text{m}^3=1\text{m}^3$滤液，则：

$$v=\frac{1}{1}\text{m}^3/\text{m}^3=1\text{m}^3/\text{m}^3$$

$$K=\left[\frac{2×9.81×10^3}{(1.0×10^{-3})×(1.333×10^{10})}\right]\text{m}^2/\text{s}=1.472×10^{-3}\text{m}^2/\text{s}$$

【例3-5】 在实验室中对含5.4% $CaCO_3$（质量）的水悬浮液于280kPa压差下进行过滤试验。实验测得：$K=0.252\text{m}^3/\text{h}$，$q_e=0.0124\text{m}$，滤饼中含固体$1602\text{kg/m}^3$，固体颗粒$\rho_s=2930\text{kg/m}^3$。

现要在同样条件下用板框压滤机过滤，规定每一操作循环中处理料浆10m^3，过滤时间限定30min，请在下面的一些型号中选择一台，并确定板框数目。

板框压滤计型号
BAS20/635-25　　　　BAY20/635-25　　　　BMS20/635-25
BAS30/635-25　　　　BAY30/635-25　　　　BMS30/635-25
BAS40/635-25　　　　BAY40/635-25　　　　BMS40/635-25

解 按混合物密度估算：

$$1/\rho_F=0.054/2930+(1-0.054)/1000$$

$$\rho_F=1037\text{kg/m}^3$$

$$\rho_c=1602+(1-1602/2930)×1000=2055\text{（kg/m}^3\text{）}$$

$$v=\frac{\rho_F-\rho}{\rho_c-\rho_F}=\frac{1037-1000}{2055-1037}=0.0363$$

料浆体积：$10\text{m}^3=(1+v)V=(1+0.363)V$

得滤液量：$V=9.65\text{m}^3$，滤饼量$vV=0.0363×9.65=0.35\text{（m}^3\text{）}$

将K、q_e代入式(3-12a)，得恒压过滤方程式：

$$(q+0.0124)^2=0.252(\theta+0.0124^2/0.252)$$

每一循环中过滤时间$\theta=30\text{min}=0.5\text{h}$代入，得：

$$q=0.343\text{m}$$

则所需面积：$A=V/q=9.65/0.343=28.13\text{（m}^2\text{）}$

参照系列型号初选BAS30/635-25、BAY30/635-25、BMS30/635-25之一，这些型号每

框具有的过滤面积为 $2\times0.635\times0.635=0.806$ （m^2）。

按过滤面积确定框数： $n=28.13/0.806\approx35$

35 个板框用于过滤时,每框滤饼厚度为 δ，即 $35\times0.635\times0.635\delta=0.35m^3$，则 $\delta=0.0248m<0.025m$，小于框厚度。

所以用 35 个板框能满足滤饼容量。考虑到物性无毒及无挥发性，选用 BMS30/635-25 型号 35 个框即可。

3.2.5 洗涤过程的计算

有些过滤过程为了除去滤饼里存留的滤液，或为了回收滤饼中的滤液，过滤终了时，在过滤终压差下，用洗涤液（通常是水）对滤饼进行洗涤。

洗涤过程滤饼厚度不变，恒压洗涤速率 $\left(\dfrac{dV}{d\theta}\right)_W$ 为恒等速率。

$$\left(\dfrac{dV}{d\theta}\right)_W = \dfrac{V_W}{\tau_W}$$

若洗涤液物性与滤液相同，采用置换式洗涤，洗涤速率就是过滤终了时的速率 $\left(\dfrac{dV}{d\theta}\right)_E$。由式(3-9)得：

$$\dfrac{V_W}{\theta_W} = \dfrac{k\Delta p^{1-s}A^2}{V+V_e}$$

过滤为恒压操作，$K=2k\Delta p^{1-s}$，则置换式洗涤计算式为：

$$\dfrac{V_W}{\theta_W} = \dfrac{KA^2}{2(V+V_e)} = \dfrac{KA}{2(q+q_e)} \tag{3-15}$$

对板框压滤机，采用横穿式洗涤，洗涤行程为过滤时的 2 倍，而通道截面为过滤时的一半，则横穿式洗涤计算式为：

$$\dfrac{V_W}{\theta_W} = \dfrac{1}{4}\times\dfrac{KA^2}{2(V+V_e)} = \dfrac{KA}{8(q+q_e)} \tag{3-16}$$

若过滤介质阻力可忽略不计，$V_e=0$，恒压过滤 $V^2=KA^2\theta$，则置换式洗涤计算式(3-15)与横穿式洗涤计算式(3-16)分别简化为：

$$\dfrac{V_W}{\theta_W} = \dfrac{V}{2\theta} \tag{3-17}$$

$$\dfrac{V_W}{\theta_W} = \dfrac{V}{8\tau} \tag{3-18}$$

由恒压过滤终了所积集的滤液量和经历时间，就能快速估算使用 V_W 洗涤液所需的洗涤时间。

3.2.6 过滤机生产能力

通常以过滤操作全过程的单位时间滤液量表示过滤机的生产能力 Q（单位为 m^3/s 或 m^3/min、m^3/h），有时当滤饼为产品时也以单位时间滤饼量表示生产能力。

(1) 间歇过滤生产能力

间歇式过滤过程包括过滤时间 θ、洗涤时间 θ_W 和装卸清理等的辅助工作时间 θ_D，所以，间歇过滤生产能力为：

$$Q = \frac{V}{\Sigma \theta} = \frac{V}{\theta + \theta_W + \theta_D} \qquad (3-19)$$

过滤时间越长，所得滤液越多，但同时滤饼增厚，过滤阻力很快加大。所以一台过滤机要能获得最大生产能力，应通过数学分析，导出过滤全过程中过滤时间与非过滤时间合理之比。对过滤介质可忽略不计的情况，最佳时间分配为：$\theta + \theta_W = \theta_D$。

【例 3-6】 用一台 BMY33/810-45 的板框压滤机过滤钛白粉（TiO_2）的水悬浮液，过滤后用 1/10 滤液量的清水洗涤，装卸等项辅助时间共计 45min。已由小型实验在同样条件下测得 $K = 1.27 \times 10^{-5} \, m^2/s$，$q_e = 5 \times 10^{-3} \, m^3/m^2$，并已测算出滤饼与滤液的体积比为 0.082。使用 26 个板框。

试求：（1）每班 8h 操作，能否获得 $1.5 m^3$ 滤饼产量？
（2）忽略介质阻力，$V_e = 0$，计算相应的误差。

解 （1）过滤面积：$A = 26 \times 2 \times 0.810 \times 0.810 = 34 \, (m^2)$
板框容积：$V_c = 0.810 \times 0.810 \times 0.045 \times 26 = 0.767 \, (m^3)$
满框时积集的滤液：$V = V_c/v = 0.767/0.082 = 9.35 (m^3)$
恒压过滤：$(q + q_e)^2 = K(\theta + \theta_e)$
相关数据：$q = \dfrac{V}{A} = \dfrac{9.35}{34} = 0.275$

$$\theta_e = q_e^2/K = (5 \times 10^{-3})^2/(1.27 \times 10^{-5}) = 1.97 \, (s)$$

$$q_e = 5 \times 10^{-3}, K = 1.27 \times 10^{-5}$$

则： $(0.275 + 5 \times 10^{-3})^2 = 1.27 \times 10^{-5} \times (\tau + 1.97)$

解出过滤时间： $\tau = 6171s$

横穿式洗涤时间为：

$$\frac{V_W}{\theta_W} = \frac{1}{8} \times \frac{KA}{q + q_e}$$

$$\frac{9.35/10}{\theta_W} = \frac{1}{8} \times \frac{1.27 \times 10^{-5} \times 34}{0.275 + 5 \times 10^{-3}}$$

$$\theta_W = 4850s$$

生产能力（以饼体积计）为：

$$Q = \frac{V_c}{\theta + \theta_W + \theta_D} = \frac{0.767}{6171 + 4850 + 45 \times 60}$$

$$= 5.59 \times 10^{-5} \, (m^3/s) \approx 0.20 \, (m^3/h)$$

每班产量 $= 8 \times 0.2 = 1.6 \, (m^3) > 1.5 \, (m^3)$，满足要求。

（2）以 $V_e = 0$ 计算：

$$q^2 = K\theta$$

$$0.275^2 = 1.27 \times 10^{-5} \theta$$

得： $\tau = 5955s$

$$\frac{V_W}{\theta_W} = \frac{1}{8} \times \frac{V}{\theta}$$

$$\frac{9.35/10}{\theta_W} = \frac{1}{8} \times \frac{9.35}{5955}$$

得： $\theta_W = 4764s$

$$Q = \frac{0.767}{5955 + 4764 + 45 \times 60} = 5.71 \times 10^{-5} \, (m^3/s) = 0.2057 \, (m^3/h)$$

$$每班产量 = 8 \times 0.2057 = 1.645 (m^3)$$

误差为:
$$\frac{1.645 - 1.6}{1.6} \times 100\% = 2.85\%$$

说明: 当 q_e 不大时, 作为估算, 误差不大。

若按最佳时间分配 $\theta + \theta_W = \theta_D$ 及 $V_W = \frac{1}{10}V$ 计算:

$$\theta + \frac{8}{10}\theta = 45 \times 60$$

得:
$$\theta = 1500s$$
$$\sum \theta = 2\theta_D = 2 \times 45 \times 60 = 5400$$
$$V^2 = KA^2\theta = 1.27 \times 10^{-5} \times 34^2 \times 1500$$

每个循环操作得:
$$V = 4.69 m^3$$

设 v 不变:
$$V_c = vV = 0.082 \times 4.69 = 0.384 (m^3)$$
$$Q = \frac{V}{\sum \theta} = \frac{0.384}{2 \times 45 \times 60} = 7.12 \times 10^{-5} = 0.256 (m^3/h)$$

每班产量 $= 8 \times 0.256 = 2.05 (m^3)$

可见,恰当减小过滤时间,虽然 V 值变小,但框内滤饼厚度减小,使生产能力得以提高(框内按原来的 v 值计算出的滤饼量未充满滤框,因为滤液存在,实际上使滤饼含液量有所增多)。

(2) 连续式过滤机的生产能力

以转筒过滤机为例,全转筒过滤面积在每一转时间内只有一部分时间用于有效过滤。

现以一转为基准。若转筒每秒钟转 n 转,即每转时间 $\sum \theta = \frac{1}{n}$,设浸没于滤浆中的筒表面与全筒表面之比为 Ψ,则用于有效过滤的时间仅为 $\theta = \Psi/n$。依恒压过滤方程 $(q + q_e)^2 = K(\theta + \theta_e)$,得:

$$q = \sqrt{K(\theta + \theta_e)} - q_e$$
$$V = A(\sqrt{K\theta + q_e^2} - q_e)$$

将 $\tau = \Psi/n$ 代入,得每转滤液量为:

$$V = A(\sqrt{K\Psi/n + q_e^2} - q_e)$$

生产能力 $Q(m^3/s)$,是按每转全过程时间 $\sum \tau$ 来计算的,即:

$$Q = \frac{V}{\sum \theta} = \frac{V}{1/n} = nV$$

则得:

$$Q = nA \left(\sqrt{K\frac{\Psi}{n} + q_e^2} - q_e \right)$$

若 $q_e = 0$ 时:
$$Q = A\sqrt{K\Psi n}$$

转速加快可提高生产能力,但消耗功率要随之加大,且滤饼厚度也随之减薄,过薄的滤饼不利于滤饼洗涤又不易卸料。

滤饼厚度 δ,就是每转在单位过滤面积上的滤饼体积,则:

$$\delta = \frac{vQ}{nA}$$

【例 3-7】 用一台 GP-1.75 型转筒真空过滤机,在真空度为 $5.3 \times 10^4 Pa$ 的条件下,对

3%的淀粉悬浮液进行过滤。转筒直径为1750mm，宽度为920mm，过滤面积$A=5m^2$，转速为$0.9\sim 2r/min$，浸入角度为130°。已由同样操作条件下实验中测得$K=5.15\times 10^{-6} m^2/s$，$q_e\approx 0$。试求：

(1) 当转速为1r/min，过滤机每小时的生产能力是多少？

(2) 如若要求生产能力达到$4m^3/h$，所需的操作转速是多少？

解 (1) $q_e=0$，应用式：

$$Q = A\sqrt{K\Psi n}$$

相应数值：$A=5m^2$，$K=5.15\times 10^{-6} m^2/s$

$$\Psi = \frac{130}{360} = 0.361, \quad n = \frac{1}{60} Hz$$

$$Q = 5\times \sqrt{5.15\times 10^{-6} \times 0.361 \times \frac{1}{60}} = 8.86\times 10^{-4} (m^3/s)$$

$$= 3.168 (m^3/h)$$

(2)
$$\frac{Q'}{Q} = \sqrt{\frac{n'}{n}}$$

$$n' = \left(\frac{Q'}{Q}\right)^2 n = \left(\frac{4}{3.168}\right)^2 \times \frac{1}{60} = \frac{1.594}{60} (Hz)$$

$$= 1.6 r/min$$

因滤饼厚度与每转滤液量成正比，则：

$$\frac{\delta'}{\delta} = \frac{Q'/n'}{Q/n} = \sqrt{\frac{n}{n'}} = \sqrt{\frac{1}{1.6}} = 0.79$$

故滤饼厚度减小，生产能力提高。

3.3 重力沉降

分散于流体中的固体颗粒与流体存在着密度差，在外力作用下，固粒与流体产生相对运动而达到分离，这种操作过程称为沉降。外力为重力的沉降即称为重力沉降。

化工中，气流干燥要将气体中固粒分离以得到干燥产品，裂解气中的炭黑的去除，流化反应器气体中催化剂颗粒的回收等等都是化工生产中常见的分离操作。重力沉降应用于粒径$\geqslant 40\mu m$的固粒分离。

3.3.1 重力沉降速度

如图3-8所示，以一个密度为ρ_s、直径为d的球形颗粒，在密度为ρ的静止流体中沉降为例。$\rho_s>\rho$，颗粒受到的重力F_g与浮力F_b不等，颗粒受到的向下作用力使颗粒加速向下运动。

当颗粒与流体相对运动，流速为u时，流体绕过颗粒出现的压差Δp_f，对颗粒下降产生的阻力F_d为：

$$F_d = \frac{\pi}{4}d^2 \Delta p_f = \frac{\pi}{4}d^2 \zeta \frac{u^2}{2}\rho$$

由于阻力随流速u增大而增大，达到$F_d=F_g-F_b$时，颗粒受到的合力为零，颗粒等速下降，此速度称为沉降速度u_t。

根据颗粒所受合力为零,可得:

$$\frac{\pi}{6}d^3\rho_s g - \frac{\pi}{6}d^3\rho g = \frac{\pi}{4}d^2 \zeta \frac{u^2}{2}$$

$$u_t = \sqrt{\frac{4(\rho_s - \rho)gd}{3\zeta\rho}} \tag{3-20}$$

式中,ζ 为阻力系数,通过量纲分析可知,ζ 是颗粒与流体相对运动时的雷诺数 Re $\left(Re = \frac{du_t\rho}{\mu}\right)$ 的函数,实验结果如图 3-9 所示。

图 3-8 沉降颗粒
的受力情况

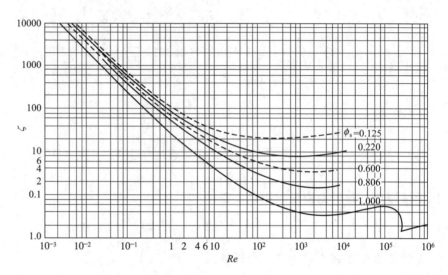

图 3-9 ζ-Re 关系曲线

按 Re 数值,将图 3-9 关系曲线分为三区,各区 ζ-Re 相应关系分别代入式(3-20),则得三个区的 u_t 计算式:

层流区　　　　　　　$10^{-4} < Re < 2$,　　$\zeta = 24/Re$

$$u_t = \frac{d^2(\rho_s - \rho)g}{18\mu} \tag{3-21}$$

过滤区　　　　　　　$2 < Re < 10^3$,　　$\zeta = \dfrac{18.5}{0.6Re}$

$$u_t = 0.78 \frac{d^{1.143}(\rho_s - \rho)^{0.715}}{\rho^{0.286}\mu^{0.428}} \tag{3-22}$$

湍流区　　　　　　　$10^3 < Re < 2 \times 10^5$,　　$\zeta = 0.44$

$$u_t = 1.74\sqrt{\frac{d(\rho_s - \rho)g}{\rho}} \tag{3-23}$$

式(3-21)~式(3-23)分别称为斯托克斯(Stokes)公式、艾伦(Allen)公式、牛顿(Newton)公式。

上述公式是颗粒自由沉降速度的算式,即颗粒不受到干扰的沉降。若沉降受干扰,其沉降速度低于自由沉降速度。

颗粒沉降阻力系数还因颗粒形状而异,图 3-9 标有几种非球体 ζ-Re 曲线。ϕ_s 为颗粒球形度，是同体积球体表面积与实际颗粒表面积之比，ϕ_s 越小即颗形越偏异于球体。计算非球形颗粒的 Re 时，粒径应用当量直径 d_e，即与颗粒同体积的球体直径，若颗粒体积为 V_p，则依据 $\frac{\pi}{6}d_e^3 = V_p$，可得：

$$d_e = \sqrt[3]{\frac{6}{\pi}V_p} \tag{3-24}$$

因 $\zeta\text{-}Re$ 关系不是单一的数学解析式可概括的，所以，计算 u_t，须用试差法。也可利用图 3-9 的关系曲线作图解或另作图 3-10 计算，或由数值判断直接计算。

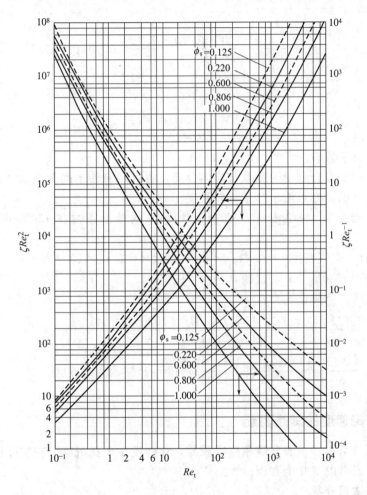

图 3-10 $\zeta Re_t^2\text{-}Re_t$ 及 $\zeta Re_t^{-1}\text{-}Re_t$ 关系曲线

【例 3-8】 颗粒在流体中作自由沉降，试计算：密度为 7900kg/m³、直径为 6.35mm 的钢球在密度为 1600kg/m³ 的液体中沉降 150mm 所需时间为 7.32s，液体的黏度为多少？

解 假设为层流沉降，得：

$$\mu = \frac{d^2(\rho_t - \rho)g}{18u_t}$$

其中： $u_t = h/\theta = 0.15/7.32 \ (\text{m/s}) = 0.02049 \ (\text{m/s})$

将已知数据代入上式得：$\mu = \frac{0.00635^2 \times (7900-1600) \times 9.81}{18 \times 0.02049}$ (Pa·s)

$$= 6.757 \, (\text{Pa} \cdot \text{s})$$

核算流型：

$$Re = \frac{\rho d u_t}{\mu} = \frac{0.00635 \times 0.02049 \times 1600}{6.757} = 0.03081 < 1, \text{假设成立}。$$

【例3-9】 用沉降器除去炉气中的硫铁矿尘粒，尘粒最小直径为 $8\mu m$，尘粒密度为 $4000 kg/m^3$。炉气黏度为 $0.034 \times 10^{-3} \text{Pa} \cdot \text{s}$，密度为 $0.5 kg/m^3$，试计算沉降速度。

解 假设沉降在层流区，用式(3-21)：

$$u_t = \frac{d^2(\rho_s - \rho)g}{18\mu}$$

$$= \frac{(8 \times 10^{-6})^2 \times (4000 - 0.5) \times 9.81}{18 \times 0.034 \times 10^{-3}} = 0.0041 \, (\text{m/s})$$

校核：

$$Re = \frac{d u_t \rho}{\mu}$$

$$= \frac{8 \times 10^{-6} \times 0.0041 \times 0.5}{0.034 \times 10^{-3}} = 0.084 < 2$$

属层流区，合乎假设。

重力沉降可用于混合物中的颗粒与流体分离，也可用来使不同大小或密度不一样的颗粒分离。层流区重力沉降亦可用于测量流体黏度。

【例3-10】 密度为 $1030 kg/m^3$、直径为 $400\mu m$ 的球形颗粒在150℃的热空气中降落，求其沉降速度。

解 150℃时，空气密度 $\rho = 0.835 kg/m^3$，黏度 $\mu = 2.41 \times 10^{-6} \text{Pa} \cdot \text{s}$。

颗粒密度 $\rho_p = 1030 kg/m^3$，直径 $d_p = 4 \times 10^{-4} \text{m}$。

假设为过渡区，沉降速度为：

$$u_t = \left[\frac{4g^2(\rho_p - \rho)^2}{225\mu\rho}\right]^{\frac{1}{8}} d_p = \left(\frac{4 \times 9.81^2 \times 1030^2}{225 \times 2.41 \times 10^{-6} \times 0.835}\right)^{\frac{1}{8}} \times 4 \times 10^{-4} = 1.79 \, (\text{m/s})$$

验算：$Re = \dfrac{d_p u_t \rho}{\mu} = \dfrac{4 \times 10^{-4} \times 1.79 \times 0.835}{2.41 \times 10^{-6}} = 24.8$，为过渡区。

3.3.2 影响沉降速度的其他因素

液态非均相物系中，一般分散相浓度较高，往往发生干扰沉降。在实际沉降操作中，影响沉降速度的因素有以下几个方面。

(1) 颗粒的体积分数

当颗粒的体积分数小于0.2%时，前述各种沉降速度关系式的计算偏差在1%以内。当颗粒的体积分数较高时，由于颗粒间相互作用明显，便发生干扰沉降。此时颗粒的实际沉降速度小于按自由沉降计算出的速度。因为当流体中颗粒的体积分数较高时，颗粒实际上是在密度和黏度均大于纯流体的介质中沉降，所受的浮力和阻力都较大；此外，颗粒沉降时被置换的流体向上运动，会阻滞在其中的颗粒的沉降。

(2) 器壁效应

容器的壁面和底面会对沉降的颗粒产生曳力，使颗粒的实际沉降速度低于自由沉降速度。当容器尺寸远远大于颗粒尺寸时（如100倍以上），器壁效应可以忽略，否则，则应考虑器壁效应对沉降速度的影响。在层流区，器壁对沉降速度的影响可用式(3-25)修正：

$$u_t' = \frac{u_t}{1+2.1(d/D)} \tag{3-25}$$

式中 u_t'——颗粒的实际沉降速度，m/s；
D——容器直径，m。

(3) 颗粒形状的影响

同一种固体物质，球形或近球形颗粒比同体积的非球形颗粒的沉降要快一些。非球形颗粒的形状及其投影面积 A 均对沉降速度有影响。由图 3-9 可见，相同 Re 下，颗粒的球形度越小，阻力系数 ζ 越大，但 ϕ_s 值对 ζ 的影响在层流区内并不显著。随着 Re 的增大，这种影响逐渐变大。

上述各区沉降速度的计算式可用于各种情况下颗粒与流体相对速度的计算。例如，颗粒密度大于流体密度的沉降操作和颗粒密度小于流体密度的颗粒浮升运动；静止流体中颗粒的沉降和流体相对于静止颗粒的运动；颗粒与流体逆向运动和颗粒与流体作同向运动但速率不同时相对运动速度的计算。

3.3.3 降尘室

重力沉降分离器，依流体流动方式可分为水平流动型与上升流动型。图 3-11 为水平流动型的除尘室，用重力沉降分离气相中尘粒的除尘室，称为降尘室。

将降尘室简化为高 H、宽 b、长 l 的长方体设备，其单位均为 m，如图 3-12 所示，设流量 V_s 的气体进入降尘室后，便均匀分布，即气流以水平流速 $u=V_s/(bH)$ 流向出口，气流通过设备的时间，也就是颗粒在降尘室内的停留时间 θ 为：

$$\theta = \frac{l}{u} = \frac{lbH}{V_s}$$

图 3-11 降尘室

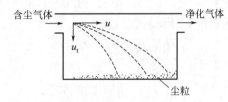

图 3-12 降尘室示意图

位于降尘室顶端的颗粒沉降到室底的时间 θ_t 应为：

$$\theta_t = \frac{H}{u_t}$$

依据顶端颗粒能在降尘室中被除掉的条件 $\theta > \theta_t$，得：

$$V_s \leqslant u_t lb \tag{3-26}$$

可见，理论上降尘室的生产能力 V_s（单位时间处理气量）只与设备水平面积（lb）及颗粒沉降速度有关，而与设备高度无关。故降尘室宜设计为扁平，或设置多层水平板。多层降尘室结构如图 3-13 所示，通常隔板间距为 40~100mm，降尘室高度的设计还应保证气流通过降尘室的流动处于层流状态，因为气流过高会干扰颗粒的沉降或将已沉降的颗粒重新扬起。

对设置了 n 层水平隔板的降尘室，其生产能力为：

$$V_s = (n+1)blu_t \tag{3-27}$$

通常，被处理的含尘气体中的颗粒大小不均，沉降速度 u_t 应根据需完全分离的最小颗

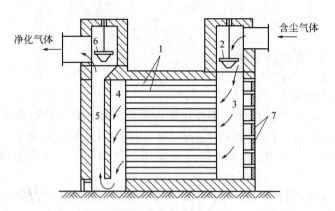

图 3-13 多层降尘室
1—隔板；2、6—调节闸阀；3—气体分配道；4—气体集聚道；5—气道；7—清灰口

粒尺寸计算。

降尘室结构简单、流动阻力小，但体积庞大、分离效率低，通常只适用于分离粒度大于 $50\mu m$ 的粗颗粒，一般作为预降尘使用。多层降尘室虽能分离较细的颗粒且节省占地面积，但清灰比较麻烦。

【例 3-11】 某降尘室高 2m、宽 1.8m、长 3.8m，用于除去矿石焙烧炉出口的炉气中含有的粉尘，在操作条件下炉气流量为 $17000 m^3/h$，密度为 $0.6 kg/m^3$，黏度为 $2 \times 10^{-5} Pa \cdot s$，尘粉密度为 $4500 kg/m^3$。试求理论上能完全除去的最小粉尘颗粒直径（以球形颗粒看待）。

解：根据式(3-25)：

$$u_t = \frac{V_s}{lb} = \frac{17000 \times 3600}{3.8 \times 1.8} = 0.69 \text{ (m/s)}$$

设为层流区沉降，依式(3-21)：

$$d = \sqrt{\frac{18\mu u_t}{(\rho_s - \rho)g}}$$

$$= \sqrt{\frac{18 \times 2 \times 10^{-5} \times 0.69}{(4500 - 0.6) \times 9.81}} = 75 \times 10^{-6} \text{ (m)} = 75 \text{ }(\mu m)$$

校核：

$$Re = \frac{du_t \rho}{\mu}$$

$$= \frac{75 \times 10^{-6} \times 0.69 \times 0.6}{2 \times 10^{-5}} = 1.55 < 2，合乎假设。$$

3.3.4 沉降槽

沉降槽是用来提高悬浮液浓度并同时得到澄清液体的重力沉降设备。沉降槽又称增浓器或澄清器。沉降槽可间歇操作或连续操作。

间歇沉降槽通常为带有锥底的圆槽，其中的沉降情况与间歇沉降试验时玻璃筒内的情况相似。需要处理的悬浮料浆在槽内静置足够长的时间以后，增浓的沉渣由槽底排出，清液则由槽上部排出管抽出。

连续沉降槽是底部略成锥状的大直径浅槽，如图 3-14 所示。料浆经中央进料口送到液面以下 0.3～1.0m 处，在尽可能减小扰动的条件下，迅速分散到整个横截面上，液体向上

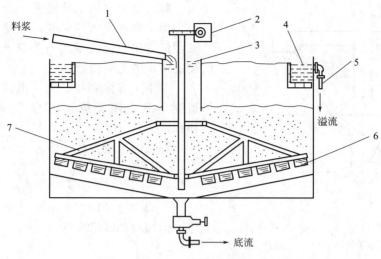

图 3-14 连续沉降槽
1—进料槽道；2—转动机构；3—料井；4—溢流槽；5—溢流管；6—叶片；7—转耙

流动，清液经槽顶端四周的溢流堰连续流出，称为溢流；固体颗粒下沉至底部，槽底有徐徐旋转的耙将沉渣缓慢地聚拢到底部中央的排渣口连续排出，排出的稠浆称为底流。

连续沉降槽的直径，小者数米，大者可达数百米；高度为 2.5～4m。有时将数个沉降槽垂直叠放，共用一根中心竖轴带动各槽的转耙。这种多层沉降槽可以节省占地面积，但操作控制较为复杂。

连续沉降槽适用于处理量大而浓度不高且颗粒不甚细微的悬浮料浆，常见的污水处理就是一例。经过这种设备处理后的沉渣中还含有约 50% 的液体。

在沉降槽的增浓段中大都发生颗粒的干扰沉降，所进行的过程称为沉聚过程。

为了使给定尺寸的沉降槽获得最大可能的生产能力，应尽可能提高沉降速度。向悬浮液中添加少量电解质或表面活性剂，使细粒发生"凝聚"或"絮凝"；改变一些物理条件（如加热、冷冻或震动），使颗粒的粒度或相界面发生变化，这些都有利于提高沉降速度。沉降槽中设置搅拌耙，除能把沉渣导向排出口外，还能降低非牛顿型悬浮物系的表观黏度，并能促使沉淀物的压紧，从而加速沉聚过程。搅拌耙的转速应选择适当，通常小槽耙的转速为 1r/min，大槽的转速在 0.1r/min 左右。

3.3.5 分级器

利用重力沉降可将悬浮液中不同粒度的颗粒进行粗略的分离，或将两种不同密度的颗粒进行分类，这样的过程统称为分级。实现分级操作的设备称为分级器。

【**例 3-12**】 本例附图为一个双锥分级器，混合粒子由上部加水，水经可调锥与外壁的环形间隙向上流过。沉降速度大于水在环隙处上升流速的颗粒进入底流，而沉降速度小于该流速的颗粒则被溢流带出。

利用此双锥分级器对方铅矿与石英两种粒子的混合物进行分离。已知：粒子形状为正方体，粒子棱长为 0.08～0.7mm，方铅矿密度 $\rho_{s1}=7500 kg/m^3$，石英密度 $\rho_{s2}=2650 kg/m^3$，20℃水的密度和黏度为 $\rho=998.2 kg/m^3$、$\mu=1.005\times 10^{-3} Pa \cdot s$。

假定粒子在上升水流中作自由沉降，试求：(1) 欲得纯方铅矿粒，水的上升流速至少应取多少？(2) 所得纯方铅矿粒的尺寸范围。

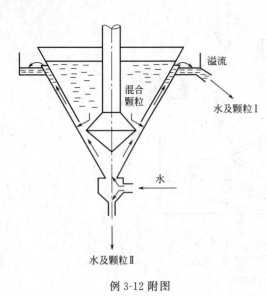

例 3-12 附图

解 (1) 水的上升流速：

为了得到纯方铅矿粒，应使全部石英粒子被溢流带出，应按最大石英粒子的自由沉降速度决定水的上升流速。

对于正方体颗粒，先算出其当量直径和球形度。设 l 代表棱长，V_p 代表一个颗粒的体积。

颗粒的当量直径，即：

$$d_e = \sqrt[3]{\frac{6}{\pi}V_p} = \sqrt[3]{\frac{6}{\pi}l^3} = \sqrt[3]{\frac{6}{\pi} \times 0.7 \times 10^{-3}}$$
$$= 8.685 \times 10^{-4} \text{ (m)}$$

由颗粒的球形度得：

$$\phi_s = \frac{S}{S_p} = \frac{\pi d_e^2}{6l^2} = \frac{\pi \left(l\sqrt[3]{\frac{6}{\pi}}\right)^2}{6l^2} = 0.806$$

用摩擦数群法求最大石英粒子的沉降速度，即：

$$\zeta Re_t^2 = \frac{4d_e^3(\rho_s - \rho)\rho g}{3\mu^2} = \frac{4 \times (8.685 \times 10^{-4})^3 \times (2650 - 998.2) \times 998.2 \times 9.81}{3 \times (1.005 \times 10^{-3})^2} = 14000$$

已知 $\phi_s = 0.806$，由图 3-10 查得 $Re_t = 60$，则：

$$u_t = \frac{Re_t \mu}{d_e \rho} = \frac{60 \times 1.005 \times 10^{-3}}{998.2 \times 8.685 \times 10^{-4}} = 0.0696 \text{ (m/s)}$$

水的上升流速应取 0.0696m/s 或略大于此值。

(2) 纯方铅矿粒的尺寸范围：

所得到的纯方铅矿粒中尺寸最小者应是沉降速度恰好等于 0.0696m/s 的粒子。用摩擦数群法计算该粒子的当量直径。

$$\zeta Re_t^{-1} = \frac{4\mu(\rho_s - \rho)g}{3\rho^2 u_t^3} = \frac{4 \times 1.005 \times 10^{-3} \times (7500 - 998.2) \times 9.81}{3 \times 998.2^2 \times 0.0696^3} = 0.2544$$

已知 $\phi_s = 0.806$，由图 3-10 中查得 $Re_t = 22$，则：

$$d_e = \frac{Re_t \mu}{\rho u_t} = \frac{22 \times 1.005 \times 10^{-3}}{998.2 \times 0.0696} = 3.182 \times 10^{-4} \text{ m}$$

与此当量直径相对应的正方形的棱长为：

$$l' = \frac{d_e}{\sqrt[3]{\frac{6}{\pi}}} = \frac{3.182 \times 10^{-4}}{\sqrt[3]{\frac{3}{\pi}}} = 2.565 \times 10^{-4} \text{ (m)}$$

所得纯方铅矿粒的棱长范围为 0.2565～0.7mm。

3.4 离心沉降

依靠惯性离心力的作用而实现的沉降过程称为离心沉降。两相密度差较小、颗粒粒度较细的非均相物系，在重力场中的沉降效率很低，甚至完全不能分离，若改用离心沉降则可大大提高沉降速度，设备尺寸也可缩小很多。

通常，气固非均相物系的离心沉降在旋风分离器中进行，液固悬浮物系一般可在旋液分离器或沉降离心机中进行。

3.4.1 惯性离心力作用下的沉降速度

当流体围绕某一中心轴作圆周运动时，便形成了惯性离心力场。在与转轴距离为 R、切向速度为 u_T 的位置上，惯性离心力场强度为 $\dfrac{u_T^2}{R}$（即离心加速度）。显见，惯性离心力场强度不是常数，随位置及切向速度而变，其方向是沿旋转半径从中心指向外周。重力场强度 g（即重力加速度）基本上可视作常数，其方向指向地心。

当流体带着颗粒旋转时，如果颗粒的密度大于流体的密度，则惯性离心力将会使颗粒在径向上与流体发生相对运动而飞离中心。与颗粒在重力场中受到3个作用力相似，惯性离心力场中颗粒在径向上也受到3个力的作用，即惯性离心力、向心力（与重力场中的浮力相当，其方向为沿半径指向旋转中心）和阻力（与颗粒径向运动方向相反，其方向为沿半径指向中心）。如果球形颗粒的直径为 d，密度为 ρ_s，流体密度为 ρ，颗粒与中心轴的距离为 R，切向速度为 u_T，则上述3个力分别为：

$$惯性离心力 = \frac{\pi}{6}d^3\rho_s\frac{u_T^2}{R}$$

$$向心力 = \frac{\pi}{6}d^3\rho\frac{u_T^2}{R}$$

$$阻力 = \frac{\pi}{4}\zeta d^2\frac{\rho u_r^2}{2}$$

式中，u_r 代表颗粒与流体在径向上的相对速度，m/s。

如果上述3个力达到平衡，则：

$$\frac{\pi}{6}d^3\rho_s\times\frac{u_T^2}{R}-\frac{\pi}{6}d^3\rho\times\frac{u_T^2}{R}-\frac{\pi}{4}\zeta d^2\times\frac{\rho u_r^2}{2}=0$$

平衡时颗粒在径向上相对于流体的运动速度 u_r 便是它在此位置上的离心沉降速度。上式对 u_r 求解得：

$$u_r=\sqrt{\frac{4d(\rho_s-\rho)u_T^2}{3\rho\zeta R}} \tag{3-28}$$

比较式(3-20)与式(3-28)可看出，颗粒的离心沉降速度 u_r 与重力沉降速度 u_t 具有相似的关系式，若将重力加速度 g 改为离心加速度 $\dfrac{u_T^2}{R}$，则式(3-20)便变为(3-28)。但是二者又有明显的区别，首先，离心沉降速度 u_r 不是颗粒运动的绝对速度，而是绝对速度在径向上的分量，且方向不是向下而是沿半径向外；其次，离心沉降速度 u_r 不是恒定值，随颗粒在离心力场中的位置（R）而变，而重力沉降速度 u_t 则是恒定的。

离心沉降时，如果颗粒与流体的相对运动属于层流，于是得到：

$$u_r=\frac{d^2(\rho_s-\rho)u_T^2}{18\mu R} \tag{3-29}$$

同一颗粒在同种介质中的离心沉降速度与重力沉降速度的比值为：

$$\frac{u_r}{u_t}=\frac{u_T^2}{gR}=K_c \tag{3-30}$$

比值 K_c 就是粒子所在位置上的惯性离心力场强度与重力场强度之比,称为离心分离系数。分离因数是离心分离设备的设备指标。对某些高速离心机,分离因数 K_c 值可达数十万。旋风或旋液分离器的分离因数一般在 5~2500 之间。例如,当旋转半径 $R=0.4\text{m}$、切向速度 $u_T=20\text{m/s}$ 时,分离因数为:

$$K_c = \frac{20^2}{9.81 \times 0.4} = 102$$

这表明颗粒在上述条件下的离心沉降速度比重力沉降速度约大百倍,足见离心沉降设备的分离效果远较重力沉降设备好。

3.4.2 旋风分离器

旋风分离器是利用惯性离心力的作用从气流中分离出尘粒的设备。图 3-15 为旋风分离器的基本结构和操作情况的示意图。外壳上部为圆筒,下部为圆锥体,圆筒顶端封闭,筒中心有一气体排出管,气体进口管在筒侧并与筒体正切,锥底设有集尘斗。

含尘气体以 12~25m/s 的流速切向进入器内,沿筒壁旋转向下流动,到圆锥部分,由于旋转半径缩小而切向速度增大并继续旋转向下。到圆锥底部附近,转变为上升气流,最后由排气管排出。在气体旋转流动过程中,颗粒由于离心力作用向外移动到内壁后,沿内壁落入灰斗而与气流分离。

旋风分离器结构简单、分离效率高并可用于高温,是化工、轻工、采矿等工业部门用于除去气体中粒径 $5\mu\text{m}$ 以上颗粒的常用设备。

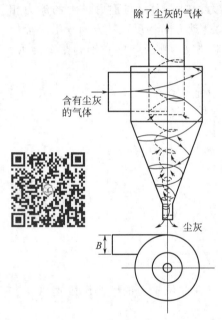

图 3-15 旋风分离器的基本结构和操作情况的示意图

3.4.2.1 旋风分离器的性能

(1) 临界粒径(指能完全分离下来的最小粒径)

设气体进入旋风分离器后,以进口气速 u_i 为平均切线速度绕排气管旋转 N 圈,而后转入排气管排出。若平均旋转半径为 R_m,即气体转入排气管之前在器内停留时间 θ 为:

$$\theta = 2\pi R_m N / u_i \tag{3-31}$$

颗粒随气体一起转动,颗粒受到 u_i^2/R_m 的离心加速度作用,沿径向运动到外壁,即作离心沉降而与气体分离。细尘沉降属层流,类比重力沉降斯托克斯方程,以离心加速度代替重力加速度,则颗粒离心沉降速度 u_r 为:

$$u_r = \frac{d^2(\rho_s - \rho)}{18\mu} \times \frac{u_i^2}{R_m} \approx \frac{d^2 \rho_s u_i^2}{18\mu R_m} \tag{3-32}$$

颗粒从内筒外壁沉降到外筒内壁的距离为 B(相当于分离器进口宽度),即颗粒沉降所需时间 θ_r 应为:

$$\theta_r = \frac{B}{u_r} = \frac{18 B \mu R_m}{d^2 \rho_s u_i^2} \tag{3-33}$$

根据除尘的必要条件 $\theta \geqslant \theta_r$,可得出能完全除去的颗粒直径 d_c:

$$d_c = \sqrt{\frac{q\mu B}{\pi u_i \rho_s N}} \tag{3-34}$$

d_c 是个简化了的推导结果，没有考虑到沉降过程细粒的凝聚和沉降之后颗粒重新扬起等复杂流动现象，所以，不能完全反映旋风分离器的颗粒分离效果。但是从式(3-33)可以了解到：降低进口气速、加大筒径尺寸都不利于除尘，同样尺寸的分离器串联不能明显提高分离效果，这些是与重力沉降除尘器截然不同的结论。因此，在工程上，在气流压降允许和不致产生局部涡流的情况下，都选用较大的进口气速。当气体处理量大时，则采用多个旋风分离器并联组合。

式(3-31)中的 N 实质上是个结构的模型参数，若能实验归纳出同一类分离器的 N 值，式(3-34)便可用作近似估算。

(2) 分离效率

总效率 η_0，指进入旋风分离器的全部尘粒中被分离下来的尘粒质量分数。以 C_1、C_2 分别为进、出气中含尘浓度（g/m³），即总效率为：

$$\eta_0 = \frac{C_1 - C_2}{C_1} \tag{3-35}$$

粒级效率 η_i，按粒径等级分别表示各粒径区段颗粒被分离下来的质量分数。以 C_{1i}、C_{2i} 分别为进、出气体中某 i 段平均粒径为 d_i 的颗粒浓度，即 i 粒级的效率为：

$$\eta_i = \frac{C_{1i} - C_{2i}}{C_{1i}} \tag{3-36}$$

用 x_i 表示各平均粒径 d_i 的粒级颗粒占全部颗粒的质量分数。显然，所有粒级颗粒被分离的质量总和，就是总颗粒被分离的全部颗粒质量。则：

$$\eta_0 = \sum x_i \eta_i \tag{3-37}$$

旋风分离器的 η_i 与 d_i 关系由实验测得，图 3-16 为某一实测曲线。曲线表明：粒径大的分离效率大，粒径小分离效率小。但不是以临界粒径 d_c 为界，而将颗粒一分为二。

粒级效率等于 50% 的颗粒的直径称为分割粒径 d_{50}，也作为分离效果的一个指标。

(3) 压降 Δp_f

压降指气体流动过程机械能损失所表现出的气体进出压强差。通常将压降看作与进口气体动压成正比，即：

$$\Delta p_f = \zeta \frac{u_i^2}{2} \rho \tag{3-38}$$

式中，阻力系数 ζ 一般为 5~8。

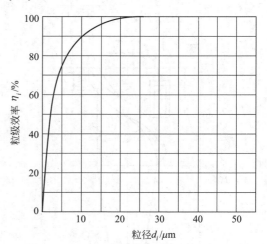

图 3-16 粒级效率曲线

3.4.2.2 旋风分离器的选用

旋风分离器的分离效率和压降与其结构形式有很大关系。经广泛研究，我国已定型若干种，并制定了标准系列，代号说明是：C 为降尘器，L 为离心，T 为筒式，P 为旁路式，A、B 为同类型的两种产品代号。化工中较常用的几种如下所示。

① CLT/A　如图 3-17 所示，是具有倾斜螺旋面进口的旋风分离器，阻力系数 $\zeta = 5.0$~5.5。通常适用于干燥的、密度和颗粒较大的非纤维质粉尘。

② CLP/B　如图 3-18 所示，是带有旁路分离室的旋风分离器（另有 A 型，是双锥的），气流进入器内分两种，一小股带有细粉的上旋气体在顶部强烈旋转，促使细粉凝聚，然后由旁室进入向下的主流气中而被捕集。对 $5\mu m$ 以上的尘粉有较高的分离效率，阻力系数 $\zeta=4.8\sim5.8$。

③ 扩散式　如图 3-19 所示，其主要特点是主体圆筒以下部分为倒圆锥形，在底部装有顶部开孔的锥形的挡灰盘。沉到器壁的粉尘沿倒锥下落，经灰盘与器壁间的缝隙降到集灰箱，少量随粉尘进入集灰箱的气体通过挡灰盘顶小孔返回器内。

一台适用的分离器应满足三项基本要求：有足够的生产能力（单位时间气体处理量）；达到要求的分离效率；压降在操作允许范围之内。由于对旋风分离器的气流运动规律尚未充分认识，现主要是根据生产数据进行选用。

通常在缺乏所用旋风分离器的粒级效率和气体中含尘的粒度分布数据时，只能以生产能力和限定压降为依据，参照相同类生产经验对分离效率作粗略考虑。

【例 3-13】　选用 CLP/B 型旋风分离器处理气体量为 $5000 m^3/h$、$\rho=1.2 kg/m^3$ 的含尘气体。允许压降为 883Pa，试确定其尺寸或选用一台合适型号的旋风分离器。

解　(1) 参照图 3-18 确定尺寸。
由式(3-33)，并取 $\zeta=5.8$。

$$u_i=\sqrt{\frac{2\Delta p_f}{\zeta\rho}}=\sqrt{\frac{2\times 883}{5.8\times 1.2}}=15.9\ (m/s)$$

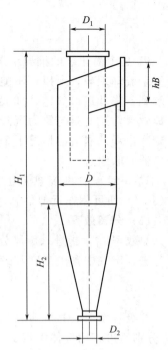

图 3-17　CLT/A 型旋风分离器
[$h=0.66D$；$B=0.26D$；$D_1=0.6D$；$D_2=0.3D$；$H_2=2D$；
$H_1=(4.5\sim 4.8)D$]

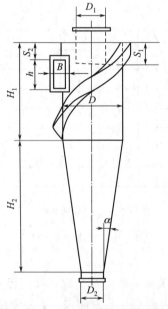

图 3-18　CLP/B 型旋风分离器
($h=0.6D$；$B=0.3D$；$D_1=0.6D$；$D_2=0.43D$；
$H_1=1.7D$；$H_2=2.3D$；
$S_1=0.28D+0.3h$；$S_2=0.28D$；$\alpha=14°$)

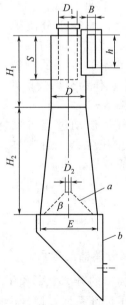

图 3-19　扩散式旋风分离器
($h=D$；$B=0.26D$；$D_1=0.5D$；$D_2=0.1D$；
$H_1=2D$；$H_2=3D$；$S_1=1.1D$；
$E=1.65D$；$\beta=45°$)

$$A = \frac{V_s}{u_i} = \frac{5000/3600}{15.9} = 0.08735 \ (\text{m}^2)$$

$$A = Bh = 0.3D \times 0.6D = 0.18D^2$$

$$D = \sqrt{\frac{A}{0.18}} = \sqrt{\frac{0.08735}{0.18}} = 0.697 \ (\text{m})$$

取 $D=700\text{mm}$，根据图 3-15 定出各相应的尺寸。

$B=210\text{mm}$	$h=420\text{mm}$	$D_1=420\text{mm}$
$D_2=301\text{mm}$	$H_1=1190\text{mm}$	$H_2=1610\text{mm}$
$S_1=322\text{mm}$	$S_2=196\text{mm}$	$\alpha=14°$

(2) 根据 CLP/B 型主要性能，选择型号

由化工工艺设计手册等资料可查得分离器主要性能。表中压降是相应 $\rho=1.2\text{kg/m}^3$ 的气体所测的压降值，括号中指分离器装于风机之前的情况。

由附表中可见型号 CLP/B-7.0，生产能力为 5100m^3/h 时其压降在允许压降之内，直接选用 CLP/B-7.0 为所需型号。

从系列数据中选型号时，如若操作气体密度差异较大，或气体量与所列出数据偏离较大，应根据式（3-32）按比例关系核算压降，或者利用系列中压降值作插补法估算。

处理量较大时，从系列选用中可能发现用 1 台大型号或 2 台小型号的均可满足处理量和压降要求，用 2 台小型号的设备费要大，但从分离效果考虑则宁愿用 2 台小型号。

例 3-13 附表　CLP/B 型旋风分离生产能力　　　　　　　　　单位：m^3/h

型号	圆筒直径 D/mm	进口气速/(m/s)		
		12	16	20
		压降/Pa		
		412(490)	687(873)	1128(1422)
CLP/B-3.0	300	700	930	1160
CLP/B-4.2	420	1350	1800	2250
CLP/B-5.4	540	2200	2950	3700
CLP/B-7.0	700	3800	5100	6350
CLP/B-8.2	820	5200	6900	8650
CLP/B-9.4	940	6800	9000	11300
CLP/B-10.6	1000	8550	11400	14300

3.5　板框压滤机的操作

实际生产中经常会遇到分离非均相混合物的例子，非均相混合物的分离方法很多，较常见的是采用机械分离的方法，即利用非均相混合物中两相的物理性质（如密度、颗粒形状、尺寸等）的差异，使两相之间发生相对运动而使其分离。由于其能耗较低，因此在许多领域得以广泛应用。

3.5.1　开车前的准备

① 提前进入岗位，配制足量的硼酸水。
② 检查进出口管道是否畅通，考克方向是否正确。
③ 检查滤饼槽内是否有杂物。

④ 检查滤布是否有破洞，各垫子是否完好。
⑤ 检查各连接螺钉是否紧固，阀门（气动、电动）是否灵活好用。
⑥ 检查各润滑点是否有油。
⑦ 检查粗液搅拌装置的油质、油量是否完好。
⑧ 检查料阀是否完全关闭，并且灵活好用。

3.5.2 开停车步骤

开车步骤如下。
① 确认各阀门关闭。
② 粗液槽有1m的液位时，通知泵工启动粗液泵，根据操作画面设置合适的滤液循环、滤机运行、空气垫释放、滤机排渣、滤机卸压时间。
③ 打开进料阀，开循环阀进行挂泥。
④ 观察精液澄清后，关闭循环阀向精液槽进料。
⑤ 将控制开关切到自动，启动按钮，压滤机将自动同期运行。
⑥ 精液槽有1m的精液时，通知主控岗位。

停车步骤如下。
① 关闭进料阀，打开卸压阀排气卸压。
② 打开排泥阀，按规定时间排泥。
③ 关闭排泥阀。
④ 放压滤机内料。
⑤ 滤片结硬时要停车将滤片吊出卸在外面，严防硬块掉入机内。
⑥ 检查滤布、滤片有无损坏，如果损坏，应更换滤布和滤片。

3.5.3 事故分析

(1) 板块本身的损坏

造成板块本身损坏的原因有：
① 当污泥过稠或干块遗留时，就会造成供料口的堵塞，此时滤板间没有了介质，只剩下液压系统本身的压力，此时板块本身由于长时间受压极易造成损坏。
② 供料不足或供料中含有不合适的固体颗粒时，同样会造成板框本身受力过大以至于损坏。
③ 如果流出口被固体堵塞或启动时关闭了供料阀或出阀，压力无处外泄，以至于造成损坏。
④ 滤板清理不净时，有时会造成介质外泄，一旦外泄，板框边缘就会被冲刷出一道一道的小沟来，介质的大量外泄造成压力无法升高，泥饼无法形成。

对应故障的排除的方法如下：
① 使用尼龙的清洗刮刀，除去进料口的泥；
② 完成这个周期，减少滤板容积；
③ 检查滤布，清理排水口，检查出口，打开相应阀门，释放压力；
④ 仔细清理滤板，修复滤板。

滤板的修复技术如下：
① 清理沟槽，漏出新鲜面来，可用小锯条等清理；

② 黑白两种修补剂按 1：1 的比例调配好；
③ 把调配好的修补剂涂在沟槽上，涂满并稍高；
④ 迅速套好滤布，将滤板挤在一起，使修补剂和滤布粘在一起，同时挤平沟槽；
⑤ 挤压一段时间后，黏胶自然成型，不再变化，此时便可以正常使用了。

（2）板框间渗水

造成板框间渗水的原因主要有：
① 液压低；
② 滤布褶皱和滤布上有孔；
③ 密封表面有块状物。

板框间渗水的处理方法比较简单，只要相应地增加液压、更换滤布或者使用尼龙刮刀清除密封表面的块状物就可以了。

（3）形不成滤饼或滤饼不均匀

造成滤饼不能形成或不均匀的原因有很多，供料不足或太稀，或者有堵塞现象都会引起这种现象。针对这些故障要细细地排查原因，最终找到确切的问题所在，然后对症施治解决问题。主要的解决办法有增加供料、调整工艺、改善供料、清理滤布或更换滤布、清理堵塞处、清理供料孔、清理排水孔、清理或更换滤布、增加压力或泵功率、低压启动、不断增压等方法。

（4）滤板行动迟缓或易掉

有的时候由于导向杆上油渍、污渍过多也会导致滤板行动迟缓，甚至会走偏掉下来。这个时候就要及时清理导向杆，并涂上黄油，保证其润滑性。要注意的一点是严禁在导向杆上抹稀油，因为稀油易掉，使下边很滑，人员在这里操作检修极易摔倒，造成人身伤害事故。

（5）液压系统的故障

板框压滤机的液压系统主要是提供压力的，当油腔 A 注油增多时活塞向左运动，压迫滤板使之密闭。当油腔 B 注油增多时活塞向右运动，滤板松开。由于制造精密，液压系统故障较少，只要注意日常维护就可以了。尽管如此，由于磨损的缘故，每过一年左右就会出现漏油现象，这时就要维修更换 O 形密封圈。

常见的液压故障还有压力保持不住和液压缸推进不合适。造成不能保持压力的原因主要有漏油、O 形环磨损以及电磁阀不正常工作等，常用处理办法是卸下并检查阀门、更换 O 形环、清洗检查电磁阀或更换电磁阀。液压缸推进不合适显然是空气被封在内部了，这时只要系统抽气就可以了，一般可以迅速解决。

3.6 案例分析

3.6.1 案例 1

用有 26 个板框的 BMS20/635-25 板框压滤机在 25℃下对 $CaCO_3$ 悬浮液进行过滤试验。实验测得的相关参数如附表所示。每次过滤完毕用清水洗涤滤饼，洗水温度及表压与滤浆相同而洗水体积为滤液体积的 8%。每次卸渣、清理、装合等辅助操作时间为 15min。已知 $1m^3$ 滤饼所对应的滤液体积为 $55.96m^3$。（1）当过滤机入口处滤浆的表压为 $1.95 \times 10^5 Pa$，求此板框压滤机的生产能力。（2）当压强为原来的 2 倍时，其生产能力为多少？（3）由以上计算讨论压强的变化对生产能力变化的影响。

案例1附表

试验序号	1	2
过滤压差 $\Delta p \times 10^{-5}$/Pa	1.95	3.9
过滤常数 K/(m²/s)	1.144×10^{-4}	1.682×10^{-4}
比当量滤液 q_e/(m³/m²)	0.0247	0.0229

分析：由1m³滤饼所对应的滤液体积为55.96m³可知，滤框全部充满滤饼时的体积滤液体积为

$$V = 55.96 \times 0.262 = 14.66 \text{ (m}^3\text{)}$$

则过滤终了时的单位面积滤液量为：

$$q = \frac{V}{A} = \frac{14.66}{21} = 0.6981 \text{ (m}^3/\text{m}^2\text{)}$$

（1）当 $\Delta p = 1.95 \times 10^5$ Pa 时的恒压过滤方程式为：

$$q^2 + 0.0478q = 1.144 \times 10^{-4}\theta$$

将 $q = 0.6981$ 代入上式，得：

$$0.6981^2 + 0.0478 \times 0.6981 = 1.144 \times 10^{-4}\theta$$

解得过滤时间为 $\theta = 4552$ s。

又有 $\theta_W = \dfrac{V_W}{\frac{1}{4}\left(\frac{dV}{d\theta}\right)}$，由恒压过滤方程式得：

$$\frac{dq}{d\theta} = \frac{K}{2(q + q_e)}$$

已求得过滤终了时 $q = 0.6981 \text{m}^3/\text{m}^2$，代入上式可得过滤终了时的过滤速率为：

$$\left(\frac{dV}{d\theta}\right)_E = A\frac{K}{2(q+q_e)} = 21 \times \frac{1.144 \times 10^{-4}}{2 \times (0.6981 + 0.0239)} = 1.664 \times 10^{-3} \text{ (m}^3/\text{s)}$$

已知：$V_W = 0.08V = 0.08 \times 14.66 = 1.173$ （m³）

则：

$$\theta_W = \frac{1.173}{\frac{1}{4} \times (1.664 \times 10^{-3})} = 2820 \text{ (s)}$$

又知：$\theta_D = 15 \times 60 = 900$ （s）

则生产能力为：

$$Q = \frac{3600V}{T} = \frac{3600V}{\theta + \theta_W + \theta_D} = \frac{3600 \times 14.66}{4552 + 2820 + 900} = 6.361 \text{ (m}^3/\text{h)}$$

（2）当 $\Delta p = 3.8 \times 10^5$ Pa 时的恒压过滤方程式为：

$$q^2 + 0.0478q = 1.144 \times 10^{-4}\theta$$

将 $q = 0.6981$ 代入上式，得：

$$0.6981^2 + 0.0458 \times 0.6981 = 1.682 \times 10^{-4}\theta$$

解得过滤时间为 $\theta = 3087$ s。

又有 $\theta_W = \dfrac{V_W}{\frac{1}{4}\left(\frac{dV}{d\theta}\right)}$，由恒压过滤方程式得：

$$\frac{dq}{d\theta} = \frac{K}{2(q + q_e)}$$

已求得过滤终了时 $q=0.6981\text{m}^3/\text{m}^2$，代入上式可得过滤终了时的过滤速率为：

$$\left(\frac{\mathrm{d}V}{\mathrm{d}\theta}\right)_\text{E}=A\frac{K}{2(q+q_\text{e})}=21\times\frac{1.682\times10^{-4}}{2\times(0.6981+0.0229)}=2.450\times10^{-3}\ (\text{m}^3/\text{s})$$

已知：$V_\text{W}=0.08V=0.08\times14.66=1.173$（$\text{m}^3$）

则：
$$\theta_\text{W}=\frac{1.173}{\frac{1}{4}\times(2.450\times10^{-3})}=1915\ (\text{s})$$

又知：
$$\theta_\text{D}=15\times60=900\ (\text{s})$$

则生产能力为：
$$Q=\frac{3600V}{T}=\frac{3600V}{\theta+\theta_\text{W}+\theta_\text{D}}=\frac{3600\times14.66}{3087+1915+900}=8.942\ (\text{m}^3/\text{h})$$

(3) 生产能力会随着压强的增大而增大，但并没有呈现倍率增大的关系。

3.6.2 案例2

采用降尘室回收常压炉气中所含的球形固体颗粒。降尘室底面积为 10m^2，宽和高均为 2m。操作条件下，气体的密度为 $0.75\text{kg}/\text{m}^3$，黏度为 $2.6\times10^{-5}\text{Pa}\cdot\text{s}$；固体的密度为 $3000\text{kg}/\text{m}^3$；降尘室的生产能力为 $3\text{m}^3/\text{s}$。试求：(1) 理论上能完全捕集下来的最小颗粒直径；(2) 粒径为 $40\mu\text{m}$ 的颗粒的回收百分率；(3) 如欲完全回收直径为 $10\mu\text{m}$ 的尘粒，在原降尘室内需设置多少层水平隔板？

分析：

(1) 理论上能完全捕集下来的最小颗粒直径

由式(3-26)可知，在降尘室中能够完全被分离出来的最小颗粒的沉降速度为：

$$u_\text{t}=\frac{V_\text{s}}{bl}=\frac{3}{10}=0.3\ (\text{m/s})$$

由于粒径为待求参数，沉降雷诺数 Re_t 和判断因子 K 都无法计算，故需采用试差法。假设沉降在层流区，则可采用斯托克斯公式求最小颗粒直径，即：

$$d_\text{min}=\sqrt{\frac{18\mu u_\text{t}}{(\rho_\text{s}-\rho)g}}\approx\sqrt{\frac{18\times2.6\times10^{-5}\times0.3}{3000\times9.81}}=6.91\times10^{-5}\ (\text{m})$$

核算沉降流型：

$$Re_\text{t}=\frac{d_\text{min}u_\text{t}\rho}{\mu}=\frac{6.91\times10^{-5}\times0.3\times0.75}{2.6\times10^{-5}}=0.591<1$$

原设在层流区沉降正确，求得的最小粒径有效。

(2) $40\mu\text{m}$ 颗粒的回收率

假设颗粒在炉气中的分布是均匀的，则在气体的停留时间内，颗粒的沉降高度与降尘室高度之比即为该尺寸颗粒被分离下来的分率。

由于各种尺寸颗粒在降尘室内的停留时间均相同，故 $40\mu\text{m}$ 颗粒的回收率也可用其沉降速度 u_t' 与 $69.1\mu\text{m}$ 颗粒的沉降速度 u_t 之比来确定，在斯托克斯定律区则为：

$$\text{回收率}=\frac{u_\text{t}'}{u_\text{t}}\times100\%=(d'/d_\text{min})^2\times100\%=(40/69.1)^2\times100\%=0.335\times100\%=33.5\%$$

即回收率为 33.5%。

(3) 需设置的水平隔板层数

多层降尘室中需设置的水平隔板层数用式(3-27)计算。

由上面计算可知，10μm 颗粒的沉降必在层流区，可用斯托克斯公式计算沉降速度，即：

$$u_t = \frac{d^2(\rho_s - \rho)g}{18\mu} \approx \frac{(10 \times 10^{-6})^2 \times 3000 \times 9.81}{18 \times 2.6 \times 10^{-5}} = 6.29 \times 10^{-3} \text{ (m/s)}$$

所以 $n = \dfrac{V_s}{blu_t} - 1 = \dfrac{3}{10 \times 6.29 \times 10^{-3}} - 1 = 46.69$，取 47 层。

隔板间距为：

$$h = \frac{H}{n+1} = \frac{2}{47+1} = 0.042 \text{ (m)}$$

核算气体在多层降尘室内的流型，若忽略隔板厚度所占的空间，则气体的流速为：

$$u = \frac{V_s}{bH} = \frac{3}{2 \times 2} = 0.75 \text{ (m/s)}$$

$$d_e = \frac{4bh}{2(b+h)} = \frac{4 \times 2 \times 0.042}{2 \times (2+0.042)} = 0.082 \text{ (m)}$$

所以：

$$Re = \frac{du\rho}{\mu} = \frac{0.082 \times 0.75 \times 0.75}{2.6 \times 10^{-5}} = 1774$$

即气体在降尘室的流动为层流，设计合理。

思考题

3-1 比较离心沉降和重力沉降的异同。

3-2 过滤推动力一般是指什么？

3-3 降尘室有哪些优点？

3-4 对于旋风分离器，提高分离因数的方法有哪些？

3-5 要提高过滤速率，可采取哪些方法？

3-6 利用重力降尘室分离含尘气体中的颗粒，其分离条件是什么？

3-7 何谓临界粒径？何谓临界沉降速度？

3-8 固体颗粒在流体中沉降，其雷诺数越大，流体黏度对沉降速度的影响如何？

3-9 试分析过滤压差对过滤常数的影响。

3-10 固体颗粒与流体相对运动时的阻力系数在层流层区（斯托克斯区）与湍流区（牛顿区）有何不同？

3-11 球形颗粒于静止流体中在重力作用下的自由沉降都受到哪些力的作用？其沉降速度受哪些因素影响？

习题

3-1 过滤含有 20%（质量分数）固相的悬浮液，悬浮液密度为 1120kg/m³，滤饼中含水分 25%（质量分数）。试求过滤 10m³ 悬浮液后，所得的滤饼量为多少？

3-2 悬浮液中含固体 2.5%（质量分数），湿滤饼中含固体 40%（质量分数），滤液密度为 1120kg/m³。试求每 1m³ 滤液可得多少干滤饼？

3-3 一台板框压滤机的过滤面积共为 0.2m²，在表压 150kPa 下以恒压操作方式过滤某一悬浮液。2h 后得滤液 40m³，已知滤饼不可压缩，过滤介质阻力可忽略不计。试求：

(1) 若其他情况不变，而过滤面积加倍，可得滤液多少？

(2) 若表压加倍，2h 后可得滤液多少？

(3) 若其他情况不变，但将操作时间缩短到 1h，所得滤液为多少？

(4) 若在原表压下过滤 2h 后，用 5m³ 的水洗涤滤饼（以横穿式），洗涤需要多少时间？

3-4 用小型板框压滤机在 100kPa（表压）下恒压过滤某滤浆，过滤面积为 0.1m²，得到数据如下：

过滤时间：60s、600s；滤液体积：0.003m³、0.01m³。

试求 $(q+q_e)^2 = K(\theta+\theta_e)$ 中的 K、q_e 和 θ_e 值。

3-5 用板框压滤机过滤某悬浮液，过滤在 300kPa（表压）下恒压操作，已测得过滤常数 $K=5\times10^{-5}$m²/s，$q_e=0.01$m³/m²，滤饼体积与滤液体积之比为 0.08。压滤机的滤框空处长与宽均为 810mm，厚度 45mm，共有 26 个框。试计算：

(1) 过滤进行到全框全部充满滤饼时所需的时间；

(2) 过滤后用相当于滤液量 1/10 的清水洗涤（横穿式），求洗涤时间；

(3) 洗涤后卸渣、清理、重装等共需 40min，求此台压滤机的生产能力（以每小时平均可得多少滤饼计）。

3-6 若转筒真空过滤的浸液率 $\Psi=1/3$，转速为每分钟 2r，每小时得滤液量为 15m³，已知过滤常数 $K=2.7\times10^{-4}$m²/s，$q_e=0.08$m³/m²。试求：

(1) 所需过滤面积；

(2) 如果转速降为每分钟 1.5r，其生产能力下降的百分数。

3-7 一台 BMS30-635/25 型的板框压滤机（过滤面积为 30m²），在 0.25MPa（表压）下恒压过滤某悬浮液，经 30min 充满板框，共得滤液 2.4m³，每次过滤操作辅助时间为 15min（不需洗涤）。现若改用一台 CP20-2.6 型转筒真空过滤机来代替，转筒直径为 2.6m，长约 2.6m，转筒 25% 浸没于滤浆，操作真空度为 80kPa。试问：真空过滤机转速应为多少才能达到同样的生产能力？设滤饼不可压缩，过滤介质阻力可不计。

3-8 密度为 2650kg/m³ 的球形石英颗粒在 20℃ 空气中自由沉降。试计算服从斯托克斯公式的最大颗粒直径。

3-9 用落球法测定某液体黏度，将待测液体置于玻璃筒中，钢球密度为 7900kg/m³，球直径为 6mm，在 7.32s 时间间隔内，钢球下落 200mm，已知液体密度为 1300kg/m³。试求该溶液的黏度。

3-10 有一重力沉降室，长 4m、宽 2m、高 2.5m，内部用隔板分成 25 层。炉气进入时密度为 0.5kg/m³，黏度为 0.035mPa·s，尘埃密度为 4500kg/m³，现用此降尘室分离颗粒直径 100μm 以上的尘埃。试求可处理的炉气流量。

3-11 在下列 CLT/A 型旋风分离器的五种型号中选择一型号，用来处理流量为 600m³/h 的 20℃ 含尘空气，允许压降不超过 1373Pa。

习题 3-11 附表 部分 CLT/A 型旋风分离器

型号	进气速度/(m/s)	12	15	18
CLT/A-1.5		170	210	250
CLT/A-2.0		300	370	440
CLT/A-2.5	风量/(m³/h)	460	580	690
CLT/A-3.0		670	830	1000
CLT/A-3.5		970	1140	1360
	阻力/Pa	756	1186	1710

第4章 传 热

本章符号说明

英文字母

a ——混合物中组分的质量分数
a' ——温度系数，℃$^{-1}$
A ——流通面积，m^2
A ——辐射吸收率
b ——厚度，m
b ——润湿周边，m
c ——常数
c_p ——比定压热容，kg/(kg·℃)
C ——辐射系数，W/(m^2·K^4)
C ——热容量流率比
d ——管径，m
D ——换热器壳径，m
D ——透过率
E ——辐射能力，W/m^2
f ——摩擦因数
F ——系数
g ——重力加速度，m/s^2
h ——挡板间距
I ——流体的焓，kJ/kg
K ——总传热系数，W/(m^2·℃)
l ——长度，m
L ——长度，m
m ——指数
M ——传热面积，m^2
M ——组分的摩尔质量，kg/kmol
n ——指数
n ——管数
N ——程数
p ——压力，Pa

P ——因数
q ——热通量，W/m^2
Q ——传热速率或热负荷，W
r ——半径，m
r ——汽化热或冷凝热，kJ/kg
R ——热阻，m^2·℃/W
R ——因数
R ——反射率
R ——对比压力
S ——传热面积，m^2
t ——冷流体温度，℃
t ——管心距，m
T ——热流体温度，℃
T ——热力学温度，K
u ——流速，m/s
W ——质量流量，kg/s
x、y、z ——空间坐标

希文

α ——对流传热系数，W/(m^2·℃)
β ——体积膨胀系数，1/℃
δ ——边界层厚度，m
Δ ——有限差值
ε ——传热效率
ε ——系数
ε ——黑度
θ ——时间，s
λ ——热导率，W/(m·℃)
Λ ——波长，μm
μ ——黏度，Pa·s
ρ ——密度，kg/m^3

σ——表面张力，N/m
σ——斯蒂芬-玻尔兹曼常数，W/(m² · K⁴)
ϕ——管外径，mm
φ——系数
φ——角系数
ψ——校正系数

下标
b——黑体
c——冷流体
c——临界
e——当量
h——热流体

i——管内
m——平均
o——管外
s——污垢
s——饱和
t——传热
v——蒸气
w——壁面
Δt——温度差
min——最小
max——最大

通过本章学习，掌握传热的基本原理和规律，并运用这些原理和规律去分析和计算传热过程的有关问题。

知识目标

1. 了解化工生产中的传热操作及常用换热设备的类型及结构，掌握载热体和间壁式换热器的热量衡算及热传导的基本原理和导热计算。
2. 掌握对流传热的基本概念、对流传热系数的影响因素及对流传热系数的关联式的选用及计算。
3. 掌握两流体间壁传热过程的传热计算，传热平均温度差的计算，总传热系数、传热面积的计算与操作核算，了解传热单元数法的运用。
4. 了解热辐射基本概念及两物体间的相互辐射及设备热损失的计算。掌握列管式换热器的结构、选用原则及设计计算。

能力目标

1. 能够根据生产任务对传热设备实施基本操作。
2. 能对传热过程中的影响因素进行分析并应用所学知识解决实际工程问题。
3. 了解传热操作中的常见事故及其处理方法，了解传热设备的日常维护及保养，了解传热的安全环保要求。

4.1 化工中的传热操作及常用换热设备

化工生产与传热密切相关，这是因为化工中的很多过程和单元操作，都需要进行加热和冷却。例如，化学反应通常要在一定的温度下进行，为了达到并保持一定温度，就需要向反应器输入或从反应器输出热；又如在蒸发、蒸馏、干燥等单元操作中，都要向这些设备输入或输出热。此外，化工设备的保温、生产过程中热能的合理利用以及废热的回收等都涉及传热过程。由此可见，传热在化工生产过程中普遍存在，起着十分重要的作用。

化工中有多种较常用的换热器，以下分别加以讨论。

4.1.1 夹套换热器

夹套换热器是由安装在容器外部的夹套所组成的，在夹套与容器壁间形成通道，使流经

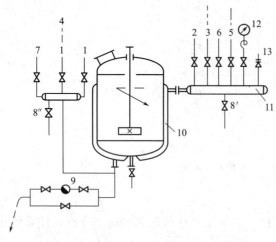

图 4-1 夹套设备综合管路布置方案
1、2—水管；3—蒸汽；4—盐水进；5—盐水回；6—压缩空气；7—压回盐水管；8′、8″—下水；9—疏水器；10—夹套；11—分配管；12—压力表；13—安全阀

通道的流体与容器中的物料通过器壁进行换热。

如图 4-1 所示，可利用综合管路布置（间歇操作），使夹套起到加热、冷却等多功能换热。例如：①用蒸汽加热物料。蒸汽由管道进入夹套，冷凝液经疏水器排出。②用冷冻盐水冷却物料。冷却盐水由管道进入夹套，然后经管道排出，冷却终了时以压缩空气经管道进入，将留在夹套及管路中的冷冻盐水由管道压回盐水系统。③用冷水冷却物料。冷却水由管道进入夹套，而经阀门排到下水道或循环系统。④用热水加料物料。冷水由管道进入，与由管道进入的蒸汽混合成为热水，热水通入夹套然后由阀门排到下水道或循环系统。可根据具体换热需要调节阀门进行控制。

4.1.2 蛇管换热器

蛇管换热器是由金属管子弯成与容器形状相适应的蛇管，并沉浸于容器内液体中而构成的换热器，这种换热器也称沉浸式换热器。流体经过蛇管并通过蛇管壁与容器内的液体换热，通常将沉浸式的蛇管与夹套联合使用以增加传热面积。图 4-2 为几种蛇管的形状。

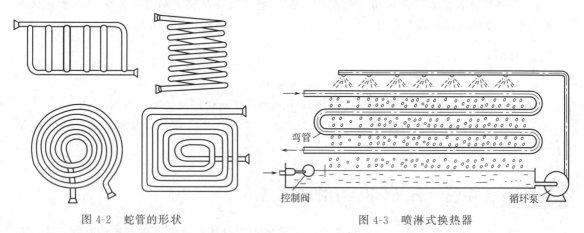

图 4-2 蛇管的形状

图 4-3 喷淋式换热器

4.1.3 喷淋式换热器

喷淋式换热器如图 4-3 所示，它是将管子排列成行，冷却水由最上排管子的喷淋装置中淋下，沿管子表面下流，而被冷却的流体则自最下面管子流入管内，从最上排管子流出，使管内流体与管外下淋的冷却水换热，下淋的冷却水在空气中部分汽化带走热量，也提高冷却效果。

4.1.4 套管换热器

套管换热器系由两种直径不同的管子组装成同心套管，并按需要将数段套管连接起来的换热器，如图 4-4 所示。一种流体走套管的环隙，另一种流体走内管，两种流体通过内管管壁换热。这种换热器结构简单，能耐高压。

4.1.5 列管式换热器

列管式换热器也称为管壳式换热器，主要由壳体、管束、管板、封头等部件构成。如图 4-5 所示，众多管子组成管束，管束两端采用焊接或胀接法固定在管板上。管壳和封头上安装有接管，一种流体在管子内流动，称走管程；另一种流体在管壳之间流动，称走壳程。冷热两流体通过管束壁换热。

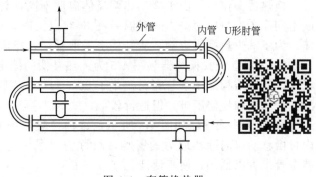

图 4-4　套管换热器

管内流体自管束一端进入，一次通过管束，称为单管程，图 4-5 为单管程换热器。为了提高管内流速，在两端封头内设置隔板，将管束的管子分为多组，流体依次通过每组管子而往返多次称为多管程，图 4-6 为 4 管程换热器。

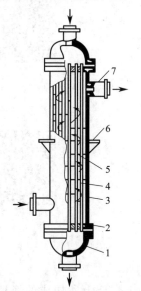

图 4-5　管壳式换热器的构造
1—封头；2—管板；3—壳体；4—管束；
5—挡板；6—耳架；7—接管

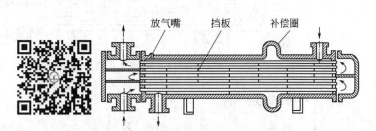

图 4-6　具有补偿圈的固定管板式换热器

流体每通过一次壳程称为一壳程。一般换热器不设纵向隔板，但为增加壳程行程长度，将两个换热器的壳程串联起来即构成多壳程。为提高壳程内流速，在壳程内设置挡板（折流板），挡板一般为圆缺形（缺口高度常为 20%～25% 的壳程），如图 4-7 所示。

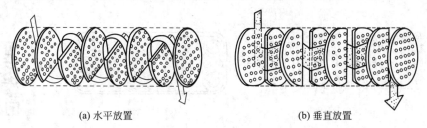

(a) 水平放置　　　　　　　　　　(b) 垂直放置

图 4-7　圆缺形折流挡板

换热器操作时，由于冷、热两流体温度不同，管束与壳体温度不同导致两者的热膨胀程度不同而产生热应力。当两者温差在50℃以上时，它就可能引起管子变形，甚至换热器损坏。为了减少热膨胀影响，从结构上采取补偿，相应的有三种列管式换热器。

① 固定管板式换热器　图4-5为无热补偿的固定管板式。图4-6为具有补偿圈的固定管板式，此种结构适用于管壳温差小于60～70℃，壳程压力小于588kPa的场合。固定管板式的壳程清洗和检修困难，但造价较低。

② 浮头式换热器如图4-8所示，这种换热器中有一端的管板不与壳体相连，能在壳体内自由移动以消除热应力的影响，故称为"浮头"。而固定端的管板由法兰与壳体相连接，整个管束可以抽出，便于清洗。

③ U形管式换热器如图4-9所示，全部管子弯成U形，管子两端固定在同一个管板上，管子与壳体分开，均可自由伸缩。这种形式适用于高温和高压，但管内流体须是洁净不易结垢的物料，最好是气体物料。

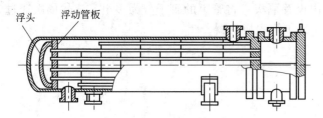

图4-8　浮头式换热器

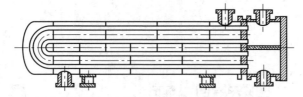

图4-9　U形管式换热器

4.1.6　平板式换热器

平板式换热器是一组长方形的薄金属板平行排列，夹紧组装于支架上所构成的换热器，两相邻板片的边缘衬有垫片，压紧后板间形成密封的流体通道，由垫片厚度调节板间通道宽度大小。每板片的四个角上均开有圆孔，其中两个圆孔与板面上的流道相通，而另外两圆孔利用放置垫片阻止流体进入板面。相邻两板的通道圆孔是错开的，使热、冷两流体交替进入各板面，从板面两侧流动的流体通过板片进行换热，如图4-10(a)所示。各板面有凹凸纹，如图4-10(b)所示，这样既增加传热面又可促进流体湍流流动。

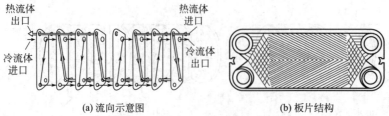

图4-10　平板式换热器

4.1.7 螺旋板式换热器

如图 4-11 所示，螺旋板式换热器是由两块金属板焊在一块分隔挡板上卷成螺旋形状所构成的两板在器内形成两个螺旋通道，板间焊有定距支撑以维持流道间距。螺旋板两侧焊有盖板，流体分别进入两个螺旋通道，通过金属板作逆流换热。

由于流体受惯性离心力作用，在低雷诺数下可形成湍流流动，故不易结垢，传热效果良好。但操作压力限于 2MPa，温度低于 400℃。整体焊成的难以检修清洗，虽用法兰连接的部分可拆卸、清洗，但仍存在内部清洗困难的问题。

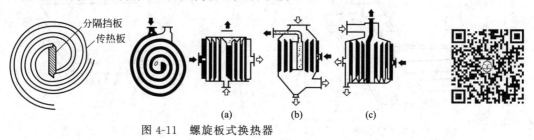

图 4-11 螺旋板式换热器

4.1.8 翅片管换热器

翅片管换热器是在管的表面上加装翅片制成的，翅片可横向或纵向。图 4-12 是工业上应用的几种翅片型式。

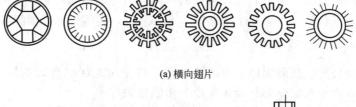

(a) 横向翅片

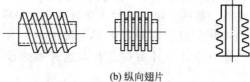

(b) 纵向翅片

图 4-12 常见的几种翅片管型式

翅片管较多用于空冷器，如图 4-13 所示，空气在翅片管外通过，翅片扩大了传热面积又加剧空气湍动，因而降低了空气侧热阻，提高空气冷却效果。同理空气预热器亦常采用翅片管。

4.1.9 板翅式换热器

如图 4-14 所示，在两块平行的薄金属板（隔板）间，夹入波纹状的翅片，两端用侧条密封，组成一个板翅组合的单元体。将各单元体进行相同的组叠和适当排列，并用钎焊

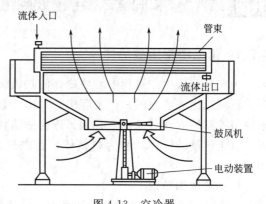

图 4-13 空冷器

固定，就可制成并流、逆流或错流的组装件，称为板束或芯部，图 4-15 为一逆流和一错流的组装件。然后再将带有流体进、出口接管的集流箱焊到板束上，则成为板翅式换热器。

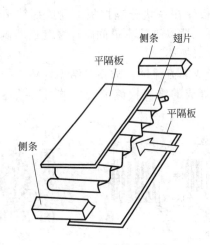

图 4-14 单元体分解图

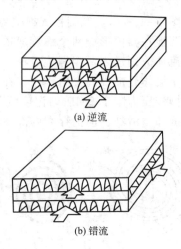

图 4-15 板翅组装件

板翅式换热器结构紧凑，单位体积的传热面积大（高达 2500~3000m²/m³），传热效果好，适应温度范围广，流道小，易堵塞，难清洗检修。流体需对设备材料不起腐蚀，制造工艺复杂。

以上多种换热器，两流体均为固体壁面所隔开，统称为间壁换热器。其间壁面积就是传热面积，对间壁两侧面积大小不同者，常以面积较大的外表面为传热计算面积。如列管式换热器，若管束的管子数为 n，管子外径为 d_o，管长为 l，则传热计算面积 S 为：

$$S = n\pi d_o l \tag{4-1}$$

化工中，在允许冷、热两流体混合的场合下，可采用直接混合式换热。如混合冷凝器、喷淋式冷却塔、直接蒸汽加热等，设备简单、传热效果好。

还有一种蓄热式换热设备。蓄热室内充填耐火砖等高热容量填充物，交替进入热、冷流体，而达到两种流体之间的换热。对于两种流体不可渗混（如有气体混合爆炸范围）的情况，在两种流体切换的中间要有惰性气体置换过程，这种换热设备结构庞大，操作不够简便，所以一般很少使用。

4.2 载热体和间壁式换热器的热量衡算

4.2.1 化工中常用载热体

为充分利用生产过程中需要冷却的热流体，并与需要加热的冷流体进行换热，是提高经济效益所应优先考虑的。但实际中，常由于数量需求、温度要求不相符合，或是考虑操作的平稳与控制的方便等原因，必须另选合适流体来与生产物料进行换热，将这种用来向物料输入或取走热量的流体，称为载热体。起供热作用者又称加热剂，起带走热量作用者又称冷却剂。

(1) 常用加热剂

① 饱和水蒸气　水源易得又无毒，蒸汽输送方便。它的冷凝潜热大，加热可均匀传热，

效果好。依据饱和温度与蒸汽压力的对应关系，通过调节压力能很方便地控制加热温度。但饱和蒸气压随温度升高而显著增大，当温度为 180℃时蒸气压达 1003.5kPa。出于锅炉设备耐压的考虑，饱和蒸汽限用于 180℃以下加热。饱和蒸汽是化工中普遍采用的加热剂。用饱和蒸汽加热，应及时排出凝液和不凝性气体。

② 烟道气　由燃料燃烧产生，容易获得，是加热 500℃以上场合最常应用的加热剂，温度可达 1000℃或更高。但温度调节较难，应预防局部过热，对于采用流体燃烧的烟道气，可采用自控调温。

③ 联苯混合物　较广泛应用的是 26.5%联苯和 73.5%二苯醚混合物，俗称导生。沸点 258℃，常压液体加热可达 255℃。饱和蒸气压低，在 350℃时，饱和蒸气压为 520.4kPa，仅为同温水蒸气压的 1/30，常用其饱和蒸气作 380℃以下的加热。易燃但无爆炸危险，易渗透石棉填料，因而管道应焊接或用金属垫片代替石棉片进行管道密封。

④ 矿物油　常用高温机油作为 180～225℃范围的加热剂。但它易燃，且黏度随使用时间增加而增大。当温度超过 250℃易分解。

⑤ 热水　利用蒸汽冷凝水和其他回收的废热水作加热剂，可用于需要缓慢加热和温度变化幅度小的加热场合。

此外，还有熔盐、熔融金属、矿砂等也可作加热剂。

(2) 常用冷却剂

① 水　自然界的水，其温度皆随地区和季节而变化，仅深井水温度变化较小，所以只适用于冷却温度在 15～30℃之间的场合。冷却水终温不应超过 40～50℃，以避免溶于水中的无机盐析出，在传热面上结垢。水与被冷物料应有 5℃以上的温度差。

② 空气　用于冷却温度 30℃以上的场合，采用翅片式换热器和输送机械强制空气流动。对气温低于 30℃以下的地区可利用空气为冷却剂。

③ 冷冻盐水　指在冷冻装置（站）中，被制冷剂（氨或氟利昂等）蒸发吸热而降温后的低温盐水。一般温度不低于 －12℃的盐水采用 22.4%的 NaCl 水溶液（其冻结温度为 －21.2℃）；温度不低于 －45℃的盐水采用 29.9%的 $CaCl_2$ 的水溶液（其冻结温度为 －55℃）。

盐水用泵经管道输送到各车间需要冷却剂的设备，经换热后温度升高的盐水，送回冷冻装置（站）再降温，循环使用，如图 4-16 所示。用于冷却水不能达到的低温场合，盐水温

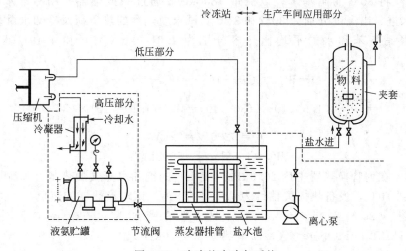

图 4-16　冷冻盐水冷却系统

度可有不同档次。若要达到更低温，直接以液氨为冷却剂，即利用液氨蒸发吸热使物料降温。

4.2.2 换热器热负荷计算

热负荷是指要求换热器必须担负的换热量，即按生产要求需要对物料提供或取出的热量。

由热力学得知：恒压下物系与外界换热量等于物系的焓差。在连续传热操作中，换热器流动流体位能和动能变化可忽略不计。所以，换热器热负荷亦可利用热焓变化来计算。

设传热系统保温良好，可忽略热损失，换热器热流体放出的热量等于冷流体吸收的热量：

$$Q = W_h(H_1 - H_2) = W_c(h_2 - h_1) \tag{4-2}$$

式中，Q 为热负荷，W；W 为流体质量流量，kg/s；H、h 分别为单位热流体和冷流体热焓，J/kg；下标 c、h 分别表示冷、热流体，1、2 分别表示进、出。

化工中，大多取 0℃ 为焓值计算基准，即取 0℃ 时的焓值为 0。从换热角度来讲，热焓就是流体于所在状态下具有高出基准状态的热量。

若换热器两流体均无相变，即式(4-2) 可表示为：

$$Q = W_h c_{ph}(T_1 - T_2) = W_c c_{pc}(t_2 - t_1) \tag{4-3}$$

式中　c——流体的比定压热容，J/(kg·℃)；
　　　T、t——热流体、冷流体温度，℃。

若换热器中的一种流体相变，如饱和蒸汽为加热剂，冷凝放热以加热冷流体，则式(4-2) 可表示为：

$$Q = W_h R = W_c c_{pc}(t_2 - t_1) \tag{4-4}$$

式中　R——热流体饱和蒸汽的冷凝潜热，J/kg。

若热流体饱和蒸汽的冷凝液在低于饱和温度 T，才离开换热器，则式(4-4) 应改为：

$$Q = W_h[R + c_R(T_1 - T_2)] = W_c c_{pc}(t_2 - t_1) \tag{4-5}$$

式中　c_R——冷凝液的平均比热容，J/(kg·℃)。

对于相变的是冷流体，或者两流体均相变，也不难写出相应的热量计算式。关于有流体浓度变化和部分相变的热量计算，将在有关单元操作中讲述。

【例 4-1】 将 80℃ 的硝基苯，以流量 1800kg/h 通过一换热器，用冷却水将其冷却到 40℃。冷却水进、出温度分别为 30℃ 和 35℃。试求换热器的热负荷及冷却水量。

解　查得硝基苯和水的平均比热容分别为 1.6J/(kg·℃) 和 4.19J/(kg·℃)。由式(4-3) 得：

$$Q = W_h c_{ph}(T_1 - T_2) = W_c c_{pc}(t_2 - t_1)$$

$$Q = \frac{1800}{3600} \times 1.6 \times 10^3 \times (80 - 40) = W_c \times 4.19 \times 10^3 \times (35 - 30)$$

得：

$$Q = 3200\text{W} = 32\text{kW}$$
$$W_c = 1.53\text{kg/s} = 5508\text{kg/h}$$

【例 4-2】 在列管换热器中用 20.3kPa（表压）的饱和水蒸气加热苯，苯流量为 5m³/h，从 20℃ 加热到 70℃，设备热损失估计为总热量的 8%。试求换热器的热负荷和蒸汽用量。

解　查得 (20+70)/2 = 45（℃）下，苯的密度为 900kg/m³，比热容为 1.75 kJ/(kg·℃)；121.6kPa 下水蒸气冷凝潜热为 2246.6kJ/kg。

热损失在蒸汽一方，则：

$$Q = W_c c_{pc}(t_2 - t_1) = \frac{5 \times 900}{3600} \times 1.758 \times 10^3 \times (70 - 20) = 109.9 \text{ (kW)}$$

$$W_h R = 1.08 Q$$

$$W_h = 1.08 \times 109.9 \times 10^3 / (2246.6 \times 10^3) = 0.05283 \text{ (kg/s)} = 190.2 \text{ (kg/h)}$$

4.2.3 间壁换热器的传热速率

传热速率是指换热器本身在一定操作条件下所具有的换热能力，即单位时间内通过传热面所能传递的热量。

实践证明，传热速率与热、冷流体之间的温度差及传热面积成正比，传热速率方程为：

$$Q = KS\Delta t_m \tag{4-6}$$

式中　　K——比例系数，称为总传热系数，$W/(m^2 \cdot ℃)$；

　　　　Q——传热速率，W；

　　　　S——传热面积，m^2；

　　　　Δt_m——两流体温度差的平均值，℃。

类似其他传递过程，将传热速率表示为传热推动力 Δt_m 与传热阻力 R 之比：

$$Q = \frac{\Delta t_m}{R} = \frac{\Delta t_m}{\dfrac{1}{KS}} \tag{4-7}$$

工艺上对换热器的热负荷要求，必须依靠传热速率来实现，操作中换热器的传热速率应达到热负荷数值。

为使传热速率方程得以用于设计与操作计算，除了要依据两流体由温度变化确定 Δt_m 外，关键在于求出传热过程的热阻 R。按传热机理不同，传热有传导、对流、辐射三种基本方式，因而，有必要先讨论各种基本传热方式的热阻含义和计算方法。

4.3　热传导

当物体内部或两个直接接触物体之间存在温度差时，高温部分热运动较为剧烈的分子，通过碰撞或振动将能量传递给相邻低温部分的分子，由此，热量由高温部分向低温部分传递，这种传热方式称为热传导，简称导热。

4.3.1 导热基本方程式

在均匀的物体内，热量以导热方式沿单一方向通过物体，如图 4-17 所示。取热传递方向的微分长度 dn，其温度变化为 dt，实践证明：在稳定导热情况下，单位时间传递的热量 Q 与导热面积 S、温度梯度 $\dfrac{dn}{dt}$ 成正比，即：

$$Q = -\lambda S \frac{dn}{dt} \tag{4-8}$$

式中，比例系数 λ 称为热导率；负号表示热量沿温度降低方向传递，式(4-8) 称为导热方程式，或称为傅里叶定律（Fourier's Law 一维导热表达式）。

4.3.2 热导率

热导率 λ 是物质的物理性质之一，从式(4-8)可得 λ 的法定单位为 W/(m²·℃)。数值上，λ 为单位温度梯度下，单位传热面积的导热速率。λ 表征物质的导热性能，其值与物质的组成、结构、密度、温度和压力有关。

一般来说，金属的热导率最大，非金属的固体次之，液体较小，而气体最小。如碳钢（18℃）为 45W/(m²·℃)，耐火砖（800～1000℃）为 1.04W/(m²·℃)，水（30℃）为 W/(m²·℃)，空气（100℃）为 0.025W/(m²·℃)。各物质 λ 值可由实验测得。

大多数均质固体的 λ 值与温度大致成线性关系，金属的 λ 值随温度升高而降低，而多数非金属的 λ 值随温度升高而升高。

液体金属较一般液体的 λ 值高，除了水和甘油的 λ 值随温度升高而升高外，绝大多数液体 λ 值随温度升高而略有减小。

气体 λ 值随温度升高而升高，通常压力范围内，λ 值不随压力变化，故工程计算可忽略压力影响。

4.3.3 平壁的定态导热

如图 4-17 所示，平壁面积为 S，壁厚度为 b，平壁两侧面的温度恒定为 t_1 和 t_2。$t_1 > t_2$，b 远小于传热面的长宽尺寸，即导热仅沿厚度方向进行（壁厚边缘的热损可不计），因器壁的热导率与温度成线性关系，现取平均温度下的热导率，以边界条件时 $n=0$ 时 $t=t_1$，到 $n=b$ 时 $t=t_2$，对式(4-8)积分：

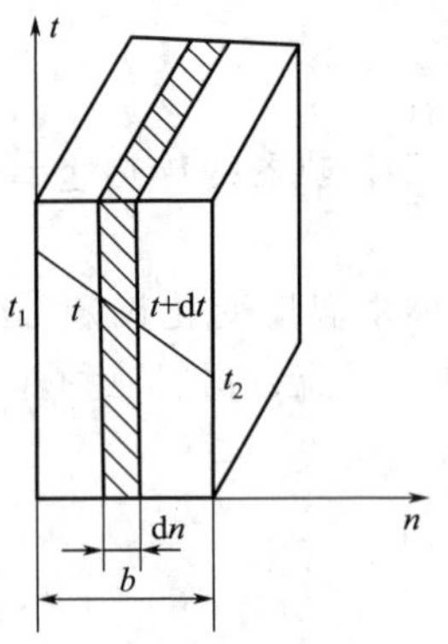

图 4-17 通过壁面的热传导

$$\int_{t_2}^{t_1} dt = -\frac{Q}{\lambda S} \int_0^b dn$$

得：
$$Q = \frac{\lambda}{b}(t_1 - t_2)S \tag{4-9}$$

$$Q = \frac{t_1 - t_2}{\frac{b}{\lambda S}} = \frac{t_1 - t_2}{R} \tag{4-10}$$

平壁导热热阻为 $R = \frac{b}{\lambda S}$，式(4-8)为单层平壁导热方程式。

如若为多层平壁，以图 4-18 的三层平壁导热为例，各层壁厚分别为 b_1、b_2、b_3，各层壁的平均热导率分别为 λ_1、λ_2、λ_3，各壁层接触良好，相接触面温度相同，各接触面温度依次为 $t_1 > t_2 > t_3 > t_4$。平壁面积皆相等（$S_1 = S_2 = S_3 = S$），定态导热，通过各壁层的传热速率必定相等（$Q = Q_1 = Q_2 = Q_3$），依照式(4-8)即：

$$Q = \frac{t_1 - t_2}{\frac{b_1}{\lambda_1 S_1}} = \frac{t_2 - t_3}{\frac{b_2}{\lambda_2 S_2}} = \frac{t_3 - t_4}{\frac{b_3}{\lambda_3 S_3}} \tag{4-11}$$

根据等比定律，将上式所有的分子项总和与所有的分母项总和相比，其比值不变：

$$Q = \frac{(t_1 - t_2) + (t_2 - t_3) + (t_3 - t_4)}{\frac{b_1}{\lambda_1 S_1} + \frac{b_2}{\lambda_2 S_2} + \frac{b_3}{\lambda_3 S_3}} = \frac{t_1 - t_4}{R_1 + R_2 + R_3} \tag{4-12}$$

则可得 n 层平壁导热时，通过各层壁热量的一般计算通式为：

$$Q = \frac{t_1 - t_{n+1}}{\sum_{i=1}^{n}\left(\frac{b_i}{\lambda_i S_i}\right)} = \frac{t_1 - t_{n+1}}{\Sigma R} \qquad (4\text{-}12a)$$

式中，i 为 n 层平壁的壁层序号。

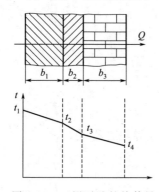

图 4-18　三层平壁的热传导

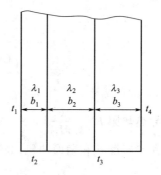

例 4-3 附图

【**例 4-3**】　如附图所示，有一燃烧炉，炉壁由耐火砖、保温砖和建筑砖三层材料组成，三层的壁厚和其平均热导率分别为：

$$b_1 = 150\text{mm}，\lambda_1 = 1.06\text{W/(m·℃)}$$
$$b_2 = 310\text{mm}，\lambda_2 = 0.15\text{W/(m·℃)}$$
$$b_3 = 240\text{mm}，\lambda_3 = 0.69\text{W/(m·℃)}$$

今测得炉外壁温度 t_4 为 24.6℃，建筑砖与保温砖的界面温度 t_3 为 157.3℃。试求：(1) 单位壁面的热量损失。(2) 炉内壁温度 t_1。

解　(1) 应用式(4-11)对建筑砖单层作导热计算（以 $S = 1\text{m}^2$ 计）。

$$Q = \frac{t_3 - t_4}{\frac{b_3}{\lambda_3 S}} = \frac{157.3 - 24.6}{\frac{0.24}{0.69 \times 1}} = 381.5\text{（W）}$$

单位壁面热损失为 381.5W。

(2) 应用式(4-12)对耐火砖和保温砖作两层导热计算。

$$Q = \frac{(t_1 - t_2) + (t_2 - t_3)}{\frac{b_1}{\lambda_1 S_1} + \frac{b_2}{\lambda_2 S_2}}$$

$$381.5 = \frac{(t_1 - t_2) + (t_2 - 157.3)}{\frac{0.15}{1.06 \times 1} + \frac{0.31}{0.15 \times 1}}$$

得：$t_1 = 1000℃$。

4.3.4　圆筒壁的定态导热

设圆筒壁的内、外半径分别为 r_1 和 r_2，长度为 L，内外壁面温度恒定为 t_1、t_2，截出如图 4-19 所示圆筒部分。若 L 远大于壁厚，即轴向散热可不计，$t_1 > t_2$ 只沿半径方向导热。

圆筒导热与平壁导热之不同处，在于传热壁面 S 随半径而变化。则以 $S = n\pi d_0 L$ 代入式(4-8)，即半径为 r 的传热面的导热方程式为：

$$Q = -\lambda S \frac{\mathrm{d}n}{\mathrm{d}t} = -\lambda (2\pi r L) \frac{\mathrm{d}t}{\mathrm{d}r}$$

以边界条件 $r=r_1$, $t=t_1$ 至 $r=r_2$, $t=t_2$ 对上式积分：

$$Q=\int_{r_2}^{r_1}\frac{\mathrm{d}r}{r}=-2\pi\lambda L\int_{t_2}^{t_1}\mathrm{d}t$$

$$Q=\frac{2\pi L(t_1-t_2)}{\frac{1}{\lambda}\ln\frac{r_1}{r_2}} \tag{4-13}$$

$$Q=\frac{t_1-t_2}{\frac{1}{2\pi L\lambda}\ln\frac{r_1}{r_2}}=\frac{t_1-t_2}{R} \tag{4-14}$$

圆筒壁的导热热阻 $R=\frac{1}{2\pi L\lambda}\ln\frac{r_1}{r_2}$，式(4-14) 为单层圆筒壁导热方程式。

若引入圆筒壁厚度 b 和壁面两侧面积的对数平均值 S_m，即：

$$b=r_2-r_1 \tag{4-15}$$

$$S_\mathrm{m}=\frac{2\pi r_2 L-2\pi r_1 L}{\ln\frac{2\pi r_2 L}{2\pi r_1 L}}=\frac{S_2-S_1}{\ln\frac{S_2}{S_1}} \tag{4-16}$$

则式(4-14) 可以改写成同平壁导热方程相似的形式：

$$Q=\frac{\lambda}{b}(t_1-t_2)S_\mathrm{m}=\frac{t_1-t_2}{\frac{b}{\lambda S_\mathrm{m}}} \tag{4-17}$$

对于多层圆筒壁导热。以图 4-20 的三层圆筒为例，设各层壁厚度分别为 $b_1=r_2-r_1$, $b_2=r_3-r_2$, $b_3=r_4-r_3$，各层热导率为 λ_1、λ_2、λ_3，层与层接触良好，各圆筒面温度 $t_1>t_2>t_3$，各圆筒面为同心圆柱面，筒长为 L。

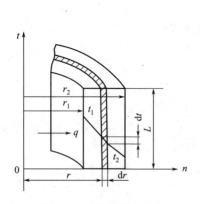

图 4-19 单层圆筒的导热

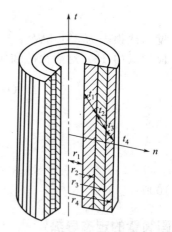

图 4-20 三层圆筒壁的稳定热传导

参照多层平壁导热，定态导热过程中每层推动力与热阻之比，同串联总推动力与串联热阻之比为同一数值，则可方便得出：

$$Q=\frac{t_1-t_{n+1}}{\frac{1}{2\pi L}\sum_{i=1}^{n}\left(\frac{1}{\lambda_i}\ln\frac{r_{i+1}}{r_i}\right)} \tag{4-18}$$

$$Q = \frac{t_1 - t_{n+1}}{\sum_{i=1}^{n}\left(\frac{b_i}{\lambda_i S_m}\right)} = \frac{t_1 - t_{n+1}}{\Sigma R} \tag{4-19}$$

【例 4-4】 在 $\phi 38mm \times 2.5mm$ 的蒸汽管外包上两层绝热材料。内绝热层厚度为 50mm、热导率 $\lambda = 0.07 W/(m \cdot ℃)$。外绝热层厚度为 10mm，热导率为 $0.15 W/(m \cdot ℃)$。若蒸汽管内侧温度为 120℃，绝热层外表面温度为 20℃。试求：(1) 蒸汽管的热损失。(2) 两绝热层界面温度。(3) 若外绝热层改用热导率为 $0.30W/(m \cdot ℃)$ 的材料，为起到同样保温效果，其厚度应为多少毫米？设热损失不变，外表温度也视为不变。

解 (1) 应用式(4-18)求三层圆管壁导热损失。

$$Q = \frac{2\pi L(t_1 - t_4)}{\frac{1}{\lambda_1}\ln\frac{r_2}{r_1} + \frac{1}{\lambda_2}\ln\frac{r_3}{r_2} + \frac{1}{\lambda_3}\ln\frac{r_4}{r_3}}$$

相应数值：求单位长度热损，取 $L = 1m$。

$$r_1 = (38 - 2\times 2.5)/2 = 16.5 \text{ (mm)} \quad r_2 = 38/2 = 19 \text{ (mm)}$$
$$r_3 = 19 + 50 = 69 \text{ (mm)} \quad r_4 = 69 + 10 = 79 \text{ (mm)}$$

取钢管 $\lambda_1 = 45 W/(m^2 \cdot ℃)$、$t_1 = 120℃$、$t_4 = 20℃$。

$$Q = \frac{2\pi \times 1 \times (120 - 20)}{\frac{1}{40}\times\ln\frac{19}{16.5} + \frac{1}{0.07}\times\ln\frac{69}{19} + \frac{1}{0.15}\times\ln\frac{79}{69}}$$

$$Q = 32.5 W$$

(2) 应用式(4-14)作单层圆筒壁导热，求两绝热层界面温度 t_3。

$$Q = \frac{2\pi L(t_3 - t_4)}{\frac{1}{\lambda_3}\ln\frac{r_4}{r_3}}$$

$$32.5 = \frac{2\pi \times 1 \times (t_3 - 20)}{\frac{1}{0.15}\times\ln\frac{79}{69}}$$

$$t_3 = 24.67℃$$

(3) 更换材料，为达同样导热效果，Q 和 t 不变，即：$R_3 = R_3'$ 热阻不变。

$$\frac{1}{2\pi\lambda_3 L}\ln\frac{r_4}{r_3} = \frac{1}{2\pi\lambda_3' L}\ln\frac{r_4'}{r_3}$$

$$\frac{1}{2\pi\times 0.15\times 1}\times\ln\frac{79}{69} = \frac{1}{2\pi\times 0.3\times 1}\times\ln\frac{r_4'}{69}$$

得： $r_4' = 90.45mm$，$b_3' = 90.45 - 69 = 21.45$ (mm)

更换材料，外绝热层厚度应为 21.45mm。

4.4 对流传热

对流传热是传热的一种基本方式。它是指流体流动过程中依靠流体质点移动所进行的热量传递。

工业上遇到的对流传热，常是表示间壁式换热器中流体流过固体表面时，流体将热量传给壁面或者壁面将热量传给流体的过程。由于流体流动过程即使是充分湍动流动，在靠壁处

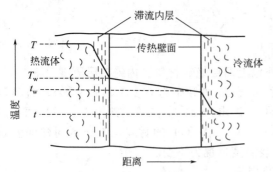

图 4-21 对流传热的温度分布情况

总存在一层层流内层，而层流内层的热阻是流体与壁面换热过程总热阻的最主要部分，其温度分布近乎于直线。亦就是说对流流体的主体与壁面的温度差集中于层流内层。对流传热如图 4-21 所示。

4.4.1 对流传热方程式

为了便于处理，仿照流体边界层概念，将流动流体视为两个区域：存在温度梯度的区域，称为传热边界层；不存在温度梯度的区域，称主流区。没有温度梯度即没有热阻，也就是说，将对流传热看作传热边界层的导热。

以热流体对固体壁面对流传热为例，在垂直流体流动方向的某截面处：热流体温度为 T，壁温为 T_w，传热边界层厚度为 b，流体与固体壁面的接触面积为 dS，若边界层流体热导率为 λ，则依照导热方程，穿过 dS 的导热速率 dQ 为：

$$dQ = \frac{\lambda}{b}(T - T_w)dS$$

将 (λ/b) 归并为 α，则：

$$dQ = \alpha(T - T_w)dS \tag{4-20}$$

式(4-20)为对流传热方程式，亦称为牛顿冷却定律。

若以固体壁面对冷流体传热来看，同样可得相应计算式：

$$dQ = \alpha'(t_w - t)dS \tag{4-21}$$

牛顿冷却定律是一种推论，将所有对流传热的复杂因素都归并在 α 中，α 称为对流传热系数，α 与所接触壁面及温差相对应。α 单位为 $W/(m^2 \cdot \text{℃})$，表示流体与壁面温差 1℃时，单位接触面的传热速率。

4.4.2 影响对流传热（给热）系数的主要因素

① 流体相态　液体、气体、蒸汽的 α 值不相同，有相变时的 α 远大于无相变的 α。

② 流体性质　影响较大的有密度 ρ、比热容 c_p、热导率 λ、黏度 μ 等。

③ 流体流动状态　层流与湍流的 α 不同。Re 增大，传热边界层厚度就薄，则传热热阻减小，α 值增大。

④ 流体流动原因　流体流动原因有两种，一种是流体在外力推动下流动，称为强制对流，另一种是流体内部存在温差，导致各处流体密度差而产生质点相对位移，称自然对流。

⑤ 传热面的几何特征　形状，大小，位置，管、板排列方式等都影响 α 值。

计算对流传热的关键问题是如何求得适用的 α 值。由于影响 α 的因素太多，要建立一个通式来计算各种条件下的 α 是不可能的。目前通常借助实验研究，如同确定流体流动摩擦系数一样，实验前先采用量纲分析方法，将影响对流传热系数的众多因素（物理量）进行待求函数的无量纲化，组成若干无量纲数群（即准数化）；然后再用实验方法来确定这些准数在不同情况下其间的关系，从而得出不同情况下 α 的准数关联式。

4.4.3 传热过程中常用到的准数

(1) 普朗特数 Pr

Pr 称为普朗特（Prandtl）数。$Pr = c_p \mu / \lambda$，是由流体的比定压热容 c_p、黏度 μ 和热导率 λ 所组合的无量纲数群，表示流体物性对对流传热的影响。也称为物性准数。

(2) 雷诺数 Re

Re 是流体流动一章中已熟知的雷诺（Reynolds）数。$Re = lu\rho/\mu$，是由管道特性尺寸 l、流体的流速 u、密度 ρ 和黏度 μ 所组成的无量纲数群，表示流体流动状态对对流传热的影响。

(3) 努塞尔数 Nu

Nu 仍称为努塞尔（Nusselt）数。$Nu = \alpha l/\lambda$，是由对流传热系数 α、特性尺寸 l 和流体热导率所组成的无量纲数群，是表示对流传热系数的准数。

(4) 格拉斯霍夫数 Gr

Gr 称为格拉斯霍夫（Grashof）数。$Gr = \beta \Delta t g l^3 \rho^2 / \mu^2$，是由两流体质点间的温度差 Δt、重力加速度 g、流体膨胀系数 β、特性尺寸 l 和流体的密度 ρ、黏度 μ 所组合的无量纲数群。$\beta \Delta t g$ 为单位质量流体的上升力。Gr 表征自然对流的流动状态，是 Re 的一种变形，它表示对对流传热的影响。

确定准数时，应注意如下两点：

① 准数为无量纲数群，故其中各物理量必须用统一的单位制度。因流体在传热过程温度是变化的，确定流体物性参数 ρ、μ 等所依据的温度即为定性温度，不同关联式各有其指定内涵。较多场合采用流体进、出口温度的算术平均值。

② 准数中的特性尺寸 l 一项，是代表对对流传热产生主导影响的传热壁面的几何尺寸。不同场合选用不同代表尺寸，如圆管对流时，特性尺寸为管内径；非圆管应用当量直径等，应遵照准数所在关联式的规定。流体的特征流速 u 一项也应依据关联式所指定的方式计算。

4.4.4 流体管内强制对流的传热系数关联式

(1) 圆直管内（$Re > 10^4$）流动

对低黏度（<2倍常温水黏度）流体，常用：

$$Nu = 0.023 Re^{0.8} Pr^n \tag{4-22}$$

或

$$\alpha = 0.023 \frac{\lambda}{d_i} \left(\frac{d_i u \rho}{\mu}\right)^{0.8} \left(\frac{c_p \mu}{\lambda}\right)^n \tag{4-22a}$$

式中，当流体被加热 $n = 0.4$；当流体被冷却 $n = 0.3$。式（4-22）应用的条件和范围如下。

定性温度：流体进、出温度的算术平均值。

特征尺寸：管内径 d；特征流速：管内平均流速 u。

应用范围：$0.7 < Pr < 120$；管长与管径比 $l/d > 50$。

对高黏度液体，可采用：

$$Nu = 0.027 Re^{0.8} Pr^{0.3} \left(\frac{\mu}{\mu_w}\right)^{0.14} \tag{4-23}$$

式中，μ_w 为壁温下液体黏度；$(\mu/\mu_w)^{0.14}$ 是考虑到壁温对液体黏度的影响而引入的。工程上，当液体被加热时，可取 $(\mu/\mu_w)^{0.14}$ 为 1.05，液体被冷却时，取值 0.95，即可满足计算需要。

式(4-23)的应用范围可为 $0.7<Pr<16700$，其他条件和式(4-22)相同。

对于短管，$l/d<50$，由上述公式所算 α 值，应乘上大于1的校正系数 f。f 可按下式求得：

$$f=1-[1+(d/l)^{0.7}] \tag{4-24}$$

(2) 圆直管内（$Re=2300\sim10^4$）流动

可先算出 α 值，而后再乘小于1的校正系数，f 可按式(4-25)求得：

$$f=1-6\times10^5/Re^{1.8} \tag{4-25}$$

(3) 圆形弯管内流动

先按圆直管相应公式计算出直管 α 值，再乘上大于1的校正系数，即可得弯管的传热系数 α'，即：

$$\alpha'=(1+1.77d/R)\alpha \tag{4-26}$$

式中，R 为弯管轴的曲率半径。

(4) 非圆形管内流动

为了简便地估算，可用当量直径作为特性尺寸 l，而仍用圆管的 α 关联式计算。将计算对流传热系数的关联式展开，可以了解到一些对工程实践有指导意义的结论：

① 比定压热容较大、热导率较大或密度较大的流体，在同样设备和操作条件下，其相应的传热系数可较大，而流体黏度大，不利于对流传热。

② 在湍流（$Re>10^4$）下，对流传热系数与流速的0.8次方成正比，与管径的0.2次方成反比。提高流速或采用小管径都可强化传热。

③ 短管、弯管相应的传热系数可提高，表明使流体流动处于"混乱"的湍流状态有利于对流传热，即湍流流动变化可有利于对流传热。

【例4-5】 某单管程列管式换热器，管束由60根 $\phi25mm\times2.5mm$ 的钢管组成。利用饱和蒸汽在壳程冷凝放出的热量，将通过管束管内的苯从20℃加热到80℃，苯的流量为13kg/s。

试求：(1) 苯在管内的对流传热系数。(2) 若苯的流量增加到23.4kg/s时，相应的传热系数又为多少？设原进、出温度不变。

解 定性温度$=(80+20)/2=50$（℃）

查得苯物性：

$\rho=800kg/m^3$；$c_p=1.80kJ/(kg\cdot℃)$；$\mu=0.45\times10^{-3}Pa\cdot s$；$\lambda=0.14W/(m\cdot℃)$；

$Pr=c_p\mu/\lambda=1.80\times10^3\times0.45\times10^{-3}/0.14=5.79$

(1) 当流量为13kg/s：

$$u=\frac{13/860}{\frac{\pi}{4}\times0.02^2\times60}=0.8 \text{ (m/s)}$$

$$Re=\frac{du\rho}{\mu}=\frac{0.02\times0.8\times860}{0.45\times10^{-3}}=3.06\times10^4$$

$Re>10^4$，$0.7<Pr<120$，一般换热器 $l/d>50$，故应用式(4-22)。

又因为苯被加热，取 $n=0.4$。

$$\alpha=0.023\frac{\lambda}{d}Re^{0.8}Pr^{0.4}$$

$$=0.023\times\frac{0.14}{0.02}\times(3.06\times10^4)^{0.8}\times5.79^{0.4}$$
$$=1260\ [\text{W}/(\text{m}^2\cdot\text{℃})]$$

(2) 当流量为 23.4kg/s：

设备和物性不变，传热系数与流速0.8次方成正比，即：

$$\frac{\alpha'}{\alpha}=\left(\frac{u'}{u}\right)^{0.8}=\left(\frac{23.4}{13}\right)^{0.8}=1.8^{0.8}$$

$$\alpha'=\alpha\times1.8^{0.8}=1260\times1.8^{0.8}$$
$$=2016\ [\text{W}/(\text{m}^2\cdot\text{℃})]$$

4.4.5 流体管外强制对流时的传热系数关联式

(1) 流体横向流过管束

$$Nu=CRe^{0.6}Pr^{0.33} \tag{4-27}$$

式中，管束错列排列时 $C=0.33$，管束直列排列时 $C=0.26$。管束排列方式如图 4-22 所示。

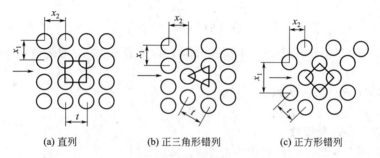

(a) 直列　　　　(b) 正三角形错列　　　　(c) 正方形错列

图 4-22 管束的排列

应用条件：
定性温度为流体进、出温度算术平均值；
特性尺寸为管子外径；
特性流速为流体通过每排管子间最狭通道处的流速。
应用范围：$Re>3000$，管束的排数为 10，由式(4-27) 计算。
若管束不是 10 排，则需将所算得数值再乘上一校正系数，校正系数列于表 4-1。

表 4-1　式 (4-27) 的校正系数

排数	1	2	3	4	5	6	7	8	9	10	12	15	18	25	35	75
错列	0.48	0.75	0.83	0.89	0.92	0.95	0.97	0.98	0.99	1.0	1.01	1.02	1.03	1.04	1.05	1.06
直列	0.64	0.80	0.83	0.90	0.92	0.94	0.96	0.98	0.99	1.0						

(2) 流体在列管式换热器管间流动

若换热器管间无挡板，管外流体沿管束平行流动，壳程的对流传热系数可用式（4-22）计算，只是式中的特性尺寸不是管子内径，而是由外壳和管束所组成的壳程的当量直径所代替。

换热器装有圆缺形挡板（缺口面积为 25% 壳体内截面），壳程的对流传热系数可用下式计算：

$$Nu=0.36Re^{0.55}Pr^{1/3}(\mu/\mu_w)^{0.14} \tag{4-28}$$

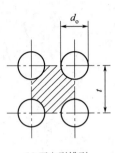
(a) 正方形排列

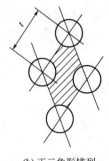
(b) 正三角形排列

图 4-23 管间当量直径的推导

应用范围：$Re = 2 \times 10^3 \sim 1 \times 10^6$。

定性温度：除 μ_w 取管壁温度外，均取流体进、出温度的算术平均值。

特性尺寸：壳程的当量直径 d_e。d_e 可根据管子排列情况分别用不同的式子计算，参照图 4-23。

管子正方形排列：

$$d_e = \frac{4\left(t^2 - \frac{\pi}{4}d_o^2\right)}{\pi d_o} \tag{4-29}$$

管子正三角形排列：

$$d_e = \frac{4\left(\frac{\sqrt{3}}{2}t^2 - \frac{\pi}{4}d_o^2\right)}{\pi d_o} \tag{4-30}$$

特性流速：流体流过管间最大截面积 A 的流速。若两挡板间距为 $h(m)$；换热器壳内径为 $D(m)$。则 A 为：

$$A = hD\left(1 - \frac{d_o}{t}\right) \tag{4-31}$$

【例 4-6】 一台 F_B-400-32-25×4 型换热器，即为浮头式 B 型列管式换热器，主要参数为：

壳径 D，400mm；公称面积 S，32m²；

管子尺寸，ϕ25mm×2.5mm；管子总数 72；

管子排列方式◇；管程数 4；

取两挡板间距 h，150mm；管子中心距 t，32mm。

原油走壳程，油流量为 15840kg/h，从 70℃ 被加热到 110℃，在定性温度 (110+70)/2 = 90℃ 下，物性参数为：

$$\rho = 815 \text{kg/m}^2, \qquad c_p = 2.2 \times 10^3 \text{J/(kg·℃)}$$
$$\lambda = 0.128 \text{W/(m·℃)}, \quad \mu = 6.65 \times 10^{-3} \text{Pa·s}$$

试求，原油管间流动的对流传热系数。

解

$$d_e = \frac{4\left(t^2 - \frac{\pi}{4}d_o^2\right)}{\pi d_o} = \frac{4 \times \left(0.032^2 - \frac{\pi}{4} \times 0.025^2\right)}{\pi \times 0.025} = 0.027 \text{ (m)}$$

$$A = hD\left(1 - \frac{d_o}{t}\right) = 0.15 \times 0.4 \times \left(1 - \frac{25}{32}\right) = 0.0131 \text{ (m}^2\text{)}$$

$$u = \frac{V_s}{A} = \frac{15840/815}{3600 \times 0.0131} = 0.412 \text{ (m/s)}$$

$$Re = \frac{d_e u \rho}{\mu} = \frac{0.027 \times 0.412 \times 815}{6.65 \times 10^{-3}} = 1365$$

$$Pr = \frac{c_p \mu}{\lambda} = \frac{2.2 \times 10^3 \times 6.65 \times 10^{-3}}{0.128} = 114$$

Re 接近式(4-28)应用范围，仍用式(4-28)计算。

原油被加热，取 $(\mu/\mu_w)^{0.14} \approx 1.05$。

$$\alpha_o = 0.36 \times \frac{\lambda}{d_e} Re^{0.55} Pr^{1/3} (\mu/\mu_w)^{0.14}$$

$$= 0.36 \times \frac{0.128}{0.027} \times 1365^{0.55} \times 114^{1/3} \times 1.05$$

$$= 460 \ [\text{W}/(\text{m}^2 \cdot \text{℃})]$$

4.4.6 蒸气冷凝时的对流传热系数

当饱和蒸气与低于蒸气温度的壁面接触，蒸气将放出潜热而冷凝成液体。若冷凝液体能够润湿壁面，则在壁面上形成一层液膜，当壁面被液膜覆盖后，蒸气只能在液膜表面上冷凝，这种冷凝方式称为膜状冷凝。这是工业上通常遇到的情况。

如果冷凝液体未能润湿壁面，则由于表面张力作用，冷凝液在壁面上形成液滴并沿壁下落，蒸气可直接在裸露的壁面冷凝，这种冷凝称为滴（珠）状冷凝。滴状冷凝可省去液膜引起的热阻。为强化传热，工业中采用一些措施能促成滴状冷凝，但难以持久保持滴状条件，所以工业上冷凝器的操作和设计都按膜状冷凝考虑。

对于纯饱和蒸气冷凝，恒压下蒸气温度为一定值，气相中不存在温差，传热热阻集中在液膜层内，因此冷凝的对流传热系数大小就取决于冷凝液的物性、液膜层厚度及液膜流动状况。

① 冷凝潜热大，冷凝液密度大、黏度小，则冷凝液量小，液膜薄，又冷凝液热导率的加大，都可使传热系数增大。

② 冷凝液膜两侧温差（饱和蒸气温度与壁面温之差）加大，则冷凝速率增加，将使液膜增厚而传热系数减小。

③ 当蒸气中有不凝性气体存在时，在液膜表面形成一层气体膜，相当附加一额外热阻，使传热系数大为降低。在静止蒸气中，即使只含不凝性气体 1%，也能使传热系数降低 60% 左右。因此，冷凝器应设置有不冷凝气体排放口，以便操作时不断排除不凝性气体。

④ 当蒸气与液膜的流向一致，有利于减薄液膜厚度而提高传热系数。流向相反使液膜加厚，传热系数减小，但若蒸气能将液膜吹离壁面，则反而大大增加传热系数。蒸气流速大，流向影响才明显，若流速小，则流向影响可忽略不计。

⑤ 垂直冷凝壁面，在通常高度内，液膜随高度增厚使传热系数下降。蒸气在单根圆管外冷凝，垂直放置时的传热系数小于水平放置时的传热系数。对水平放置的卧式冷凝器，其管束管子采用斜转排，以减少上排管子的冷凝液流到下排管子来加厚液膜，如图 4-24 所示。

此外，冷凝壁面情况对冷凝传热也有很大影响，如开垂直沟槽、装金属丝、壁面涂层、蒸气喷射壁面，都有利于提高传热系数。

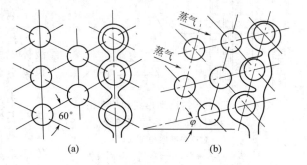

图 4-24　冷凝器中管子的切向旋转

冷凝传热是一个复杂问题，尚未能总结出普遍适用的规律。现有一些特定条件下计算传热系数的经验式推荐使用。

蒸气在垂直管外或垂直板面上冷凝时（层流）：

$$\alpha = 1.13 \left(\frac{g\rho^2\lambda^3 r}{\mu d \Delta t}\right)^{1/4} \tag{4-32}$$

蒸气在水平管束外冷凝时：

$$\alpha = 0.725 \left(\frac{g\rho^2\lambda^3 r}{\mu n^{2/3} d_0 \Delta t}\right)^{1/4} \tag{4-33}$$

式中　r——蒸气饱和温度下的潜热，J/kg；
　　　n——垂直列上的管数。

定性温度为饱和温度与壁温的算术平均值。经验式有助于比较定量地了解各因素的影响，必要时可用于近似计算。由于蒸气冷凝的 α 值较大［水蒸气冷凝 α 值在 5000～15000W/(m²·℃)，有机蒸气冷凝 α 亦在 500～2000W/(m²·℃)］，通常不是换热总过程主要热阻，因此实用上常取 α 的经验值。

4.4.7　液体沸腾时的传热系数

液体被加热时，在液体内部伴有液相变成气相产生气泡的过程称为沸腾。不论液体是流动的还是原先是静置的，沸腾必伴有流体流动，是属于高温壁面与流体之间的对流传热。

化工厂中沸腾传热常见于蒸汽锅炉、精馏塔的再沸器、蒸发器的传热过程。沸腾分两种情况：一种是液体在管内流动的过程中被加热沸腾；另一种是将加热面浸入液体中，液体被壁面加热沸腾，为大容器内沸腾。

管内沸腾时，加热产生的气泡与通过加热管的液体一起流动，图 4-25 为垂直管内沸腾过程中流体流动与传热情况示意图。由下向上各段分别为：

① 液流预热　液体进入管内受热升温，未产生气泡，传热系数小。

② 气泡流　液体达到沸点，开始产生气泡，处于泡核沸腾，随气泡增多，传热系数逐渐增大。

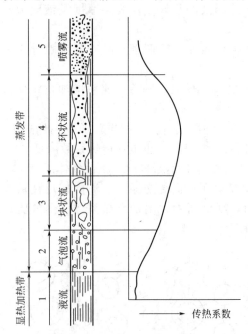

图 4-25　垂直管内流动形式和传热情况
1—单相对流传热；2—泡核沸腾；
3—泡核沸腾两相对流；
4—两相对流传热；5—蒸气相对流传热

③ 块状流　气泡增大并汇合，管内的气体和液体成块状交替上升，气泡使液体强制扰动，传热系数更显著增大。

④ 环状流　气泡聚合形成气柱，在管中心高速向上流动，带动液体沿管壁呈环形膜层高速向上流动，传热系数增至最大值。当液膜受破坏，传热系数即随之减小。

⑤ 喷雾流　沿壁面液膜被蒸干，一些液滴分散在气相中，变成壁面与蒸汽的传热，传热系数剧烈减少。这种蒸汽段传热是沸腾传热所应避免的。

显然，各段传热系数影响因素不同。实际上各种换热设备管长、液体流速等的不同，并非所有沸腾传热都包括 5 个段。所以一些传热系数经验式准确性均较差，适用范围窄。

对于大容器沸腾，实验观察表明，随壁温与液体温度差的不同，会出现不同类型的沸腾状态，如图4-26所示。

① AB段 温差小，只有近加热表面液体稍微过热，液体内部产生自然对流，只在液体表面有蒸发而没有气泡逸出液面，属自然对流传热。α较小，且随温度升高缓慢。

② BC段 随温差加大，气泡产生多、长大快，液体受到强烈扰动，α急剧增大，这阶段气泡对传热起主导作用，称为核状沸腾或泡核沸腾。

③ CD段 温差继续加大，使气泡形成

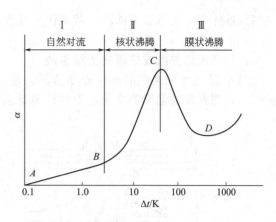

图4-26 常压下水沸腾时α与Δt的关系

过快而充满加热壁面，气泡连成一层气膜隔开液体与壁面的接触，由于气相热导率小、热阻大，使α迅速下降，这状态称为膜状沸腾。因气膜仍时有破裂成大气泡脱离壁面，所以也称为不稳定的膜状沸腾。

D点之后温差更大，气膜稳定，为稳定膜状沸腾，高温下另一传热方式：热辐射起影响，α再次增加。由泡核沸腾向膜状沸腾转变时的温度差称为临界温度差Δt_c。如常压水沸腾$\Delta t_c \approx 25℃$。由于核沸腾传热系数较膜状沸腾的大，工业生产中一般总是设法控制在核沸腾下操作。核状沸腾区传热系数通常归纳为：

$$\alpha = C \Delta t^n \tag{4-34}$$

式中，C和n是依据液体种类、操作压强和壁面性质而测得的常数，通常n=2～3（常取2.33）。

除了Δt影响α值之外，压强大相应液体饱和温度高，使液体表面张力和黏度下降，有利于气泡形成和脱离壁面而提高α值；一定的壁面粗糙度有利于气泡形成，合适的加热壁面布置，如水平管束外沸腾，下管上升气泡引起附加扰动，都有利于提高α值。

通常有机溶液和盐类水溶液的α值，都比同样操作条件下水的α值低。水沸腾α值大致在1500～45000W/(m·℃)，缺少具体经验数值时，常以5000W/(m·℃)作为粗略估算值。

4.5 间壁式换热器的传热计算

传热计算的目的，是使换热器操作时的传热速率能与生产上对换热器所要求的热负荷相吻合。选用或设计换热器时，借助传热计算选取设计参数，确定设备结构形式和尺寸，通过传热计算核定操作条件下设备换热能力，为改变换热能力调节操作条件提供依据。

在讲述了热负荷计算和导热、对流两种基本传热方式之后，现可进一步对传热速率方程$Q=KS\Delta t_m$中的Δt_m、K等项逐一讨论，将传热速率方程作为传热基本方程用于工程计算。

4.5.1 传热平均温度差Δt_m的计算

按间壁两侧热、冷流体温度沿流动方向变化情况，Δt_m的计算可分三种。

(1) 恒温传热

当换热时，热、冷流体温度均不变。例如，间壁一侧为蒸气在饱和温度T下冷凝，另一侧为液体在一定温度下沸腾，两流体都发生相变化，但热、冷温差沿流向不变。则：

$$\Delta t_m = T - t \tag{4-35}$$

（2）两流体并流或逆流的变温传热

图 4-27 为可能遇到的四种传热情况：图(a)、图(b) 为仅一种流体温度变化，图(c)、图(d) 是两种流体温度都变化，但四种情况温差沿流动方向均有变化，属变温传热。

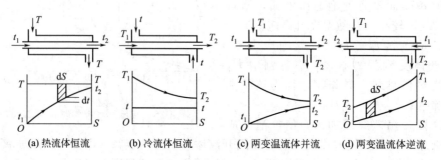

(a) 热流体恒流　　(b) 冷流体恒流　　(c) 两变温流体并流　　(d) 两变温流体逆流

图 4-27　流体沿流动方向的温度变化

现以图 4-27 中（d）逆流情况为例推导 Δt_m 计算式。

定态传热，热和冷两流体的流量 W_h 和 W_c、进口温度 T_1 和 t_1、出口温度 T_2 和 t_2 均为常数。取 c_{ph} 和 c_{pc} 为热和冷流体各自平均温度下的比热容，也视为常数。

在换热器中取 dl 微元段，其传热面积为 dS。dS 内热流体放热而降温 dT、冷流体因受热升温 dt、传热量为 dQ，则由 dS 内热量衡算 $dQ = W_h c_{ph} dT = W_c c_{pc} dt$，可得：

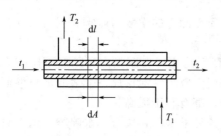

$$dQ/dT = W_h c_{ph}$$
$$dQ/dt = W_c c_{pc}$$

因为 $W_h c_{ph}$ 和 $W_c c_{pc}$ 均为常数值，表明 Q 与 T 的关系为直线关系，Q 与 t 也为直线关系。将两直线关系标绘于图 4-28 上，显然可得出 Q 与热、冷两流体温度差 $\Delta t = T - t$ 的关系也必然是直线关系。

以冷流体进口端为换热开始端，开始端截面上热、冷两流体温差 $\Delta t_1 = (T_2 - t_1)$；冷流体出口端为换热终了端，终了端截面上热、冷两流体温差 $\Delta t_2 = (T_1 - t_2)$。经整个换热器传热面 S 的换热量为 Q，则 Δt 与 Q 的关系直线的斜率为：

$$\frac{d(\Delta t)}{dQ} = \frac{\Delta t_2 - \Delta t_1}{Q - 0}$$

而按传热速率方程 $Q = K \Delta t_m S$，在 dS 内即 $dQ = K \Delta t dS$，故：

$$\frac{d(\Delta t)}{K \Delta t dS} = \frac{\Delta t_2 - \Delta t_1}{Q}$$

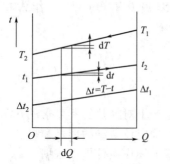

图 4-28　平均温度差计算

若将换热器内传热系数 K 视为常数，不随位置变化，积分上式：

$$\frac{1}{K} \int_{\Delta t_1}^{\Delta t_2} \frac{d(\Delta t)}{\Delta t} = \frac{\Delta t_2 - \Delta t_1}{Q} \int_0^S dS$$

得：

$$\frac{1}{K} \ln \frac{\Delta t_2}{\Delta t_1} = \frac{\Delta t_2 - \Delta t_1}{Q} S$$

$$Q = KS \frac{\Delta t_2 - \Delta t_1}{\ln \frac{\Delta t_2}{\Delta t_1}}$$

将上式与传热速率方程 $Q = K\Delta t_m S$ 相比较，可得：

$$\Delta t_m = \frac{\Delta t_2 - \Delta t_1}{\ln \frac{\Delta t_2}{\Delta t_1}} \tag{4-36}$$

Δt_m 称为对数平均温度差。

对于图 4-27 中其他情况，也可得出同样的 Δt_m 算式。

换热器以哪一端为开始端，对 Δt_m 值都无影响。当两端面的 Δt 值之比 $\Delta t_{大}/\Delta t_{小} < 2$ 时，可按 $\Delta t_m \approx (\Delta t_2 - \Delta t_1)/2$ 计，误差小于 4%。

【例 4-7】 某间壁换热器，用冷却水将热流体由 100℃ 冷却至 40℃，冷却水进口温度为 15℃，出口温度为 30℃。试分别计算两流体并流与逆流的平均温度。

解 并流时

$$\begin{array}{r}100 \rightarrow 40 \\ 15 \rightarrow 30 \\ \hline 85 \quad 10 \end{array} \qquad \Delta t_m = \frac{85-10}{\ln \frac{85}{10}} = 35 \text{ (℃)}$$

逆流时

$$\begin{array}{r}100 \rightarrow 40 \\ 30 \leftarrow 15 \\ \hline 70 \quad 25 \end{array} \qquad \Delta t_m = \frac{70-25}{\ln \frac{70}{25}} = 43.7 \text{ (℃)}$$

在两种流体进、出口温度皆已确定时，逆流平均温度差比并流大。

(3) 两流体折流和错流变温传热

实际生产中，有时两流体流向互相垂直，称为错流，如图 4-29(a) 所示；有时流体流向反复折流，图 4-29(b) 列管式换热器的多管程或多壳程就属折流。错、折流时平均温度差的计算复杂，通常是先计算出逆流的 $\Delta t'_m$，而后再乘以考虑流动型式的修正系数 $\varphi_{\Delta t}$，即：

$$\Delta t_m = \varphi_{\Delta t} \Delta t'_m \tag{4-37}$$

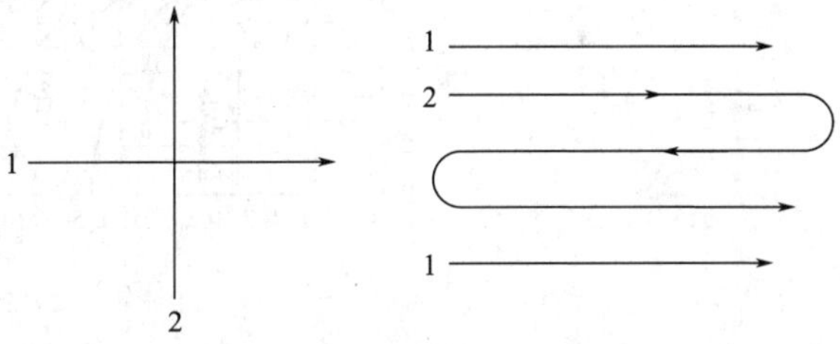

图 4-29 错流和折流示意图

修正系数与两流体温度变化有关，表示为 R 和 P 两因素的函数，即：

$$\varphi_{\Delta t} = f(P, R)$$

$$P = \frac{t_2 - t_1}{T_2 - t_1} = \frac{冷流体的温升}{两流体的初温差} \tag{4-38}$$

$$R = \frac{T_1 - T_2}{t_2 - t_1} = \frac{热流体的温降}{冷流体的温升}$$

图 4-30 提供四种流向的 $\varphi_{\Delta t}$ 算图，可供查用。其他流向的 $\varphi_{\Delta t}$ 值，由手册或传热专著中查出。

【例 4-8】 两流体的进、出口温度与例 4-7 相同。试求：(1) 若换热器为单壳程双管程时的 Δt_m。(2) 若换热器是两个换热器连接成的两壳程四管程时的 Δt_m。(3) 对各种流向 Δt_m 加以比较。

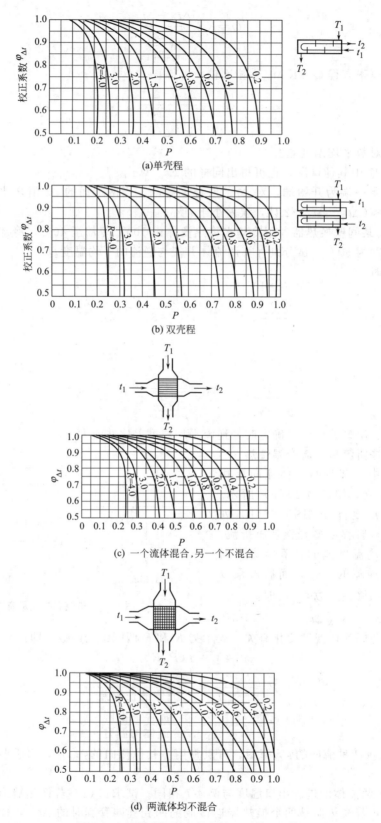

图 4-30 对数平均温度差的校正系数 $\varphi_{\Delta t}$ 值

解 热流体由100℃降至40℃，冷流体由15℃升到30℃。

先按逆流计算，由例4-7已得逆流 $\Delta t'_m = 43.7℃$。

$$P = \frac{30-15}{100-15} = 0.176$$

$$R = \frac{100-40}{30-15} = 4.0$$

(1) 单壳程。由图4-30(a)查得 $\varphi_{\Delta t} = 0.92$，则：

$$\Delta t_m = \varphi_{\Delta t} \Delta t'_m = 0.92 \times 43.7 = 40.2 (℃)$$

(2) 双壳程。由图4-30(b)查得：

$$\Delta t_m = \varphi_{\Delta t} \Delta t'_m = 0.97 \times 43.7 \approx 42.4 (℃)$$

(3) 各种流向情况 Δt_m 比较：

并流　单壳程　双壳程　逆流
35℃＜40.2℃＜42.4℃＜43.7℃

从温度变化曲线图和算例，可以看出流向对传热的影响：

① 两种流体中只要有一种流体在传热过程发生相变化，即一侧流体温度不变，则流向对传热推动力 Δt_m 无影响。

② 两种流体都有温度变化，则进、出口温度相同条件下，逆流传热推动力 Δt_m 优于并流和其他流动形式。

③ 逆流时，允许 $T_2 < t_2$，则允许载热体进出温差较大（冷却剂的 $t_2 - t_1$，或加热剂的 $T_1 - T_2$，可以加大），可能减少载热体用量。

由②、③两点可知，工程上换热器尽可能采用逆流操作。

④ 温度差修正系数 $\varphi_{\Delta t}$ 是表示流动形式按近逆流的程度。多壳程较能按近逆流效果。折流和其他流形是为了提高传热系数，在出现 $\varphi_{\Delta t} < 0.8$ 时，应采用多壳程以提高 $\varphi_{\Delta t}$ 值。

⑤ 并流换热器进口端温差 $\Delta t_1 = (T_1 - t_1)$ 大，因此，对黏稠的冷料为加速升温可采用并流，又并流必定 $T_2 > t_2$，只要限制了加热剂出口温度，被加热物料绝不会高出载热体出口温度；只要限制了冷却剂出口温度也就限制了物料冷却终温。可适用于严格控制的场合。

(4) 流向的选择

由例4-7和例4-8可知，若两流体均为变温传热时，且在两流体进、出口温度各自相同的条件下，逆流对的平均温度差最大，并流对的平均温度差最小，其他流向的平均温度差介于逆流和并流两者之间，因此就传热推动力而言，逆流优于并流和其他流动形式。

当换热器的传热量 Q 及总传热系数 K 一定时，采用逆流操作所需的换热器传热面积较小。逆流的另一优点是可节省加热介质或冷却介质的用量。这是因为当逆流操作时，热流体的出口温度 T_2 可以降低至接近冷流体的进口温度 t_1，而采用并流操作时，T_2 只能降低至接近冷流体的出口温度 t_2，即逆流时热流体的温降较并流时的温降大，因此逆流时加热介质用量较少。同理，逆流时冷流体的温升较并流时的温升大，故冷却介质用量可少些。由以上分析可知，换热器应尽可能采用逆流操作。

但是在某些生产工艺要求下，若对流体的温度有所限制，如冷流体被加热时不得超过某一温度，或热流体被冷却时不得低于某一温度，此时宜采用并流操作。

4.5.2　总传热系数

(1) 由传热速率方程求 K

传热速率方程 $Q = KS\Delta t_m$，即：

$$K = Q/(\Delta t_m S) \tag{4-39}$$

总传热系数 K 的物理意义,就是两流体温差 1℃ 时,单位传热面积的传热量 [W/(m² · ℃)]。K 值与传热面相对应,选择不同的管壁侧面,相应 K 值不同,通常采用以管外表面积 S_o 为基准的 K 值。

由生产设备的实际操作数据,或对现有设备作实验测定,则可得出总传热系数 K 值。

【例 4-9】 现有一个传热面积为 $2m^2$ 的单管程列管式换热器,热水走管程,流量为 0.41kg/s,进口温度 80℃,出口 50℃;冷水走壳程,进口 15℃,出口 30℃,逆流操作。试求:操作条件下的总传热系数 K 值。热损失忽略不计。

解 热水比热容 $c_{ph} = 4.18 \times 10^3 \text{J/(kg} \cdot \text{℃)}$。

$$Q = W_h c_{ph}(T_1 - T_2) = 0.41 \times 4.18 \times 10^3 \times (80-50) = 51.42 \text{ (kW)}$$

$$\begin{array}{c} 80 \rightarrow 50 \\ 30 \leftarrow 15 \\ \hline 50 \quad 35 \end{array} \qquad \frac{50}{35} < 2$$

$$\Delta t_m = \frac{50+35}{2} = 42.5 \text{ (℃)}$$

$$K_o = \frac{Q}{S \Delta t_m} = \frac{51.42 \times 10^3}{2 \times 42.5} = 605 \text{ [W/(m}^2 \cdot \text{℃)]}$$

表 4-2 列出某些情况的 K 值大致范围,其他情况可参考有关手册。工艺条件相仿,类似设备所得的经验数据可作为设计的初步依据。

表 4-2 列管式换热器中 K 值大致范围

热流体	冷流体	总传热系数 $K/\text{[W/(m}^2 \cdot \text{K)]}$
水	水	850~1700
轻油	水	340~910
重油	水	60~280
气体	水	17~280
水蒸气冷凝	水	1420~4250
水蒸气冷凝	气体	30~300
低沸点烃类蒸气冷凝(常压)	水	455~1140
高沸点烃类蒸气冷凝(减压)	水	60~170
水蒸气冷凝	水沸腾	2000~4250
水蒸气冷凝	轻油沸腾	455~1020
水蒸气冷凝	重油沸腾	140~425

(2) 由热阻串联求 K

由 $Q = KS\Delta t_m = \Delta t_m / R$ 可知:$\dfrac{1}{KS}$ 为传热过程的热阻。

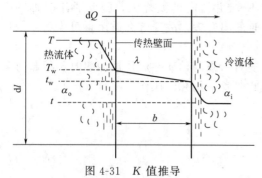

图 4-31 K 值推导

图 4-31 为图 4-28 中 dl 微元段的放大图,微元段管内外侧冷、热流体温度分别为 t 与 T,壁温分别为 t_w 与 T_w。管内径为 d_i,内表面积为 dS_i;管外径为 d_o,外表面积 $dS_o = \pi d_o dl$;壁厚为 b,管平均直径为 d_m,管平均传热面积 $dS_m = \pi d_m dl$。

从热流体向冷流体传热的过程包括热流体对壁的对流传热、壁导热、壁对冷流体的对流传热等三个传热过程。在定态传热条件下,热流体到冷流体的传热速率必等于各过程的传热速率。

若以外壁面相应的总传热系数为 K_o;冷、热流体侧的对流传热系数分别为 α_i、α_o;壁的热导率为 λ,则:

$$dQ = \frac{T-t}{\frac{1}{K_o dS_o}} = \frac{T-T_w}{\frac{1}{\alpha_o dS_o}} = \frac{T_w - t_w}{\frac{b}{\lambda dS_m}} = \frac{t_w - t}{\frac{1}{\alpha_i dS_i}} \tag{4-40}$$

由于 $(T-t)=(T-T_w)+(T_w-t_w)+(t_w-t)$,依等比定律得:

$$\frac{1}{K_o dS_o} = \frac{1}{\alpha_o dS_o} + \frac{b}{\lambda dS_m} + \frac{1}{\alpha_i dS_i}$$

$$\frac{1}{K_o} = \frac{1}{\alpha_o} + \frac{b}{\lambda} \times \frac{dS_o}{dS_m} + \frac{1}{\alpha_i} \times \frac{dS_o}{dS_i} \tag{4-41}$$

$$\frac{1}{K_o} = \frac{1}{\alpha_o} + \frac{b}{\lambda} \times \frac{d_o}{d_m} + \frac{1}{\alpha_i} \times \frac{d_o}{d_i} \tag{4-42}$$

若总传热系数以相应于 S_i、S_m 的 K_i、K_m 表示,因实际的热阻值不变,即:

$$K_i S_i = K_m S_m = K_o S_o \text{ 或 } K_i d_i = K_m d_m = K_o d_o \tag{4-43}$$

式(4-42)为总传热系数的计算式。

对运行时间较长的换热器,往往在其壁面会积上污垢,污垢形成与流体物性、设备结构、操作条件和时间都有关系。污垢层对传热形成的热阻难以确定。一般只能根据一些经验值,表 4-3 列出某些污垢热阻的经验值可供参考。

表 4-3 常用流体的污垢热阻

流体	污垢热阻/(m²·K/kW)
水(速度<1m/s,t<47℃)	
蒸馏水	0.09
海水	0.21
清净的河水	0.58
未处理的凉水塔用水	0.26
已处理的凉水塔用水	0.26
已处理的锅炉用水	0.58
硬水、井水	
水蒸气	
优质(不含油)	0.052
劣质(不含油)	0.09
往复机排出	0.176
液体	
处理过的盐水	0.264
有机物	0.176
燃料油	1.056
焦油	1.76
气体	
空气	0.26~0.53
溶剂蒸气	0.14

以 R_{si}、R_{so} 表示壁内、外侧垢层热阻,则把垢层热阻考虑在内的总传热系数的计算式应为:

$$\frac{1}{K_o} = \frac{1}{\alpha_o} + \frac{b}{\lambda} \times \frac{d_o}{d_m} + \frac{1}{\alpha_i} \times \frac{d_o}{d_i} + R_{so} + R_{si} \times \frac{d_o}{d_i} \tag{4-44}$$

【例 4-10】 某空气冷却器,空气横向流过管外,$\alpha_o = 80$;冷却水管内流动,$\alpha_i = 5000\text{W}/(\text{m}^2 \cdot \text{℃})$。管子规格为 $\phi 25\text{mm} \times 2.5\text{mm}$ 的钢管,热导率 $\lambda = 45\text{W}/(\text{m}^2 \cdot \text{℃})$,不计污垢层热阻。试求:(1) 该操作状态下的 K_o。(2) 略去管壁导热,估算 K_o。(3) 若设法将 α_i 提高 1 倍(其他条件不变)时的 K_o。(4) 若设法将 α_o 提高 1 倍(其他条件不变)时的 K_o。讨论计算结果。

解 (1) 原操作条件下,按式(4-42):

$$\frac{1}{K_o} = \frac{1}{\alpha_o} + \frac{b}{\lambda} \times \frac{d_o}{d_m} + \frac{1}{\alpha_i} \times \frac{d_o}{d_i}$$

$$\frac{1}{K_o} = \frac{1}{80} + \frac{0.0025}{45} \times \frac{25}{22.5} + \frac{1}{5000} \times \frac{25}{20}$$

$$= 0.125 + 0.000062 + 0.00025 \approx 0.0128$$

$$K_o \approx 78.7 \text{W}/(\text{m}^2 \cdot \text{℃})$$

(2) 不计 $\frac{b}{\lambda}$ 及 $d_o \approx d_i \approx d_m$:

$$\frac{1}{K_o} \approx \frac{1}{80} + \frac{1}{5000}$$

$$K_o \approx 78.7 \text{W}/(\text{m}^2 \cdot \text{℃})$$

误差 $= \frac{78.7 - 78.1}{78.1} \times 100\% = 0.008 \times 100\% = 0.8\%$

(3) 当 $\alpha_i' = 2 \times 5000$:

$$\frac{1}{K_o'} \approx \frac{1}{80} + \frac{1}{2 \times 5000}$$

$$K_o \approx 79.4 \text{W}/(\text{m}^2 \cdot \text{℃})$$

K_o 提高: $\frac{79.4 - 78.7}{78.7} \times 100\% = 0.089 \times 100\% = 8.9\%$

(4) 当 $\alpha_i' = 2 \times 80$:

$$\frac{1}{K_o'} \approx \frac{1}{2 \times 80} + \frac{1}{5000}$$

$$K_o' \approx 155 \text{W}/(\text{m}^2 \cdot \text{℃})$$

K_o 提高: $\frac{155 - 78.7}{78.7} \times 100\% = 0.97 \times 100\% = 97\%$

从计算结果可以了解到:

① 若无明显污垢存在,一般换热器壁管导热热阻小于对流传热热阻,忽略导热热阻对总传热系数 K 的影响。

② 总热阻大于过程中任一个过程的热阻,即 K 值必定小于 α。当两个 α 值相差越大,K 越接近小值的 α。此时,增大 K 值的关键是增加小值的 α,即设法减小该侧的对流热阻。

4.5.3 传热面积的计算与操作核算

不论是换热器的选用、设计,还是换热器的校核和操作调节,有关间壁换热的计算问题,都是以传热速率方程为基本公式,结合热量衡算式、传热平均温差计算式、总传热系数计算式和必要的对流传热系数关联式,进行联立求解。

在设备基本结构和流体通道截面已定的情况下,换热所需的传热面积可以依据算式顺序计算求得。

对现有设备的操作调节，可以将新老两种状况的传热速率进行对比，逐一分析各对比项，做些可能的合理简化假设，而后联立求解。

对于结构和流体通道截面未定，要作设备选用或设计，则要经历估算初选和校核两个计算阶段。

关于设备选用和设计，将以列管式换热器为例在后面另行阐述，关于传热面积计算和操作调节，现以示例说明。

【例 4-11】 在套管换热器中用冷水将 100℃的热水冷却到 60℃，热水流量为 3500kg/h。冷水在内管中流动，从 20℃升至 30℃。已算得基于内管外表面的总传热系数 K 为 2320W/(m^2·℃)。内管规格为 ϕ180mm×10mm。不计热损失，冷、热水比热容均取为 4.187kJ/(kg·℃)。试求逆流操作所需管子的长度。

解 $K_o = 2320 \text{W}/(m^2 \cdot ℃)$

$$Q = W_h c_{ph}(T_1 - T_2) = \frac{3500}{3600} \times 4.187 \times 10^3 \times (100-60) = 162.8 \times 10^3 \text{ (W)}$$

$$\Delta t_m = \frac{(T_1 - t_2) - (T_2 - t_1)}{\ln \frac{T_1 - t_2}{T_2 - t_1}} = \frac{(100-30)-(60-20)}{\ln \frac{100-30}{60-20}} = 53.60 \text{ (℃)}$$

$$\Delta t_m = \frac{(T_1 - t_2) - (T_2 - t_1)}{\ln \frac{T_1 - t_2}{T_2 - t_1}} = \frac{(100-30)-(60-20)}{\ln \frac{100-30}{60-20}} = 53.60 \text{ (℃)}$$

$$S_o = \pi d_o l = \pi \times 0.18 l$$

代入 $\quad Q = K_o S_o \Delta t_m$

$$162.8 \times 10^3 = 2320 \times \pi \times 0.18 l \times 53.6$$

得： 管子长度 $l = 2.32 \text{m}$

【例 4-12】 在传热面积为 $10 m^2$ 的间壁换热器中，用水逆流冷却某有机油，油流量 W_h 为 1860kg/h，进口温度 $T_1 = 90℃$，出口温度 $T_2 = 40℃$；冷却水进口温度 $t_1 = 15℃$，出口温度 $t_2 = 55℃$。以油比热容 $c_{ph} = 2.70 \text{kJ/(kg·℃)}$，水比热容 $c_{pc} = 4.186 \text{kJ/(kg·℃)}$ 计。试求：(1)冷却水用量 W_c？(2)若两流体流量 W_h、W_c 和油进口温度 T_1 均不变，但气候关系，冷水进口温度变为 $t_1' = 20℃$ 时，油所能达到的出口温度 T_2'？(3)若仍然要求将流量为 W_h 的油，从 $T_1 = 90℃$ 冷到 $T_2 = 40℃$，进口温度 $t_1' = 20℃$ 的冷却水流量 W_c' 应为多少？

解 (1) 由热衡算：

$$W_h c_{ph}(T_1 - T_2) = W_c c_c(t_2 - t_1)$$

$$\frac{1860}{3600} \times 2.70 \times 10^3 \times (90-40) = W_c \times 4.187 \times 10^3 \times (55-15) = Q$$

$$W_c = 0.466 \text{kg/s} = 1500 \text{kg/h}$$

$$Q = 69750 \text{W}$$

(2) 由传热速率，新条件下 $Q' = K' S' \Delta t_m'$ 与原条件下 $Q = KS \Delta t_m$ 相比得：

$$\frac{Q'}{Q} = \frac{K'}{K} \times \frac{S'}{S} \times \frac{\Delta t_m'}{\Delta t_m} \quad \text{(A)}$$

逐项对比：

① $\quad \frac{Q'}{Q} = \frac{W_h c_{ph}(T_1 - T_2')}{W_h c_{ph}(T_1 - T_2)} = \frac{90 - T_2'}{50}$

② 流量不变和物性变化小，$K' = K \rightarrow \dfrac{K'}{K} = 1$。

③ 设备结构不变，$S' = S \rightarrow \dfrac{S'}{S} = 1$。

④
$$\Delta t_m = \dfrac{(T_1' - t_2) - (T_2 - t_1)}{\ln \dfrac{T_1 - t_2}{T_2 - t_1}} = \dfrac{(90 - 55) - (40 - 15)}{\ln \dfrac{90 - 55}{40 - 15}} = 29.72\ (\text{℃})$$

$$\Delta t_m' = \dfrac{(T_1 - t_2') - (T_2' - t_1')}{\ln \dfrac{T_1 - t_2'}{T_2' - t_1}} = \dfrac{(90 - t_2') - (T_2' - 20)}{\ln \dfrac{90 - t_2'}{T_2' - 15}} = \dfrac{(90 - T_2') - (t_2' - 20)}{\ln \dfrac{90 - t_2'}{T_2' - 20}}$$

逐项对比值代入式(A)，则：

$$\dfrac{90 - T_2'}{50} = \dfrac{(90 - T_2') - (t_2' - 20)}{29.72 \times \ln \dfrac{90 - t_2'}{T_2' - 15}} \tag{A_1}$$

式(A_1) 中存在 2 个未知数，因而必须依据另一方程。由热量衡式：
$$W_h c_{ph}(T_1 - T_2) = W_c c_{pc}(t_2 - t_1) \text{ 和 } W_h c_{ph}(T_1 - T_2') = W_c c_{pc}(t_2' - t_1)$$

得：
$$\dfrac{W_h c_{ph}}{W_c c_{pc}} = \dfrac{t_2 - t_1}{T_1 - T_2} = \dfrac{t_2' - t_1'}{T_1 - T_2'}$$

$$\dfrac{55 - 15}{90 - 40} = \dfrac{t_2' - 20}{90 - T_2'} \tag{B}$$

$$t_2' - 20 = 0.8 \times (90 - T_2') \tag{B_1}$$

或
$$t_2' = 92 - 0.8 T_2' \tag{B_2}$$

式(A)、式(B) 联立求解未知数 T_2'、t_2'，过程如下：

将式(B_1)、式(B_2) 代入式(A)，即

$$\dfrac{90 - T_2'}{50} = \dfrac{(90 - T_2') - 0.8 \times (90 - T_2')}{29.7 \times \ln \dfrac{90 - (92 - 0.8 T_2')}{T_2' - 20}}$$

$$\ln \dfrac{0.8 T_2' - 2}{T_2' - 20} = \dfrac{(1 - 0.8) \times 50}{29.7} = 0.3367$$

$$\dfrac{0.8 T_2' - 2}{T_2' - 20} = 1.4 \rightarrow T_2' = 43.33\ \text{℃}$$

油只能降温到 43.33 ℃，相应水出口温度 $t_2' = 92 - 0.8 \times 43.33 = 57.3\ (\text{℃})$。

(3) 用类比得：

$$\dfrac{Q'}{Q} = \dfrac{K'}{K} \times \dfrac{S'}{S} \times \dfrac{\Delta t_m'}{\Delta t_m}$$

逐项对比：

同样换热任务，$Q' = Q = W_h c_{ph}(T_1 - T_2)$，$Q'/Q = 1$。

同样设备结构，$S'/S = 1$。

设热油侧 $\alpha_h \ll \alpha_c$，W_h 不变，K 基本不变，$K'/K = 1$。

$$\Delta t_m = 29.72\ \text{℃}$$

$$\Delta t_m' = \dfrac{(T_1' - t_2') - (T_2 - t_1')}{\ln \dfrac{T_1 - t_2'}{T_2 - t_1'}} = \dfrac{(90 - t_2') - (40 - 20)}{\ln \dfrac{90 - t_2'}{40 - 20}} = \dfrac{70 - t_2'}{\ln \dfrac{90 - t_2'}{20}}$$

代入类比式 $\Delta t'_m = \Delta t_m$:

$$\frac{70-t'_2}{\ln\dfrac{90-t'_2}{20}} = 29.72\ ℃$$

用试差法（初设对数平均值=算术平均值）得：$t'_2 = 48\ ℃$

由：
$$W'_c c_{pc}(t'_2 - t'_1) = Q$$
$$W'_c \times 4.187 \times 10^3 \times (48-20) = 69750$$

得：
$$W'_c = 0.595\ \text{kg/s} = 2142\ \text{kg/h}$$

4.5.4 传热单元数法

传热单元数（NTU）法又称为传热效率-传热单元数（ε-NTU）法。是一种可较方便地用于换热器操作调节计算的方法。

(1) ε-NTU 关系

将热量衡算式，每种流向的传热平均温度差关系式代入传热速率方程，经过推导整理，则可以得出各种流向换热的 ε-NTU 关系式，如冷、热两流体以并流方式换热：

$$\varepsilon = \frac{1-\exp[-\text{NTU}(1+R)]}{1+R} \quad (4-45)$$

冷、热两流体以逆流方式换热：

$$\varepsilon = \frac{1-\exp[-\text{NTU}(1+R)]}{1-R\exp[-\text{NTU}(1+R)]} \quad (4-46)$$

式中，ε、R 和 NTU 可分别以热流体或冷流体为基准，如下面几个式子所示。

$W_h c_{ph} < W_c c_{pc}$ 时 $\qquad\qquad\qquad\qquad\qquad$ $W_c c_{pc} < W_h c_{ph}$ 时

$$\varepsilon_h = \frac{T_1 - T_2}{T_1 - t_1} \quad (4\text{-}47) \qquad\qquad \varepsilon_c = \frac{t_2 - t_1}{T_1 - t_1} \quad (4\text{-}47a)$$

$$R_h = \frac{W_h c_{ph}}{W_c c_{pc}} = \frac{t_2 - t_1}{T_1 - T_2} \quad (4\text{-}48) \qquad\qquad R_c = \frac{W_c c_{pc}}{W_h c_{ph}} = \frac{T_1 - T_2}{t_2 - t_1} \quad (4\text{-}48a)$$

$$\text{NTU}_h = \frac{KS}{W_h c_{ph}} = \frac{T_1 - T_2}{\Delta t_m} \quad (4\text{-}49) \qquad\qquad \text{NTU}_c = \frac{KS}{W_c c_{pc}} = \frac{t_2 - t_1}{\Delta t_m} \quad (4\text{-}49a)$$

其他复杂流向换热，也有各自相应的关系式。为了计算方便，将 ε-NTU 关系式标绘为算图，可供查用。图 4-32～图 4-34 分别为并流、逆流、折流情况的算图。

(2) 关系式中各项含义

从数学角度而言，关系式中 ε、NTU、R 只是为方便计算而引入的符号，但从传热参数关系看，各个符号各有一定含义。

① ε 为换热器的热效率　换热器中，冷流体出口的最高温度以 T_1 为限，冷流体最大换热量为 $W_c c_{pc}(T_1 - t_1)$；热流体出口的最低温度以 t_1 为限，热流体最大换热量为 $W_h c_{ph}(T_1 - t_1)$。因 $W_h c_{ph}$ 与 $W_c c_{pc}$ 不等，按热量衡算，不可能同时出现两个最大换热量。

在 $W_c c_{pc} < W_h c_{ph}$ 情况下，冷流体达到最大换热量 $W_h c_{ph}(T_1 - t_1)$ 时，就不可能有另一更大换热量，即应以冷流体为基准，表示为：

$$\varepsilon = \frac{t_2 - t_1}{T_1 - t_1} = \frac{W_c c_{pc}(t_2 - t_1)}{W_c c_{pc}(T_1 - t_1)} = \frac{\text{冷流体实际换热量}}{\text{冷流体最大换热量}}$$

在 $W_h c_{ph} < W_c c_{pc}$ 情况下,热流体达到 $W_h c_{ph}(T_1-t_2)$ 就是最大换热量,不可能再有另有一个更大换热量,即以热流体为基准,表示为:

$$\varepsilon = \frac{T_1-T_2}{T_1-t_1} = \frac{W_h c_{ph}(T_1-T_2)}{W_h c_{ph}(T_1-t_1)} = \frac{热流体实际换热量}{热流体最大换热量}$$

可见,ε 表示换热器的换热程度。以 Wc_p 值小的流体为基准确定其意义。

② NTU 为传热单元数 在 $W_c c_{pc} < W_h c_{ph}$ 情况下:沿冷流体升温方向,将换热器分段,使每一段内冷流体升高的温度值等于传热温差的平均值 Δt_m,称每一段为一个传热单元。则换热器被分成的段数为 $(t_2-t_1)/\Delta t_m$,NTU_c 就是换热器在操作条件下以冷流体为基准,换热器所具有的传热单元的数目。

在 $W_h c_{ph} < W_c c_{pc}$ 情况下:沿热流体降温方向,将换热器分段,使每一段内热流体降低的温度值等于传热温差的平均值 Δt_m,称每一段为一个传热单元。同样,可得出 $NTU_h = (T_1-T_2)/\Delta t_m$ 就是换热

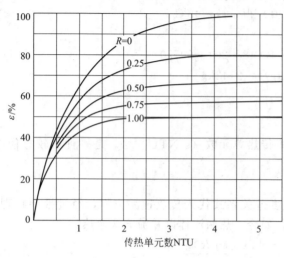

图 4-32 并流换热器的 ε-NTU 关系

器在操作条件下以热流体为基准,换热器所具有的传热单元的数目。

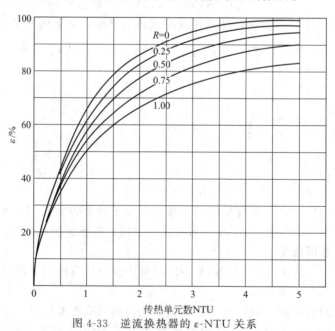

图 4-33 逆流换热器的 ε-NTU 关系

③ R 为冷热两流体热容比 Wc_p 为流体温度变化 1℃ 所引起的热量变化值,称为流体热容,与关系式中 ε-NTU 的基准流体相对应,R 取小热容与大热容之比,$R \leqslant 1$。

对于两流体中有一流体相变,视相变流体 Wc 为无穷大,即以 $R=0$,用于关系式计算或查图。

【例 4-13】 用传热单元法求解例 4-12 中的问题(2)、问题(3)。

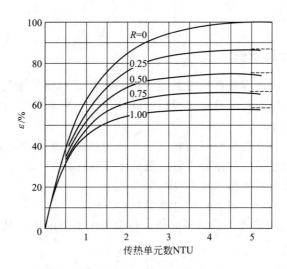

图 4-34　折流换热器的 ε-NTU 关系（单壳程，2、4、6 管程）

解　由原先操作数据：

$$\frac{W_h c_{ph}}{W_c c_{pc}} = \frac{t_2 - t_1}{T_1 - T_2} = \frac{55-15}{90-40} = 0.8$$

判断出 $W_h c_{ph} < W_c c_{pc}$，所以 ε-NTU 关系应以热流体为基准。

(1) 求解例 4-12 中问题 (2)：

与原操作条件相比，$W_h c_{ph}$、$W_c c_{pc}$、K、S 都不变，即 $R_h = W_h c_{ph}/(W_c c_{pc})$ 和 $\mathrm{NTU} = KS/(W_h c_{ph})$ 不变。

由传热单元法可知，ε_h 亦必然相同：

$$\varepsilon_h = \frac{T_1 - T_2}{T_1 - t_1} = \frac{T_1 - T_2'}{T_1 - t_1'}$$

$$\frac{90-40}{90-15} = \frac{90-T_2'}{90-20} \rightarrow T_2' = 43.33℃$$

进口水温 20℃，相应出口油温度 $T_o' = 43.33℃$。

(2) 求解例 4-12 中问题 (3)：

与原操作条件相比，K、S、$W_h c_{ph}$ 不变，即传热单元数不变，由原操作数据 $T_1 = 90℃$、$T_2 = 40℃$、$\Delta t_m = 29.7℃$，得：

$$\mathrm{NTU}_h = \frac{KS}{W_h c_{ph}} = \frac{T_1 - T_2}{\Delta t_m} = \frac{90-40}{29.7} = 1.684$$

新操作条件下：

$$\varepsilon_h = \frac{T_1 - T_2}{T_1 - t_1'} = \frac{90-40}{90-20} = 0.714$$

依据 $\mathrm{NTU}_h = 1.684$、$\varepsilon_h = 0.714$，由图 4-33 可查得 $R_h = 0.56$，则：

$$R_h = \frac{W_h c_{ph}}{W_c' c_{pc}}$$

$$0.56 = \frac{1860 \times 2.7}{W_c' \times 4.186}$$

得出所需冷却水用量 $W_c' = 2142 \mathrm{kg/h}$。

例 4-12 与例 4-11 两种解题过程比较，显然，对现有换热器的操作计算，采用传热单元法要简便很多。

4.5.5 非定态传热计算示例

利用流经夹套或浸没在容器料液中的蛇管内的流体,对盛放于容器中的料液进行换热,料液温度可视为均一,但因料液是一次投放的间歇操作,料液温度随时间而变,其传热过程为非定态传热过程。

写出瞬时的传热速率方程及热量衡算式(即作为拟定态的传热过程处理),经相应结合,建立传热时间与温度变化关系的微分方程。进而,以操作起始、终了要求为边界条件,则可积分得出非定态传热操作时间与料液温度的关系式。

现以化工中常见的两种非定态传热计算为例:

① 用温度 T_h 的饱和蒸汽,以间壁换热,将容器中盛有的冷液从温度 t_i 升高到 t,所需换热时间 τ 为:

$$\tau = \frac{m_c c_{pc}}{KS} \ln \frac{T_h - t_1}{T_h - t} \tag{4-50}$$

【例 4-14】 反应器盛有比热容 c_{pc} 为 3.8kJ/(kg·℃) 的冷料液 1000kg。容器内装有蛇管。传热面积 S 为 1m²,用温度为 117℃ 的饱和蒸汽,将冷液由 17℃ 加热到 87℃。容器中料液由搅拌器搅拌,容器内液温均一,若总传热系数 $K=600W/(m^2·℃)$。试求所需加热时间和蒸汽总耗量。

解 由式(4-50)得:

$$\tau = \frac{1000 \times 3.8 \times 10^3}{600 \times 1} \times \ln \frac{117-17}{87-17} = 7625 \text{ (s)} = 2.12 \text{ (h)}$$

查 117℃ 蒸汽潜热 $r=2213kJ/kg$,蒸汽总耗量 m_h 为:

$$m_h = \frac{1000 \times 3.8 \times 10^3 \times (87-17)}{2213 \times 10^3} = 120 \text{ (kg)}$$

单位时间蒸汽流量 $W_h(kg/s)$ 是随过程变化的。

② 用流量为 W_c (kg/s)、初温为 t_1 的冷流体,以间壁换热,将盛放在容器中的热料液 m_h (kg),由初温 T_i 降温到 T,终了瞬时冷流体出口温度为 t,计算所需冷流体量 W_c 的关系式和所需换热时间 τ 的关系式分别为:

$$W_c = \frac{KS}{c_c \ln \dfrac{T_h - t_1}{T_h - t}} \tag{4-51}$$

$$\tau = \frac{m_h c_{ph}}{W_c c_{pc} \left(1 - \dfrac{T-t}{T-t_i}\right)} \ln \frac{T_1 - t_1}{T - t_1} \tag{4-52}$$

【例 4-15】 现有 105℃ 的 1400kg 甲苯盛在安装有蛇管的容器内,传热面积为 3.2m²,蛇管内通入初温 $t_i=13℃$ 的冷却水,将甲苯冷却到 $T=25℃$,换热终了瞬时冷水出口温度 t 为 18℃,其总传热系数 $K=225W/(m^2·℃)$,甲苯和水的平均比热容分别为 1.8kJ/(kg·℃) 和 4.19kJ/(kg·℃)。试求冷却水用量和冷却所需加热时间。

解 由式(4-51)得冷却水流量:

$$W_c = \frac{225 \times 3.2}{4.19 \times 10^3 \times \ln \dfrac{25-13}{25-18}} = 0.36 \text{ (kg/s)}$$

依式(4-52)，冷却时间：

$$\tau = \frac{1400 \times 1.8 \times 10^3}{0.361 \times 4.19 \times 10^3 \times \left(1 - \frac{25-18}{25-13}\right)} \times \ln\frac{105-13}{25-13}$$

$$= 8144 \text{ (s)} = 2.262 \text{ (h)}$$

式(4-50)~式(4-52)亦可用于估算操作总传热系数的平均值，或根据指定的传热时间确定所需的传热面积。

4.5.6 列管式换热器的选用

换热器的选用就是根据任务要求，计算出所需的传热面，选择合适的换热器。

列管式换热器已有系列标准，规格型号中通常标明：型式、壳体直径、传热面积、承受压强和管程数等。例如 $F_A 600\text{-}130\text{-}16 \times 2$ 的换热器，F_A 表示浮头式 A 型，壳体公称直径 600mm、公称传热面积 130m²、公称压强 16kgf/cm²、管程数 2。另以 G 为固定管板式的代号、F_B 表示浮头式 B 型。

选用换热器的基本步骤：

(1) 热量衡算

根据传热任务计算传热量，选用载热体，确定出口温度，计算载热体用量，计算定性温度和查算物性数据。

(2) 计算传热温度差

计算温差平均值，并根据温差修正系数 $\varphi_{\Delta t}$ 不应小于 0.8 的原则，确定壳程数或调整载热体的终温。

(3) 确定换热器型号

在管、壳两流体温差不高于 60~70℃，壳程压强小于 600kPa 的情况下，采用固定管板式。温差大于 50℃，可依靠补偿圈弹性变作热补偿。

在冷热流体温差大于 70℃，壳程压强超过 600kPa 的情况下，或者虽无大的热应力影响，但考虑到壳程流体的清洗需要，则采用浮头式为宜。对于管程流体为清洁流体（如气体），无需清洗，在高温、高压下则可采用 U 形管式。

(4) 确定流体流动通道

首先，应让腐蚀性流体、高压流体走管程，以免管、壳程都受腐蚀，受压。对固定管板式，需要清洗的易结污垢或不清洁流体必须走管程；流量小，但若动力设备允许以多管程提高流速的话，可以使它走管程。

饱和蒸汽宜走壳程，以便凝液排放。被冷却流体走壳程有利于散热，流量小或黏度大的流体走壳程，由于挡板折流能使低雷诺数时达到湍流而提高 α 值。对冷热流体温差较大的情况，α 大的流体走壳程以有利于降低管与壳之间的温差。

上述各点要求，一般不可能同时兼顾，只能依据主次，予以解决。

(5) 估算传热面积，选择设备规格

根据生产实际，参照经验数据，选取总传热系数。由传热速率方程估算传热面积，按换热设备系列标准选取设备规格。

(6) 计算总传热系数，校核传热面积

计算管、壳程 α 值，确定污垢热阻，计算出总传热系数和核算所需传热面积。所选用换热器的实际传热面积应比所需传热面积大 10%~25%，否则需另设总传热系数值，另选传热面积相当的换热器，按上述步骤重新计算。

【例4-16】 某炼油厂拟采用列管式换热器，用 $T_1=175℃$ 的柴油将原油从 $t_1=70℃$ 加热到 $t_o=110℃$。已知柴油处理量为12500kg/h，原油处理量为15840kg/h。

定性温度下物性为：

柴油　　$\rho=715kg/m^3$　　　　　　$c_{ph}=2.48kJ/(kg·℃)$
　　　　$\lambda=0.133W/(m·℃)$　　　$\mu=0.64×10^{-3}Pa·s$
原油　　$\rho=815kg/m^3$　　　　　　$c_{pc}=2.2kJ/(kg·℃)$
　　　　$\lambda=0.128W/(m·℃)$　　　$\mu=6.65×10^{-3}Pa·s$

试选择适用的列管式换热器。

解 (1) 热量衡算：

$$Q=W_c c_{pc}(t_2-t_1)$$
$$=\frac{15840}{3600}×2.20×10^3×(110-70)$$
$$=387.2 \text{ (kW)}$$

忽略热损失，由热量衡算求柴油出口温度 T_o。

$$Q=W_h c_{ph}(T_1-T_2)$$
$$387.2×10^3=\frac{12500}{3600}×2.48×10^3×(175-T_2)$$
$$T_2=130℃$$

(2) 计算传热温差：

先按逆流：

$$\begin{array}{c} 175 \to 130 \\ 110 \leftarrow 70 \\ \hline 65 \quad 60 \end{array} \quad \Delta t'_m = \frac{65+60}{2}=62.5 \text{ (℃)}$$

按单壳程多管程：

$$R=\frac{T_1-T_2}{t_2-t_1}=\frac{175-130}{110-70}=1.125$$

$$P=\frac{t_2-t_1}{T_2-t_1}=\frac{110-70}{175-70}=0.381$$

查图4-30(a)得 $\varphi_{\Delta t}\approx 0.92$，$\varphi_{\Delta t}>0.8$，单壳程可行。

$$\Delta t_m=\varphi_{\Delta t}\Delta t'_m=0.92×62.5=57.5 \text{ (℃)}$$

(3) 选 K 值，估算传热面积，初选设备型号。

参照表4-2，选 $K'=250W/(m^2·℃)$。

$$Q=K'S'\Delta t_m$$
$$387.2×10^3=250×S'×57.5$$
$$S'=27m^2$$

因冷热流体温差>60℃，需考虑消除热应力，又因原油黏度较大，宜走壳程，需考虑壳程污垢清洗。所以，选用 F_B 型浮头式换热器，由系列标准，初选 F_B-400-32-25×4 型换热器，主要参数如下：

壳径	400mm	公称面积	32m²
管子尺寸	ϕ25mm×25mm	管长	6m
管子总数	72	排列方式	◇

| 管程数 | 4 | 管中心距 | 32mm |

(4) 计算管程对流传热系数 α_i：

管程流体通道面积：

$$A_i = (72/4) \times \frac{\pi}{4} \times 0.02^2 = 0.00565 \ (m^2)$$

管程柴油流速：

$$u_i = \frac{12500/715}{3600 \times 0.00565} = 0.859 \ (m/s)$$

管程：

$$Re_i = \frac{0.02 \times 0.859 \times 715}{0.64 \times 10^{-3}} = 19.2 \times 10^3$$

$$Pr_i = \frac{0.64 \times 10^{-3} \times 2.48 \times 10^3}{0.133} = 11.9$$

按式(4-22)：

$$\alpha_i = 0.023 \frac{\lambda}{d} Re_i^{0.8} Pr_i^{0.4}$$

$$= 0.023 \times \frac{0.133}{0.02} \times (19.2 \times 10^3)^{0.8} \times 11.9^{0.3}$$

$$= 859 \ [W/(m^2 \cdot ℃)]$$

(5) 计算壳程对流传热系数 α_o：

取折流板间距 $h = 150mm$。

可计算出(见例 4-6)：

$$\alpha_o = 460 W/(m^2 \cdot ℃)$$

(6) 计算总传热系数 K_o。[按式(4-44)]：

$$\frac{1}{K_o} = \frac{1}{\alpha_o} + \frac{b}{\lambda} \times \frac{d_o}{d_m} + \frac{1}{\alpha_i} \times \frac{d_o}{d_i} + R_{so} + R_{si} \times \frac{d_o}{d_i}$$

取污垢热阻 $R_{so} = R_{si} = 0.0003 \ (m^2 \cdot ℃)/W$。

钢管壁 $\lambda = 45 W/(m^2 \cdot ℃)$。

$$\frac{1}{K_o} = \frac{1}{460} + \frac{0.025}{45} \times \frac{0.025}{0.0225} + \frac{0.025}{859 \times 0.020} + 0.0003 + 0.0003 \times \frac{0.025}{0.020}$$

$$K_o = 299 W/(m^2 \cdot ℃)$$

(7) 核算传热面积 S_o：

$$S_o = \frac{Q}{K_o \Delta t_m} = \frac{387.2 \times 10^3}{229 \times 57.5} = 29.4 (m^2)$$

$F_B\text{-}400\text{-}32\text{-}25 \times 4$ 型换热器实际传热面积 S_o 为：

$$S_o = 72 \times \pi \times 0.025 \times 6 = 33.9 \ (m^2)$$

$$\frac{33.9 - 29.4}{29.4} \times 100\% = 0.153 \times 100\% = 15.3\%$$

实际传热面积比所需传热面积有15.3%的裕量，所选换热器适用。如若换热器的流体流动受到动力设备限制，或者，为了权衡流体输送费用与换热设备费、载热体耗量的相应关系，必要时，选用换热器的过程中应包括管程和壳程的流体压降的计算。

管程压降 $\Sigma \Delta p_i$ 可按一般阻力公式计算：

$$\Sigma \Delta p_i = \left(\lambda \frac{l}{d_i} + 3 \right) \frac{u_i^2}{2} \rho F_i N_p N_s \tag{4-53}$$

式中　λ——流体管内流动摩擦系数，参照图1-17确定；
　　　3——每管程流体回弯的阻力系数；
　　　F_i——垢层校正系数，对管尺寸 $\phi25mm \times 2.5mm$，取 1.4；对 $\phi19mm \times 2mm$，取 1.5；
N_p、N_s——换热器的管程数和壳程数。

壳程压降 $\sum \Delta p_i$，因流动复杂，不同公式计算结果往往很不一致。通常可用下式估算：

$$\sum \Delta p_i = \left[F f_o n_c (N_B + 1) + N_B \left(3.5 - \frac{2h}{D} \right) \right] \frac{u_o^2}{2} \rho F_o N_s \tag{4-54}$$

式中　F——管子排列校正系数（正三角形排列，取 0.5；正方形斜转 45°，取 0.4；正方形直列，取 0.3）；
　　　f_o——摩擦系数，$Re_o = \frac{d_o u_o \rho}{\mu} > 500$ 时，$f_o = 5 Re_o^{-0.228}$；
　　　n_c——管束中心线上管子数（管子正三角形列时，$n_c = 1.1\sqrt{n}$；正方形排列，$n_c = 1.9\sqrt{n}$，n 为总管数）；
　　　F_o——污垢校正系数（对液体取 1.15，对气体取 1.0）；
　　　N_B、h——折流板的数目和板间距，m；
　　　u_o——按截面积 $A_o = h(D - n_c d_o)$ 计算出的流体速度，m/s。

列管换热器工业上常用流速范围：管程中液体为 0.5～3m/s，气体为 5～30m/s；壳程中液体为 0.2～1.5m/s，气体为 9～15m/s。黏度大的液体流速宜取小值，易燃易爆液体流速应小于安全流速。在常用流速下操作，一般液体流经换热器的压降为 10～100kPa，气体为 1～10kPa。

4.6 辐射传热

物体因热以电磁波的形式向外发射能量的过程称为热辐射。任何物体只要是在热力学温度零度以上，都能进行热辐射。

物体在向外辐射能量的同时，也可能在不断地吸收周围其他物体发射来的辐射能，并将其转变为热量。这种物体间相互发射和吸收辐射能的传热过程称为辐射传热。

4.6.1 物体对热辐射的性能表现

如图 4-35 所示，设辐射到物体上的总辐射能量 Q，其中 Q_A 部分被物体吸收，Q_R 部分被反射出去，其余 Q_D 部分透过物体。根据能量守恒定律，可得：

$$Q_A + Q_R + Q_D = Q \tag{4-55}$$

将 Q_A/Q、Q_R/Q 和 Q_D/Q 分别称为物体对辐射能的吸收率、反射率和透过率，并依次以 A、R 和 D 表示，于是得：

$$A + R + D = 1 \tag{4-56}$$

不同物体对辐射能的表现性能不同。将 $A = 1$ 的物体称为绝对黑体，简称黑体。将 $R = 1$ 的物体称为绝对白体或镜体。将 $D = 1$ 的物体称为透热体。

自然界中不存在绝对的 $A = 1$、$R = 1$、$D = 1$ 的物体。黑体、白体和透热体，只是便于比较的理想物体。

气体几乎没有反射能力，可认为 $R = 0$，即 $A + D = 1$，吸收率大的气体，其穿透能力就差。

大多数的工程材料，可以视为 A 值不随辐射电磁波波长而变，及 $A+R=1$，称为灰体。

4.6.2 物体的辐射能力

物体在一定温度下，单位表面积、单位时间内所发出的所有波长的总能量，称为物体辐射能力 E，$W/(m^2 \cdot s)$。

(1) 黑体的辐射能力

理论证明，黑体的辐射能力 E_b 与其表面的热力学温度 T 的四次方成正比，即：

$$E_b = \sigma_0 T^4 = 5.669 \times 10^{-8} T^4 \tag{4-57}$$

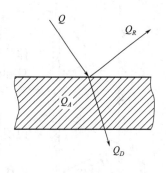

图 4-35 辐射能的吸收、反射和透过

或

$$E_b = C_0 \left(\frac{T}{100}\right)^4 = 5.67 \left(\frac{T}{100}\right)^4 \tag{4-57a}$$

式(4-57)称为斯蒂芬-波尔兹曼（Stefan-Boltzmann）定律。

(2) 灰体的辐射能力

将实际物体（灰体）的辐射能力 E 与同温度下黑体的辐射能力 E_b 之比值（E/E_b），定义为物体的黑度 ε，则物体的辐射能力 E 可由下式求得：

$$E = \varepsilon E_b = \varepsilon C_0 \left(\frac{T}{100}\right)^4 = 5.67 \varepsilon \left(\frac{T}{100}\right)^4 \tag{4-58}$$

物体 ε 值与物体性质、温度及表面状况等有关，一般由实验测得，表 4-4 列出一些工业材料的黑度。

表 4-4 某些工业材料的黑度

材　　料	温度/℃	黑度 ε
红砖	20	0.93
耐火砖	—	0.8～0.9
钢板（氧化的）	200～600	0.8
钢板（磨光的）	940～1100	0.55～0.61
铝（氧化的）	200～600	0.11～0.19
铝（磨光的）	225～575	0.039～0.057
铜（氧化的）	200～600	0.57～0.87
铜（磨光的）	—	0.03
铸铁（氧化的）	200～600	0.64～0.78
铸铁（磨光的）	330～910	0.6～0.7

(3) 物体辐射能力与吸收能力的关系

如图 4-36 所示，设有两个非常接近的平板 1 与 2，平板 1 为实际物体（灰体），其辐射能力为 E_1，吸收率为 A_1，板面温度为 T_1；平板 2 为绝对黑体，其辐射能力、吸收率和板面温度分别为 E_b、A_2 和 T_2。两板之间为透热体，一板面发出的辐射可以全部落到另一板面上。以单位时间、单位板面积为基准。板面 1 发出的 E_1 投射到板面 2 时，因板面 2 为黑体，E_1 全部被吸收。而板面 2 发出的 E_b 到达板面 1 时，只有 $A_1 E_b$ 部分被吸收，其余部分 $(1-A_1)E_b$ 又反射回板面 2 被自身吸收。因此，对板面 1 来说，发出 E_1 而吸收进 $A_1 E_b$，热量收支差额 q 为：

$$q = E_1 - A_1 E_b$$

当两板面处于热平衡状态，即 $T_1 = T_2$，$q = 0$ 时，则得：

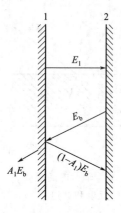

图 4-36 平行平板间辐射传热

$$E_1/A_1 = E_b \tag{4-59}$$

式(4-59)称为克希霍夫(Kirchhoff)定律,定律表明:任何物体的辐射能力与吸收率的比值恒等于同温度下黑体的辐射能力,且只和温度有关。

比较式(4-59)与式(4-58)可得:

$$E_1/E_b = A_1 = \varepsilon$$

说明物体的吸收率,在数值上等于同温度下该物体的黑度。

4.6.3 物体间的辐射传热

工业上两固体间的辐射传热,皆可视为灰体之间的热辐射,一般以下式表示由高温物体 1 传给较低温物体 2 的热量。

$$Q_{1-2} = C_{1-2} \varphi S \left[\left(\frac{T_1}{100}\right)^4 - \left(\frac{T_2}{100}\right)^4 \right] \tag{4-60}$$

式中 C_{1-2}——总辐射系数,$W/(m^2 \cdot K^4)$;

φ——角系数,一物体面的辐射能被另一物面所截获的分率;

S——辐射面积,m^2;

T_1、T_2——高、低温物体温度,K。

C_{1-2} 和 φ 的数值需由物体的黑度、形状、大小、距离及相互位置而定,并与辐射面积相对应。

最常见和最简单的情况,高温物体面 S_1 被低温物体面 S_2 完全包围的辐射传热,则 $\varphi = 1$,取 $S = S_1$,总辐射系数为:

$$C_{1-2} = \frac{C_0}{\frac{1}{\varepsilon_1} + \frac{S_1}{S_2}\left(\frac{1}{\varepsilon_2} - 1\right)} \tag{4-61}$$

【例 4-17】 车间内一高 0.7m、宽 1m 的铸铁炉门表面温度为 450℃,黑度 $\varepsilon_1 = 0.75$。为减少辐射散热,在距炉门 35mm 处放置一块与炉门同样大小面积的铝质遮热板,$\varepsilon_2 = 0.15$,当室温为 27℃ 时。试计算放置遮热板前、后因辐射而导致的散热量。

解 以下标 1、2 和 3 分别表示炉门、遮热板和炉外四周。

(1) 放置遮热板之前:

$S_1 = S_3$,S_1 完全被包围,按式(4-61)及式(4-60):

$S = S_1 = 1 \times 0.7 = 0.7 \ (m^2)$,$\varphi = 1$

$$C_{1-3} = \varepsilon_1 C_0 = 0.75 \times 5.67 = 4.25 \ [W/(m^2 \cdot K^4)]$$

$$Q_{1-2} = C_{1-2} \varphi S \left[\left(\frac{T_1}{100}\right)^4 - \left(\frac{T_3}{100}\right)^4\right]$$

$$= 4.25 \times 1 \times 0.7 \times \left[\left(\frac{450+273}{100}\right)^4 - \left(\frac{27+273}{100}\right)^4\right] = 7890 \ (W)$$

(2) 放置遮热板后:

$S_1 = S_2$,距离近,视为两无限大面平行,按式(4-61)及式(4-60):

$S = S_1 = S_2 = 0.7 m^2$,$\varphi = 1$

$$C_{1-2} = \frac{C_0}{\frac{1}{\varepsilon_1} + \frac{1}{\varepsilon_2} - 1} = \frac{5.67}{\frac{1}{0.75} + \frac{1}{0.15} - 1} = 0.81 \ [W/(m^2 \cdot K^4)]$$

$$Q_{1-2}=C_{1-2}\varphi S_1\left[\left(\frac{T_1}{100}\right)^4-\left(\frac{T_2}{100}\right)^4\right]=0.81\times1\times0.7\times\left[\left(\frac{450+273}{100}\right)^4-\left(\frac{T_2}{100}\right)^4\right] \quad\text{(a)}$$

$S_2=S_3$，S_2 被 S_3 完全包围，按式(4-61) 及式(4-60)：

$$S=S_1=S_2=0.7\text{m}^2,\quad \varphi=1$$

$$C_{2-3}=\varepsilon_2 C_0=0.15\times 5.67=0.85\ [\text{W}/(\text{m}^2\cdot\text{K}^4)]$$

$$Q_{2-3}=C_{2-3}\varphi S\left[\left(\frac{T_2}{100}\right)^4-\left(\frac{27+273}{100}\right)^4\right]$$

$$Q_{2-3}=0.85\times1\times0.7\times\left[\left(\frac{T_2}{100}\right)^4-\left(\frac{27+273}{100}\right)^4\right] \quad\text{(b)}$$

定态传热，$Q_{1-2}=Q_{2-3}$，由式(a)、式(b) 联立得出：

$$T_2=609\text{K}=336℃,\quad Q_{1-2}=Q_{2-3}=770\text{W}$$

放置遮热板后，辐射散热减少的百分率为：

$$\frac{7890-770}{7890}\times100\%=0.902\times100\%=90.2\%$$

从计算中可知：热设备表面黑度小，辐射散热可少。设置遮热板是减少辐射散热的有效方法，遮热板板数愈多，遮热板材黑度愈低，热辐射损失可愈少。

4.6.4　辐射和对流的联合传热

许多化工生产设备的外壁温度 t_w 往往高于周围环境的温度，热量将以对流和辐射两种方式散失于周围大气中，只是因壁温及周围气流状态不同，两种方式的散热量比例于各种情况下不同而已，壁温高时辐射传热所占比例大。一般情况下，不作分别计算，而以总热损失速率方程估算两种方式散热之和 Q：

$$Q=\alpha_T S_w(t_w-t)=\frac{t_w-t}{R_T} \quad (4-62)$$

式中　S_w——设备外表面积，m^2；
　　　t_w——设备外壁温度，℃；
　　　t——环境温度，℃；
　　　α_T——对流辐射联合传热系数，$\text{W}/(\text{m}^2\cdot℃)$。

α_T 可用以下近似式估算：

① 空气自然对流时（$t_w<150℃$）

在平壁保温层外：

$$\alpha_T=9.8+0.07(t_w-t) \quad (4-63)$$

在圆筒或管道保温层外：

$$\alpha_T=9.4+0.052(t_w-t) \quad (4-64)$$

② 空气沿粗糙壁面强制对流时

空气流速 $u\leqslant 5\text{m/s}$：

$$\alpha_T=6.2+4.2u \quad (4-65)$$

空气流速 $u>5\text{m/s}$：

$$\alpha_T=7.8u^{0.78} \quad (4-66)$$

【例 4-18】　平壁设备外表面包一层热导率 λ 为 $0.098\text{W}/(\text{m}\cdot℃)$ 的保温材料，设备内流体平均温度为 154℃，要求保温层外表面温度不超过 40℃，已知周围环境温度为 20℃。试求保温层的厚度应为多少？设备内流体对流传热热阻和器壁导热热阻均可忽略不计。

解 平壁外自然对流时的联合传热系数按式(4-63):

$$\alpha_T = 9.8 + 0.07(t_w - t)$$
$$= 9.8 + 0.07 \times (40-20) = 11.2 \ [W/(m^2 \cdot ℃)]$$

因忽略设备内流体对流和壁导热热阻,保温层内侧温度就近似等于设备内流体温度,即 $t_i = 154℃$。

按定态传热,保温层导热速率等于设备对外散热速率:

$$Q = \frac{t_i - t_w}{\dfrac{b}{\lambda S_m}} = \frac{t_w - t}{\dfrac{b}{\alpha_T S_m}}$$

平壁 $S_m = S_w$ 代入数值:

$$\frac{154-40}{\dfrac{b}{0.098}} = \frac{40-20}{\dfrac{1}{11.2}}$$

得保温层厚度 $b = 0.05 \text{m} = 50 \text{mm}$。

4.6.5 保温层材料的选择

保温层材料的热导率 λ 大,其保温性能就差,尤其对圆管壁设备,不适当的保温层可能使保温效果适得其反。以示例说明。

【例 4-19】 在 $\phi 38 \text{mm} \times 3 \text{mm}$ 钢管管道内流动的饱和蒸汽为 150℃,周围环境温度为 20℃。设裸管和保温层外表面对大气的对流辐射联合传热均可近似取 $\alpha_T = 11 \text{W}/(\text{m}^2 \cdot ℃)$,并可忽略管内蒸汽对流热阻和管壁热阻。试求:

(1) 裸管时每米管的散热损失。
(2) 管道包扎一层厚度为 35mm、热导率为 0.070W/(m·℃) 的保温灰时的热损失。
(3) 管道包扎一层厚度为 35mm、热导率为 0.72W/(m·℃) 的黏土层时的热损失。

解 忽略管内对流和钢管导热热阻,即钢管外壁温度近似等于管内蒸汽温度。$T = 150℃$。计每米热损,即取 $l = 1\text{m}$。

(1) 裸管时,$r_w = r = 0.019 \text{m}$,$S_w = S$。

热阻:
$$R_T^0 = \frac{1}{\alpha_T S_w} = \frac{1}{11 \times 2\pi \times 0.019 \times 1} = 0.761 \ (℃/W)$$

热损失:
$$Q = \frac{T-t}{R_T^0} = \frac{150-20}{0.761} = 171 \ (W/m)$$

(2) 包保温灰时,$r = 0.019 \text{m}$,$r_w = 0.019 + 0.035 = 0.054 \ (\text{m})$,热阻包括保温层导热热阻 R 和对外对流-辐射联合热阻 R_T。

$$\sum R = R + R_T = \frac{1}{2\pi L \lambda} \ln \frac{r_w}{r} + \frac{1}{\alpha_T S_w}$$
$$= \frac{1}{2\pi \times 0.07 \times 1} \times \ln \frac{0.054}{0.019} + \frac{1}{11 \times 2\pi \times 0.054}$$
$$= 2.380 \times 0.268 = 2.65 \ (℃/W)$$

热损失:
$$Q = \frac{T-t}{R+R_T} = \frac{150-20}{2.65} = 49.1 \ (W/m) < 171 \ (W/m)$$

(3) 包黏土层。$r = 0.019 \text{m}$,$r_w = 0.054 \text{m}$。

热阻包括黏土层导热热阻 R' 和外表联合散热热阻 R_T。

$$\Sigma R = R + R_T = \frac{1}{2\pi L\lambda}\ln\frac{r_w}{r} + \frac{1}{\alpha_T S_w}$$

$$= \frac{1}{2\pi \times 0.72 \times 1} \times \ln\frac{0.054}{0.019} + \frac{1}{11 \times 2\pi \times 0.054}$$

$$= 0.231 \times 0.268 = 0.499 \text{ (℃/W)}$$

热损失： $Q = \dfrac{T-t}{R+R_T} = \dfrac{150-20}{0.499} = 260.5 \text{ (W/m)} > 171 \text{ (W/m)}$

可见，热导率小的良好保温层能起到保温减少热损失的作用，不合适的热导率过大的保温层反而增大热损失。

分析黏土保温情况：黏土层虽产生了导热热阻 $R'=0.231$，但此所增加热阻，还不及由外表面扩大引起的联合散热热阻的减少量 $R_T - R_T^0 = 0.761 - 0.268 = 0.491$，所以总热阻减少，散热损失增大。

通过求导，由 $\dfrac{d\Sigma R}{dr}=0$ 得出：保温层外壁半径为 r，外表对流-辐射联合传热系数为 α_T，则不应采用 $\lambda > \gamma\alpha_T$ 的材料保温〔例 4-19(3) 中，$0.72 > 0.054 \times 11$，未能保温反而加大散热〕。

4.7 传热的操作

传热在化工生产过程中的应用主要有创造并维持化学反应需要的温度条件、单元操作过程需要的温度条件、热能综合和回收、隔热与限热，应用于食品、制药、生物、环保、石油化工等多个领域。以下介绍传热操作过程中相关操作的开工准备、开停车方法、操作故障及处理、日常维护检修及安全技术。

4.7.1 传热操作的开工准备

传热系统停车尤其长期停车后，在开车前必须按照下列步骤对系统做整体检查，并确保达到要求。

投用前检查：检查确认换热器内凝结水排净、检查确认出入口盲板已经拆除、检查确认放空阀全部关闭。确认压力表、温度计、热电偶已投用；检查确认换热器接地完好，地脚螺栓无松动；检查确认法兰及筒体螺栓配套螺母安装齐全、螺栓满扣、紧固。

4.7.2 传热操作的开停车

(1) 传热操作的开车

① 先投冷介质　先开换热器的出口放空阀，缓慢开冷介质入口阀至全开，待放空阀有油气味时关小放空阀，至放空阀见油后完全关闭，待换热器内充满介质后全开出口阀，关闭副线阀。

② 后投用热介质　后开入口放空阀，缓慢开换热器的热介质出口阀至全开，待放空阀有油气味时关小放空阀，至放空阀见油后完全关闭，待换热器内充满介质后全开入口阀，关闭副线阀。

③ 投用后检查　检查温度、压力是否正常；检查静密封点是否有泄漏；检查流量是否

正常。

(2) 传热操作的停车

① 先停热介质：先全开副线阀，后关闭热介质进、出口阀。

② 后停冷介质：先全开副线阀，后关闭冷介质进出口阀。

注意事项：切除后要适时放油，防止换热器内因负压而损坏设备；通过换热器的放空阀放介质时，如果是热介质，开阀要缓慢进行，防止热介质喷出伤人；换热器投用进介质时，开阀门要缓慢进行，以防介质流速过快，产生静电而引起闪爆。

以下为针对管壳式换热器的开停车步骤：

① 管壳式换热器的开车步骤：放净换热器内存水、进行蒸汽贯通预热；贯通时一定要管、壳程同时进行，蒸汽向换热器本体放空吹扫；注意刚开始时要缓慢，当换热器中水基本赶尽后方可逐步开大蒸汽阀门；扫线时要注意换热器内维持一定压力吹扫，防止短路情况发生。

启用换热器应先引冷油，后引热油，以免设备急剧受热变形，造成泄漏，损坏设备。开始引油时要缓慢，先开放空阀，然后开进口阀，待换热器充满油，赶去存水后再开出口阀和关放空阀，然后慢慢关闭副线阀。引热油时更应缓慢，防止单向受热损坏设备；防止少量存水突然受热汽化造成压力剧增，损坏设备。启用正常后，检查放空、扫线阀门确保关闭、关紧，然后将放空管线扫净，防止放空管线冻凝。注意：新投用或检修后首次使用的换热器必须经试压后才可以使用。

② 管壳式换热器的停车步骤：先打开热油的副线阀，后关热油进出口阀。先打开冷油的副线阀，后关冷油进出口阀。同时用蒸汽将换热器管、壳程分别向本体污油线扫线，扫线时注意适当的吹扫压力，防止蒸汽走短路。

以下为针对板式换热器的开停车步骤：

板式换热器是由许多冲压有波纹的薄板按一定间隔，四周通过垫片密封，并用框架和压紧螺旋重叠压紧而成。同时将冷热流体分开，使其分别在每块板片两侧的流道中流动，通过板片进行热交换。

① 板式换热器的开车步骤：首次启动或长期停运后再次启动换热器时，注意检查金属板组是否加紧到规定尺寸。启动泵之前，先核实是否有操作规程，以便知道应启动哪台泵。检查所要启动的系统中位于泵与换热器之间的流量控制阀是否关闭。检查出口处阀门，如果有的话，是否全部打开。打开放气阀、启动泵，慢慢开启阀门、空气放尽后关闭放气阀。按同样的步骤，启动另一侧的管路系统。

② 板式换热器的运转步骤：为保证正常的温度或压降，对流速的调整都应缓慢进行，以免对系统产生冲击。温度的某些变化、热负荷的变化或污垢的产生都会给换热器的运行带来影响。要使换热器正常运行，就应当避免任何冲击。开车后，通常不需要对板式换热器进行连续监视，但需要对流体的供给压力大小、流体的温度、板片组的密封是否发生泄漏进行定期检查。

③ 板式换热器的停车步骤：首先确认是否有操作规程，即哪一侧先停止运行。缓慢地关闭控制泵流速的阀门。阀门关闭后，停止泵运行。按同样的程序进行另一侧的操作。质量低劣的冷却水对金属材料是有害的，不能对不锈钢和镍合金有腐蚀作用。换热器停止运行几天以上时间，则应将它放空，或根据介质情况，进行清洗或干燥。

4.7.3 传热操作的故障及处理

常见传热操作中换热器的故障原因与对策：

① 换热器操作的故障一：法兰泄漏。

故障原因：法兰泄漏常发生于螺栓紧固部位和旋入处，螺栓随着温度上升而伸长，紧固部位发生松动。

对策：尽量减少连接法兰，紧固作业要方便，采用自紧式结构螺栓。

② 换热器操作的故障二：污垢导致热效率降低。

故障原因：流体中含有固体物、悬浮物；冷却水中的藻类、细菌、泥沙都会导致严重结垢。

对策：充分掌握易污部位、致污物质、污垢程度，定期进行检查。当流体很容易结垢时，必须采用容易检查、拆卸、清理的设备结构。

③ 换热器操作的故障三：管子的腐蚀、磨损。

对策：定期进行清洗。提高管材质量，如果缺乏适宜的材料，要增加管壁厚度，或者在流体中加入腐蚀抑制剂。在流体入口前设置滤网、过滤器等将异物除去。使管内流速适当。在管入口端插入适当长的合成树脂等保护管。

④ 换热器操作的故障四：管子振动。

故障原因：管与泵、压缩机共振。回转机械产生的直接脉动冲击。侧面进入的高速蒸汽等对管子的冲击。管振动是由流速、管壁厚度、折流板间距、列管排列等综合因素引起的。

对策：在流体入口前设置缓冲罐防止脉冲。折流板上的管孔径与管子紧密配合，管孔不要过大。减少折流板间距，使管子的振幅变小。加大管壁厚度和折流板厚度。

⑤ 换热器操作的故障五：由于管组装部位松动形成的泄漏。

故障原因：管振动。开停车和紧急停车造成的热冲击。定期检修时操作不当产生的机械冲击。

对策：重新胀管，检修中对某根管子进行胀管装配时，要对周围的管子进行再胀管，以免松动。对于胀管部位，不允许泄漏的设备宜采用焊接装配。

4.7.4 传热操作的日常维护和检修

传热操作中须经常注意压力、温度变化情况以及观察换热器泄漏现象。应经常检查封头、温度套、法兰连接处及所有密封面和焊缝处，确保无渗漏等不正常现象。设备的操作压力不能超过规定的公称压力，物料流量、操作压力发生变化时，特别要注意加强检查。

4.7.5 传热操作的安全技术

化工生产中的传热通常在两流体之间进行，传热的目的是将工艺流体加热（汽化），或是将工艺流体冷却（冷凝）。传热过程安全技术如下：

① 采用水蒸气或热水加热时，应定期检查蒸汽夹套和管道的耐压强度，并应装设压力计和安全阀。与水会发生反应的物料，不宜采用水蒸气或热水加热。

② 采用充油夹套加热时，需将加热炉门与反应设备用砖墙隔绝，或将加热炉设于车间外面。油循环系统应严格密闭，不准热油泄漏。

③ 为了提高电感加热设备的安全可靠程度时，可采用较大截面的导线，以防过负荷；采用防潮、防腐蚀、耐高温的绝缘，增加绝缘层厚度。添加绝缘保护层等。电感应线圈应密封起来，防止与可燃物接触。

④ 在采用直接用火加热工艺过程时，加热炉门与加热设备间应用砖墙完全隔离，不使厂房内存在明火。加热锅内残渣应经常清除以免局部过热引起锅底破裂。以煤粉为燃料时，

料斗应保持一定存量，不许倒空，避免空气进入，防止煤粉爆炸。

4.8 案例分析

换热器的设计选用和操作调节是以总传热速率方程为基础的。其核心是计算换热器的传热面积，进而确定换热器的其他尺寸或进行换热器选型。

为计算所需要的传热面积，必须先确定总传热系数 K 和平均温度差 Δt_m。由于 K 值与设备结构、尺寸及流体流道等很多因素有关，Δt_m 与两流体的相对流向、加热（或冷却）介质终温的选择等有关。因此换热器的设计选用和操作调节，需要考虑许多问题，并且通过试差计算和比较才能设计出适宜的换热器。

4.8.1 案例 1

以某管壳式换热器设计为示例。

某生产过程中，需将 23500m³/h 的空气从 80℃冷却至 35.5℃，压力为 0.6MPa。用循环冷却水作冷却介质，循环冷却水的压力为 0.3MPa，循环水入口温度为 32℃，出口温度为 38℃。试设计一台冷却器，完成该生产任务。

设计计算过程：

(1) 确定设计方案

① 选择换热器的类型　冷、热两流体的温度、压力不高，温差不大，因此初步确定采用固定管板式换热器。

② 流动空间及流速的确定　由于循环冷却水较易结垢，为便于水垢清洗，应使循环冷却水走管程，空气走壳程。选用 $\phi 25\text{mm} \times 2.5\text{mm}$ 的碳钢管，初定管内流速 $u_i = 0.5\text{m/s}$。

(2) 确定物性数据

定性温度：可取流体进口温度的平均值。

壳程空气的定性温度为：

$$T_m = \frac{80+35.5}{2} = 57.8 \ (℃)$$

管程流体的定性温度为：

$$t_m = \frac{32+38}{2} = 35 \ (℃)$$

根据定性温度，分别查取壳程和管程流体的有关物性数据。

空气在 57.8℃下的有关物性数据：

密度 $\rho_h = 5.808\text{kg/m}^3$，比热容 $c_{ph} = 1.012\text{kJ/(kg·℃)}$；

热导率 $\lambda_h = 0.0297\text{W/(m·℃)}$；黏度 $\mu_h = 0.021 \times 10^{-3}\text{Pa·s}$。

循环冷却水在 35℃下的物性数据：

密度 $\rho_c = 994\text{kg/m}^3$；比热容 $c_{pc} = 4.08\text{kJ/(kg·℃)}$；

热导率 $\lambda_c = 0.627\text{W/(m·℃)}$、黏度 $\mu_c = 0.725 \times 10^{-3}\text{Pa·s}$。

(3) 计算总传热系数

① 热流量：

$$Q = W_h c_{ph}(T_1 - T_2)$$
$$= \frac{23500}{22.4 \times 3600} \times 29 \times 1.012 \times (80-35.3) = 1.37 \times 10^6 \ (\text{kJ/h}) = 381 \ (\text{kW})$$

② 平均传热温差：

$$\Delta t_m = \frac{\Delta t_1 - \Delta t_2}{\ln \frac{\Delta t_1}{\Delta t_2}} = \frac{(80-38)-(35.5-32)}{\ln \frac{80-38}{35.5-32}} = 15.5 \text{ (℃)}$$

③ 冷却水用量：

$$W_c = \frac{Q}{c_{pc}(t_2 - t_1)} = \frac{1.37 \times 10^6}{4.08 \times (38-32)} = 55964 \text{ (kg/h)}$$

④ 总传热系数 K

a. 管程传热系数：

$$Re = \frac{d_i u_i \rho_c}{\mu_c} = \frac{0.02 \times 0.5 \times 994}{7.25 \times 10^{-3}} = 13710$$

$$Pr = \frac{c_{pc} \mu_c}{\lambda_c} = \frac{4.08 \times 10^3 \times 7.25 \times 10^{-3}}{0.626} = 47.33$$

$$\alpha_i = 0.023 \frac{\lambda_c}{d_c} Re^{0.8} Pr^{0.4}$$

$$= 0.023 \times \frac{0.626}{0.02} \times 13710^{0.8} \times 47.33^{0.4}$$

$$= 2733.2 \text{ [W/(m}^2 \cdot \text{℃)]}$$

b. 壳程传热系数：

先假设壳程传热系数：$\alpha_o = 150 \text{W/(m}^2 \cdot \text{℃)}$。

污垢热阻：

$R_{si} = 0.000344 \text{m}^2 \cdot \text{℃/W}$

$R_{so} = 0.0002 \text{m}^2 \cdot \text{℃/W}$

管壁的热导率：$\lambda = 45 \text{W/(m} \cdot \text{℃)}$

$$\frac{1}{K_o} = \frac{1}{\alpha_i} \times \frac{d_o}{d_i} + R_{si} \times \frac{d_o}{d_i} + \frac{b}{\lambda} \times \frac{d_o}{d_m} + R_{so} + \frac{1}{\alpha_o}$$

$$= \frac{0.025}{2733.2 \times 0.020} + 0.000344 \times \frac{0.025}{0.020} + \frac{0.0025}{45} \times \frac{0.025}{0.0225} + 0.0002 + \frac{1}{150}$$

$$K_o = 127.9 \text{W/(m}^2 \cdot \text{℃)}$$

（4）计算传热面积

$$S_o = \frac{Q}{K_o \Delta t_m} = \frac{381 \times 10^3}{127.9 \times 15.5} = 192 \text{ (m}^2\text{)}$$

考虑15%的面积裕度：$S = 1.15 S_o = 1.15 \times 192 = 221 \text{ (m}^2\text{)}$

由于 $T_m - t_m = \frac{80+35.5}{2} - \frac{38+32}{2} = 22.5$ （℃）< 50（℃），不需考虑热补偿。

（5）工艺结构尺寸

① 管径和管内流速 选用 ϕ25mm×2.5mm 的传热管（碳钢），初取管内流速 $u_i = 0.5$m/s。

② 管程数和传热管数 依据传热管内径和流速确定单程传热管数：

$$n = \frac{V_c}{\frac{\pi}{4} d_i^2 u_i} = \frac{55964/(994 \times 3600)}{0.785 \times 0.02^2 \times 0.5} = 99.6 \approx 100 \text{ (根)}$$

按单程管计算，所需的传热管长度为：

$$l = \frac{S}{\pi d_o n_i} = \frac{221}{3.14 \times 0.025 \times 100} = 28.2 \text{ (m)}$$

按单管程设计,传热管过长,宜采用多管程结构。若取传热管长 $l=6\text{m}$,换热器管程数为 2,则:

$$n_s = \frac{S}{\pi d_o l} = \frac{221}{3.14 \times 0.025 \times 6} = 470 \text{ (根)}$$

每程管数为:470/2=235(根)

管内流速:
$$u_i = \frac{V}{\frac{\pi}{4} d_i^2 n} = \frac{55964/(994 \times 3600)}{0.785 \times 0.02^2 \times 235} = 0.212 \text{ (m/s)}$$

③ 平均传热温差校正:

平均传热温差校正系数:

$$P = \frac{38-32}{80-32} = 0.125$$

$$R = \frac{80-35.5}{38-32} = 7.4$$

按单壳程、双管程结构查温差校正系数图表,可得:

$$\varphi_{\Delta t} = 0.825$$

平均传热温差:
$$\Delta t_m = \varphi_{\Delta t} \Delta t'_m = 0.825 \times 15.5 = 12.8 \text{ (℃)}$$

(6) 换热器核算

① 壳程对流传热系数 对圆缺形折流挡板,可采用克恩公式:

$$\alpha_o = 0.36 \frac{\lambda_o}{d_o} Re_o^{0.53} Pr^{1/3} \left(\frac{\mu_o}{\mu_w}\right)^{0.14}$$

由正三角形排列得当量直径:

$$d_e = \frac{4 \times \left(\frac{\sqrt{3}}{2} t^2 - \frac{\pi}{4} d_o^2\right)V}{\pi d_o} = \frac{4 \times \left(\frac{\sqrt{3}}{2} \times 0.032^2 - 0.785 \times 0.025^2\right)}{3.14 \times 0.025} = 0.020 \text{ (m)}$$

壳程流通截面积:$S_o = BD\left(1 - \frac{d_o}{t}\right) = 0.06 \times 1.0 \times \left(1 - \frac{0.025}{0.032}\right) = 0.131$ (m)

壳程流体流速及雷诺数分别为:

$$u_o = \frac{23500 \times 29}{22.4 \times 3600 \times 5.808 \times 0.131} = 11.1 \text{ (m/s)}$$

$$Re_o = \frac{0.02 \times 11.1 \times 5.808}{0.021 \times 10^{-3}} = 6.1 \times 10^4$$

普兰特数:
$$Pr = \frac{1.012 \times 10^3 \times 2.1 \times 10^{-5}}{0.0297} = 0.716$$

黏度校正:
$$\left(\frac{\mu_o}{\mu_w}\right)^{0.14} \approx 1$$

$$\alpha_o = 0.36 \times \frac{0.0297}{0.02} \times (6.1 \times 10^4)^{0.53} \times 0.716^{1/3} \times 1 = 205 \text{ [W/(m}^2 \cdot \text{℃)]}$$

② 管程对流传热系数:$\alpha_i = 0.023 \frac{\lambda_i}{d_i} Re^{0.8} Pr^{0.4}$

管程流通截面积:$S_i = 0.785 \times 0.02^2 \times \frac{470-26}{2} = 0.0697$ (m^2)

管程流体流速：$$u_i = \frac{55964/(3600 \times 994)}{0.0697} = 0.224 \text{ (m/s)}$$

$$Re = \frac{0.02 \times 0.224 \times 994}{0.725 \times 10^{-3}} = 6142$$

普兰特数：$$Pr = \frac{4.08 \times 10^3 \times 0.725 \times 10^{-3}}{0.625} = 4.73$$

$$\alpha_i = 0.023 \times \frac{0.626}{0.02} \times 6142^{0.8} \times 4.73^{0.4} = 1438 \text{ [W/(m}^2 \cdot \text{℃)]}$$

③ 传热系数：

$$K = \frac{1}{\frac{1}{\alpha_i} \times \frac{d_o}{d_i} + R_{si} \times \frac{d_o}{d_i} + \frac{b}{\lambda} \times \frac{d_o}{d_m} + R_{so} + \frac{1}{\alpha_o}}$$

$$= \frac{1}{\frac{0.025}{1438 \times 0.020} + 0.000344 \times \frac{0.025}{0.020} + \frac{0.0025}{45} \times \frac{0.025}{0.0225} + 0.0002 + \frac{1}{205}}$$

$$K = 155 \text{ W/(m}^2 \cdot \text{℃)}$$

④ 传热面积：

$$S = \frac{Q}{K \Delta t_m} = \frac{381 \times 10^3}{155 \times 12.8} = 192 \text{ (m}^2\text{)}$$

该换热器的实际传热面积为：
$$S_p = \pi d_o L N_T = 3.14 \times 0.025 \times (6 - 0.06) \times (470 - 26) = 207 \text{ (m}^2\text{)}$$

该换热器的面积裕度为：$$H = \frac{S_p - S}{S} \times 100\% = \frac{207 - 192}{192} \times 100\% = 7.8\%$$

该换热器能够完成生产任务。

据此，在已有系列标准中选定型号为 G800-230-6×2 的固定管板式换热器。

4.8.2 案例2

以某换热器传热操作过程为示例：

有一列管式换热器，按传热管的内表面积计算的传热面积为 $S_i = 50 \text{m}^2$，流量为 5200m³/h（标准状况下 $p = 101325 \text{Pa}$，$T = 273.15 \text{K}$）的常压空气，在管内从 20℃ 加热到 90℃。压力为 200kPa 的饱和水蒸气，在壳程冷凝放热。试求：①总传热系数为多少？②当空气流量增加 1/4，其出口温度变为多少？③若不想让空气出口温度改变，饱和水蒸气压力应调节到多少？④若不调节水蒸气压力，而改变管长，试求管长为原管长的多少倍？

假设空气在管内呈湍流流动，水蒸气冷凝侧热阻和管壁热阻均很小，忽略不计。

解 ① 总传热系数计算：

空气体积流量：$V_c = 5200 \text{m}^3/\text{h} = 1.444 \text{m}^3/\text{s}$

空气平均温度：$$t_m = \frac{20 + 90}{2} = 50 \text{ (℃)}$$

查得空气标准状况下的密度 $\rho_c = 1.293 \text{kg/m}^3$，比热容 $c_{pc} = 1.005 \times 10^3 \text{ J/(kg·K)}$。

热负荷：$Q = V_c \rho_c c_{pc} (t_2 - t_1) = 1.444 \times 1.293 \times 1.005 \times 10^3 \times (90 - 20) = 1.31 \times 10^5 \text{ (W)}$

查得水蒸气在 200kPa 下的饱和温度为 120℃，则：

平均温度差 $$\Delta t_m = \frac{(120 - 20) - (120 - 90)}{\ln\left(\frac{120 - 20}{120 - 90}\right)} = 58.1 \text{ (℃)}$$

已知传热面积 $S_i = 50 \text{m}^2$。

总传热系数： $$K_i = \frac{Q}{S_i \Delta t_m} = \frac{1.31 \times 10^5}{50 \times 58.1} = 45.1 \ [\text{W}/(\text{m}^2 \cdot \text{K})]$$

② 当空气体积流量增加 1/4，其出口温度变为多少？

流量增加前： $$V_c \rho_c c_{pc} (90-20) = \alpha_i S_i \times 58.1 \tag{a}$$

流量增加后： $$V_c' = \frac{5}{4} V_o, \quad u' = \frac{5}{4} u$$

可知 $\alpha_i \propto u^{0.8}$，$\alpha_i' \propto (u')^{0.8}$，故 $\alpha_i' = \left(\frac{5}{4}\right)^{0.8} \alpha_i$。

流量增加后，其出口温度以 t_2' 表示。

$$\frac{5}{4} V_c \rho_c c_{pc} (t_2' - 20) = \left(\frac{5}{4}\right)^{0.8} \alpha_i S_i \frac{(120-20)-(120-t_2')}{\ln\left(\frac{120-20}{120-t_2'}\right)} \tag{b}$$

由式 (a) 与式 (b) 得：

$$\frac{70}{\frac{5}{4}(t_2'-20)} = \frac{58.1}{\dfrac{t_2'-20}{\ln\left(\dfrac{120-20}{120-t_2'}\right)}}, \quad \text{所以} \ln\left(\frac{100}{120-t_2'}\right) = 1.15。$$

$$\frac{100}{120-t_2'} = 3.16，求得 t_2' = 88.4 \text{℃}。$$

③ 流量增加后，t_2' 不改变，求水蒸气温度 T'。

$$\frac{5}{4} V_c \rho_c c_{pc} (90-20) = \left(\frac{5}{4}\right)^{0.8} \alpha_i S_i \frac{(T'-20)-(T'-90)}{\ln\left(\frac{T'-20}{T'-90}\right)} \tag{c}$$

由式 (a) 与式 (c) 得：

$$\ln\left(\frac{T'-20}{T'-90}\right) = 1.15，$$

则： $$\frac{T'-20}{T'-90} = 3.16$$

所以： $T' = 122.4 \text{℃}$

查得水蒸气压力为 214.7kPa，即压力应调节到 214.7kPa。

④ 流量增加后，T 不改变，而改变管长，即改变传热面积大小。

$$\frac{5}{4} V_c \rho_c c_{pc} (t_2 - t_1) = \left(\frac{5}{4}\right)^{0.8} \alpha_i S_i' \frac{(120-20)-(120-90)}{\ln\left(\frac{120-20}{120-90}\right)} \tag{d}$$

由式 (a) 与式 (d) 得： $\dfrac{1}{\frac{5}{4}} = \dfrac{S_i}{\left(\frac{5}{4}\right)^{0.8} S_i'}$，则 $\dfrac{S_i'}{S_i} = \left(\dfrac{5}{4}\right)^{0.2} = 1.046$。

若传热管根数为 n，管内径为 d_i，管长为 l，则传热面积 $S_i = n\pi d_i l$。

故 $\dfrac{S_i'}{S_i} = \dfrac{l'}{l} = 1.046$，则 $l' = 1.046 l$，管长为原管长的 1.046 倍。流量增加后传热面积 $S_i' = 50 \times 1.046 = 52.3 \ (\text{m}^2)$。

思考题

4-1 传热过程有哪几种基本方式？传热按机理分为哪几种？

4-2 物体的热导率与哪些主要因素有关？

4-3 固体、液体、气体三者的热导率比较，哪个大？哪个小？

4-4 在厚度相同的两层平壁中的热传导，有一层的温度差较大，另一层的较小。哪一层的热阻大？热阻大的原因是什么？

4-5 流体流动对传热的贡献主要表现在哪几方面？

4-6 对流传热速率方程（牛顿冷却公式）$Q=\alpha S\Delta t$ 中的对流传热系数 α 与哪些因素有关？

4-7 流体在圆形直管内强制湍流时的对流传热系数 α 的计算式中，Pr 的指数 n 由什么决定？流体在管内的流速及管径对 α 的影响有多大？管长、弯管的曲率对管内对流传热有何 α 影响？

4-8 液体沸腾的两个基本条件是什么？

4-9 工业生产中沸腾装置应在什么沸腾状态下操作？为什么？

4-10 为什么滴状冷凝的对流传热系数比膜状冷凝的大？由于壁面上不容易形成滴状冷凝，蒸气冷凝多为膜状冷凝。影响膜状冷凝传热的因素有哪些？

4-11 为什么核状沸腾的对流传热系数比膜状沸腾的大？影响核状沸腾的主要因素有哪些？

4-12 沸腾给热的强化可以从哪两方面着手？

4-13 蒸气冷凝时为什么要定期排放不凝性气体？

4-14 为什么有相变时的对流给热系数大于无相变时的对流给热系数？

4-15 传热基本方程式推导得出对数平均推动力的前提条件有哪些？

4-16 为什么一般情况下，逆流总是优于并流？并流适用于哪些情况？

4-17 换热器在折流或错流操作时的平均温度差如何计算？

4-18 换热器的总传热系数的大小，受哪些因素影响？怎样才能有效地提高换热器的总传热系数？

4-19 在管壳式换热器的设计中，冷、热流体的流向如何选择？

4-20 在管壳式换热器的设计中，为何采用多管程和多壳程？

4-21 下列流体在列管式换热器中宜走管程还是壳程？

(1) 腐蚀性流体；(2) 高压流体；(3) 饱和水蒸气冷凝放热；(4) 温度不太高、需要冷却的流体；(5) 为增大对流传热系数 α，需要提高流速的无相变流体。

4-22 换热器的强化传热中，最有效的途径是增大总传热系数 K，如何增大 K 值？

4-23 影响辐射传热的主要因素有哪些？

4-24 两个灰体表面间的辐射传热速率与哪些因素有关？

4-25 常用的强化或削弱物体之间辐射传热的方法有哪两种？

4-26 何谓黑度？影响固体表面黑度的主要因素是什么？

4-27 黑度大的灰体对投射来的热辐射能的反射率是大还是小？它的辐射能力是大还是小？

习题

4-1 用水将1500kg/h、比热容$c_p=1.6$kJ/(kg·℃)的硝基苯由80℃冷却至30℃，冷却水的初温为20℃，终温为30℃，冷却水的比热容为4.18kJ/(kg·℃)。试求冷却水的流量。

4-2 若习题4-1中冷却水流量增加到3m³/h，那时冷却水的终温将是多少？

4-3 用0.2MPa（表压）的饱和蒸汽将环丁砜水溶液由105℃加热到115℃。已知流量为200m³/h，密度为1080kg/m³，比热容为2.93kJ/(kg·℃)。试求水蒸气的消耗量。

4-4 某三层平壁的热传导中，测得各壁面的温度t_1、t_2、t_3和t_4分别为500℃、400℃、200℃和100℃。试求各层壁热阻之比。设各层壁面间接触良好。

4-5 某燃烧炉的平壁由三种砖依次砌成：内层为耐火砖，热导率$\lambda_1=1.05$W/(m·℃)，厚度$b_1=230$mm；中间层为绝热砖，$\lambda_2=0.151$W/(m·℃)，每块绝热砖厚度为230mm；外层为普通砖，热导率$\lambda_3=0.93$W/(m·℃)，限定绝热砖与普通砖接触面温度不得超过138℃。试求：(1)绝热砖层需几块砖？(2)此时普通砖外侧温度为多少（各层接触良好）？

4-6 直径为$\phi60$mm×3mm的冷气钢管外包扎一层厚度为30mm、热导率$\lambda_1=0.037$W/(m·℃)的软木层，其外又包有厚度为100mm、热导率$\lambda_2=0.06$W/(m·℃)的保温灰层，测得钢管外壁面温度为－110℃，保温灰层外表面温度为10℃。试求每米管长的冷量损失量。

4-7 在1个标准大气压、20℃下，60m³/h的空气在套管换热器的内管内被加热到80℃，内管为$\phi57$mm×3.5mm，管长3m。试求管壁对空气的对流传热系数。

4-8 温度为90℃的甲苯以1500kg/h的流量通过蛇管而被冷却至80℃，蛇管为$\phi57$mm×3.5mm，弯曲半径为0.6m。试求甲苯对蛇管的对流传热系数。

4-9 在下列列管式换热器中，冷流体走管程，由20℃加热到50℃；热流体走壳程，由100℃降温到60℃。试求下面各种情况下的平均温度差：(1)单壳程单管程，逆流操作；(2)单壳程单管程，并流操作；(3)单壳程四管程操作；(4)双壳程四单管程操作。

4-10 一列管换热器，由136根$\phi25$mm×2mm的不锈钢管组成。某溶液呈湍流，其流量为15000kg/h，溶液比热容为4.19kJ/(kg·℃)，由15℃加热到100℃。壳程为110℃的蒸汽加热。蒸汽对管壁的对流传热系数$\alpha_o=10000$W/(m²·℃)，管壁的热导率$\lambda=37$W/(m²·℃)，污垢层热阻不计。在单管程操作时，管壁对溶液的对流传热系数$\alpha_i=450$W/(m²·℃)。试求：此时的K_o为多少？管长l为多少？

4-11 若习题4-10改为四管程。试求：(1)管壁对溶液的对流传热系数α_i'；(2)总传热系数K_o；(3)所需管子长度。

4-12 用热油将水由25℃加热到90℃，水流量为30000kg/h。油的初温为175℃，油比热容取2.1kJ/(kg·℃)，油流量为36000kg/h。今有两个传热面积S_o均为80m²的换热器。

换热器1：单壳程、单管程，总传热系数K_o为500W/(m²·℃)。

换热器2：单壳程、双管程，总传热系数K_o为625W/(m²·℃)。

试问，为满足换热要求，应选哪一种？

4-13 一定流量空气在蒸汽加热器中从20℃加热到80℃，空气在管内呈湍流流动。用180kPa的饱和蒸汽在管外冷凝，现因生产要求空气量增加20%，而进、出口温度不变。试问应采取什么措施？设管壁和污垢热阻均可忽略。

4-14 用初始温度为15℃，流量为684kg/s的冷水，在某套管换热器中逆流操作，将流量为2000kg/h的气体，从150℃冷却到80℃。若要求气体流量和气体终温不变，当进口气体为160℃时，求所需冷却水用量（设冷却水用量、K值近似不变）。已知水比热容为4.18kJ/(kg·℃)，气体比热容为1.02kJ/(kg·℃)。

4-15 有一$\phi 32mm \times 3mm$的蒸汽管道，内通0.6MPa的饱和蒸汽，为了减少热损失，在管子外侧包一层厚度为40mm、热导率为0.8W/(m·℃)的保温材料，保温层外侧表面与大气的传热系数为10W/(m·℃)。试问与裸管相比，热损失是增加还是降低，如何才能使热损失降低？

4-16 某搅拌反应槽，在反应前必须把原料液由原始温度40℃加热到90℃，反应槽内盛液量为5000kg，用夹套加热，传热面积为$4m^2$，加热蒸汽为0.1MPa（表压）的饱和蒸汽，总传热系数为1000W/(m^2·℃)，有搅拌器使槽内液体温度任何时间保持均一。试求所需加热时间。

4-17 外径70mm、长3m、外表温度为227℃的钢管，放置于很大的红砖室里，砖壁温度为27℃。试求热辐射的热损失。

第 5 章 蒸 发

本章符号说明

英文字母

- b——厚度，m
- c——比热容，kJ/(kg·℃)
- d——管径，m
- D——直径，m
- D——加热蒸汽消耗量，kg/h
- e——单位蒸汽消耗量，kg/h
- f——校正系数，量纲为 1
- F——进料量，kg/h
- g——重力加速度，m/s²
- h——液体的焓，kJ/kg
- H——蒸汽的焓，kJ/kg
- k——杜林线的斜率，量纲为 1
- K——总传热系数，W/(m²·℃)
- l——液面高度，m
- L——管道长度，m
- M——单位管子周边上的质量流量，kg/(m·s)
- n——效数
- n——管数
- n——第 n 效
- p——压力，Pa
- q——热通量，W/m²
- Q——传热速率，W
- Q_L——热损失，W
- r——汽化热，kJ/kg
- R——热阻，m²·℃/W
- R——冷凝热，kJ/kg
- S——传热面积，m²
- t——溶液的沸点，℃
- t——管心距，m
- T——蒸汽的温度，℃
- u——流速，m/s
- U——蒸发强度，kg/(m²·h)
- V——体积流量，m³/s
- W——蒸发量，kg/h
- W——质量流量，kg/s
- x——溶液的质量分数
- y——杜林线的截距，℃

希文

- α——对流传热系数，W/(m²·℃)
- Δ——温度差损失，℃
- Δ——有限差值
- ε——相对误差或相对偏差
- η——热损失系数
- λ——热导率，W/(m·℃)
- μ——黏度，Pa·s
- ν——运动黏度，m²/s
- ρ——密度，kg/m³
- σ——表面张力，N/m
- Σ——总和
- φ——数群
- ϕ——管外径，m

下标

- 1、2、3——效数的序号
- 0——进料
- a——常压
- A——仅考虑溶液蒸气压降低
- b——气泡
- B——溶质

i——内侧
L——溶液
m——平均
min——最小
o——外侧
p——压力
s——污垢
s——秒
T——理论

V——蒸汽
w——水
w——壁面

上标

'——二次蒸汽
'——因溶液蒸气压下降而引起
"——因液柱静压力而引起
‴——因流体阻力而引起

通过本章学习，掌握蒸发的基本原理和规律，并运用这些原理和规律去分析和计算蒸发过程的有关问题。

知识目标

1. 了解化工中的蒸发操作及常用蒸发设备的类型及结构，掌握蒸发过程溶液沸点和温度差损失的概念，能进行相关溶液沸点升高的计算。
2. 掌握单效蒸发的计算，如蒸发的物料衡算、热量衡算、蒸发器传热面积及蒸发操作的调节。
3. 了解多效蒸发的流程、多效蒸发与单效蒸发的比较、多效蒸发的效数限制及提高加热蒸汽利用率的措施。

能力目标

1. 能够根据生产任务对蒸发设备实施基本操作。
2. 能对蒸发过程中的影响因素进行分析并应用所学知识解决实际工程问题。
3. 了解蒸发操作中的常见事故及其处理，了解蒸发设备的日常维护及保养，了解蒸发的安全环保要求。

5.1 化工中的蒸发操作及常用蒸发设备

含有不挥发性溶质（如盐类）的溶液在沸腾条件下受热，使部分溶剂汽化为蒸气的操作称为蒸发。蒸发作为一种化工单元操作，主要应用于以下三个方面：①直接得到经浓缩后的液体产品，例如稀烧碱溶液的浓缩，各种果汁、牛奶的浓缩等。②制取纯净溶剂，例如海水蒸发脱盐制取淡水。③蒸发溶液以脱除溶剂，制备溶质结晶所必需的近饱和浓度的溶液，例如糖水浓缩到接近饱和浓度，后经溶液冷却而使结晶糖析出，得到固体产品。

本章只讨论化工中最常遇到的以水为溶剂的水溶液的蒸发操作过程。

如图 5-1 为蒸发过程的基本流程。蒸发流程满足了蒸发操作的两个必要条件：①在加热室中，以加热蒸汽冷凝进行间壁换热，为溶剂汽化提供热量。②在冷凝器内，以冷却水冷凝由溶剂汽化所产生的蒸汽（习惯上称二次蒸汽），不使所产生的蒸汽与沸腾溶液出现相平衡，从而保证蒸发连续进行。流程中的蒸发室和分离器是分别用于除去蒸发汽夹带的液滴和不凝性气夹带的水滴。

通过调节冷凝温度和控制不凝性气体排放，可使蒸发按需要在不同压强下操作，工业上经常采用真空蒸发，即蒸发在减压下进行，因蒸发操作压强小时其相应的溶液沸点即低，既可适用于热敏性物料的蒸发，又有利于采用低压加热蒸汽为热源，而对一定压强的加热蒸汽，则能有较大的传热温度差。真空蒸发的缺点是需用真空泵抽出不凝性气体，且冷凝器要

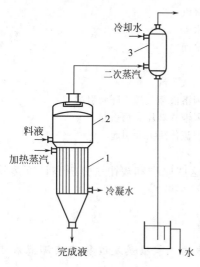

图 5-1 单效真空蒸发流程
1—加热室；2—蒸发室；3—混合冷凝器

安装在高位，须由高液柱的管道（俗称大气腿）排放冷凝水，以及低沸点下溶液的黏度大会影响传热系数。

蒸发过程是间壁两侧流体均发生相变的恒温传热过程。不挥发溶质引起的溶液沸点升高，溶液的黏性、腐蚀性、易结垢、易起泡沫和分解聚合等物性和热能的合理利用等问题是蒸发特别应关注的问题。

按照溶液在加热室中的流动情况，可将蒸发器分为循环式与非循环式（也称单程式）。

5.1.1 循环式蒸发器

循环式蒸发器中，溶液在加热室中循环多次，蒸发器中存有的溶液量大，停留时间长，蒸发器内溶液浓度接近完成液浓度。常用的循环式蒸发器有以下几种。

(1) 中央循环式蒸发器

中央循环式蒸发器如图 5-2 所示。它下部的加热室实质上是一个直立的列管式换热器，其特点是管束中心管为一大直径管，其截面积为所有沸腾管总截面积的 40%～100%。使沸腾管受热优于中心管，细管溶液汽化量多而密度小，粗细管中溶液密度差引起溶液循环。故中心位置粗管称为降液管或中央循环管。循环液流速在 0.4～0.5m/s 以下，总传热系数约为 600～3000W/(m^2·℃)。

(2) 悬筐式蒸发器

悬筐式蒸发器如图 5-3 所示，加热室像个悬筐，加热蒸汽由中央管进入管束的管间，由包围管束的外壳壁面与蒸发器内壁面间的环隙通道来代替中央循环式中的中央循环管，其环隙通道截面积约为加热管束总截面积的 100%～150%，使溶液循环流速达 1～1.5m/s、总传热系数为 600～3500 W/(m^2·℃)。悬筐可取出清洗，便于检修。适用于结垢不严重和有结晶析出的溶液。

(3) 外热式蒸发器

外热式蒸发器如图 5-4 所示，它的特点是将加热室与循环管分开，降低蒸发器总高度，可使加热管加长，以及循环管未被加热，使循环速度加大到 1.5m/s，总传热系数在 1400～3500W/(m^2·℃)，清洗也较方便。

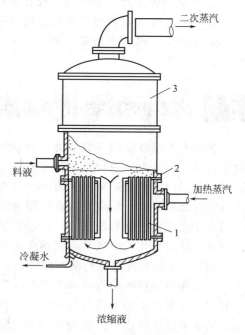

图 5-2 中央循环式蒸发器
1—加热室；2—中央循环管；3—分离室

(4) 强制循环蒸发器

强制循环蒸发器如图 5-5 所示。在循环通道中装置一台循环泵，迫使溶液沿一定方向流动，而产生流速为 1.5～3.5m/s，甚至 5m/s 的循环流动，总传热系数达 1200～6000W/(m^2·℃)，适用于黏度大、易结垢、易结晶的溶液，但单位传热面的动力消耗为 0.4～0.8kW，使其应用受到限制。

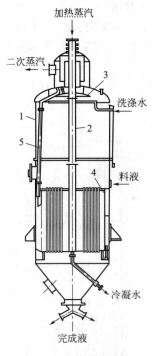
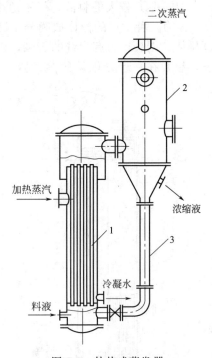

图 5-3 悬筐式蒸发器
1—外壳；2—加热蒸汽管；3—除沫器；
4—加热室；5—液沫回流管

图 5-4 外热式蒸发器
1—加热室；2—分离室；3—循环管

5.1.2 单程型蒸发器

单程型蒸发器的基本特点是溶液通过加热管一次达到所需浓度，溶液在器内停留时间短，适用于热敏性溶液的蒸发。溶液在加热管中多呈膜状流动，根据液流方向和成膜原因，单程蒸发器有多种形式。

（1）升膜式蒸发器

如图 5-6 所示，升膜式蒸发器如同一立式长管的固定管板列管换热器，管径为 25～50mm，管长与管径之比达 100～150。经预热到接近沸点的原料液从蒸发器底部进入，在加热管内溶液受热沸腾汽化，所生成的蒸汽高速上升带动溶液沿管壁呈膜状向上流动，溶液于流动过程继续受热汽化浓缩。进分离室后，浓缩液与蒸汽分离，由分离室底部排出。为了达到溶液有效成膜所需的上升高汽速，在常压下一般为 20～50m/s，在减压下达 100～160m/s，并要求所处理的溶液必须是能产生大蒸发量的稀溶液。此种蒸发器不适用于易结晶、易结垢、黏度大的溶液。

（2）降膜式蒸发器

降膜式蒸发器与升膜式蒸发器的结构大致相同，只是料液是经蒸发器顶部的分布器均匀地送入加热管内的，见图 5-7。溶液在重力作用下呈膜状沿管壁向下流动，同时受热蒸发。这种蒸发器可适用于较高浓度和黏度（$\mu =$

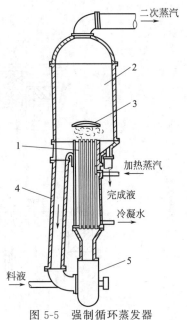

图 5-5 强制循环蒸发器
1—加热室；2—分离室；3—除沫器；
4—循环管；5—循环泵

0.05~0.4Pa·s）较大的料液，但不适用易结晶、易结垢的料液。

图 5-8 为几种常用的液体成膜分布器：图(a) 为有螺旋形沟槽的圆柱，图(b) 的底面为凹面圆锥体，图(c) 为有齿缝的管端，图(d) 为旋液式分布器。还有将升膜式蒸发器和降膜式蒸发器组装在一起的升-降膜蒸发器。

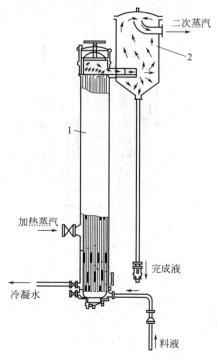

图 5-6　升膜式蒸发器
1—蒸发室；2—分离室

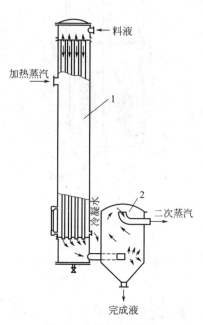

图 5-7　降膜式蒸发器
1—加热室；2—分离室

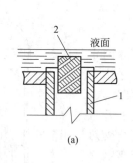

(a)

(b)

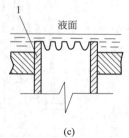

(c)

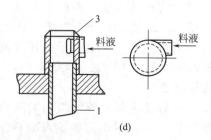

(d)

图 5-8　降膜式蒸发器的液体分布器
1—加热管；2—导流管；3—旋液分配头

(3) 刮板式蒸发器

刮板式蒸发器依靠旋转刮片的抹刮作用使液体膜状分布在加热管壁上。图 5-9 为一台刮片固定的旋转刮片式薄膜蒸发器。其加热管为一粗圆管,中下外部装有蒸汽加热夹套,内有电动机驱动的立式转轴,轴上有刮片,刮片端与加热管内壁间隙为 0.75～1mm。料液由蒸发器上部以切线方向进入器内,被刮片带动,在管内壁形成螺旋下降的液膜而被蒸发浓缩,完成液由器底排出,生成的蒸汽上升至顶部排出。

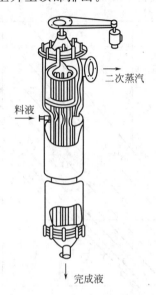

图 5-9 固定刮板式蒸发器

这种蒸发器可适用于易结晶、易结垢、高黏度的料液。但结构复杂,动力消耗大。

5.2 蒸发过程溶液沸点的确定

从蒸发操作过程中测得:溶液沸点 t 明显高于二次蒸汽的饱和温度 T',两者之差 $\Delta = t - T'$ 称为溶液沸点升高值。因此,依据操作压强由水蒸气表查得 T' 之后,还必须求得溶液沸点升高值 Δ,才能确定溶液沸点 t。溶液沸点升高值 Δ 包括以下三项。

5.2.1 因溶质存在溶液蒸气压下降而引起的沸点升高

因溶质的不挥发性,溶质存在就降低了溶液的蒸气压而使溶液沸点升高。常压下各种水溶液在不同浓度下的沸点由实验测得,可由手册查得。非常压下各种溶液因蒸气压下降引起的沸点升高的 Δ' 值,可应用杜林规则或经验式估算。

(1) 杜林 (Duhring) 规则

杜林规则认为:一种溶液在两个不同压强下的沸点之差 $(t_A - t'_A)$,与另一种标准溶液在相应两压强下的沸点之差 $(t_B - t'_B)$ 的比值为一常数 k,即:

$$\frac{t_A - t'_A}{t_B - t'_B} = k \tag{5-1}$$

以水为标准溶液,可方便地从饱和水蒸气表查得各压强下的水沸点,依据杜林规则,只要知道溶液在两个压强下的沸点,就能求出常数 k,从而可计算任意压强下溶液沸点,确定任意压强下溶液与纯水的沸点差。

在以溶液温度 t_A 为纵坐标，水温度 t_B 为横坐标的直角坐标图上，杜林规则可标绘为一直线，称为杜林线。

图 5-10 为各种浓度的 NaOH 水溶液的杜林线图，便于直接查出与水沸点同压下的溶液沸点，某一浓度溶液杜林线与浓度为零的杜林线之间的垂直距离即为该相应压强下的 Δ' 值，并可发现，溶液浓度越低，杜林线斜率 k 越接近 1。

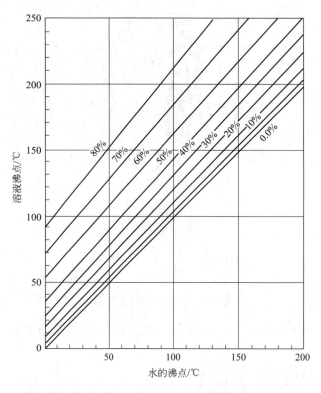

图 5-10　NaOH 水溶液的杜林线图

【例 5-1】 若知 18.32%NaOH 水溶液在常压（101.3kPa）下沸点为 107℃，在 29.4kPa 下的沸点为 74.4℃。试用杜林规则，求 49kPa 下溶液的沸点和确定溶质存在引起的沸点升高的 Δ' 值。

解　由饱和水蒸气表查出 29.4kPa、49kPa 和 101.3kPa 下水的沸点分别为 68.7℃、80.9℃ 和 100℃。

按杜林规则：

$$\frac{t_A - t_A'}{t_B - t_B'} = k = \frac{t_A - t_A''}{t_B - t_B''} \rightarrow \frac{107 - 74.4}{100 - 68.7} = k = \frac{107 - t_A''}{100 - 80.9}$$

得：$k = 1.041$，在 49kPa 下 18.32% NaOH 水溶液沸点 $t_A'' = 87.1℃$。
49kPa 下溶液的 $\Delta' = 87.1 - 80.9 = 6.2$（℃）。

从图 5-10 也可粗略查得近似数值。

（2）经验近似计算式

$$\Delta' = 0.0162 \frac{(T' + 273)^2}{r} \Delta_a' \tag{5-2}$$

式中　Δ'——任一指定压强下溶质存在引起沸点升高，℃；

T'——指定压强下水的温度,℃;

r——指定压强下水的汽化潜热,kJ/kg;

Δ'_a——常压下溶液沸点与水沸点之差,℃。

【**例 5-2**】 已知常压下,18.32% NaOH 水溶液的沸点为 107℃,用经验公式求在 49kPa 下溶液因溶质存在引起的沸点升高值 Δ' 和沸点。

解 由饱和水蒸气表查得 49kPa 下水的沸点为 80.9℃,汽化潜热为 2305kJ/kg。常压水沸点 100℃。

按近似计算式(5-2):

$$\Delta' = 0.0162 \frac{(T'+273)^2}{r} \Delta'_a$$

$$= 0.0162 \times \frac{(80.9+273)^2}{2305} \times (107-100)$$

$$= 6.16 \ (℃)$$

沸点 $t'_A = \Delta' + t_B = 6.16 + 80.9 = 87.06$(℃)。

比较两例题,可见低浓度下两种算法很接近。

5.2.2 因液柱压头引起的溶液沸点升高

相应于气相压强 p 的溶液沸点 t_p 是指表面溶液的沸点,溶液沸点必随液层深度而增高。若蒸发器加热室液层高度为 l(m),液层密度为 ρ(kg/m³),即平均液层高度处的压强应为 $p_m = p + \frac{1}{2} l \rho g$,在 p_m 下的沸点 t_m 必大于表面溶液沸点 t_p。两者差值 $\Delta'' \approx t_m - t_p$ 就是液柱引起的沸点升高值。

简便计算,可视溶液在 p_m 与 p 两压强下沸点差近似等于水在两个压强下的沸点差,则可由饱和水蒸气表查出两个压强下的沸点,进而估算出 Δ'',

$$\Delta'' \approx t_m - t_p \tag{5-3}$$

式中 Δ''——溶液因液柱运动引起的沸点升高,℃;

t_m——在 $p_m = p + \frac{1}{2} l \rho g$ 下水的沸点,℃;

t_p——在蒸发室操作压强下水的沸点,℃。

5.2.3 因流动阻力产生压降引起的沸点升高

一般以二次蒸汽冷凝器压强来确定蒸发器操作压强,二次蒸汽通过蒸发室和管路时受阻力产生压降,以冷凝器压强为操作压强所查得的 T 是偏低了。通常不作详细计算,而取流动阻力引起沸点升高 $\Delta''' = 0.5 \sim 1$℃ 作为校正。

将三种原因引起的沸点升高一起考虑,则:

$$\Delta = \Delta' + \Delta'' + \Delta''' \tag{5-4}$$

溶液沸点: $$t = T + \Delta = T + \Delta' + \Delta'' + \Delta''' \tag{5-5}$$

【**例 5-3**】 在加热室液层高度为 2.5m 的循环式蒸发器中,将 25% NaOH 水溶液浓缩到 50%,如图 5-1 所示,冷凝器压强为 53.32kPa(绝压),沸腾液平均密度为 1500kg/m³。试求浓缩液的沸点。

解 (1) 由饱和水蒸气表查得 53.32kPa 饱和蒸汽温度为 83℃ 即 $T = 83$℃;又由

图5-10杜林线图查得与水沸点83℃相对应的50% NaOH水溶液沸点为123℃,则:

$$\Delta' = 123 - 83 = 40 \text{ (℃)}$$

(2) $p_m = p + \frac{1}{2}l\rho g = 53.32 \times 10^3 + \frac{1}{2} \times 2.5 \times 1500 \times 9.81 = 71.7 \times 10^3$ (Pa)

由 $p_m = 71.7$ kPa 从饱和水蒸气表查得水沸点 $t_m = 90.5$℃,而 $p = 53.32$ kPa 的水温为83℃,则:

$$\Delta'' = 90.5 - 83 = 7.5 \text{ (℃)}$$

(3) 因流动压降,冷凝器压强低于沸腾液面压强,温度校正取 $\Delta''' = 1$℃,所以浓缩液(50% NaOH 水溶液)的沸点 t 为:

$$t = T + \Delta = T + \Delta' + \Delta'' + \Delta'''$$
$$= 83 + 40 + 7.5 + 1 = 131.5 \text{ (℃)}$$

5.3 单效蒸发的计算

根据二次蒸汽是否用来作为另一蒸发器的加热蒸汽,蒸发过程可分为单效蒸发和多效蒸发。图5-11流程中,二次蒸汽直接进冷凝器冷凝排除,该流程就是单效蒸发流程。

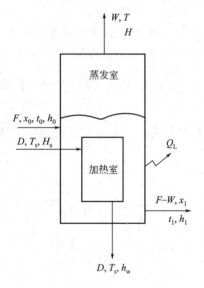

图5-11 单效蒸发示意图

单效蒸发计算,不论是对确定了操作条件和给定生产任务来求取蒸发量、加热蒸汽耗量、蒸发所需传热面积等项目的设计型计算;还是对现有蒸发过程因进料或操作条件变动而进行查定和调节控制的操作型计算。两种计算的依据都是蒸发操作过程的物料衡算、热量衡算和传热速率三个基本关系式。本章只限于讨论化工中大多采用的连续稳态过程。

5.3.1 物料衡算

已知料液量为 F(kg/s),料液中溶质质量分数为 x_0,要求完成液中溶质质量分数为 x_1,设溶剂水分蒸发量为 W(kg/s)。

如图5-11所示单效蒸发器系统,以单位时间基准作溶质衡算:

$$Fx_0 = F - W \tag{5-6}$$

$$W = F\left(1 - \frac{x_0}{x_1}\right) \tag{5-7}$$

5.3.2 热量衡算

按图5-11系统作单位时间热量衡算,以0℃液态为热焓基准,得:

$$DH_s + Fh_0 = Dh_w + (F-W)h_1 + WH + Q_L \tag{5-8}$$

即: $$Q = DR = F(h_1 - h_0) + W(H - h_1) + Q_L \tag{5-9}$$

式中　　Q——蒸发器热负荷,W;

D——加热蒸汽耗量,kg/s;

H_s、h_w、R——加热蒸汽的热焓、冷凝水热焓和加热蒸汽的冷凝热,J/kg;

H——二次蒸汽热焓，J/kg；

h_0、h_1——料液热焓和完成液热焓，J/kg；

Q_L——蒸发器的热损失，W。

H_s、h_w 和 R 可依据加热蒸汽压强，由饱和水蒸气表查得。H 依据溶液沸点 t 或通常近似依据蒸发操作压强，由饱和水蒸气表查出。h_0、h_1 要由实验测定，或依据溶液浓度和温度由溶液焓浓图查得。Q_L 原则上可计算，工程实际中可选取一个经验值，如取 Q_L 为蒸发供热的 5% 等。

图 5-12 为 NaOH 水溶液的焓浓图，从图中曲线可看出：浓度大于 20%~30% 的 NaOH 溶液，稀释时会有放热效应。浓缩时要有相应的浓缩热用于提高热焓，这是蒸发中不可忽略的。

对于浓缩热可忽略不计的溶液，其蒸发过程的热量衡算可以作这样简化理解：加热蒸汽冷凝所放热量可用于供给料液升温到沸腾、水分在沸点下汽化和蒸发器散失于环境的三项耗热。则：

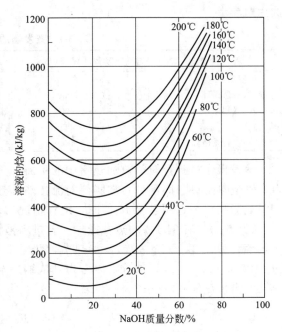

图 5-12　NaOH 水溶液的焓浓图

$$Q = DR = Fc_{p0}(t_1 - t_0) + Wr + Q_L \tag{5-10}$$

式中　t_0——料液进口温度，℃；

　　　t_1——溶液沸点，℃；

　　　c_{p0}——料液从 t_0 到 t_1 升温过程的平均比热容，J/(kg·℃)；

　　　r——沸点下水的汽化潜热，J/kg。

c_{p0} 可依据水的比热容 c_{pw} 和溶质比热容 c_{ps} 作近似估算：

$c_{p0} \approx (1-x_0)c_{pw} + x_0 c_{ps}$，当 $x_0 < 20\%$，$c_{p0} \approx (1-x_0)c_{pw}$。

r 依据沸点 t_1，或通常近似地以蒸发操作压强由饱和水蒸气表中查得。

5.3.3　蒸发器传热面积的计算

根据传热速率方程：

$$S = \frac{Q}{K \Delta t_m} \tag{5-11}$$

蒸发器加热室为一侧蒸汽冷凝，其温度为加热蒸汽冷凝温度 T_s，另一侧溶液沸腾，其温度为溶液沸点 t_1，所以，蒸发过程的传热有效温度差 Δt_m 为：

$$\Delta t_m = T_s - t_1 \tag{5-12}$$

由于溶液沸点升高，$t_1 = T + \Delta$，即可得：

$$\Delta t_m = (T_s - T) - \Delta \tag{5-13}$$

$T_s - T$ 为加热蒸汽与二次蒸汽两种压强下的饱和蒸汽温度之差，是不考虑沸点升高时理论上的传热温度差。操作时有效温差未能达到理论温差皆因沸点升高，所以溶液沸点升高值也称为蒸发传热的温度差损失。

总传热系数 K 值原则上仍可以按式(5-11)计算，但由于管内沸腾的复杂性，蒸发器设计中传热系数大多根据实测的经验数据选定。表 5-1 列出不同类型蒸发器的 K 值范围，供选用时参考。

表 5-1 蒸发器的总传热系数值

蒸发器的型式	总传热系数/[W/(m²·℃)]	蒸发器的型式	总传热系数/[W/(m²·℃)]
水平沉浸加热式	600~2300	外加热式(强制循环)	1200~7000
标准式(自然循环)	600~3000	升膜式	1200~6000
标准式(强制循环)	1200~6000	降膜式	1200~3500
悬筐式	600~3000	蛇管式	350~2300
外加热式(自然循环)	1200~6000		

蒸发操作过程及时排放加热室中的不凝性气体,加热蒸汽冷凝对流热阻不是传热主要热阻,管壁热阻可忽略不计。沸腾侧对流传热为热阻的主要部分,对易结垢溶液,垢层热阻就有明显影响,在选用经验 K 值时,应作情况比较。

【例 5-4】 在例 5-3 的蒸发操作,若进料液量为 3600kg/h,料液进口温度为 20℃,料液比热容约为 3.2kJ/(kg·℃)。加热蒸汽压强为 392.4kPa(绝压),据经验取蒸发传热系数为 1100W/(m²·℃),试分别以考虑到浓缩热与忽略浓缩热两种计算,确定加热蒸汽耗量、蒸发所需传热面积(热损失不计)。

解 (1) 物料衡算:
$$W = F\left(1 - \frac{x_0}{x_1}\right)$$
$$W = \frac{3600}{3600} \times \left(1 - \frac{0.25}{0.25}\right) = 0.5 \text{(kg/s)}$$

(2) 热量衡算:
由饱和水蒸气表查得:
392.4kPa 下 $T_s \approx 142.9$℃ $H_s \approx 2741.2$kJ/kg
  $h_w \approx 598.2$kJ/kg $R \approx 2143$kJ/kg
53.32kPa 下 $T_s = 83$℃ $H = 2646$kJ/kg
  $r = 2301$kJ/kg

从图 5-12 的 NaOH 水溶液焓浓图查得:
20℃、25%溶液 $h_0 = 70$kJ/kg
131.5℃、50%溶液 $h_1 = 650$kJ/kg(由例 5-3 知 $t_1 = 131.5$℃)
采用式(5-9):
$$Q = DR = F(h_1 - h_0) + W(H - h_1) + Q_L$$
$$Q = D \times 2143 \times 10^3$$
$$= \frac{3600}{3600} \times (650 \times 10^3 - 70 \times 10^3) + 0.5 \times (2646.6 \times 10^3 - 650 \times 10^3) + 0$$

得:$Q = 1578.3$kW,$D \approx 0.737$kg/s ≈ 2652kg/h

若忽略溶液浓缩热,采用式(5-10)得:
$Q = 1507.3$kW,$D = 0.703$kg/s = 2532kg/h
$$Q = DR = Fc_{p0}(t_1 - t_0) + Wr + Q_L$$
$$Q = D \times 2143 \times 10^3$$
$$= \frac{3600}{3600} \times 3.2 \times 10^3 \times (131.5 - 20) + 0.5 \times 2301 \times 10^3$$

得:$Q = 1507.3$kW,$D \approx 0.703$kg/s ≈ 2532kg/h

不计溶液浓缩热引起的误差为:$\frac{1578.3 - 1507.3}{1578.3} \times 100\% = 0.045 \times 100\% = 4.5\%$

相当一部分加热蒸汽冷凝热用于浓缩溶液。

（3）传热面积计算：

$$S = \frac{Q}{K\Delta t_m} = \frac{Q}{K(T_s - t_1)}$$

$$= \frac{1578.3 \times 10^3}{1100 \times (142.9 - 131.5)} = 125.9 \text{ (m}^2\text{)}$$

以上示例表明如缺乏溶液的焓浓数据，可先按不考虑浓缩热的式(5-10)计算，再加一定安全系数予以校正。

5.3.4 蒸发操作的调节

蒸发过程中，料液的流量、浓度和进口温度的改变，蒸发操作压强、加热蒸汽压强、加热室液位的改变，以及不凝气体、冷凝水的排放情况，都可能影响蒸发产品质量。

以浓缩液为产品的蒸发，操作控制的目标是完成液的浓度。蒸发作为传热过程，蒸发的调节依据就是改变相应操作参数，使传热速率满足达到完成液要求的供热需要。现以示例说明。

【例 5-5】 在例 5-4 中，如若料液浓度降为 $x_0' = 20\%$，仍要求得到 $x_1 = 50\%$ 的完成液。试求：(1) 其他操作条件不变，应将加热蒸汽压强提高到多少？蒸汽耗量为多少？(2) 蒸发器操作条件不变，以改变进料温度为调节手段，料液进口温度应为多少？

解 物料衡算，按原进料液量，$F = 3600 \text{kg/h}$，新情况下蒸发量 W 为：

$$W = F\left(1 - \frac{x_0'}{x_1'}\right) = \frac{3600}{3600} \times \left(1 - \frac{0.20}{0.50}\right) = 0.6 \text{ (kg/s)}$$

(1) 求加热蒸汽耗量 D'：

新情况下热负荷 Q'，按式(5-9)：

$$Q' = D'R' = F(h_1 - h_0') + W'(H - h_1) + Q_L$$

由例 5-4 得：$t_1 = 131.5℃$，$h_1 = 6501 \text{kJ/kg}$，$H = 2646.6 \text{kJ/kg}$。

由图 5-12 查出 20% NaOH 水溶液在 20℃ 的焓：$h_0' = 60 \text{kJ/kg}$

$$Q' = D'R'$$
$$= \frac{3600}{3600} \times (650 \times 10^3 - 60 \times 10^3) + 0.6 \times (2646.6 \times 10^3 - 650 \times 10^3)$$
$$= 1788 \times 10^3 \text{ (W)}$$

使传热速率与热负荷相适应，即：

$$Q' = KS\Delta t_m' = KS(T_s' - t_1)$$

由例 5-4 已知，$K = 1100 \text{W/(m}^2 \cdot ℃)$，$S = 125.9 \text{m}^2$，$t_1 = 131.5℃$，则加热蒸汽应提高到 $T_s' = 144.4℃$，由饱和水蒸气表查得加热蒸汽压强为 409kPa，冷凝潜热 $R' \approx 2136 \text{kJ/kg}$，则加热蒸汽量 D' 为：

$$D' = Q'/R' = 1788 \times 10^3/(2136 \times 10^3) = 0.837 \text{ (kg/s)} = 3013 \text{ (kg/h)}$$

(2) 确定料液进口温度 t_0'：

蒸发器的 K、S、$T_s - t_1$ 不变，蒸发加热室传热速率仍为原数据，由例 5-4 已得忽略浓缩热情况，$Q = 1507.3 \times 10^3 \text{W}$。

现采用式(5-10)估算料液新进口温度 t_0'：

$$Q = DR = Fc_{p0}(t_1 - t_0') + W'r + Q_L$$

由例 5-4 已知 $c_{p0} = 3.2 \text{kJ/(kg} \cdot ℃)$（随 t_0' 变化可忽略），$r = 2301 \text{kJ/kg}$，则：

$$1507.3 = \frac{3600}{3600} \times 3.2 \times 10^3 (131.5 - t_0') + 0.6 \times 2301 \times 10^3$$

得： $t_0' = 92℃$

将料液预热到92℃，同样可满足新情况的蒸发要求，相当于将部分供热移到蒸发器外进行。同样，也可采用式(5-10)求解问题(1)，采用式(5-9)求解问题(1)，可根据计算方便而定。

【例 5-6】 蒸发器的加热蒸汽压强为198.7kPa（绝压），将某水溶液从12%浓缩到30%，料液进口温度为30℃，进料液量为1800kg/h，在蒸发操作压强40kPa下，溶液沸点为80℃，料液比热容为3.8kJ/(kg·℃)。现因冷却水温度升高，冷凝器真空度下降，使蒸发操作压强升为50kPa，溶液沸点升为87℃。试问：为完成原有生产任务，加热蒸汽压强应作何调节？（忽略热损失和浓缩热）

解
$$F = \frac{1800}{3600} = 0.5 \text{ (kg/s)}$$

$$W = F\left(1 - \frac{x_0}{x_1}\right) = \frac{1800}{3600} \times \left(1 - \frac{0.12}{0.3}\right) = 0.3 \text{(kg/s)}$$

由饱和水蒸气表查得：

198.7kPa下，$T_s = 120℃$；40kPa下，$r = 2312.2$kJ/kg；50kPa下，$r' = 2304.5$kJ/kg。

热负荷计算，按式(5-10)：

$$Q = Fc_{p0}(t_1 - t_0) + Wr + Q_L$$
$$= 0.5 \times 3.8 \times 10^3 \times (80 - 30) + 0.3 \times 2312.2 \times 10^3 = 788.7 \times 10^3 \text{ (W)}$$

$$Q' = Fc_{p0}(t_1' - t_0) + Wr' + Q_L$$
$$= 0.5 \times 3.8 \times 10^3 \times (87 - 30) + 0.3 \times 2304.5 \times 10^3 = 799.7 \times 10^3 \text{ (W)}$$

KS不变，按传热速率：

$Q = KS(T_s - t_1)$ 与 $Q' = KS(T_s' - t_1')$ 相对比得：

$$\frac{Q'}{Q} = \frac{T_s' - t_1'}{T_s - t_1}$$

$$\frac{799.7}{788.7} = \frac{T_s' - 87}{120 - 80}$$

得： $T_s' = 127.6℃$

由饱和水蒸气表查得加热蒸汽压强应为252kPa，就可完成原有生产任务。

及时排除加热室中蒸汽凝液，排放冷凝器中的不凝性气体和保持加热溶液液位高度，才可能维护蒸发操作稳定。控制蒸发的主要手段是：调节加热蒸汽压强、料液进料状态和冷凝器的冷却水温。确定以冷却水改变蒸发操作压强程度的操作型计算，因溶液沸点无法应用解析式求解，其求解过程常需试差计算。

5.4 多效蒸发及提高加热蒸汽利用率的其他措施

5.4.1 多效蒸发的流程

单效蒸发未能利用二次蒸汽的潜热，却又要消耗冷却水量。多效蒸发就是将前效产生的二次蒸汽作为后一效蒸发的加热蒸汽，后一效蒸发器加热室成为前效二次蒸汽的冷凝器，达到了节省能耗，提高加热蒸汽的利用率。

为了使多效蒸发得以进行，前效蒸发器操作压强必须高于后一效蒸发器操作压强，保证前效的二次蒸汽温度高于后一效的溶液沸点，足以维护蒸发传热推动力。

图 5-13 是顺流（并流）加料的三效蒸发流程。溶液流向与蒸汽并行，为生产中用得最多的流程。

顺流加料的优点是溶液可利用前后两效间的压差流动而不需要泵送。溶液进入压强和温度都较低的后一效时能自蒸发，可多产生二次蒸汽。其缺点是溶液浓度逐效增高而温度反而降低，致使溶液的黏度逐效增大、传热系数减小，整个流程生产能力降低。

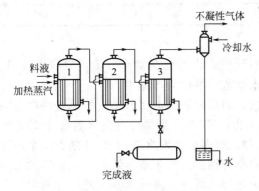

图 5-13　顺流加料蒸发流程

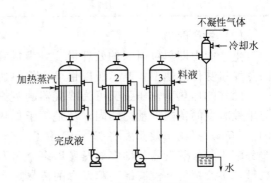

图 5-14　逆流加料蒸发流程

图 5-14 为逆流加料流程。溶液流向与蒸汽流向相反，它的主要优点是溶液沿流动方向浓度和温度同时增高，各效溶液黏度可较接近，各效传热系数差别不大。适用于处理黏度随温度和浓度变化较大的溶液。其缺点是由低压流向高压，需要泵送，由于低温溶液流向高温，各效进料温度都低于沸点，没有自蒸发。高浓度完成液处于高温，不适合处理热敏性物料。

调剂顺、逆流加料利弊，在流程部分采用顺流又有部分采用逆流，即可组成错流加料流程。扬优避害，具体流向依溶液性质而定。

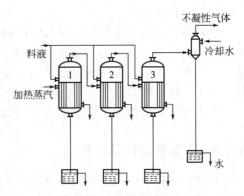

图 5-15　平流加料蒸发流程

图 5-15 为料液平行加入各效，而同时各效产出完成液的平流加料流程。适用于蒸发过程中有结晶析出的溶液。

5.4.2　多效蒸发与单效蒸发的比较

通常用生产能力表示蒸发操作的规模，以生产强度和单位加热蒸汽耗量为评价蒸发操作的技术经济指标。

现拿一组各效蒸发器传热面相等的多效蒸发，与一个加热蒸汽压强、冷凝器压强及蒸发器传热面积都同多效蒸发一样的单效蒸发进行比较。

(1) 单位加热蒸汽耗量

从溶液中蒸出 1kg 水所需要的加热蒸汽量（kg）称为单位加热蒸汽耗量（D/W），它表示加热蒸汽的利用程度。

如果粗略按 1kg 加热蒸汽冷凝能从溶液中蒸出 1kg 水估算，二效蒸发中，1kg 加热蒸汽可蒸出 2kg 水，单位加热蒸汽耗量（D/W）为 0.5，对多效蒸发，D/W 可达 $\dfrac{1}{n}$，可见蒸发

效数增加而 D/W 降低，这是多效蒸发的主要优点。

考虑到汽化热随操作压强而变化，以及溶液沸点升高和热损失等因素，D/W 随效数增加而下降，但下降趋势逐渐减弱。表 5-2 为一组 D/W 最小值的经验数值供参考。同样也可用 W/D 表示加热蒸汽的经济性，W/D 大则经济性好。

表 5-2　单位蒸汽耗量

效数	单效	双效	三效	四效	五效
$(D/W)_{min}$	1.1	0.57	0.4	0.3	0.27

（2）生产能力

生产能力即单位时间的处理量。可为料液进料流量，也可为蒸发水分量或完成液流量。因蒸发量受传热速率控制，所以也可用传热速率来衡量蒸发的生产能力。

同样的加热蒸汽压强又可为冷凝器的蒸汽压强，即最大程度上多效蒸发的总传热推动力与单效蒸发的传热推动力相同，都是等于加热蒸汽温度 T_s 与冷凝器二次蒸汽温度 T 的差值 $(T_s - T)$。只是单效蒸发将 $T_s - T$ 用于一个蒸发器，而多效蒸发将 $T_s - T$ 分割为多个小温差分配于各效蒸发器，即多效蒸发以多个蒸发器的小传热量代替单效蒸发一个蒸发器的大传热量，多效蒸发并没有提高蒸发总的传热速率，由此得出结论：多效蒸发不能增加蒸发生产能力。

（3）生产强度

生产强度是指单位面积、单位时间蒸发水分量，也就是单位传热面的生产能力。既然多效蒸发不能增大生产能力，多效蒸发传热面积为单效蒸发传热面积的多倍，可见，比起单效蒸发，多效蒸发生产强度成多倍数的下降。实际上，由于存在不可避免的沸点升高，随着效数增加而下降更明显。

综上所述，多效蒸发以降低生产强度为代价而达到节省加热蒸汽用量的目的。

5.4.3　多效蒸发的效数限制

每效蒸发都有不可避免的温度差损失，效数越多，总温度差损失越大，有效温度差就越小，当某一效蒸发器分配到的有效温度差不足以成为溶液沸腾蒸发的传热推动力时，蒸发就不可进行，所以多效蒸发是有效数限制的。

为了使沸腾汽化在良好状态进行，要求有合理的有效温度差，即应有合适效数范围。从经济上考虑，在上面讨论中已得知：效数增加可减少加热蒸汽耗量，节省操作费用，而效数增加要降低生产强度，增加设备投资费，所以，最佳效数要通过经济权衡决定，以单位生产能力的总费用为最低时的效数为最佳效数。

溶液沸点升高值大，则最佳效数少。NaOH 水溶液蒸发通常限于 2～3 效。沸点升高值小，最佳效数可较多，糖液蒸发采用 4～6 效。

5.4.4　引出额外蒸汽为他用热源

在多效蒸发流程中，将前一效产生的二次蒸汽不全部作为后一效的热源，而是引出其中的一部分，称为额外蒸汽，用作预热第一效的料液或其他场合的热源，以提高蒸汽利用的合理性。

为便于了解此措施的优点，暂不考虑不同压强下蒸发潜热的差别、自蒸发影响、热损失等因素，并设操作为沸点进料。现以图 5-16 的三效蒸发为例，按热衡算可推得：

$$W_1 = D$$
$$W_2 = W_1 - E_1 = D - E_1$$
$$W_3 = W_2 - E_2 = D - E_1 - E_2$$
$$W = W_1 + W_2 + W_3$$

则：
$$D = \frac{W}{3} + \frac{2}{3}E_1 + \frac{1}{3}E_2 \tag{5-14}$$

式中 D——加热蒸汽量，kg/s；
W_1、W_2、W_3、W——第一、第二、第三效的二次蒸汽量和总蒸发汽量，kg/s；
E_1、E_2——从第一、第二效引出的额外蒸汽量，kg/s。

从式(5-14)可见：从第一效引出 1kg/s 的额外蒸汽量只需多耗 2/3kg/s 的加热蒸汽，从第二效引出 1kg/s 额外蒸汽只需多耗 1/3kg/s 的加热蒸汽。虽然在实际操作条件下与式(5-14)所设条件不同，会有所偏差，但仍然表明 1kg/s 加热蒸汽能引出多于 1kg/s 的额外蒸汽，越是从后效引出额外蒸汽其经济性越高。不过，越是后效其二次蒸汽压力越低，其用途受相应的限制。

5.4.5 热泵蒸发

图 5-17 为热泵蒸发器的操作简图。它借助压缩机对二次蒸汽进行绝热压缩，将饱和温度提高后的二次蒸汽送回原蒸发器作加热蒸汽。这样，除了开工初期外，不需另由外界供给加热蒸汽即可进行蒸发。

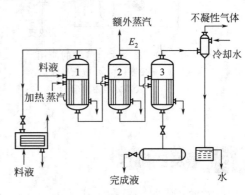

图 5-16 引出额外蒸汽时蒸发流程

热泵蒸发使二次蒸汽的高潜热得到反复利用，其经济性可与 3~5 效的多效蒸发相比。经济性随二次蒸汽在压缩机内需提高的压强与温度而定，需提高愈多，经济性就愈小。因此，热泵蒸发用于蒸发沸点升高小的溶液时较为有利。

在有高压蒸汽供应的条件下，还可按图 5-18 所示的装置流程，利用一台喷射泵，以高压蒸汽经过喷嘴 1，将部分二次蒸汽自喷射泵的吸入口 2 吸入，二次蒸汽经压缩与高压蒸汽混合为低压蒸汽，送回蒸发器作加热蒸汽，使部分二次蒸汽潜热得到循环使用。

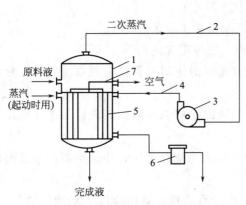

图 5-17 热泵蒸发器操作简图
1—蒸发室；2、4—二次蒸汽管；3—压缩机；5—加热室；
6—冷凝水排出器；7—空气放出管

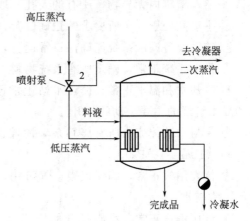

图 5-18 高压水蒸气喷射泵压缩
二次蒸汽的加热系统

5.4.6 冷凝水自蒸发的应用

由于冷凝水的饱和温度随压强的减小而降低,因此,可将多效蒸发流程中的前一效温度较高的冷凝水,通过冷凝水自蒸发器(见图5-19)减压至下一效加热室的压强,则冷凝水在此过程中将放出热量,并使少量冷凝水自蒸发而产生蒸汽。自蒸发所产生的蒸汽和前一效二次蒸汽一起作为下一效的加热蒸汽,这就提高了加热蒸汽的利用率。自蒸发蒸汽量与相邻两效加热室的压差有关,一般为加热蒸汽的2.5%左右。由于实际操作中加热蒸汽难免会通过冷凝水排出器泄漏,因此由自蒸发器放出的蒸汽量常比预计的要多。在海水淡化装置中,这一措施应用很广。

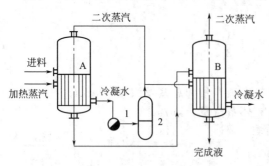

图 5-19 冷凝水自蒸发的应用
A、B—蒸发器;1—冷凝水排除器;
2—冷凝水自蒸发器

5.5 蒸发的操作

蒸发是化工生产过程中使含有不挥发溶质的溶液沸腾汽化并转出蒸汽,从而使溶液中溶质含量提高的操作单元。应用于食品、制药、生物、环保、石油化工等多种领域。以下介绍蒸发操作过程中相关操作的开工准备、开停车方法、操作故障及处理、日常维护检修及安全技术。

5.5.1 蒸发操作的开工准备

蒸发系统停车尤其长期停车后,在开车前必须按照下列步骤对系统做整体检查,并确保达到要求:

① 没有妨碍开车和危害人员安全的工作。所有安全防护装置复位。
② 所有槽罐内无异物,所有的人孔、取样阀和排放系统关闭。
③ 手动阀处于开车所要求的正确位置,所有控制阀关闭。
④ 转动设备润滑系统能确保正常运行,且润滑油量在所要求的位置。
⑤ 供电系统正常,确定所有系统物料、电、汽、气可正常使用。
⑥ 冷却水和温水正常,循环水站正常运行且有足够的冷却水保证蒸发系统使用,冷却水和温水管线的主要手动阀打开。
⑦ 密封水液体流入所有离心泵和搅拌器,根据泵的使用说明调整其流量,并保证压力为3bar(1bar=10^5Pa)。
⑧ 仪表用气正常,确保仪表空气可用,压力约6bar;检查空气管路疏水器,打开阀门确保正常疏水。
⑨ 低压蒸汽正常,小心打开低压蒸汽主管线上的手动阀;确保蒸汽疏水器正常运行,缓慢打开蒸汽疏水器旁通阀。
⑩ 检查液位变送器的清洗水流量应在30~50L/s左右。

5.5.2 蒸发操作的开停车

(1) 蒸发操作的开车

首先应严格按照操作规程进行开车前准备。先认真检查加热室是否有水，避免在通入蒸汽时放出大量热或水击引起蒸发器的整体剧烈的振动；检查泵、仪表、蒸汽与冷凝汽管路、加料管路等是否完好。

开车时，根据物料、蒸发设备及所附带的自控装置的不同，按照事先设定好的程序，通过控制室依次按规定的开度、规定的顺序开启加料阀、蒸汽阀，并依次查看各效分离罐的液位显示。

当蒸发器液位达到规定值时再开启相关输送泵，设置有关仪表设定值，同时设置其为自动状态；对需要抽真空的装置进行抽真空；监测各效温度，检查其蒸发情况；通过有关仪表监测产品浓度，然后增大有关蒸汽阀门开度以提高蒸汽流量；当蒸汽流量达到期望值时，调节加料流量以控制浓缩液浓度，一般来说，减少加料流量则产品浓度增大，而增大加料流量则产品浓度降低。

在开车过程中由于非正常操作常会出现许多故障。最常见的是蒸汽供给不稳定。这可能是因为管路冷或冷凝管路内有空气，应注意检查阀、泵的密封及出口，当达到正常操作温度时，就不会出现这种问题；也可能是由于空气漏入二效、三效蒸发器，当一效蒸发器的分离罐工艺蒸汽压力升高超过一定数值时，这种泄漏就会自行消失。

(2) 蒸发操作的运行

设备运行中，必须精心操作，严格控制。注意监测蒸发器各部分的运行情况及规定指标。通常情况下，操作人员应按规定的时间间隔检查调整蒸发器的运行情况，并如实做好操作启示。当装置处于稳定运行状态下，不要轻易变动性能参数，否则会使装置处于不平衡状态，并需要花费一定时间调整以达平缓，这样就造成生产的损失或者出现更坏的影响。

控制蒸发装置的液位是关键，目的是使装置运行平稳，从前效到后效的流量更趋合理、恒定。有效地控制液位也能避免泵的"汽蚀"现象，大多数泵输送的是沸腾液体，所以不可发生"汽蚀"的危险。只有控制好蒸发装置的液位才能保证泵的使用寿命。按规定时间检查控制室仪表和现场仪表读数，如超出规定，应迅速查找原因。如果蒸发料液为腐蚀性溶液，应注意检查视镜玻璃，防止腐蚀。一旦视镜玻璃腐蚀严重，当液面传感器发生故障时，会造成危险。

(3) 蒸发操作的停车

停车有完全停车、短期停车和紧急停车之分。在蒸发器装置将长时间不启动或因维修需要排空的情况下，应完全停车。对装置进行小型维修只需短时间停车时，应使装置处于备用状态。如果发生重大事故，则应采取紧急停车。对于事故停车，很难预知可能发生的情况，一般应遵循如下几点：

当事故发生时，首先用最快的方式切断蒸汽（或关闭控制室气动阀，或现场关闭手动截止阀），以避免料液温度继续升高。考虑停止料液供给是否安全，如果安全，应用最快方式停止进料。再考虑破坏真空会发生什么情况，蒸汽判断出不会发生不利情况，应该打开靠近末效蒸发器的真空器开关以打破真空状态，停止蒸发操作。同时要小心处理热料液，避免造成伤亡事故。

5.5.3 蒸发操作的故障及处理

蒸发操作中由于使用的蒸发设备及所处理的溶液不同，出现的事故和处理方法也不尽相同。以下是有关蒸发的操作事故和处理方法。

(1) 高温腐蚀性液体或蒸汽外泄

泄漏多发生在设备和管路焊缝、法兰、密封填料、膨胀节等薄弱环节。当开、停车时因应力冲击而破裂,致使液体或蒸汽外泄。要预防此类事故,在开车前应严格进行设备检验、试压、试漏,并定期检查设备腐蚀情况。

(2) 管路阀门堵塞

对于蒸发易结晶的溶液,常会随物料增浓而出现结晶,造成管路、阀门、加热器等堵塞,使物料不能流通,影响蒸发操作的正常进行。因此要及时分离盐泥,并定期洗效,一旦发生堵塞现象,则要用加压水冲洗,或采用真空抽吸补救。

(3) 蒸发操作的日常维护和检修

蒸发的定期洗效:对蒸发器的维护通常采用"洗效"的方法,即清洗蒸发装置内的污垢。不同类型的蒸发器在不同的运转条件下结垢情况是不同的,因此要根据生产实际和经验,定期进行洗效。洗效周期的长短与生产强度及蒸汽消耗紧密相关。因此要特别重视操作质量,延长洗效的周期。洗效的方法分大洗和小洗两种:①大洗,就是排出洗效水的方法。②小洗,就是不排出洗效水的方法。

蒸发操作中要经常观察各台加料泵、过料泵、强制循环泵的运行电流及工况。

蒸发器周围环境要保持清洁无杂物,设备外部的保温保护层要完好,如有损坏,应及时进行维护,以减小热损失。蒸发器的测量及安全附件、温度计、压力表、真空表及安全等都必须定期校验,要求准确可靠,确保蒸发器的正确操作控制及安全运行。

5.5.4 蒸发操作的安全技术

严格控制各效分离器的液面,使其处于工艺要求的适宜位置。在蒸发容易析出结晶的物料时,易发生管路、板式蒸发器、阀门等的结垢堵塞现象。因此需定期用水冲洗保持畅通,或者采用抽真空等措施补救。经常调校仪表,使其灵敏可靠。如果发现仪表失灵,要及时查找原因并处理。经常对设备、管路进行严格检查、探伤,特别是视镜玻璃要经常检查、适时更换,以防因腐蚀造成事故。

5.6 案例分析

在蒸发器的工艺设计中往往只给出溶液性质、要求达到的完成液组成及可提供的加热蒸汽压力等。设计时首先应根据溶液性质选定蒸发器形式、冷凝器压力、加料方式及最佳效数(最佳效数由设备投资费、折旧费与操作费之间的经济衡算确定),再根据经验数据选出或算出总传热系数后,算出传热面积,最后再选定或算出蒸发器的主要工艺尺寸,它们是加热管尺寸及管数、循环管尺寸、加热室外壳直径、分离室尺寸及附属设备。

下面介绍自然循环型蒸发器的几种主要工艺尺寸:

① 加热室 由计算得到的传热面积,可按设计管壳式换热器的方法进行设计。

② 循环管

a. 中央循环管式蒸发器 循环管截面积取加热管总截面积的40%~100%。对加热面积较小的蒸发器应取较大的百分数。

b. 悬筐式蒸发器 取循环流道截面为加热管总截面积的100%~150%。

c. 外热式自然循环蒸发器 循环管的大小可参考中央循环管式蒸发器来决定。

③ 分离室

a. 分离室的高度 H 一般根据经验决定分离室的高度，常采用高径比 $H/D=1\sim2$。

b. 分离室直径 D 可按蒸发体积强度法计算。蒸发体积强度是指单位时间从单位体积分离室中排出的二次蒸汽体积。

5.6.1 案例1

试设计一蒸发 NaOH 水溶液的单效蒸发器。已知条件如下：①原料液流量为 10000kg/h、温度为 80℃；②原料液组成为 0.3（质量分数，下同）、完成液组成为 0.45；③蒸发器中溶液的沸点为 102.8℃；④加热蒸汽的绝对压力为 450kPa，蒸发室的绝对压力为 20kPa；⑤蒸发器的平均总传热系数为 1200W/(m²·℃)，热损失可以忽略。

解 NaOH 水溶液组成较大，故选用外热式自然循环蒸发器。

① 蒸发量：

$$W = F\left(1 - \frac{x_0}{x_1}\right) = 10000 \times \left(1 - \frac{0.3}{0.45}\right) = 3333 \text{ (kg/h)}$$

② 加热蒸汽消耗量：

因 NaOH 水溶液浓度较大时，稀释热不能忽略，应用溶液的焓衡算式求加热蒸汽消耗量，即：

$$DH_s + Fh_0 = WH + (F-W)h_1 + Dh_w$$

由附录7查得压力为 450kPa 时饱和蒸汽的参数为：

$$T = 147.7℃ \quad H = 2747.8 \text{kJ/kg} \quad h_w = 622.42 \text{kJ/kg}$$

由附录查得压力为 20kPa 时饱和蒸汽的参数为：

$$T' = 60.1℃ \quad H' = 2606.4 \text{kJ/kg}$$

由图 5-14 查得：

原料液的焓 $h_0 \approx 305 \text{kJ/kg}$，完成液的焓 $h_1 \approx 570 \text{kJ/kg}$。

将已知值代入焓衡算式：

$$2747.8D + 10000 \times 305 = 3333 \times 2606.4 + (10000 - 3333) \times 570 + 622.42D$$

解得：
$$D = 4440 \text{kJ/h}$$

而：$Q = D(H - h_w) = 4440 \times (2747.8 - 622.42) = 9437 \times 10^6 \text{ (kJ/h)} = 2.621 \times 10^6 \text{ (W)}$

③ 蒸发器的传热面积：

$$\Delta t = 147.7 - 102.8 = 44.9(℃)$$

所以：
$$S = \frac{Q}{K\Delta t} = \frac{2.621 \times 10^6}{1200 \times 44.9} = 48.65 \text{ (m}^2\text{)}$$

为安全，取 $S = 1.2 \times 48.65 = 58.38 \text{ (m}^2)$。

④ 加热室：

选用直径为 $\phi 38\text{mm} \times 3\text{mm}$、长为 3m 的无缝管为加热管。

管数：
$$n = \frac{S}{\pi d_o L} = \frac{58.38}{\pi \times 0.038 \times 3} = 163$$

加热管按正三角形排列，取管中心距为 70mm。

用式(4-54)求管束中心线上的管数，即：

$$n_c = 1.1\sqrt{n} = 1.1 \times \sqrt{163} = 14$$

由下式计算加热室内径，即：

$$D_i = t(n_c - 1) + 2b'$$

取 $b' = 1.5 d_o$，故：

$$D_i = 70 \times (14-1) + 2 \times 1.5 \times 38 = 1024 \text{ (mm)}$$

取 $D_i \approx 1100 \text{mm}$。

加热室壳径也可由作图法求得。

⑤ 循环管：

根据经验值，取循环管的截面积为加热管总截面积的 80%，故循环管的截面积为：

$$0.8 \times \frac{\pi}{4} d_i^2 n = 0.8 \times \frac{\pi}{4} \times 0.032^2 \times 163 = 0.1048 \text{ (m}^2\text{)}$$

故循环管直径为：

$$d_i = \sqrt{\frac{0.1048}{\frac{\pi}{4}}} = 0.3654 \text{ (m)}$$

选用 $\phi 377\text{mm} \times 9\text{mm}$ 的无缝钢管为循环管。

⑥ 分离室：

取分离室高度为 2.5m。

由附录查得 20kPa 绝对压力下蒸汽的密度为 0.13068kg/m^3，所以二次蒸汽的体积流量为：

$$V_s = \frac{3333}{0.13068 \times 3600} = 7.085 \text{ (m}^3/\text{s)}$$

取允许的蒸发体积强度 V_s' 为 $1.5\text{m}^3/(\text{m}^2 \cdot \text{s})$。

因为 $\frac{\pi}{4} D_i^2 H = \frac{V_s}{V_s'}$，故分离室直径为：

$$D_i = \sqrt{\frac{V_s}{\frac{\pi}{4} H V_s'}} = \sqrt{\frac{7.085}{\frac{\pi}{4} \times 2.5 \times 1.5}} = 1.551 \text{ (m)} \approx 1.6 \text{ (m)}$$

5.6.2 案例 2

试设计一蒸发氯化钠水溶液的单效立式降膜蒸发器。已知条件如下。

① 原料液流量为 10000kg/h，沸点进料。
② 原料液组成为 0.04（质量分数，下同），完成液组成为 0.08。
③ 加热蒸汽绝对压力为 150kPa，分离室在常压下操作。
④ 氯化钠水溶液的物性为（为简化起见，物性是按进口条件查取的）：

黏度 $\mu_L = 3.17 \times 10^4 \text{Pa} \cdot \text{s}$，热导率 $\lambda_L = 0.675 \text{W}/(\text{m} \cdot \text{℃})$；密度 $\rho_L = 1020\text{kg/m}^3$；普朗特数 $Pr = 1.84$；表面张力 $\sigma = 0.074\text{N/m}$。

⑤ 管外侧蒸汽冷凝传热系数为 $7000\text{W}/(\text{m}^2 \cdot \text{℃})$。
⑥ 忽略蒸发器的热损失。

解 ① 蒸发量：

$$W = F\left(1 - \frac{x_0}{x_1}\right) = 10000 \times \left(1 - \frac{0.04}{0.08}\right) = 5000 \text{ (kg/h)}$$

② 传热量：

由附录查得 150kPa 饱和蒸汽温度为 111.1℃；常压时饱和蒸汽温度为 100℃、汽化热为 2258.4kJ/kg。

因沸点进料，热损失可以忽略，则焓衡算可以简化为：

$$Q = Wr = 5000 \times 2258.4 = 1.129 \times 10^7 \text{ (kJ/h)} = 3.136 \times 10^6 \text{ (W)}$$

③ 初估传热面积：

参考表5-2，取总传热系数 $K = 2000 \text{W/(m}^2 \cdot ℃)$，由附录查得8%氯化钠水溶液沸点升高约1.5℃，故：

沸点：$t = 100 + 1.5 = 101.5$ (℃)

$\Delta t = 111.1 - 101.5 = 9.6$ (℃)

$$S = \frac{Q}{K \Delta t} = \frac{3.136 \times 10^6}{2000 \times 9.6} = 163.3 \text{ (m}^2)$$

取20%安全因数，故：

$$S = 1.2 \times 163.3 \approx 196 \text{ (m}^2)$$

采取 $\phi 25\text{mm} \times 2\text{mm}$、长5m的黄铜管为加热管，则管数为：

$$n = \frac{S}{\pi d l} = \frac{196}{\pi \times 0.025 \times 5} = 499$$

④ 复合总传热系数：

按进口条件计算管内沸腾传热系数 α_i：

$$\frac{M}{\mu_L} = \frac{W'}{\pi d_i n \mu_L} = \frac{10000}{\pi \times 0.021 \times 499 \times 3.17 \times 10^4 \times 3600} = 266.2$$

$$1450 Pr^{-1.06} = 1450 \times 1.84^{-1.06} = 759.7$$

$$0.61 \left(\frac{\mu_L^4 g}{\rho_L \sigma^3}\right)^{-1/11} = 0.61 \times \left[\frac{(3.17 \times 10^{-4})^4 \times 9.81}{1020 \times 0.074^3}\right]^{-1/11} = 8.563$$

即：

$$0.61 \left(\frac{\mu_L^4 g}{\rho_L \sigma^3}\right)^{-1/11} < \frac{M}{\mu_L} < 1450 Pr^{-1.06}$$

所以 $\alpha_i = 0.705 \left(\frac{\lambda_L^3 g \rho_L^2}{\mu_L^2}\right)^{1/3} \left(\frac{M}{\mu_L}\right)^{-0.24} = 0.705 \times \left[\frac{0.675^3 \times 9.81 \times 1020^2}{(3.17 \times 10^{-4})^2}\right]^{1/3} \times (266.2)^{-0.24}$

$= 5812 \text{ [W/(m}^2 \cdot ℃)]$

取管内侧污垢热阻 $R_{si} = 0.0001 \text{m}^2 \cdot ℃/\text{W}$，忽略管壁热阻，则总传热系数为：

$$K = \frac{1}{\frac{1}{\alpha_o} + R_{si}\frac{d_o}{d_i} + \frac{d_o}{\alpha_i d_i}} = \frac{1}{\frac{1}{7000} + 0.0001 \times \frac{25}{21} + \frac{1}{5812} \times \frac{25}{21}} = 2143 \text{ [W/(m}^2 \cdot ℃)]$$

选用的 K 值较计算的小，故上述计算结果表明所求的立式降膜蒸发器基本适合，不需重复计算。加热室的具体设计可按管壳式换热器进行，分离室的高度通常大于1m。

思考题

5-1 蒸发操作不同于一般换热过程的主要点有哪些？

5-2 提高蒸发器内液体循环速度的意义在哪？降低单程汽化率的目的是什么？

5-3 为什么要尽可能扩大管内沸腾时的气液环状流动的区域？

5-4 提高蒸发器生产强度的途径有哪些？

5-5 试分析单效蒸发器的间歇蒸发和连续蒸发的生产能力大小有哪些影响因素？

5-6 多效蒸发的效数受哪些因素限制？

5-7 试比较单效蒸发与多效蒸发的优缺点。

5-8 溶液的哪些性质对确定多效蒸发的效数有影响？并简略分析。

5-9 并流加料的多效蒸发装置中，一般各效的总传热系数逐效减小，而蒸发量却逐效略有增加，试分析原因。

5-10 蒸发过程的节能措施有哪些，各自的适用场合是什么？

习题

5-1 已知25％NaCl水溶液在0.1MPa下的沸点为107℃，在0.02MPa下的沸点为65.8℃。试利用杜林规则计算在0.05MPa下的沸点。

5-2 试计算密度为1200kg/m³的溶液，在蒸发时因液柱静压头引起的温度差损失。已知蒸发器加热管底端以上液柱深度为2m，液面操作压强为20kPa（绝压）。

5-3 单效蒸发器中浓缩$CaCl_2$水溶液，已知蒸发器中$CaCl_2$溶液浓度为40.8％（质量分数），其密度为1340kg/m³，操作压强为0.1MPa，加热管液层高1m。求此时溶液沸点（40.8％$CaCl_2$水溶液常压下沸点为120℃）。

5-4 在蒸发器中浓缩NH_4NO_3水溶液，料液浓度x_0为8％，生产能力（以料液量计）F为10000kg/h，进料温度为75℃，蒸发室压强为40kPa，加热蒸汽压强为200kPa（均为绝压）。要求完成液浓度达到42.5％，设传热系数为950W/(m²·℃)，热损失为总传热量的3％，静压效应可忽略，不计浓缩热。试求加热蒸汽用量和所需传热面积（常压下42.5％NH_4NO_3水溶液沸点为107℃）。

5-5 某单效蒸发器，常压操作，加热蒸汽压强为250kPa（绝压），料液沸点进料（即$t_0=t_1=105℃$），按料液流量计的蒸发器生产能力为1200kg/h。试估算，若将加热蒸汽压强提高到350kPa（绝压），相应生产能力可提高到多少？设传热系数、进料浓度温度、完成液浓度要求均不变，可忽略浓缩热和热损失。

5-6 某蒸发器传热面积为52m²，操作压强为100kPa，加热蒸汽压强为300kPa（均指绝压）。某水溶液进料量为900kg/h，进料溶质浓度为7％，进料温度为90℃，已估算出总传热系数为900W/(m²·℃)，热损失为11000W，传热有效温差为30℃。试求完成液可达到的溶质浓度（不计浓缩热）。

5-7 某长期运行的蒸发器，现场测得加热蒸汽压强为450kPa，溶液沸点为132.7℃，传热系数为1200W/(m²·℃)，料液流量为1800kg/h。若对蒸发器加热进行清洗，设传热系数可提高到1800W/(m²·℃)。忽略热损失，试估计：

(1) 加热蒸汽压强、蒸发操作压强、料液温度和浓度、完成液浓度要求均不变，生产能力可提到多少？

(2) 若仍按原进液量，其他操作条件不变，加热蒸汽压强可降至多少？

第6章 吸收

本章符号说明

英文字母

a——单位体积填料的有效传质面积，m^2/m^3

A——气液两相有效接触面积，m^2

c——溶液的总物质的量浓度，$kmol/m^3$

c_A——溶液中溶质的物质的量浓度，$kmol/m^3$

D——塔径，m

E——亨利系数，kPa

g——重力加速度，m/s^2

G——单位时间被吸收的溶质物质的量，kmol/s

w_L——液体的质量流量，kg/s

w_V——气体的质量流量，kg/s

H——溶解度系数，$kmol/(m^3 \cdot kPa)$

H_{OG}——气相总传质单元高度，m

H_{OL}——液相总传质单元高度，m

k_G——气膜吸收系数，$kmol/(m^2 \cdot s \cdot kPa)$

k_L——液膜吸收系数，$kmol/(m^2 \cdot s \cdot kmol/m^3)$ 或 m/s

k_x、k_X——液膜吸收系数，$kmol/(m^2 \cdot s)$

k_y、k_Y——气膜吸收系数，$kmol/(m^2 \cdot s)$

K_G、K_y、K_Y——气相总传质系数，$kmol/(m^2 \cdot s \cdot kPa)$、$kmol/(m^2 \cdot s)$、$kmol/(m^2 \cdot s)$

K_L、K_x、K_X——液相总传质系数，$kmol/(m^2 \cdot s \cdot kmol/m^3)$ 即 m/s、$kmol/(m^2 \cdot s)$、$kmol/(m^2 \cdot s)$

m——相平衡常数，量纲为1

M——摩尔质量，kg/kmol

n——单位体积填料层中填料个数，m^{-3}

N_A——溶质A的传质速率，$kmol/(m^2 \cdot s)$

N_{OG}——气相总传质单元数，量纲为1

N_{OL}——液相总传质单元数，量纲为1

L——吸收剂的摩尔流量，kmol/s

L_W——喷淋速率，$m^3/(m \cdot s)$

Δp——压降，kPa

p——总压，kPa

p_A——溶质A的分压，kPa

u——空塔气速，m/s

U——喷淋密度，$m^3/(m^2 \cdot s)$

V——惰性气体组分的摩尔流量，kmol/s

V_S——气体体积流量，m^3/s

x——溶液中溶质的摩尔分数，量纲为1

X——溶液中溶质与溶剂的摩尔比，量纲为1

y——混合气体中溶质的摩尔分数，量纲为1

Y——混合气体中溶质与惰性组分的摩尔比，量纲为1

希文

Z——填料层高度，m

ε——孔隙率，量纲为 1

μ——黏度，Pa·s

ρ——密度，kg/m³

η——吸收率，量纲为 1

Ω——塔截面积，m²

σ——单位体积填料的表面积，量纲为 1

ϕ——填料因子，m⁻¹

ψ——水密度与操作液体密度之比，量纲为 1

上标

*——相平衡状态

下标

A——吸收质、溶质

B——惰性组分、载体

S——吸收剂、溶剂

P——填料

V——气体

L——液体

i——相界面

max——最大

min——最小

1——塔底的或截面 1

2——塔顶的或截面 2

知识目标

1. 掌握吸收基本概念和术语；掌握混合物组成的表示方法及相互换算；掌握吸收的气液相平衡关系及其应用；掌握吸收的各种传质系数、体积传质系数、传质阻力的概念和相互间关系；掌握吸收的基本传质理论和传质速率方程；掌握吸收的物料衡算和操作线方程；掌握吸收剂的最小用量和适宜用量的确定；掌握填料吸收塔填料层高度和塔径的计算；掌握影响吸收操作的因素及吸收操作条件的选择。

2. 了解吸收在化工生产中的应用、分类及其与解吸的关系；了解吸收剂的选择原则；了解吸收传质系数的计算；了解解吸塔的计算；了解填料塔的基本结构和操作；了解泛点气速与填料塔流体力学性能；了解填料吸收塔的一般操作规程与相关安全知识。

能力目标

1. 通过本章学习，能认知各种填料和填料塔，并能识读有关吸收的工艺流程。
2. 能根据吸收任务选择合适的吸收剂、确定吸收剂用量以及吸收塔的填料层高度。
3. 能根据实际生产情况分析吸收过程速率控制因素，并提出强化传质的措施，能正确分析吸收操作条件变化对吸收效果的影响。
4. 了解填料吸收塔的开停车和正常运行操作，能对吸收系统常见的故障进行分析与处理，并能综合运用所学知识解决吸收各类实际工程问题。

6.1 化工中的吸收操作

6.1.1 吸收分离的依据

将气体混合物与合适的液体接触，气体中的一个或多个组分溶解于液体，而未能溶解的组分仍保留在气体中，这种利用各组分在液体中的溶解度不同而实现气体组分分离的操作，称为吸收。吸收是工业中广泛应用的一种化工单元操作。

吸收所选用的液体称为吸收剂或溶剂，以 S 表示；气体中能溶解的组分称为吸收质或溶质，以 A 表示；气体中近乎不溶解的组分称为惰性组分或载体，以 B 表示；吸收操作所得到的溶液称为吸收液或溶液、完成液，其成分为吸收剂 S 和吸收质 A；排出的气体称为吸收尾气，其主要成分除惰性组分 B 外，还含有未溶解的溶质 A。

6.1.2 吸收操作的分类

（1）物理吸收与化学吸收

过程不发生显著化学反应，只依靠溶质在吸收剂中的物理溶解度的吸收，称为物理吸收，如用水吸收 CO_2 等。伴随有溶质与吸收剂化学反应的吸收称化学吸收，如用 NaOH 溶液吸收 CO_2、SO_2 等。物理吸收时，溶质在溶液上方的分压较大，而且吸收过程只能进行到溶质在气相中的分压略高于溶质在溶液上方的平衡分压为止。化学吸收时，若为不可逆反应，溶液上方的溶质平衡分压极小，可以充分吸收；若为可逆反应，溶液上方存在明显的溶质平衡分压，但比物理吸收时小很多。

（2）单组分吸收与多组分吸收

若混合气体中只有一个组分进入液相，则称为单组分吸收，如制取盐酸、硫酸等；若有两个或两个以上组分进入液相，则称为多组分吸收，如回收苯等。

（3）非等温吸收与等温吸收

吸收过程会放出或吸收溶解热或反应热，有明显温度变化的吸收过程为非等温吸收，若温度变化可以忽略，则可视为等温吸收。如果吸收设备散热良好，能及时引出热量而维持液相温度大体不变，自然也应按等温吸收处理。

6.1.3 吸收操作在化工中的应用

① 分离气体组分以回收有用物质　例如用洗油处理焦炉气以回收气体中的芳烃。用硫酸吸收焦炉气中的氨，使氨得到回收。

② 除去有害成分以达到净化气体的目的　例如用水或碱液脱除合成氨原料中的 CO_2，用铜氨液脱除 CO，用水或碱液脱除氯乙烯气体中的 HCl，以及除去工业废气中的有害物质如 H_2S、SO_2 等，以免污染大气。

③ 制取液体产品　例如用水吸收 NO_2 制硝酸，用硫酸吸收 SO_3 制取发烟硫酸，用水吸收甲醇氧化反应气中甲醛制取福尔马林溶液。

6.1.4 吸收操作的流程

图 6-1 为在板式塔和填料塔中进行的吸收操作示意图。在板式塔中，吸收液自塔顶进入后逐板下降，气体自塔底而上通过每块板上的小孔与横流过板上的液体接触，溶质在气液接触过程中溶解于液体中。在填料塔中，下降液体与上升气体在具有大表面积的固体填料表面上相接触，溶质在连续接触过程中溶解于液体中。吸收后的尾气从塔顶排出，吸收液由塔底放出。工业上大多采用的是图 6-1 所示的单塔逆流吸收流程。

如果单塔吸收塔高度过高，可将单塔改为多塔串联的流程，如图 6-2 所示。多塔串联流程还可在塔间液体管路上设置冷却器，以降低液体温度。当遇到吸收剂用量少的情况时，为保证塔内气液良好接触，可采用吸收剂部分循环流程，见图 6-3。

将溶解于液体中的气体溶质从液体中解脱出来的操作过程，称为解吸或脱吸。工业上为了使吸收剂再生而得到循环使用，同时为了得到纯净的溶质组分，常将吸收与解吸两操作组合为一联合流程，见图 6-4。

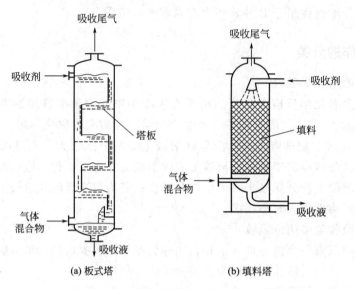

图 6-1 板式塔和填料塔吸收操作示意图

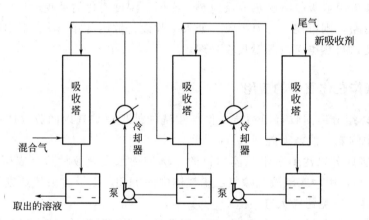

图 6-2 串联逆流吸收流程

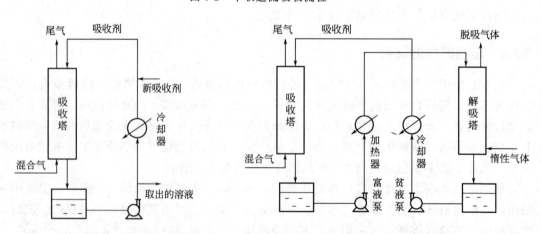

图 6-3 吸收剂部分循环的流程　　　　图 6-4 吸收-解吸流程

联合流程在工业上的应用很多，例如用洗油吸收煤气中苯的吸收操作，与从洗油中脱苯的解吸操作组成联合流程，洗油可循环使用而苯得到回收。

6.1.5 吸收剂选择原则

吸收剂性能对吸收操作有重要影响,是决定吸收操作效果是否良好的关键。在选择吸收剂时,应注意考虑以下几个方面的问题。

(1) 溶解度

吸收剂对所要吸收气体组分的溶解度应尽可能大,这样吸收剂用量可少,并有利于增大吸收速率以减小设备尺寸。另外,溶解度对温度的变化应敏感,低温时溶解度要大,高温时溶解度要小,以方便吸收剂的再生。

(2) 选择性

吸收剂在对溶质组分有良好吸收能力的同时,对混合气体中其他组分的溶解度应尽可能小,即吸收剂应具有高的吸收选择性,否则不能实现有效的分离。

(3) 挥发度

吸收剂的蒸气压要低,以减少吸收剂的挥发损失。

(4) 黏性

吸收剂的黏度要小,以改善吸收塔内的气液两相流动状况,提高吸收速率,减小传热阻力,降低泵功耗。

(5) 稳定性

吸收剂应具有良好的化学稳定性,以防止操作过程中吸收剂变质。

(6) 其他

吸收剂应尽可能无腐蚀性以节省设备费用,无毒性、不易燃、价廉、易再生、最好能就地取材、比热容小、发泡性低,以方便操作。

一种吸收剂可用于多种吸收场合,一项吸收操作有多种吸收剂可选用,需要比较权衡而定,尤其当同一厂里有多项吸收操作时,通用互换性也是选用吸收剂应考虑的因素。

6.1.6 吸收操作需要解决的基本问题

① 吸收进行的限度及其影响因素。
② 确定吸收剂的用量。
③ 确定吸收设备的工艺尺寸。
④ 维护吸收操作的正常运行和调节。

本章以填料塔中单组分等温物理吸收为例,通过相平衡、物料衡算、吸收速率和填料塔基本结构、操作性能等的讨论,掌握解决问题的基本途径。

6.2 气液相平衡

气液相平衡指出传质过程能否进行、进行的方向以及最终的极限。

6.2.1 气体在液体中的溶解度

气体与液体接触时,可溶解的气体组分溶解到液体中成为溶液的溶质,作为溶质必然产生一定的分压,溶质分压表示溶质返回气相的能力,当溶质分压与气相中该组分的分压相等时,气液达到平衡,溶解过程终止。平衡时溶质在液体中的浓度称为平衡溶解度,或称溶解度。

平衡溶解度与该组分在气相中的分压相对应，图 6-5～图 6-7 分别为氨、二氧化硫和氧在水中的溶解度与其在气相中分压之间的关系。这样的关系曲线称为溶解度曲线。

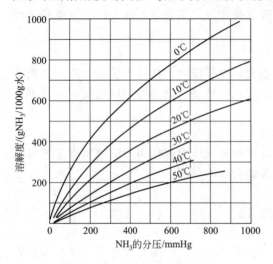

图 6-5　NH_3 在水中的溶解度　　　　图 6-6　SO_2 在水中的溶解度

从溶解度曲线图可看到：溶解度随分压增大而增大，随温度的升高而减小。不同物质有不同的溶解度，氨溶解度极高，二氧化硫适中，氧更难溶。因此，从平衡角度而言，加压和降温对吸收操作有利，升温和减压对脱吸过程有利。

6.2.2　亨利定律

由大量实验数据积累，发现很多气体在压强不很高（一般约小于 500kPa）、较低浓度时，其溶解度曲线可看作为通过原点的直线。这一现象反映出一个较为普遍存在的相平衡关系：总压不太高时，一定温度下，稀溶液上方气体中溶质在平衡时的分压与溶液中溶质的浓度成正比。采用不同浓度，此种关系可有不同数学表达式。常见形式有：

$$p_A^* = Ex \tag{6-1}$$

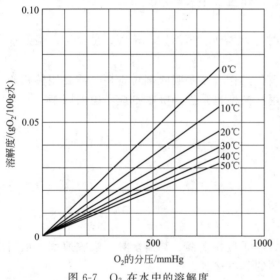

图 6-7　O_2 在水中的溶解度

或

$$p_A^* = \frac{c_A}{H} \tag{6-2}$$

式中　x——溶液中溶质物质的量与溶液总物质的量之比，称为溶质的摩尔分数，kmol（溶质）/kmol（溶液）；

c_A——单位体积溶液中溶质的物质的量，称溶质物质的量浓度，kmol（溶质）/m³（溶液）；

p_A^*——相平衡时溶质在气体中的分压，kPa（*表示相平衡，显然，若将*加在溶液浓度符号上，同样表达两相对应的平衡关系）；

E——亨利系数，单位与压强单位一致；

H——溶解度系数，$kmol/(m^3 \cdot kPa)$。

式(6-1)、式(6-2)都称为亨利(Henry)定律，E 值随物性和温度而变，温度愈高，E 值愈大，表明溶解度愈小。E 值通常由实验测定。表 6-1 列有若干气体水溶液的 E 值。

表 6-1　若干气体水溶液的亨利系数值

气体	温度/℃															
	0	5	10	15	20	25	30	35	40	45	50	60	70	80	90	100
$E \times 10^{-6}/kPa$																
H_2	5.865	6.159	6.443	6.696	6.919	7.162	7.385	7.516	7.608	7.699	7.749	7.749	7.709	7.648	7.608	7.547
N_2	5.359	6.048	6.767	7.476	8.145	8.762	9.360	9.978	10.54	11.04	11.45	12.16	12.66	12.76	12.76	12.76
空气	4.376	4.943	5.561	6.149	6.726	7.294	7.810	8.337	8.813	9.228	9.583	10.23	10.64	10.84	10.94	10.84
CO	3.565	4.011	4.477	4.954	5.430	5.875	6.281	6.676	7.050	7.385	7.709	8.317	8.560	8.560	8.570	8.570
O_2	2.583	2.948	3.313	3.687	4.062	4.437	4.812	5.136	5.420	5.703	5.956	6.372	6.716	6.959	7.081	7.101
CH_4	2.269	2.624	3.009	3.414	3.809	4.184	4.548	4.923	5.268	5.582	5.845	6.341	6.747	6.909	7.010	7.101
NO	1.712	1.955	2.208	2.451	2.674	2.907	3.140	3.353	3.566	3.768	3.951	4.234	4.336	4.538	4.579	4.599
C_2H_6	1.276	1.570	1.915	2.897	2.664	3.059	3.464	3.880	4.285	4.690	5.065	5.723	6.311	6.696	6.959	7.010
$E \times 10^{-5}/kPa$																
C_2H_4	5.592	6.615	7.780	9.066	10.33	11.55	12.00	—	—	—	—	—	—	—	—	—
N_2O	—	1.185	1.428	1.682	2.006	2.279	6.624	3.059	—	—	—	—	—	—	—	—
CO_2	0.7375	0.8874	1.054	1.236	1.438	1.661	1.884	2.117	2.360	2.603	2.867	3.454	—	—	—	—
C_2H_2	0.7294	0.8509	0.9725	1.094	1.226	1.347	1.479	—	—	—	—	—	—	—	—	—
Cl_2	0.2715	0.3343	0.3991	0.4609	0.5369	0.6037	0.6686	0.7395	0.8003	0.8611	0.9016	0.9725	0.9927	0.9725	0.9624	—
H_2S	0.2715	0.3191	0.3718	0.4184	0.4893	0.5521	0.6169	0.6848	0.7547	0.8246	0.8955	1.043	1.205	1.368	1.459	1.062
$E \times 10^{-4}/kPa$																
Br_2	0.2158	0.2786	0.3708	0.4721	0.6007	0.7466	0.9168	1.104	1.347	1.601	1.935	2.543	3.252	4.093	—	—
SO_2	0.1671	0.2026	0.2451	0.2938	0.3546	0.4133	0.4852	0.5673	0.6605	0.7628	0.8712	1.114	1.388	1.702	2.006	—
$E \times 10^{-2}/kPa$																
HCl	2.462	2.543	2.624	2.715	2.786	2.877	2.938	2.988	3.029	3.049	3.059	2.988	—	—	—	—
NH_3	2.077	2.239	2.401	2.573	2.776	2.978	3.211	—	—	—	—	—	—	—	—	—

对密度为 $\rho(kg/m^3)$、平均摩尔质量为 $M(kg/kmol)$ 的溶液，单位体积溶液的总物质的量应为 ρ/M，若该溶液中溶质的摩尔分数为 x，则单位体积溶液中的溶质的物质的量为 $x\rho/M$，即：

$$c_A = x\rho/M \tag{6-3}$$

将式(6-3)代入式(6-2)，并与式(6-1)比较，则得：

$$H = \frac{\rho}{EM} \tag{6-4}$$

对于稀溶液，ρ 和 M 可近似采用纯溶剂的密度和摩尔质量，其误差可忽略不计。

由式(6-4)可知，H 与 E 相反，H 值随温度降低而增大，H 值愈大表明溶解度愈大。若以 y 表示气体中溶质的摩尔分数，kmol(溶质)/kmol(气体)。则根据道尔顿分压定

律 $y = p_A/p$，亨利定律也可表达为：

$$y^* = \frac{E}{p}x = mx \qquad (6-5)$$

式中　y^*——相平衡时气体中溶质的摩尔分数；
　　　p——气体总压强，kPa；
　　　m——相平衡常数，$m = E/p$。

由式(6-5)可见，在气相中 y 一定的情况下，降低温度和提高总压，可使 m 值减小而增大液相中的溶质溶解度，即低温高压有利于吸收。

吸收操作中常以摩尔比（或称比摩尔分数）表示气液两相的组成，以方便计算。摩尔比的定义为：

$$Y = \frac{\text{气相中溶质的物质的量}}{\text{气相中惰性组分的物质的量}} = \frac{y}{1-y} \qquad (6-6)$$

$$X = \frac{\text{液相中溶质的物质的量}}{\text{液相中溶剂的物质的量}} = \frac{x}{1-x} \qquad (6-7)$$

由上两式可知：

$$y = \frac{Y}{1+Y} \qquad (6-8)$$

$$x = \frac{X}{1+X} \qquad (6-9)$$

将式(6-8)、式(6-9)代入式(6-5)，整理得：

$$Y^* = \frac{mX}{1+(1-m)X} \qquad (6-10)$$

式中　Y^*——与 X 相平衡时气相中溶质的摩尔比。

当液相组成 X 很小时，式(6-10)右端分母趋近于 1，则得亨利定律的又一种表达形式：

$$Y^* = mX \qquad (6-11)$$

【例 6-1】　已知 30℃时 CO_2 水溶液的亨利系数 E 值为 1.884×10^5 kPa。(1) 求常压下含 30%（体积分数）CO_2 的混合气体与 30℃水充分接触时，CO_2 在水中可能达到的最大浓度，分别以摩尔分数 x 和物质的量浓度 c_A 表示。(2) 求相应的溶解度系数 H。

解　气相溶质分压 $p_A = 0.3 \times 101.3$ kPa $= 30.39$ kPa。

(1) 依式(6-1)：

$$x^* = \frac{p_A}{E} = \frac{30.39}{1.884 \times 10^5} = 1.61 \times 10^{-4}$$

依式(6-3)，稀溶液以纯水计，取 $\rho = 1000$ kg/m³，$M = 18$ kg/kmol。

$$c_A^* = \frac{x^* \rho}{M} = \frac{1.61 \times 10^{-4} \times 1000}{18} = 8.96 \times 10^{-3} \text{ (kmol/m}^3\text{)}$$

(2) 依式(6-4)：

$$H = \frac{\rho}{EM} = \frac{1000}{1.884 \times 10^5 \times 18} = 2.949 \times 10^{-4} \text{[kmol/(m}^3 \cdot \text{kPa)]}$$

6.2.3　气液相平衡在吸收中的应用

(1) 确定溶质的传质方向与传质推动力

如图 6-8 所示，一定温度及总压下，若已知溶质在气、液两相中的组成分别为 y 与 x，

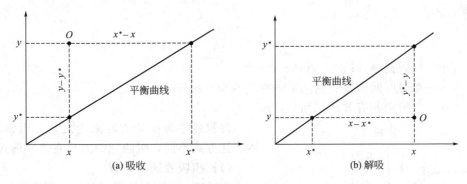

图 6-8 吸收传质方向与推动力

由气液相平衡关系 $y^*=mx$，分别求出与 y 和 x 成平衡的液相和气相组成 x^* 和 y^*。

若用气相浓度判断，则当 $y>y^*$ 时，发生吸收过程，溶质从气相往液相传递，传质推动力若以气相摩尔分数之差表示则为 $y-y^*$；当 $y<y^*$ 时，发生解吸过程，传质推动力则为 y^*-y。

若用液相浓度判断，则当 $x^*>x$ 时，发生吸收过程，传质推动力若以液相摩尔分数之差表示则为 x^*-x；当 $x^*<x$ 时，发生解吸过程，传质推动力则为 $x-x^*$。

（2）确定吸收塔的吸收液及尾气的极限浓度

平衡状态是传质过程进行的极限，吸收塔任何一个截面上气液两相的组成都应满足 $y>y^*$ 或 $x^*>x$，由此可确定逆流操作的吸收塔吸收液及尾气的极限浓度。

组成为 y_1 的混合气从塔底进入吸收塔，组成为 x_2 的吸收剂从塔顶进入吸收塔，则逆流操作时吸收液组成的最大值为 $x_{1\max}=x_1^*$，尾气的最小组成为 $y_{2\min}=y_2^*$。

6.3 吸收过程速率

6.3.1 吸收机理

吸收过程是溶质从气相转移到液相的质量传递过程。其过程包括溶质由气相主体移动到气液接触面、溶入液相和由接触面移动到液相主体等三个步骤。溶质移动可能借助以分子运动方式进行的分子扩散，也可能依靠以流体流动携带作用进行的对流扩散，对这复杂传质过程有各种传质模型提出，1926 年由刘易斯和惠特曼提出的双膜理论是应用较普遍的一种。

双膜理论基本要点：

① 互相接触的气、液两相流体间有一固定界面，界面两侧分别存在着呈层流流动的气膜和液膜，溶质以分子扩散方式穿过两膜层。

② 界面上气液两相互成平衡，界面上没有传质阻力。

③ 膜层外的流体主体内，流体湍动充分，浓度均匀。全部浓度梯度集中在两膜层内。

双膜理论把复杂的相际传质过程简化为气液两膜层的分子扩散，这两膜层构成了吸收过程的主要阻力，溶质以一定的分压差及浓度差克服两膜层的阻力，膜层外几乎不存在阻力。因此双膜理论也可称为双阻力理论。

6.3.2 吸收速率方程

吸收速率是指单位时间内溶质从气相通过单位接触面溶入液相中的物质的量，以 N_A

表示，即：

$$N_A = \frac{dG}{dA} \tag{6-12}$$

式中 N_A——吸收速率，$kmol/(m^2 \cdot s)$；
G——单位时间被吸收的溶质的物质的量，$kmol/s$；
A——气液两相有效接触面积，m^2。

过程速率为推动力与阻力之比。因推动力具体表达方式不同，吸收速率方程有多种形式。

（1）膜吸收速率方程

参见图6-9所示的双膜理论示意图。气相主体中溶质分压均为 p_A，液相主体中溶质的物质的量浓度均为 c_A，气膜内存在溶质分压差（$p_A - p_{Ai}$），液膜内存在溶质的物质的量浓度差（$c_{Ai} - c_A$）。

浓度差推动溶质扩散，浓度差即为溶质移动的推动力，现以 $\frac{1}{k_G}$ 表示气膜层的传质阻力，以 $\frac{1}{k_L}$ 表示液膜层的传质阻力，则溶质通过气膜的速率为：

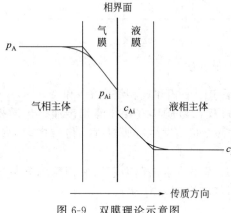

图6-9 双膜理论示意图

$$N_A = \frac{p_A - p_{Ai}}{\frac{1}{k_G}} \tag{6-13}$$

式中 k_G——以分压差表示推动力的气膜吸收系数，$kmol/(m^2 \cdot s \cdot kPa)$。

溶质通过液膜的速率为：

$$N_A = \frac{c_{Ai} - c_A}{\frac{1}{k_L}} \tag{6-14}$$

式中 k_L——以物质的量浓度差表示推动力的液膜吸收系数，$kmol/(m^2 \cdot s \cdot kmol/m^3)$ 或 m/s。

当气液两相的浓度以摩尔分数或摩尔比表示时，相应的膜速率方程分别为：

$$N_A = \frac{y - y_i}{\frac{1}{k_y}} = \frac{Y - Y_i}{\frac{1}{k_Y}} \tag{6-15}$$

式中，k_y、k_Y 称为气膜吸收系数，单位均为 $kmol/(m^2 \cdot s)$。低浓度时 $k_Y \approx k_y = pk_G$。

$$N_A = \frac{x_i - x}{\frac{1}{k_x}} = \frac{X_i - X}{\frac{1}{k_X}} \tag{6-16}$$

式中，k_x、k_X 称为液膜吸收系数，单位均为 $kmol/(m^2 \cdot s)$。低浓度时 $k_X \approx k_x = ck_L$。

（2）总吸收速率方程

若吸收推动力用一相操作状态偏离其相平衡的差距表示，则为总吸收速率方程。

以 * 表示达到相平衡，则有气相总吸收速率方程：

$$N_A = \frac{p_A - p_A^*}{\frac{1}{K_G}} = \frac{y - y^*}{\frac{1}{K_y}} = \frac{Y - Y^*}{\frac{1}{K_Y}} \tag{6-17}$$

式中，K_G、K_y、K_Y 为分别以气相分压、摩尔分数、摩尔比表示吸收推动力的总传质系数，或总吸收系数，$kmol/(m^2 \cdot s \cdot kPa)$、$kmol/(m^2 \cdot s)$、$kmol/(m^2 \cdot s)$。低浓度时 $K_Y \approx K_y = pK_G$。

液相总吸收速率方程：

$$N_A = \frac{c_A^* - c_A}{\dfrac{1}{K_L}} = \frac{x^* - x}{\dfrac{1}{K_x}} = \frac{X^* - X^*}{\dfrac{1}{K_X}} \tag{6-18}$$

式中，K_L、K_x、K_X 为分别以液相溶质物质的量浓度、摩尔分数、摩尔比表示吸收推动力的总传质系数，或总吸收系数，$kmol/(m^2 \cdot s \cdot kmol/m^3)$ 即 m/s、$kmol/(m^2 \cdot s)$、$kmol/(m^2 \cdot s)$。低浓度时 $K_X \approx K_x = cK_L$。

总吸收系数包纳着吸收过程的各种阻力因素。

吸收操作中最常用的速率方程是以 $Y - Y^*$ 为推动力表示的总吸收速率方程，即：

$$N_A = \frac{Y - Y^*}{\dfrac{1}{K_Y}} = K_Y(Y - Y^*) \tag{6-19}$$

6.3.3 总吸收系数与膜系数关系

稳态操作时，气膜速率等于液膜速率，也就是吸收速率，即有：

$$\frac{p_A - p_{Ai}}{\dfrac{1}{k_G}} = \frac{c_{Ai} - c_A}{\dfrac{1}{k_L}} = \frac{p_A - p_A^*}{\dfrac{1}{K_G}} \tag{6-20}$$

设相平衡关系符合亨利定律即 $p_A^* = \dfrac{c_A}{H}$，又依双膜理论要点②，界面上气液平衡，$p_{Ai} = \dfrac{c_{Ai}}{H}$，则上式可改为：

$$\frac{p_A - p_{Ai}}{\dfrac{1}{k_G}} = \frac{\dfrac{c_{Ai} - c_A}{H}}{\dfrac{1}{Hk_L}} = \frac{p_A - p_A^*}{\dfrac{1}{K_G}} \tag{6-21}$$

整理得：

$$\frac{1}{K_G} = \frac{1}{k_G} + \frac{1}{Hk_L} \tag{6-22}$$

同理可得：

$$\frac{1}{K_y} = \frac{1}{k_y} + \frac{m}{k_x}, \frac{1}{K_Y} = \frac{1}{k_Y} + \frac{m}{k_X} \tag{6-23}$$

$$\frac{1}{K_L} = \frac{1}{k_L} + \frac{H}{k_G}, \frac{1}{K_x} = \frac{1}{k_x} + \frac{1}{mk_y}, \frac{1}{K_X} = \frac{1}{k_X} + \frac{1}{mk_Y} \tag{6-24}$$

比较式（6-22）~式(6-24)有：

$$K_G = HK_L, K_x = mK_y, K_X = mK_Y \tag{6-25}$$

综上所述，可以了解到：

① 传质膜系数 k 与总系数 K 的关系，就类同传热中对流传热系数 α 与总传热系数 K 的关系。

② 式(6-22)为阻力串联,当 $\frac{1}{k_G} \gg \frac{1}{Hk_L}$,表明速率主要取决于气膜阻力,吸收过程为气膜控制过程,当 $\frac{1}{Hk_L} \gg \frac{1}{k_G}$,则吸收过程为液相控制过程。

从单位角度看,式(6-22)中的 H 相当于将液膜阻力由液相单位改为气相单位的换算系数。

③ 由 $K_Y \approx K_y = pK_G$ 及式(6-22)知,p 大及 H 大可增大 K_Y,说明高压低温不仅有利于吸收相平衡,大多也有利于提高吸收速率(但对升温会显著提高 k_L 的液膜控制的吸收或化学吸收,升温则可能加快吸收速率)。

某些吸收操作揭示,k_G 正比于气体质量流速的 0.8 次方,k_L 正比于液体流速的 0.67 次方。尽管操作条件不同,具体结论有所上下,但都表明流速是影响膜系数的主要因素之一。

可查阅有关资料,通过扩散过程推导,或由经验公式、准数关联式估算膜系数,进而求总传质系数。也可由实验测定或由同类相近生产操作中直接获取总传质系数。

【例 6-2】 在总压 101.3kPa、27℃时用水吸收空气中的甲醇蒸气,相平衡关系服从亨利定律,溶解度系数 $H=1.98\text{kmol}/(\text{m}^3 \cdot \text{kPa})$,两膜传质系数 $k_G=5.67\times10^{-2}\text{kmol}/(\text{m}^2 \cdot \text{h} \cdot \text{kPa})$、$k_L=0.075\text{m}/\text{h}$。试求:(1) 气膜阻力在总阻力中所占比例。(2) 总传质系数 K_Y。

解

(1) $\dfrac{\frac{1}{k_G}}{\frac{1}{K_G}}\times100\% = \dfrac{\frac{1}{k_G}}{\frac{1}{k_G}+\frac{1}{Hk_L}}\times100\% = \dfrac{\frac{1}{5.67\times10^{-2}}}{\frac{1}{5.67\times10^{-2}}+\frac{1}{1.98\times0.075}}\times100\%$

$= 0.724\times100\% = 72.4\%$

(2) $\dfrac{1}{K_Y} = \dfrac{1}{pK_G} = \dfrac{1}{p}\left(\dfrac{1}{k_G}+\dfrac{1}{Hk_L}\right) = \dfrac{1}{101.3}\times\left(\dfrac{1}{5.67\times10^{-2}}+\dfrac{1}{1.98\times0.075}\right)$

得:$K_Y = 4.16\text{kmol}/(\text{m}^2 \cdot \text{h}) = 1.15\times10^{-3}\text{kmol}/(\text{m}^2 \cdot \text{s})$

6.4 吸收塔计算

吸收塔的计算可分为设计型和操作型。设计型计算是给定条件下,设计出达到工艺要求所需的吸收塔。操作型计算是针对已有吸收塔,依所给定操作条件求算吸收效果;或按所需要吸收效果,确定操作条件。两类计算的具体方法步骤有所不同,但其基本原理和所应用的关系式都一样。

本节以填料塔吸收过程计算为主要内容。

6.4.1 吸收塔物料衡算

图 6-10 为化工生产中大多采用的稳态操作逆流吸收塔示意图。吸收过程中,混合气体中惰性组分 B 的摩尔流量 $V(\text{kmol/s})$ 不变,液体中溶剂 S 的摩尔流量 $L(\text{kmol/s})$ 也可视为不变(忽略溶剂 S 的挥发)。为方便计算,以摩尔比 Y 表示气相中溶质浓度,以摩尔比 X 表示液相中溶质浓度。

参照图 6-10,从塔底端截面 1 到塔顶端截面 2,作全塔吸收过程溶质组分的物料衡算,有:

$$VY_1 + LX_2 = VY_2 + LX_1 \quad (6-26)$$

整理得：

$$\frac{L}{V} = \frac{Y_1 - Y_2}{X_1 - X_2} \quad (6-27)$$

沿整个塔 L/V 为常数，因此，在塔中任一截面 m—n 处将塔分为上下两段，对下半段或对上半段作物料衡算，则可得出与式 (6-27) 相同形式的方程：

$$\frac{L}{V} = \frac{Y_1 - Y}{X_1 - X} \text{ 或 } \frac{L}{V} = \frac{Y - Y_2}{X - X_2} \quad (6-28)$$

即：

$$Y = \frac{L}{V}X + \left(Y_1 - \frac{L}{V}X_1\right) \text{ 或 } Y = \frac{L}{V}X + \left(Y_2 - \frac{L}{V}X_2\right) \quad (6-29)$$

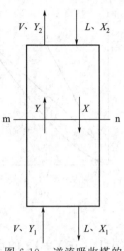

图 6-10 逆流吸收塔的物料衡算

式中　V——通过塔的惰性气体组分的摩尔流量，kmol/s；
　　　L——通过塔的吸收剂的摩尔流量，kmol/s；
Y_1、Y_2、Y——进塔、出塔和 m—n 截面处气体中溶质 A 的摩尔比，kmol(A)/kmol(B)；
X_1、X_2、X——出塔、进塔和 m—n 截面处液体中溶质 A 的摩尔比，kmol(A)/kmol(B)。

式 (6-29) 表达了操作过程中塔内任一截面上气液两相组成之间的关系，称为操作线方程。

在以 Y 为纵坐标、X 为横坐标的直角坐标图上，吸收操作线方程可标绘成一条斜率为 L/V 的直线，见图 6-11 中的 TB 线。

将相平衡关系也采用摩尔比关系的表达式 $Y^* = f(X)$，并将它和吸收操作线标绘在同一坐标图上，见图 6-11。由于吸收操作时，塔内任一截面上溶质在气相中的浓度必须高于平衡浓度，即吸收操作线应位于相平衡线的上方。两线间的垂直距离为气相实际组成与平衡组成的差距（$Y - Y^*$），就是吸收过程速率的推动力，水平距离（$X^* - X$）即是以液相浓度差表示的推动力。

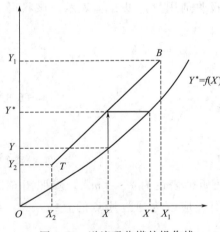

图 6-11 逆流吸收塔的操作线

6.4.2 吸收剂用量的确定

设计计算时，气体的处理量、组成和所用吸收剂组成都为条件规定，即 V、Y_1 和 X_2 为已知。

出塔尾气中溶质浓度 Y_2 值，可能是工艺要求直接规定，或由依据工艺要求的溶质吸收率 η 来确定。吸收率的定义为：

$$\eta = \frac{\text{被吸收的溶质的量}}{\text{进塔气中溶质的量}} = \frac{V(Y_1 - Y_2)}{VY_1} = 1 - \frac{Y_2}{Y_1} \quad (6-30)$$

得：

$$Y_2 = Y_1(1 - \eta) \quad (6-31)$$

吸收剂的用量有待确定。

参阅图 6-12，在 Y_2、X_2 已知的情况下，操作线的一个端点 T 已固定；已知 Y_1，则另

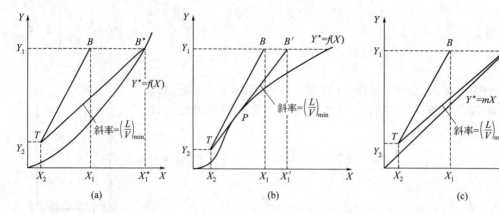

图 6-12 吸收剂用量的求取

一端点 B 在 $Y=Y_1$ 的水平线上移动，B 点的横坐标将取决于操作线的斜率 L/V。

V 为给定量，当吸收剂用量减少，斜率 L/V 就变小，使出塔吸收液中溶质浓度 X_1 增大，而吸收推动力减小。当吸收剂用量减少到使操作线与相平衡线出现相碰时，对图 6-12(a) 的一般相平衡线情况，相碰点为 B^* 点，对图 6-12(b) 形状的相平衡线情况，相碰点为切点 P，在相碰点 B^* 或 P 处则出现吸收推动力等于零，表明吸收操作已不可能进行。

将出现吸收推动力为零时的吸收剂用量称为最小吸收剂用量，以 L_{min} 表示。该状况下的液气比称为最小液气比，以 $(L/V)_{min}$ 表示。

$(L/V)_{min}$ 值可由作图求得（参照图 6-12）：

图 6-12(a) 情况：

$$\left(\frac{L}{V}\right)_{min} = \frac{Y_1 - Y_2}{X_1^* - X_2} \tag{6-32}$$

图 6-12(b) 情况：

$$\left(\frac{L}{V}\right)_{min} = \frac{Y_1 - Y_2}{X_1' - X_2} \tag{6-33}$$

若相平衡关系符合亨利定律 $y^* = mx$，在低浓度可近似表达为 $Y^* = mX$，参照图 6-12(c)，即相平衡线应改为通过原点的直线，$X_1^* = Y_1/m$，则：

$$\left(\frac{L}{V}\right)_{min} = \frac{Y_1 - Y_2}{(Y_1/m) - X_2} \tag{6-34}$$

实际操作的 L/V 必须大于 $(L/V)_{min}$。L/V 大，吸收推动力大，从而可降低塔高、减少设备费。但 L/V 大，吸收剂耗量、液体输送功率和吸收剂再生系统费用要增大。所以 L/V 具体数值取决于经济核算，以及顾及两相有效接触的需要，按经验通常取：

$$\frac{L}{V} = (1.1 \sim 2.0)\left(\frac{L}{V}\right)_{min} \tag{6-35}$$

即：

$$L = (1.1 \sim 2.0) L_{min} \tag{6-36}$$

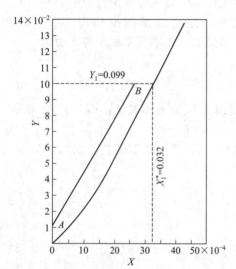

例 6-3 附图

【**例 6-3**】 在 101.3kPa、20℃ 状态下，混合气

体流量为1000m³/h，气相中含9%（体积分数）的SO_2，其余均可视为惰性组分。要求用清水吸收除去其中的SO_2，吸收率为95%，取操作时清水用量为最小用量的1.3倍。操作条件下的相平衡曲线如附图所示。试求吸收剂的用量和出塔吸收液中SO_2浓度。

解 （1）计算溶质A组成：

$$y_1 = 0.09$$

$$Y_1 = \frac{y_1}{1-y_1} = \frac{0.09}{1-0.09} = 0.099$$

$$Y_2 = Y_1(1-\eta) = 0.099 \times (1-0.95) = 0.00495$$

（2）计算进塔惰性气体组分的摩尔流量：

$$V = \frac{1000 \times (1-0.09)}{3600 \times 22.4} \times \frac{273}{273+20} = 0.0105 \text{ (kmol/s)}$$

（3）计算最小液气比：

从附图查得与Y_1相平衡的$X_1^* = 0.0032$。

依据式(6-32)：

$$\left(\frac{L}{V}\right)_{min} = \frac{Y_1 - Y_2}{X_1^* - X_2} = \frac{0.099 - 0.00495}{0.0032 - 0} = 29.39$$

（4）计算吸收剂用量：

$$\frac{L}{V} = 1.3 \left(\frac{L}{V}\right)_{min} = 1.3 \times 29.39 = 38.2$$

$$L = V\left(\frac{L}{V}\right) = 0.0105 \times 38.2 = 0.40 \text{ (kmol/s)}$$

$$= 7.22 \text{ (kg/s)} = 26 \times 10^3 \text{ (kg/h)}$$

（5）计算吸收液组成：

依式(6-27)：

$$\frac{L}{V} = \frac{Y_1 - Y_2}{X_1 - X_2}$$

$$X_1 = \frac{Y_1 - Y_2}{L/V} + X_2 = \frac{0.099 - 0.00495}{38.2} + 0 = 0.00262$$

6.4.3 填料层高度的基本计算式

由于吸收速率的推动力沿塔高度方向变化，因此，必须从分析填料层内某一微分高度dZ段着手，如图6-13所示。

已知填料塔截面积为$\Omega(m^2)$，即dZ段装盛填料的体积为$\Omega dZ(m^3)$，若每立方米填料的有效传质面积为$a(m^2/m^3)$，则该微分段填料提供的有效气液接触面积dA为：

$$dA = a\Omega dZ \tag{6-37}$$

该微分段溶质由气相转入液相的物质的量dG为：

$$dG = VdY \tag{6-38}$$

依据吸收速率方程表达式$N_A = \frac{dG}{dA} = K_Y(Y - Y^*)$，则得：

$$\frac{VdY}{a\Omega dZ} = K_Y(Y - Y^*) \tag{6-39}$$

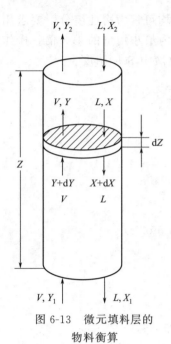

图 6-13 微元填料层的物料衡算

即：

$$dZ = \frac{V}{K_Y a \Omega} \times \frac{1}{Y-Y^*} dY \tag{6-40}$$

V、L、a、Ω 均不随时间及填料高度变化，在低浓度下 $K_Y a$ 也不随塔高变化。对式（6-40）积分，便得出所需填料层高度 Z 的基本算式为：

$$Z = \int_0^Z dZ = \frac{V}{K_Y a \Omega} \int_{Y_2}^{Y_1} \frac{1}{Y-Y^*} dY \tag{6-41}$$

令：

$$H_{OG} = \frac{V}{K_Y a \Omega} \tag{6-42}$$

$$N_{OG} = \int_{Y_2}^{Y_1} \frac{1}{Y-Y^*} dY \tag{6-43}$$

则式（6-41）改写为：

$$Z = H_{OG} N_{OG} \tag{6-44}$$

6.4.4 传质单元高度概念

以 ΔY_m 表示全塔吸收过程推动力 $(Y-Y^*)$ 的平均值，即认为全塔吸收过程是在 ΔY_m 这一推动力下进行，因而：

$$N_{OG} = \int_{Y_2}^{Y_1} \frac{1}{Y-Y^*} dY = \frac{1}{\Delta Y_m} \int_{Y_2}^{Y_1} dY = \frac{Y_1 - Y_2}{\Delta Y_m} \tag{6-45}$$

从式（6-44）可见 H_{OG} 是 N_{OG} 等于 1 时的填料层高度，再由式（6-45）可知只有气相溶质浓度变化等于平均推动力时，才能使 N_{OG} 值为 1，由此得出：

H_{OG} 为气相溶质浓度变化等于平均推动力的一段填料层高度，称为气相总传质单元高度。

N_{OG} 代表所需的全塔填料层高度 Z 相当于气相总传质单元高度 H_{OG} 的倍数，称为气相总传质单元数。

$K_Y a$ 为传质系数与单位体积填料的有效传质面积的乘积，可视为一个完整的物理量，称为气相总体积吸收系数，单位为 $kmol/(m^3 \cdot s)$。

若采用液相溶质浓度表示吸收推动力，同理得到填料层高度计算式：

$$Z = \frac{L}{K_X a \Omega} \int_{X_2}^{X_1} \frac{1}{X^*-X} dX \tag{6-46}$$

$$Z = H_{OL} N_{OL} \tag{6-47}$$

$$H_{OL} = \frac{L}{K_X a \Omega} \tag{6-48}$$

$$N_{OL} = \int_{X_2}^{X_1} \frac{1}{X^*-X} dX \tag{6-49}$$

式中 H_{OL}——液相总传质单元高度，m；

N_{OL}——液相总传质单元数；

$K_X a$——液相总体积传质系数，$kmol/(m^3 \cdot s)$。

6.4.5 传质单元数的解析计算

当相平衡线为直线时，N_{OG} 可用解析式求解。

操作线为直线，若相平衡线也为直线，如图 6-14 所示，则两线间垂直距离（$Y-Y^*$）与 Y 的关系也必为直线关系（水平距离与 Y 的关系亦为直线）。

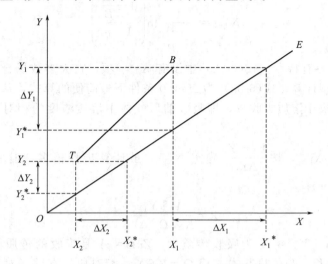

图 6-14 对数平均推动力示意图

将图 6-14 与第 4 章中推导传热平均推动力 Δt_m 算式的图 4-28 相比较，可发现两图的图像完全相同。由 Δt_m 推导结果得知两直线间垂直距离的平均值等于线两端处垂直距离的对数平均值，因此，依据 Δt_m 算式：

$$\Delta t_m = \frac{\Delta t_1 - \Delta t_2}{\ln \dfrac{\Delta t_1}{\Delta t_2}}$$

无须另行推导，便能类比得出计算吸收推动力平均值的算式：

$$\Delta Y_m = \frac{\Delta Y_1 - \Delta Y_2}{\ln \dfrac{\Delta Y_1}{\Delta Y_2}} = \frac{(Y_1 - mX_1) - (Y_2 - mX_2)}{\ln \dfrac{Y_1 - mX_1}{Y_2 - mX_2}} \tag{6-50}$$

将式(6-50)代入式(6-45)，则得计算传质单元数的解析式：

$$N_{OG} = \frac{Y_1 - Y_2}{\Delta Y_m} = \frac{Y_1 - Y_2}{(Y_1 - mX_1) - (Y_2 - mX_2)} \ln \frac{Y_1 - mX_1}{Y_2 - mX_2} \tag{6-51}$$

为计算应用方便，常将式(6-51)整理为多种形式：

① 依据物料衡算式(6-27)，$X_1 = \dfrac{V}{L}(Y_1 - Y_2) + X_2$，并在式(6-51)中 ln 分子项加上 $\dfrac{m^2 V}{L}X_2 - \dfrac{m^2 V}{L}X_2$，则经整理式(6-51)可改写为：

$$N_{OG} = \frac{1}{1 - \dfrac{mV}{L}} \ln \left[\left(1 - \frac{mV}{L}\right) \frac{Y_1 - mX_2}{Y_2 - mX_2} + \frac{mV}{L} \right] \tag{6-52}$$

式中 mV/L——脱吸因数，为相平衡线与操作线两线斜率之比，其倒数 $L/(mV)$ 称为吸收因数。

② 若采用纯溶剂吸收，$X_2 = 0$，并指定吸收剂实际用量与最小用量之比（$L/L_{\min}$）= B 时，按吸收率 η 定义及依据物料衡算与相平衡可解出 $\dfrac{mV}{L} = \dfrac{1}{B\eta}$、$\dfrac{Y_1}{Y_2} = \dfrac{1}{1-\eta}$，将其代入式(6-

52)，则得：

$$N_{OG} = \frac{1}{1-\frac{1}{B\eta}} \ln\left(\frac{1-\frac{1}{B}}{1-\eta}\right) \tag{6-53}$$

上述 N_{OG} 算式各有特点。式(6-52)中没有 X_1 一项，在大多数场合应用都较方便，尤其是用于吸收操作型计算。式(6-53)为 $X_2=0$ 条件下最简便的算式，从算式可清楚了解到 N_{OG} 的大小主要取决于溶质吸收率，即吸收前后气体中溶质浓度的相对变化程度，而不是吸收的溶质量。

若由计算出的 ΔY_m，按 $\frac{Y_1-Y_2}{\Delta Y_m}$ 确定 N_{OG}，虽计算步骤稍多，但所得填料层高表达式为：

$$Z = \frac{V}{K_Y a \Omega} \frac{Y_1-Y_2}{\Delta Y_m} \tag{6-54}$$

由于式中 $V(Y_1-Y_2)=G$ 为吸收传质量，$Za\Omega = A$ 是吸收的传质面积，则得到 $G = K_Y A \Delta Y_m$ 的传质方程，与传热基本方程 $Q = KS\Delta t_m$ 相对应，有助于对两种传递过程的比较，加深对传质的理解。

对于 $mV/L=1$，即相平衡线与操作线相平行的情况，两线距离不随吸收过程变化，$\Delta Y_m = Y_1 - mX_1 = Y_2 - mX_2$，则：

$$N_{OG} = \frac{Y_1-Y_2}{Y_2-mX_2} = \frac{Y_1-mX_2}{Y_2-mX_2} - 1 \tag{6-55}$$

【例 6-4】 在填料塔中，于 101.3kPa、27℃操作条件下，用三乙醇胺水溶液逆流吸收除去烃类化合物混合气中的 H_2S。入塔混合气中含 2.91%（体积分数）的 H_2S，要求吸收率达 99%，进塔吸收剂中不含 H_2S，吸收剂实际用量为最小用量的 1.153 倍。已知通过塔的惰性组分的摩尔流速 $\frac{V}{\Omega}$ 为 0.0156kmol/(m²·s)，总体积吸收系数 $k_G a$ 为 39.5×10^{-5} kmol/(m³·s·kPa)，操作条件下相平衡关系为 $Y^*=2X$。试求：(1) 出塔吸收液中 H_2S 浓度 X_1；(2) 所需总传质单元数 N_{OG}；(3) 所需填料层高度 Z。

解 (1) 求吸收液浓度 X_1：

依据：

$$\frac{L}{V} = B\left(\frac{L}{V}\right)_{min}$$

$$\frac{Y_1-Y_2}{X_1-X_2} = B\frac{Y_1-Y_2}{X_1^*-X_2}$$

由于：

$$X_2 = 0$$

即有：

$$X_1 = \frac{X_1^*}{B} = \frac{Y_1/m}{B}$$

可见纯溶剂吸收时，溶剂用量为最小用量的 B 倍，出塔吸收液浓度就是平衡浓度的 $1/B$ 倍。

$$Y_1 = \frac{y_1}{1-y_1} = \frac{0.0291}{1-0.0291} = 0.03$$

$$X_1 = \frac{0.03/2}{1.153} = 0.013$$

(2) 求 N_{OG}：

采用式(6-53)：

$$N_{OG}=\frac{1}{1-\frac{1}{B\eta}}\ln\left(\frac{1-\frac{1}{B}}{1-\eta}\right)=\frac{1}{1-\frac{1}{1.153\times 0.99}}\times\ln\left(\frac{1-\frac{1}{1.153}}{1-0.99}\right)=20.86$$

采用式(6-52)：

$$Y_2=Y_1(1-\eta)=0.03\times(1-0.99)=0.0003$$

$$\frac{L}{V}=\frac{Y_1-Y_2}{X_1-X_2}=\frac{0.03_1-0.0003}{0.013-0}=2.285$$

$$N_{OG}=\frac{1}{1-\frac{mV}{L}}\ln\left[\left(1-\frac{mV}{L}\right)\frac{Y_1-mX_2}{Y_2-mX_2}+\frac{mV}{L}\right]$$

$$=\frac{1}{1-\frac{2}{2.285}}\ln\left[\left(1-\frac{2}{2.285}\right)\times\frac{0.03-0}{0.0003-0}+\frac{2}{2.285}\right]$$

$$=20.8$$

采用式(6-50)：

$$\Delta Y_1=Y_1-mX_1=0.03-2\times 0.013=0.004$$

$$\Delta Y_2=0.0003-0=0.0003$$

$$\Delta Y_m=\frac{\Delta Y_1-\Delta Y_2}{\ln\frac{\Delta Y_1}{\Delta Y_2}}=\frac{0.04-0.0003}{\ln\frac{0.04}{0.0003}}=0.00143$$

按式(6-45)：

$$N_{OG}=\frac{Y_1-Y_2}{\Delta Y_m}=\frac{0.03-0.0003}{0.00143}=20.8$$

三种算法一样结果，实际上针对给定数据按方便选一种方法计算即可。取 $N_{OG}=21$。

(3) 求填料层高度 Z：

$$\frac{V}{\Omega}=0.0152\text{kmol/(m}^2\cdot\text{s)}$$

$$K_Ya=pK_Ga=101.3\times 39.5\times 10^{-5}=4\times 10^{-2}[\text{kmol/(m}^2\cdot\text{s)}]$$

$$H_{OG}=\frac{V}{K_Ya\Omega}=\frac{0.0152}{4\times 10^{-2}}=0.38\text{ (m)}$$

$$Z=H_{OG}N_{OG}=0.38\times 21=7.98\text{ (m)}\approx 8\text{ (m)}$$

6.4.6 传质单元数的其他求解法

(1) 传质单元数关系算图

图 6-15 是依据式(6-52)标绘出的传质单元数关系算图。当确定了 mV/L、$(Y_1-mX_2)/(Y_2-mX_2)$ 和 N_{OG} 三项中的两项，则可应用图 6-15 快速地查得第三项，进而计算所求的相应参数。查图难免不够精确，但利用算图于操作型计算显得方便，避免不必要的试差。图 6-15 适用 $mV/L<0.75$，$(Y_1-mX_2)/(Y_2-mX_2)\geqslant 20$ 范围较准确。

(2) 梯级图解法

相平衡线为直线或弯曲度不大的曲线，N_{OG} 可用梯级图解法估算。

在图 6-16 中的相平衡线 OE 曲线与操作线 TB 之间作一条垂直间距的中分线 NM，从

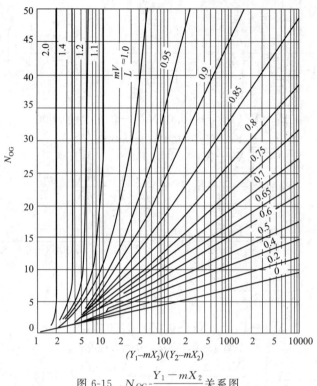

图 6-15 N_{OG}-$\dfrac{Y_1-mX_2}{Y_2-mX_2}$ 关系图

T 点作水平线交于 NM 上的 F 点，并延长 TF 至 F' 使 $FF'=TF$，再从 F' 作垂直线向上交于 TB 线的 A 点。如此画出的 $TF'A$ 三角形就是吸收操作经历了一个传质单元。按同样作法的 $AS'D$、Dji……都经历一个单元。

因为 $F'T=2FT$，由三角形相似关系得出 $AF'=2HF$，而 F 位于中分线上，即 $2HF=HH^*$。所以，表示溶质浓度变化的 AF' 等于代表平均推动力的 HH^*，表明 $TF'A$ 经历一个单元。

从 T 点到 B 所作出三角形数目（即梯级数），就等于 N_{OG}，在图 6-16 上，$N_{OG}\approx 3$。

(3) 图解积分法

图解积分法是求解 N_{OG} 的通用法，是相平衡线为曲线时所常采用的。

如图 6-17 所示，依据操作线和相平衡线的具体数据，在以 Y 为横坐标，$1/(Y-Y^*)$ 为纵坐标的直角坐标上，作出 $1/(Y-Y^*)=f(Y)$ 曲线，则在 Y_1 到 Y_2 之间，

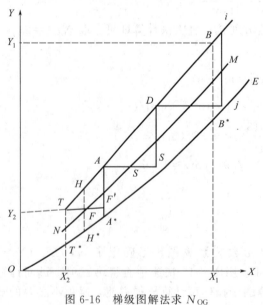

图 6-16 梯级图解法求 N_{OG}

曲线与横坐标所包围的面积就是 $N_{OG}=\displaystyle\int_{Y_2}^{Y_1}\dfrac{1}{Y-Y^*}dY$。高等数学课已讲及，此处不再赘述。

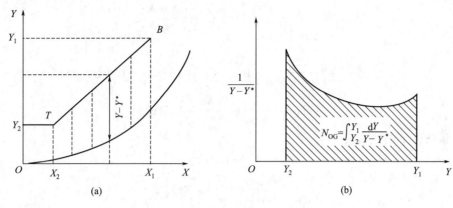

图 6-17 平衡线为曲线时 N_{OG} 的计算

6.4.7 吸收的操作型计算示例

对现有吸收塔，核算某一操作参数改变对吸收效果的影响；或者为达到新的吸收效果，确定操作参数应如何改变，这类操作型计算问题，由于填料层高度固定，H_{OG} 与 N_{OG} 的乘积不变因而可先求出原操作参数下的 N_{OG} 和 H_{OG}，而后以 N_{OG}、H_{OG} 为依据，通过各项新老条件比较，确定新条件下的 N'_{OG} 和 H'_{OG}，最后由 N'_{OG} 求解出可能达到的新吸收效果或应该调节的操作参数值。

【例 6-5】 在填料层高度为 7.53m 的吸收塔中，用清水吸收焦炉气中的氨，焦炉气处理量为 5000m³/h，焦炉气中氨浓度为 10g/m³（标准状况），清水用量为 7110kg/h。氨吸收率达 99%。已知在压强 101.3kPa、平均水温 30℃ 的操作条件下，相平衡关系 $Y^* = 1.2X$，并可认为 $K_G a$ 与气相质量流速的 0.8 次方成正比。

（1）现若将气体处理量增加 20%，为保证原有氨的吸收率，其他操作条件不变，相应的吸收剂清水用量应增大到多少？

（2）当进塔吸收剂改为含氨 0.1%（摩尔分数）的水溶液时，氨的吸收率变为多少？

（3）当水温降为 25℃、相平衡常数变为 0.98 时，氨的吸收率变为多少？

（4）受前道工序影响，焦炉气中氨的浓度变为 12g/m³（标准状况），试分析氨的吸收率有何变化。

解 原有 N_{OG}、H_{OG} 值：

$$y_1 = \frac{\frac{10 \times 10^{-3}}{17}}{\frac{1}{22.4}} = 0.0132$$

$$Y_1 = \frac{y_1}{1-y_1} = \frac{0.0132}{1-0.0132} = 0.0134$$

$$V = \frac{5000 \times (1-0.0132)}{22.4} = 220 \text{ (kmol/h)}$$

$$L = 7110 \div 18 = 395 \text{ (kmol/h)}$$

$$\frac{mV}{L} = \frac{1.2 \times 220}{395} = 0.668$$

$$\frac{Y_1 - mX_2}{Y_2 - mX_2} = \frac{Y_1}{Y_2} = \frac{1}{1-\eta} = \frac{1}{1-0.99} = 100$$

$$N_{OG} = \frac{1}{1-\frac{mV}{L}} \ln\left[\left(1-\frac{mV}{L}\right)\frac{Y_1 - mX_2}{Y_2 - mX_2} + \frac{mV}{L}\right]$$

$$= \frac{1}{1-0.668} \times \ln\left[(1-0.668) \times 100 + 0.668\right] = 10.6$$

$$H_{OG} = \frac{Z}{N_{OG}} = \frac{7.53}{10.6} = 0.71\text{m}$$

(1) 新条件下的 H'_{OG}、N'_{OG} 值：

由 $V' = 1.2V$

$$\frac{K'_Y a}{K_Y a} = \frac{K'_G a}{K_G a} = \left(\frac{V'}{V}\right)^{0.8} = 1.2^{0.8}$$

$$H'_{OG} = \frac{V'}{K'_Y a \Omega} = \frac{1.2V}{1.2^{0.8} K_Y a \Omega} = 1.2^{0.2} H_{OG} = 1.037 H_{OG}$$

$$N'_{OG} = \frac{H_{OG} N_{OG}}{H'_{OG}} = \frac{H_{OG} \times 10.6}{1.037 H_{OG}} = 10.22$$

由 N'_{OG} 求解 L'：

$$N'_{OG} = \frac{1}{1-\frac{mV'}{L'}} \ln\left[\left(1-\frac{mV'}{L'}\right)\frac{Y_1 - mX_2}{Y_2 - mX_2} + \frac{mV'}{L'}\right]$$

$$10.22 = \frac{1}{1-\frac{mV'}{L'}} \ln\left[\left(1-\frac{mV'}{L'}\right) \times 100 + \frac{mV'}{L'}\right]$$

查图 6-15 或试差法可得：

$$\frac{mV'}{L'} = 0.65$$

$$L' = \frac{mV'}{0.65} = \frac{1.2 \times 1.2 \times 220}{0.65} = 487.4 \text{ (kmol/h)} = 8773 \text{ (kg/h)}$$

(2) $x'_2 = 0.001$，浓度很稀，所以 $X'_2 \approx x'_2 = 0.001$。

由题意知气相流量、操作压力、塔截面积 Ω 保持不变，根据 $H_{OG} = \frac{V}{K_Y a \Omega} = \frac{V}{pK_G a \Omega}$ 可得，H_{OG} 保持不变。

因填料层高度 Z 不变，由 $N_{OG} = \frac{Z}{H_{OG}}$ 可得，N_{OG} 保持不变。

吸收操作压力和温度不变，即表明相平衡常数 m 不变。L、V 不变，所以 $\frac{mV}{L}$ 不变。

由 $N_{OG} = \frac{1}{1-\frac{mV}{L}} \ln\left[\left(1-\frac{mV}{L}\right)\frac{Y_1 - mX_2}{Y_2 - mX_2} + \frac{mV}{L}\right]$，得 $\frac{Y_1 - mX_2}{Y_2 - mX_2}$ 不变。代入数据得：

$$\frac{0.0134 - 1.2 \times 0.001}{Y'_2 - 1.2 \times 0.001} = 100$$

求得 $Y'_2 = 0.001322$，即吸收率为：

$$\eta' = \left(1 - \frac{Y'_2}{Y_1}\right) \times 100\% = \left(1 - \frac{0.001322}{0.0134}\right) \times 100\% = 0.901 \times 100\% = 90.1\%$$

可见，当进吸收塔的水含有少量氨后，吸收率 η 比原来减少了 8.9%。

(3) 同问题（2），H_{OG}、N_{OG} 不变。

新工况下，$\dfrac{m'V}{L}=\dfrac{0.98\times 220}{395}=0.546$，代入 N_{OG} 计算式得：

$$\dfrac{1}{1-0.546}\ln\left[(1-0.546)\dfrac{Y_1}{Y_2'}+0.546\right]=10.6$$

求得 $\dfrac{Y_1}{Y_2'}=269.78$，即吸收率为：

$$\eta'=\left(1-\dfrac{Y_2'}{Y_1}\right)\times 100\%=\left(1-\dfrac{1}{269.78}\right)\times 100\%=0.996\times 100\%=99.6\%$$

可见，吸收操作温度下降后吸收率有所上升。

(4) 焦炉气氨含量仅有微小上升，因此结合题意可认为气液流量保持不变，K_Ga 保持不变。

因操作压强、填料层高度 Z、塔截面积 Ω 不变，由 $H_{OG}=\dfrac{V}{K_Ya\Omega}=\dfrac{V}{pK_Ga\Omega}$ 可得，H_{OG}、N_{OG} 不变。

吸收操作温度和压强都不变，即表明相平衡常数 m 不变，脱吸因数 $\dfrac{mV}{L}$ 也保持不变。

由 $N_{OG}=\dfrac{1}{1-\dfrac{mV}{L}}\ln\left[\left(1-\dfrac{mV}{L}\right)\dfrac{Y_1-mX_2}{Y_2-mX_2}+\dfrac{mV}{L}\right]$，得 $\dfrac{Y_1-mX_2}{Y_2-mX_2}$ 不变。

由 $X_2=0$，即 $\dfrac{Y_1-mX_2}{Y_2-mX_2}=\dfrac{Y_1}{Y_2}=\dfrac{1}{1-\eta}$ 不变，所以吸收率 η 保持不变，但因 Y_1 变大，尾气浓度 Y_2 也随着变大。

【例 6-6】 在填料层高度为 4m 的吸收塔中，用清水吸收混合气中的 CO_2，CO_2 的组成为 0.05（摩尔比），其余气体为惰性气体。液气比为 150，吸收率为 95%，操作温度 20℃（此温度时亨利系数 E 为 144MPa），总压为 1.5MPa。若总压改为 2MPa，试计算 CO_2 的吸收率为多少？

解 原有 N_{OG}、H_{OG} 值：

$$m=\dfrac{E}{p}=\dfrac{144}{1.5}=96$$

$$\dfrac{mV}{L}=\dfrac{96}{150}=0.64$$

$$\dfrac{Y_1-mX_2}{Y_2-mX_2}=\dfrac{Y_1}{Y_2}=\dfrac{1}{1-\eta}=\dfrac{1}{1-0.95}=20$$

$$N_{OG}=\dfrac{1}{1-\dfrac{mV}{L}}\ln\left[\left(1-\dfrac{mV}{L}\right)\dfrac{Y_1-mX_2}{Y_2-mX_2}+\dfrac{mV}{L}\right]=\dfrac{1}{1-0.64}\times\ln[(1-0.64)\times 20+0.64]=5.72$$

$$H_{OG}=\dfrac{Z}{N_{OG}}=\dfrac{4}{5.72}=0.70(\text{m})$$

新条件下的 H_{OG}'、N_{OG}' 值：

由题意知气液相流量、塔截面积 Ω 保持不变，根据传质单元高度 $H_{OG}=\dfrac{V}{K_Ya\Omega}=\dfrac{V}{pK_Ga\Omega}$ 可得 $H_{OG}\propto\dfrac{1}{p}$，即有：

$$H'_{OG} = H_{OG} \frac{p}{p'} = 0.70 \times \frac{1.5}{2} = 0.525 \text{ (m)}$$

传质单元数为：

$$N'_{OG} = \frac{Z}{H'_{OG}} = \frac{4}{0.525} = 7.62$$

相平衡常数为：$m' = \dfrac{E}{p'} = \dfrac{144}{2} = 72$

$$\frac{m'V}{L} = \frac{72}{150} = 0.48$$

代入 N_{OG} 计算式有：

$$\frac{1}{1-0.48} \ln\left[(1-0.48)\frac{Y_1}{Y'_2} + 0.48\right] = 7.62$$

求得 $\dfrac{Y_1}{Y'_2} = 100.2$，即吸收率为：

$$\eta' = \left(1 - \frac{Y'_2}{Y_1}\right) \times 100\% = \left(1 - \frac{1}{100.2}\right) \times 100\% = 0.99 \times 100\% = 99\%$$

6.4.8 解吸塔的计算

把溶液里的溶质气体释放出来的过程称为解吸。化工中常采用解吸使吸收剂再生，而得以循环使用。

图 6-18(a) 为逆流操作的解吸塔，不与组分发生化学作用的解吸气体（空气、水蒸气或其他气体）从塔底进入，要解吸的溶液从塔顶加入，解吸出来的溶质混于解吸气体中从塔顶排出，除去溶质的溶液由塔底引出。若溶质不溶于水，可以水蒸气为解吸气体，塔顶排出的混合气经冷凝后分层，即得到所分离出来的纯净溶质。

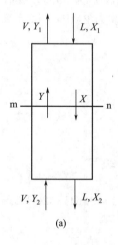
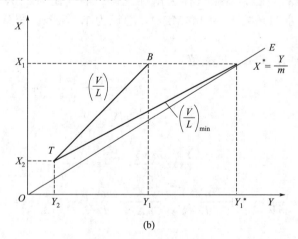

图 6-18 解吸操作示意图

吸收设备同样适用于解吸。通过类比，可仿效吸收操作，方便地得出解吸操作的相应算式。

吸收与解吸都是为了从流体分离出溶质，只是吸收处理的流体是气体，而解吸处理的流体是液体。吸收塔高浓度端在塔底，而解吸塔高浓度端在塔顶。为便于比较，将解吸塔顶截面取为 1 截面，塔底端面取为 2 截面，又相当于以液体当作吸收中的气体看待，将操作线和

相平衡标绘于以 X 为纵坐标、Y 为横坐标的直角坐标上,则得图 6-18(b)。

解吸得以进行,液相溶质浓度应大于相平衡浓度,在 X-Y 坐标图上,解吸操作线必在相平衡线上方(若在 Y-X 坐标图上,解吸操作线在相平衡下方)。

将图 6-18(b) 的吸收情况与图 6-12(c) 相对照比较,两图形态完全一样,由此得出:将解吸操作中的液体看为吸收操作中的气体,则吸收中的算式完全可以引用到解吸计算中,只是符号相应更替而已〔参照图 6-12(c) 和图 6-18 中符号〕。

吸收中最小液气比:

$$\left(\frac{L}{V}\right)_{\min} = \frac{Y_1 - Y_2}{X_1^* - X_2}$$

则解吸中最小气液比:

$$\left(\frac{V}{L}\right)_{\min} = \frac{X_1 - X_2}{Y_1^* - Y_2} \tag{6-56}$$

吸收中气相总传质单元数 N_{OG}:

$$N_{OG} = \frac{1}{1 - \frac{mV}{L}} \ln\left[\left(1 - \frac{mV}{L}\right)\frac{Y_1 - mX_2}{Y_2 - mX_2} + \frac{mV}{L}\right]$$

则解吸中液相总传质单元数 N_{OL}:

$$N_{OL} = \frac{1}{1 - \frac{L}{mV}} \ln\left[\left(1 - \frac{L}{mV}\right)\frac{X_1 - \frac{Y_2}{m}}{X_2 - \frac{Y_2}{m}} + \frac{L}{mV}\right] \tag{6-57}$$

吸收中填料层高度计算式:

$$Z = H_{OG} N_{OG} = \frac{V}{K_Y a \Omega} N_{OG}$$

则解吸中填料层高度计算式为:

$$Z = H_{OL} N_{OL} = \frac{L}{K_X a \Omega} N_{OL} \tag{6-58}$$

这些计算式同样都可从数学推导得到证明。

【例 6-7】 用洗油吸收焦炉气中的芳烃,吸收剂经解吸再生循环使用。已知洗油流量为 7kmol/h,入塔洗油中溶质摩尔比为 0.12,用水蒸气为解吸气体对洗油逆流解吸,要求解吸后洗油中溶质摩尔比不高于 0.005。在 101.3kPa,120℃ 操作条件相平衡关系为 $Y^* = 3.16X$,操作使 $\frac{V}{L} = 1.5\left(\frac{V}{L}\right)_{\min}$,液相总体积传质系数 $K_X a = 30$kmol/(m³·h)。(1) 求水蒸气用量;(2) 若塔径为 0.7m,填料层高为多少?

解 (1) $\dfrac{V}{L} = 1.5\left(\dfrac{V}{L}\right)_{\min} = 1.5\dfrac{X_1 - X_2}{Y_1^* - Y_2} = 1.5 \times \dfrac{0.12 - 0.005}{3.16 \times 0.12 - 0} = 0.455$

$V = 0.455L = 0.455 \times 7 = 3.185$ (kmol/h) $= 3.185 \times 18$ (kg/h) $= 57.3$ (kg/h)

(2) $N_{OL} = \dfrac{1}{1 - \dfrac{L}{mV}} \ln\left[\left(1 - \dfrac{L}{mV}\right)\dfrac{X_1 - \dfrac{Y_2}{m}}{X_2 - \dfrac{Y_2}{m}} + \dfrac{L}{mV}\right]$

$= \dfrac{1}{1 - \dfrac{1}{3.16 \times 0.455}} \times \ln\left[\left(1 - \dfrac{1}{3.16 \times 0.455}\right) \times \dfrac{0.12}{0.005} + \dfrac{1}{3.16 \times 0.455}\right] = 6.85$

$$Z = \frac{L}{K_X a \Omega} N_{OL} = \frac{7}{30 \times \frac{\pi}{4} \times 0.7^2} \times 6.85 = 4.15 (m)$$

6.4.9 理论塔板数的计算

当用少量液体为吸收剂处理大量气体时，或者在吸收过程中需随时移出大量热量等情况下，吸收操作宜在板式塔中进行。

能使气液两相通过在塔板上相互接触而达到相平衡效果的塔板，称为理论塔板。就是说，离开理论塔板的气液两相是互为平衡的。在确定了吸收的相平衡关系线与操作线之后，则可以仿效"蒸馏"一章中介绍的方法，在相平衡线与操作间画梯级的图解法求取理论塔板数。这里暂不另行讲述。

6.5 填料塔

6.5.1 填料塔的结构与操作

图 6-19 为填料塔示意图，塔身是一直立圆筒，两端有封头，塔内底部装有支承板，填料乱堆或整齐堆砌放置在支承板上。液体从塔顶经分布器淋到填料上，自上而下沿填料表面流动。气体从塔底通入，自下而上流过填料层的空隙，在填料层中气、液两相互相接触进行传热与传质。

由于液体沿乱堆填料层下流时有流向塔壁的趋势，因此，当填料层高度较高时常将其分段，段间设液体再分布器，使流向壁的液体导流回填料层。

图 6-19 填料塔结构简图
1—气体入口；2—液体出口；3—支承栅板；4—液体再分布器；5—塔壳；6—填料；7—填料压网；8—液体分布装置；9—液体入口；10—气体出口

6.5.2 填料特性

填料层是实现气液接触的场所。填料要有大的表面积，表面润湿性能要好，以最大程度提供传质有效面积；填料要有高空隙率可容许气、液大流量低阻力通过；填料结构应有利于促进流体湍动以降低传质阻力；此外，填料需有一定的机械强度和适应物性的耐腐蚀性。填料的主要特性数据有：

① 比表面 σ　单位体积填料层所具有的表面积（m^2/m^3），若表面润湿良好，则 σ 接近气液有效接触面积 a（m^2/m^3）。

② 孔隙率 ε　单位体积填料层具有的空隙体积（m^3/m^3）。

③ 干填料因子 σ/ε^3 及填料因子 ϕ　σ/ε^3 是填料比表面积与空隙率的复合量，反映填料几何形状特征对流体力学性能的影响。ϕ 是有液体通过时，部分空隙被液体所占据情况下的填料因子，能更准确地反映填料形状对流体力学的影响。ϕ 值和 σ/ε^3 值都需实验测定。

④ 单位填料层体积中填料个数 n　n 与填料大小有关。小填料相应的 n、σ 大，但 ε 小阻力大；填料过大，塔壁与

填料之间空隙大，易造成气体短路，影响分布，为此填料尺寸不应大于塔径的 1/10～1/8。n 是个统计数，还与塔径、装填方式及使用时间等有关。

⑤ 堆积密度ρ_P　单位填料层体积具有的质量（kg/m³）。

6.5.3　常用填料

填料种类繁多，较常用的有图 6-20 所示的几种。

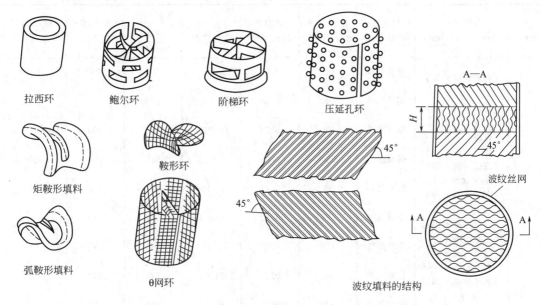

图 6-20　各种填料

① 拉西环　是外径与高度相等的圆环，常用尺寸为 25～75mm。直径在 50mm 以下的都采用乱堆，尺寸大的可整砌堆放。其材料可为陶瓷、塑料、金属等。由于结构简单、价低，仍为一些工厂所采用。

② 鲍尔环与阶梯环　鲍尔环侧壁开有两层长方形窗口，被切开环壁形成向环内弯曲的叶片，增大气液通道可降低压降，又有利于液体分布。阶梯环可视为改进后的鲍尔环，其环高仅为环径的一半，圆环一端有向外卷的喇叭口，比表面和空隙率都较大，填料个体呈点接触可使液膜不断更新，提高传质效率。

③ 鞍形填料　是一种没有内表面的填料，填料面积的利用率好，气流压降也较小，填料加工较鲍尔环容易。

④ 金属鞍形填料　综合了环形填料流通量较大和鞍形填料液体再分布性能较好的两种优点，全部表面被有效利用，流体湍动程度好，性能良好，特适用于真空操作。

⑤ 压延孔环、θ网环和鞍形网填料　压延孔环是由轧有小刺孔的厚 0.1mm 左右的薄不锈钢带制成的，尺寸 ϕ3～10mm。由 60～100 目不锈钢丝网或铜网制成的 θ 网环和鞍形网填料也是性能相近的高效填料，常使用于小塔中。

⑥ 波纹填料　波纹填料是由许多波纹薄片组成的一种规整填料。由多片高度相同但长短不等的波纹薄片搭配组合成圆盘状，波纹与水平方向成 45°，相邻两片反向重叠使其波纹互相垂直。圆盘直径略小于塔内径，圆盘填料逐盘水平放入塔内，从支承板一直叠放到塔顶，上下两盘的波纹薄片互成 90°。

波纹填料的波纹薄片，可以是由薄板或有钻孔、压延孔的薄板加工而成的波纹板，也可以是由金属丝网加工而成的波纹丝网,即有板波纹填料与网波纹填料之分。

可以依据操作温度及物料腐蚀性的不同要求,选用适用的填料材料。

波纹填料空隙率大、通量大、阻力小、比表面大、表面利用率高,是一种高效、规则的填料,但价格较高,也不适用于有沉淀物的系统。

表 6-2 列有若干填料的特性数据。

表 6-2 填料特性

填料名称	尺寸 /mm×mm×mm	材质及堆积方式	比表面积 $\sigma/(m^2/m^3)$	空隙率 $\varepsilon/(m^3/m^3)$	每立方米填料个数	堆积密度 $\rho_P/(kg/m^3)$	干填料因子 $(\sigma/\varepsilon^3)/m^{-1}$	填料因子 ϕ/m^{-1}
拉西环	10×10×1.5（直径×高×厚）	瓷质乱堆	440	0.70	720×10³	700	1280	1500
	10×10×0.5（直径×高×厚）	钢质乱堆	500	0.88	800×10³	960	740	1000
	25×25×2.5（直径×高×厚）	瓷质乱堆	190	0.78	49×10³	505	400	450
	25×25×0.8（直径×高×厚）	钢质乱堆	220	0.92	55×10³	640	290	260
	50×50×4.5（直径×高×厚）	瓷质乱堆	93	0.81	6×10³	457	177	205
	50×50×4.5（直径×高×厚）	瓷质乱堆	124	0.72	8.83×10³	673	339	
	50×50×1（直径×高×厚）	钢质乱堆	110	0.95	7×10³	430	130	175
	80×80×9.5（直径×高×厚）	瓷质乱堆	76	0.68	1.91×10³	714	243	280
	76×76×1.5（直径×高×厚）	钢质乱堆	68	0.95	1.87×10³	400	80	105
鲍尔环	25×25（直径×高）	瓷质乱堆	220	0.76	48×10³	505		300
	25×25×0.6（直径×高×厚）	钢质乱堆	209	0.94	61.1×10³	480		160
	25(直径)	塑料乱堆	209	0.90	51.1×10³	72.6		170
	50×50×4.5（直径×高×厚）	瓷质乱堆	110	0.81	6×10³	457		130
	50×50×0.9（直径×高×厚）	钢质乱堆	103	0.95	6.2×10³	355		66
阶梯环	25×12.5×1.4（直径×高×厚）	塑料乱堆	223	0.90	81.5×10³	97.8		172
	33.5×19×1.0（直径×高×厚）	塑料乱堆	132.5	0.91	27.2×10³	57.5		115
弧鞍形	25(直径)	瓷质	252	0.69	78.1×10³	725		360
	25(直径)	钢质	280	0.83	88.5×10³	1400		
	50(直径)	钢质	106	0.72	8.87×10³	645		148
矩鞍形	25×3.3（名义尺寸×厚）	瓷质	258	0.775	84.6×10³	548		320
	50×7（名义尺寸×厚）	瓷质	120	0.79	9.4×10³	532		130
θ网环	8×8(直径×高)	镀锌铁丝网	1030	0.936	2.12×10³	490	40目,丝径0.23～0.25mm	
鞍形网	10(直径)	丝网	1100	0.91	4.56×10³	340	60目,丝径0.152mm	
压延孔环	6×6		1300	0.96	10.2×10³	355		

6.5.4 气、液两相逆流通过填料层的流动状况

当气体自下而上、液体自上而下逆向通过一定高度的填料层时,在不同的液流量 L 下测定气体通过填料层的压降 Δp 与气体空塔气速 u 的关系,可以在双对数坐标上得出图6-21所示的曲线。

当液体喷淋量 $L=0$ 时,Δp 与 u 的关系为一直线,其斜率为1.8～2,Δp 与 u 的1.8～2次方成比例,与流体按湍流方式通过管道时 Δp 与 u 的关系类似。

当有喷淋液 $L>0$ 时,Δp 与 u 关系变为曲线,曲线上有两个转折点,如 $L=L_1$ 时的 A_1、B_1,$L=L_2$ 时的 A_2、B_2……

现以 $L=L_1$ 曲线为例,对转折点所反映情况加以分析:

当气速未达到 A_1 点对应的气速时,气流对向下流的液体几乎无牵制作用,填料层持液量不变使通道不变,与气体通过通道固定的干填料层一样,Δp 仍与 u 的1.8～2次方成比例,

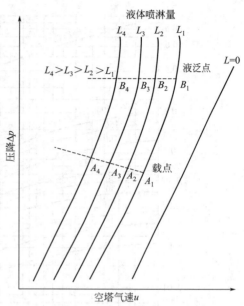

图6-21 填料层的 Δp-u 关系

即两关系线相平行,只不过液流量占去部分气流通道,$L>0$ 的关系线必在 $L=0$ 关系线的左侧。L 越大其关系线越靠左。

当气速超过 A_1 点气速后,气流开始对液流产生阻滞作用,填料层持液量随气速增大而增多,气流通道亦随之减小,气流在空隙中的实际速度不但随空塔气速 u 的增加而增大,而且还随通道减小而增大,所以 Δp-u 关系线斜率开始大于2。从 A_1 点操作状态开始出现拦液现象,称 A_1 为载点。

当气速达到 B_1 点对应的气速时,因填料层持液量随气速上升而增大,使填料层中的液体变为连续相,气体转为分散相呈气泡形式穿过液层。空塔气速少许增加便会引起阻力猛增,表现为曲线直线上升。这时液流受阻塞发生液泛,B 点称为泛点,泛点状态相应的气体空塔气速称为泛点气速。

气速超过泛点气速后,气流脉动,大量液体被气体从塔顶带出。泛点气速作为填料塔操作气速的上限。

实验表明,在载点与泛点之间的空塔气速下操作,气液两相湍动剧烈,接触良好,传质效率高。

工程上较常采用埃克特(Eckert)通用关联图来计算填料塔的泛点气速。关联图如图6-22所示,它以 $\dfrac{w_L}{w_V} \times \left(\dfrac{\rho_V}{\rho_L}\right)^{0.5}$ 为横坐标,以 $\dfrac{u^2 \phi \psi \rho_V \mu_L^{0.2}}{g \rho_L}$ 为纵坐标。

图(图6-22)中　u——空塔气速,m/s;
　　　　　　　ϕ——填料因子,m^{-1};
　　　　　　　ψ——水密度与操作液体密度之比,$\psi = \dfrac{\rho_W}{\rho_L}$;
　　　　　　　ρ_V、ρ_L——气体与液体的密度,kg/m³;

μ_L ——液体黏度，$mPa \cdot s$；

w_V、w_L ——气体与液体的质量流量，kg/s；

g ——重力加速度，$9.81 m/s^2$。

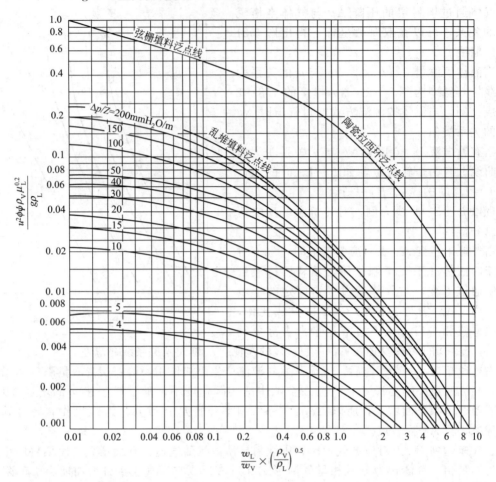

图 6-22 埃克特通用关联图

图 6-22 适用于乱堆的拉西环、短鞍、鲍尔环等实体填料的泛点气速及压降计算，还绘制有整砌拉西环和弦栅填料的泛点线，从关联图中的曲线，可以了解到影响泛点气速的主要因素。

6.5.5 填料塔直径的计算

塔径 D 与空塔气速 u 及气体流量 V_s 的关系也可用圆管内流量公式表示：

$$D = \sqrt{\frac{V_s}{\frac{\pi}{4}u}} \tag{6-59}$$

由于组成、温度、压强变化，塔中不同截面的 V_s 有所不同，计算时一般取全塔中最大的体积流量，通常以进塔处为准。

u 值小，压降则小，动力消耗可少，但塔径大，设备投资要大，且低速不利于气液接触，传质效率低。u 大，塔径小，从而设备投资少，但压降大，动力消耗要大，且操作较难平稳。应经济上合理、操作上可行，作多方案比较，大多宜取 u 为泛点气速的 60%～85%，大致数值在 0.2～1.0m/s。

填料塔内传质效率与液体分布及填料润湿情况有关，为此，在算出塔径 D 值后，还应作两项校验：

① 塔径 D 与填料尺寸之比 D/d 应在 10 以上，以免液体分布不匀（有人提出，对拉西环 $D/d>20$，鲍尔环 $D/d>10$，矩鞍 $D/d>10$～15）。

② 单位塔截面受喷淋的液体体积流量，称为喷淋密度 U，单位为 $m^3/(m^2 \cdot s)$。将喷淋密度 U 与填料比表面 σ 之比值，称为喷淋速率 L_W，即：

$$L_W = \frac{U}{\sigma} \tag{6-60}$$

L_W 单位为 $m^3/(m \cdot s)$，表示塔截面上单位长度的填料上液体的体积流量。为保证填料表面被润湿，对填料直径小于 75mm，要求最小喷淋速率 $(L_W)_{min}$ 为 $2.22 \times 10^{-5} m^3/(m \cdot s)$，对直径 75mm 以上的填料，取 $(L_W)_{min}$ 为 $3.33 \times 10^{-5} m^3/(m \cdot s)$。

则在确定塔径 D 时，或操作时，都应保证达到：

$$U \geq (L_W)_{min} \sigma \tag{6-61}$$

填料塔适用于吸收操作，也适用于蒸馏等传质操作。

【例 6-8】 在填料塔中用清水逆流吸收混合气中的 SO_2，进塔混合气量为 $1200m^3/h$，混合气的平均分子量为 34.2。清水用量为 22500kg/h。选用填料为 50mm×50mm×4.5mm 乱堆陶瓷拉西环。空塔气速取泛点气速的 75%。操作压强 101.3kPa，温度 20℃。试求：(1) 塔径；(2) 单位填料层高度的压降。

解 (1) 求塔径：

$$w_V = \frac{1200}{22.4} \times \frac{273}{273+20} \times 34.2 = 1707 \text{ (kg/h)}$$

$$\rho_V = \frac{1707}{1200} = 1.423 \text{ (kg/m}^3\text{)}$$

$$\frac{w_L}{w_V} \times \left(\frac{\rho_V}{\rho_L}\right)^{\frac{1}{2}} = \frac{22500}{1707} \times \left(\frac{1.423}{1000}\right)^{\frac{1}{2}} = 0.497 \text{（液体以水计）}$$

由图 6-22 中乱堆填料的泛点线查出：对应横坐标 0.497 时，纵坐标值为 0.041，即：

$$\frac{u^2 \phi \psi \rho_V \mu_L^{0.2}}{g \rho_L} = 0.041$$

查表 6-2 知，50mm×50mm×4.5mm 乱堆陶瓷拉西环的填料因子 $\phi = 205 m^{-1}$。

20℃水 $\mu_L = 1mPa \cdot s$，$\psi = \frac{\rho_W}{\rho_L} = 1$

则：

$$\frac{u^2 \times 205 \times 1 \times 1.423 \times 1^{0.2}}{9.81 \times 1000} = 0.041$$

得：

$$u = 1.174 m/s$$

纵坐标是依泛点线查得的，所以算得的 u 就是泛点气速，即泛点气速 $u_F = 1.174 m/s$。

空塔气速：$u = 0.75 u_F = 0.75 \times 1.174 = 0.881$ (m/s)

塔径：

$$D = \sqrt{\frac{V_s}{\frac{\pi}{4} u}} = \sqrt{\frac{\frac{1200}{3600}}{\frac{\pi}{4} \times 0.881}} = 0.694 \text{ (m)}$$

按塔径系列标准（0.6m、0.7m、0.8m、1m、1.2m、1.4m、1.6m、1.8m、2m、2.2m…）予以圆整化，取$D=0.7$m。

验算喷淋密度：

填料尺寸小于75mm，可取最小喷淋速率为$(L_W)_{min}=2.22\times10^{-5}$ m³/(m·s)，由表6-2查得填料比表面$\sigma=93$m²/m³

$$(L_W)_{min}\sigma=2.22\times10^{-5}\times93=2.06\times10^{-3}[\text{m}^3/(\text{m}^2\cdot\text{s})]$$

操作条件下的喷淋密度：

$$U=\frac{\frac{22500}{3600}}{\frac{\pi}{4}\rho_L D^2}=\frac{\frac{22500}{3600}}{1000\times\frac{\pi}{4}\times0.7^2}=16.2\times10^{-3}[\text{m}^3/(\text{m}^2\cdot\text{s})]$$

符合$U\geq(L_W)_{min}\sigma$。

(2) 求单位填料层高度的压降：

塔径由计算值0.694m圆整为0.7m，操作气速为：

$$u=\left(\frac{0.694}{0.7}\right)^2\times0.881=0.866\text{（m/s）}$$

$$\frac{u^2\phi\psi\rho_V\mu_L^{0.2}}{g\rho_L}=\frac{0.866^2\times205\times1\times1.423\times1^{0.2}}{9.81\times1000}=0.023$$

依纵坐标0.023、横坐标0.497查图6-22得：

$$\Delta p/Z=40\text{mmH}_2\text{O/m}=392\text{Pa/m}$$

6.5.6 填料塔的主要附件

(1) 支承板

用以支承填料的支承板，其机械强度应足以支承填料和填料层中持液的重量，板截面上通道面积所占有的分数应不小于填料的空隙率，以保证液流畅通。

常用支承板为竖扁钢组成的栅板，如图6-23(a)所示。通常栅缝宽取填料外径的0.6~0.8倍，也有的栅缝宽大于所选用填料的外径，而先在栅板上放一层大尺寸填料以支承小填料。为了适应高空隙率填料的要求，可采用图6-23(b)所示的升气管式支承板，利用升气管顶部的孔及侧面的缝加大了通道。

(2) 液体分布装置

分布装置的结构形式较多，常见几种如图6-24所示。

图6-24(a)为莲蓬头喷洒器，莲蓬头直径约为塔径的1/5~1/3，小孔径为3~10mm，按同心圆排列。适用于塔径小于600mm的塔。液体压头须维持稳定，才能保证分布均匀。因易堵塞，不适用于处理污浊液体。

图6-24(b)、图6-24(c)为盘式分布器，盘底装有许多直径及高度均相同的溢流管的称为溢流管式[图6-24(b)]；液体加到分布盘上，盘底开有筛孔的称为筛孔式[图6-24(c)]。液体经筛孔或溢流管分布均匀，可适用于大塔，但造价高。

图6-24(d)为齿槽式分布器，多用于大直径塔，液体先经主干齿槽向其下层各齿槽分布，然后再向填料层分布，不易堵塞，工作可靠，但安装的水平要求高。

图6-24(e)多管式分布器，由开有小孔的管子组成，可适用于大塔，而对安装的整体水平要求不很高，对气体阻力小，尤其适用于液量小而气量大的场合，但易阻塞。

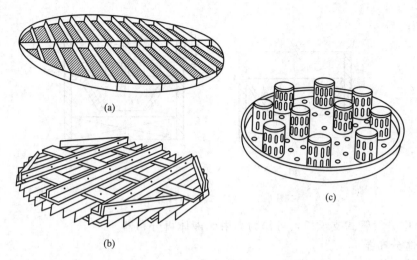

图 6-23　填料支承板

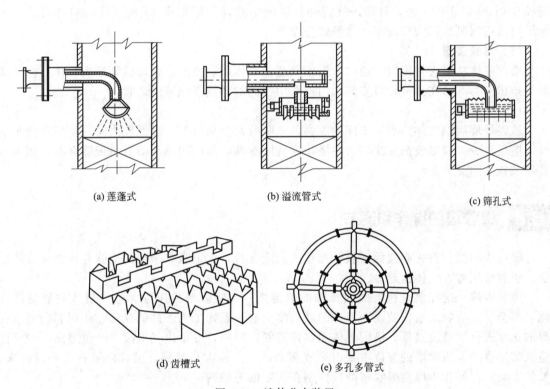

图 6-24　液体分布装置

(3) 液体再分布器

为了将向壁流动的液体导回填料，每隔一段距离的乱堆填料层应设液体再分布器。对拉西环段距为 2.5~5 倍塔径，对鲍尔环等较好填料的段距可为 5~10 倍塔径，但通常不应超过 6m。

图 6-25 为两种截锥式再分布器，图（a）形式截锥没有支承板，锥内能全部堆放填料，若考虑需分段卸出填料，可采用有支承板的图（b）形式，截锥下要空出一段距离再装填料。锥体与塔壁的夹角一般为 35°~45°，锥下口径为塔径的 0.7~0.8 倍，截锥式适用于塔径在 0.6m 以下的塔。

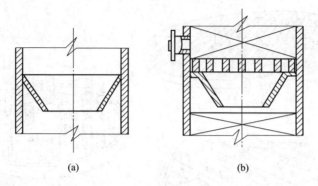

图 6-25 截锥式液体再分布器

图 6-23 中升气管式支承板，可作为大塔的液体再分布器。

（4）气体分布器

填料塔的气体进口装置应能防止淋下的液体进入进气管，同时能使气体均匀分布。对于直径 500mm 以下的小塔，可使进气管伸到塔的中心，管端切成 45°向下的斜口即可。对于大塔可采用喇叭形扩大口或多孔盘管式分布器。

（5）排液装置

塔内液体从塔底排出时，应采取措施既能使液体顺利流出，又能保证塔内气体不会从排液管排出。为此可在排液管口安装阀门或采用不同的排液阻气液封装置。

（6）除雾器

若经处理后的气体为下一工序的原料，或吸收剂价格昂贵、毒性较大时，从塔顶排出的气体应尽量少夹带吸收剂雾沫，需在塔顶安装除雾器，常用的除雾器有折板除雾器、填料除雾器及丝网除雾器。

6.6 吸收塔的操作和调节

吸收塔的操作首先必须保证吸收操作的稳定进行，稳定吸收操作的措施有控制吸收塔液位、吸收塔压差、气体流速等。

吸收塔液位的控制是稳定吸收操作的关键之一。吸收塔的压强、进气量、进液量的变化，都会引起吸收塔液位波动。液位的波动将引起一系列工艺条件的变化，从而影响吸收过程的正常进行。液位过低，塔内气体通过排液管走短路，发生跑气事故；液位过高，有可能造成带液事故。吸收塔的液位主要由排液阀来调节。开大排液阀，液位降低；关小排液阀，液位升高。在操作中应将吸收塔液位控制在规定的范围内。

吸收塔压差的控制是稳定吸收操作的另一关键点。吸收塔底部与顶部的压差是塔内阻力大小的标志，是塔内流体力学状态最明显的反应。当填料被堵塞或溶液严重发泡时，塔内的压差增大，因而压差的大小，是判断填料堵塞和带液事故的重要依据。引起填料堵塞的原因是吸收剂不清洁及有钙、镁离子等杂质。此外，当入塔吸收剂量和入塔气量增大，吸收剂黏度过大，也会引起塔内压差增大。在吸收操作中，当发现塔内压差有上升趋势或突然上升时，应迅速采取措施，如减小吸收剂用量、降低气体负荷，直至停车清洗填料，以防事故发生。

控制好气体流速也是稳定吸收操作、提高吸收速率的主要措施之一。气速太小，对传质不利。但若气速太大，达到泛点气速，液体将被气体大量带出，操作不稳定。因此适当的气体流速，可加剧气体和液体的湍动，使气、液两相良好接触，从而提高传质效果。

当吸收操作稳定后,可调节某些参数以达到要求的吸收效果。一般,吸收塔的气体入口条件是由前一工序决定的,不能随意改变。因此,吸收塔在操作时的调节手段通常是改变吸收剂的入口条件。吸收剂的入口条件包括流量 L、温度 t、组成 X_2 三大要素。

增大吸收剂用量,操作线斜率增大,出口气体含量下降。

降低吸收剂温度,气体溶解度增大,平衡常数减小,平衡线下移,平均推动力增大。

降低吸收剂入口组成,液相入口处推动力增大,全塔平均推动力亦随之增大。

总之,适当调节上述三个变量皆可强化传质过程,从而提高吸收效果。当吸收和再生操作联合进行时,吸收剂的进口条件将受再生操作的制约。如果再生不良,吸收剂进塔含量将上升;如果再生后的吸收剂冷却不足,吸收剂温度将升高。再生操作中可能出现的这些情况,都会给吸收操作带来不良影响。

增大吸收剂用量固然能增大吸收推动力,但应同时考虑再生设备的能力。如果吸收剂循环量加大使解吸操作恶化,则吸收塔的液相进口含量将上升,甚至得不偿失,这是调节中必须注意的问题。

另外,采用增大吸收剂循环量的方法调节气体出口含量 Y_2 是有一定限度的。设有一足够高的吸收塔(为便于说明问题,设 $Z=\infty$),操作时必在塔底或塔顶达到平衡(图 6-26)。当吸收操作液气比小于相平衡常数即 $(L/V)<m$ 时,气液两相在塔底达到平衡,增大吸收剂用量可有效降低 Y_2;当液气比大于相平衡常数即 $(L/V)>m$ 时,气液两相在塔顶达到平衡,增大吸收剂用量则不能有效降低 Y_2。此时,只有降低吸收剂入口含量或入口温度才能使 Y_2 下降。

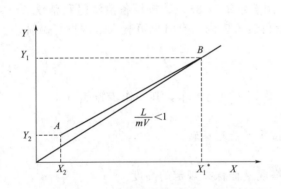
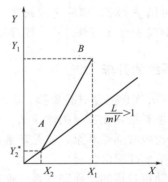

图 6-26 吸收操作的调节

虽然降低吸收剂温度能增大吸收推动力,但需考虑到温度越低,液相黏度越大,不利于气、液两相传质,从而影响吸收速率。因此,操作中应将吸收温度控制在规定的范围内。

6.7 吸收塔的操作技术

6.7.1 装填料

吸收塔经检查吹扫后,即可向塔内装入用清水洗净的填料。对拉西环、鲍尔环等填料均可采用不规则和规则排列法,即先在塔内注满水,然后从塔的人孔部位或塔顶将填料轻轻地倒入(对于瓷质填料还应轻拿轻放),待填料装至规定高度后,把漂浮在水面上的杂物捞出,并放尽塔内的水,将填料表面整平,最后封闭人孔或顶盖。

木格填料的装填方法,是从塔底分层地向上装填,每层木格之间的夹角为45°,装完后,在木格上面还要用两根工字钢压牢,以避免开车时气流将木格吹翻。塔内填料装完后,即可进行系统的气密性试验。

6.7.2 设备的清洗机填料的处理

(1) 设备清洗

在运转设备进行联动试车的同时,还要用清水清洗设备,以除去固体杂质,清洗中不断排放污水,并不断向溶液槽内补加新水,直至循环水中固体杂质含量小于 50×10^{-6} 为止。

在生产中,有些设备经清水清洗后即可满足生产要求,有些设备则要求清洗后,还要用稀碱溶液洗去其中的油污和铁锈。其方法是向溶液槽内加入 5%的碳酸钠溶液,启动溶液泵,使碱溶液在系统内连续循环 18～24h,然后放掉碱液,再用软水清洗,直至水中含碱量小于 0.01%为止。

(2) 填料的处理

瓷质填料一般与设备清洗后即可使用,但木格和塑料填料,还须特殊处理后才能使用。木格填料中通常含有树脂,在开车前必须用碱液对木格填料进行脱脂处理。其操作方法是:①用清水洗除木格填料表面的污垢;②用约 10%的碳酸钠溶液于 40～50℃下循环洗涤,并不断往碱溶液中补加碳酸钠,以保证碱浓度稳定;③当循环液中碱浓度不再下降时,停止补加碳酸钠,确认脱脂合格;④放净系统内碱液和泡沫,并用清水洗到水中含碱量小于 0.01%为止。

塑料填料在使用前也必须碱洗,其操作方法是:①用温度为 90～100℃、浓度为 5%的碳酸钾溶液清洗 48h,随后放掉碱液,用软水清洗 8h;②按设备清洗过程清洗 2～3 次。塑料填料的碱洗一般在塔外进行,洗净后再装入塔内,有时也可装入塔内进行碱洗。

6.7.3 系统的开车

系统在开车前必须进行置换,合格后即可进行开车,其操作步骤如下:
① 向填料塔内充压至操作压力。
② 启动吸收剂循环泵,使循环液按生产流程运转。
③ 调节塔顶喷淋量至生产要求。
④ 启动填料塔的液面调节器,使塔底液面保持规定的高度。
⑤ 系统运转平稳后,即可连续导入原料混合气,并用放空阀调节系统压力。
⑥ 当塔内的原料气成分符合生产要求时,即可投入正常生产。

6.7.4 系统的停车

(1) 短期停车

① 通告系统前后工序或岗位。
② 停止向系统送气,同时关闭系统的出口阀。
③ 停止向系统送循环液,关闭泵的出口阀,停泵后关闭其进口阀。
④ 关闭其他设备的进出口阀门。
系统临时停车后仍处于正压状况。

(2) 紧急停车

① 迅速关闭原料混合气阀门。
② 迅速关闭系统的出口阀门。

③ 按短期停车方法处理。

(3) 长期停车

① 按短期停车操作停车,然后开启系统放空阀,卸掉系统压力。

② 将系统中的溶液排放到溶液贮罐或地沟,然后用清水洗净。

③ 若原料气中含易燃易爆物,则应用惰性气体对系统进行置换,当置换气体中易燃物含量小于5%、氧含量小于0.5%时为合格。

④ 用鼓风机向系统送入空气,进行空气置换,当置换气中含氧量大于20%时为合格。

6.7.5 正常操作要点

① 进塔气体的压力和流速不宜过大,否则会影响气、液两相的接触效率,甚至使操作不稳定。

② 进塔吸收剂不能含有杂物,避免杂物堵塞填料缝隙。在保证吸收率的前提下,尽量减少吸收剂的用量。

③ 控制进入温度,将吸收温度控制在规定的范围。

④ 控制塔底与塔顶压力,防止塔内压差过大。压差过大,说明塔内阻力大,气液接触不良,致使吸收操作过程恶化。

⑤ 经常调节排放阀,保持吸收塔液面稳定。

⑥ 经常检查泵的运转情况,以保证原料气和吸收剂流量的稳定。

⑦ 按时巡回检查各控制点的变化情况及系统设备与管道的泄漏情况,并根据记录表要求做好记录。

6.7.6 吸收塔操作正常维护要点

① 定期检查、清理或更换喷淋或溢流管,保持不堵、不斜、不坏。

② 定期检查笆板的腐蚀程度,防止因腐蚀而塌落。

③ 定期检查塔体有无渗漏现象,发现后应及时补修。

④ 定期排放塔底积存脏物和碎填料。

⑤ 经常观察塔基是否下沉,塔体是否倾斜。

⑥ 经常检查运输设备的润滑系统及密封,并定期检修。

⑦ 经常保持系统设备的油漆完整,注意清洁卫生。

6.7.7 吸收塔常见的异常现象及处理方法

填料吸收塔系统在运行过程中,由于工艺条件发生变化、操作不慎或设备发生故障等原因而造成不正常现象。一经发现,应及时处理,以免造成事故。常见的异常现象及处理方法见表6-3。

表6-3 填料吸收塔常见的异常现象及处理方法

异常现象	原因	处理方法
尾气夹带液体量大	1. 原料气量过大 2. 吸收剂量过大 3. 吸收塔液面太高 4. 吸收剂太脏、黏度大 5. 填料堵塞	1. 减少进塔原料气量 2. 减少进塔喷淋量 3. 调节排液阀,控制在规定范围 4. 过滤或更换吸收剂 5. 停车检查,清洗或更换填料

续表

异常现象	原因	处理方法
吸收剂用量突然下降	1. 溶液槽位低、泵抽空 2. 水压低或停水 3. 水泵损坏	1. 补充溶液 2. 使用备用水源或停车 3. 启动备用水泵或停车检修
尾气中溶质含量高	1. 进塔原料气中溶质含量高 2. 进塔吸收剂用量不够 3. 吸收温度过高或过低 4. 喷淋效果差 5. 填料堵塞	1. 降低进塔入口处的溶质浓度 2. 加大塔吸收剂用量 3. 调节吸收剂入塔温度 4. 清理、更换喷淋装置 5. 停车检修或更换填料
塔内压差太大	1. 进塔原料气量大 2. 进塔吸收剂量大 3. 吸收剂太脏、黏度大 4. 填料堵塞	1. 降低原料气进塔量 2. 降低吸收剂进塔量 3. 过滤或更换吸收剂 4. 停车检查,清洗或更换填料
塔液面波动	1. 原料气压力波动 2. 吸收剂用量波动 3. 液面调节器出故障	1. 稳定原料气压力 2. 稳定吸收剂用量 3. 修理或更换
鼓风机有响声	1. 杂物进入机内 2. 水带入机内 3. 轴承缺油或损坏 4. 油箱油位过低、油质差 5. 齿轮啮合不好,有活动 6. 转子间隙不当或轴向位转	1. 紧急停车处理 2. 排出机内积水 3. 停车加油或更换轴承 4. 加油或更换油 5. 停车检修或启动备用鼓风机 6. 停车检修或启动备用鼓风机

6.8 案例分析

6.8.1 案例1

矿石焙烧炉送出的气体冷却到25℃后送入填料塔中,用20℃清水洗涤以除去其中的SO_2。入塔的炉气流量为$2400m^3/h$,其中SO_2的摩尔分数为0.05,要求SO_2的吸收率为99%。吸收塔为常压操作,因该过程液气比很大,吸收温度基本不变,可近似取为清水的温度,气相总体积传质系数可取$1.195 kmol/(m^3 \cdot h \cdot kPa)$。试确定清水用量、塔径及填料层高度。

案例分析:

用水吸收SO_2属于中等溶解度的吸收过程,为提高传质速率,选用逆流吸收流程,吸收剂为纯水。

本案例吸收操作压力和温度较低,工业上通常选用塑料散装填料,其中塑料阶梯环填料的综合性能较好,故选用$DN38$聚丙烯阶梯环填料。

6.8.1.1 确定清水用量

(1) 气液相平衡数据

查手册得,常压下20℃时SO_2在水中的亨利系数为$E=3.55\times10^3 kPa$。

相平衡常数为:

$$m=\frac{E}{p}=\frac{3.55\times10^3}{101.3}=35.04$$

(2) 物料衡算

进塔气体摩尔比为：
$$Y_1 = \frac{y_1}{1-y_1} = \frac{0.05}{1-0.05} = 0.0526$$

出塔气体摩尔比为：
$$Y_2 = Y_1(1-\eta_A) = 0.0526 \times (1-0.95) = 0.00263$$

进塔惰性气体流量为：
$$V = \frac{2400}{22.4} \times \frac{273}{273+25} \times (1-0.05) = 93.25 \text{ (kmol/h)}$$

本案例属于低浓度吸收，平衡关系为直线，最小液气比可按下式计算，即：
$$\left(\frac{L}{V}\right)_{\min} = \frac{Y_1-Y_2}{X_1^*-X_2} = \frac{Y_1-Y_2}{\frac{Y_1}{m}-X_2} = \frac{0.0526-0.00263}{\frac{0.0526}{35.04}-0} = 33.29$$

根据经验综合考虑，本案例取操作液气比为最小液气比的1.4倍，即：
$$\frac{L}{V} = 1.4\left(\frac{L}{V}\right)_{\min} = 1.4 \times 33.29 = 46.61$$

液体清水用量为：
$$L = 46.61 \times 93.25 = 4346.38 \text{ (kmol/h)} = 78321.77 \text{ (kg/h)}$$

出塔液体浓度为：
$$X_1 = X_2 + \frac{V}{L}(Y_1-Y_2) = 0 + \frac{0.0526-0.00263}{46.61} = 0.0011$$

6.8.1.2 确定塔径

(1) 基础物性数据

本案例为低浓度吸收，溶液的物性数据可近似取纯水的物性数据。由手册查得20℃时水的有关物性数据为：

密度 $\rho_L = 998.2 \text{kg/m}^3$；黏度 $\mu_L = 0.001 \text{Pa·s}$；表面张力 $\sigma_L = 72.6 \text{dyn/cm}$。

SO_2 在水中的扩散系数 $D_L = 1.47 \times 10^{-5} \text{cm}^2/\text{s}$。

混合气体的平均摩尔质量为：
$$M_m = \sum y_i M_i = 0.05 \times 64.06 + 0.95 \times 29 = 30.75 \text{ (kg/kmol)}$$

混合气体的平均密度为：
$$\rho_m = \frac{pM_m}{RT} = \frac{101.3 \times 30.75}{8.314 \times 298} = 1.257 \text{ (kg/m}^3\text{)}$$

混合气体的黏度可近似取为空气的黏度，查手册得20℃空气的黏度为：
$$\mu_V = 1.81 \times 10^{-5} \text{Pa·s}$$

查手册得 SO_2 在空气中的扩散系数为：
$$D_V = 0.108 \text{cm}^2/\text{s}$$

(2) 塔径计算

采用埃克特通用关联图计算泛点气速。

气相质量流量为：
$$w_V = 2400 \times 1.257 = 3016.8 \text{kg/h}$$

液相质量流量为：
$$w_L = 4346.38 \times 18.02 = 78321.77 \text{kg/h}$$

埃克特通用关联图的横坐标为

$$\frac{w_\mathrm{L}}{w_\mathrm{V}}\left(\frac{\rho_\mathrm{V}}{\rho_\mathrm{L}}\right)^{0.5}=\frac{78321.77}{3016.8}\times\left(\frac{1.257}{998.2}\right)^{0.5}=0.921$$

查图 6-22 得：

$$\frac{u_\mathrm{F}^2\phi\psi\rho_\mathrm{V}\mu_\mathrm{L}^{0.2}}{g\rho_\mathrm{L}}=0.023$$

查手册得 $DN38$ 塑料阶梯环的泛点填料因子 $\phi=170\mathrm{m}^{-1}$。

$$\psi=\frac{\rho_\mathrm{W}}{\rho_\mathrm{L}}=1$$

泛点气速：

$$u_\mathrm{F}=\sqrt{\frac{0.023g\rho_\mathrm{L}}{\phi\psi\rho_\mathrm{V}\mu_\mathrm{L}^{0.2}}}=\sqrt{\frac{0.023\times9.81\times998.2}{170\times1\times1.257\times1^{0.2}}}=1.027\text{ (m)}$$

取空塔气速 $u=0.7u_\mathrm{F}=0.7\times1.027=0.719$（m/s）。

塔径：

$$D=\sqrt{\frac{4V_\mathrm{s}}{\pi u}}=\sqrt{\frac{4\times1200}{3600\times\pi\times0.719}}=1.087\text{ (m)}$$

圆整塔径，取 $D=1.2\mathrm{m}$。

泛点率校核：

$$u=\frac{4\times2400}{3600\times\pi\times1.2^2}=0.59\text{ (m/s)}$$

$$\frac{u}{u_\mathrm{F}}=\frac{0.59}{1.027}\times100\%=57.45\%\text{（在允许范围内）}$$

填料规格校核：

$$\frac{D}{d}=\frac{1200}{38}=31.58>8$$

液体喷淋密度校核：

取最小润湿速率为 $(L_\mathrm{W})_\mathrm{min}=2.22\times10^{-5}\text{ m}^3/(\text{m}\cdot\text{s})$，查手册得填料比表面 $\sigma=132.5\mathrm{m}^2/\mathrm{m}^3$。

$$(L_\mathrm{W})_\mathrm{min}\sigma=2.22\times10^{-5}\times132.5=2.94\times10^{-3}[\mathrm{m}^3/(\mathrm{m}^2\cdot\mathrm{s})]$$

操作条件下的喷淋密度：

$$U=\frac{\frac{78321.77}{3600}}{\frac{\pi}{4}\rho_\mathrm{L}D^2}=\frac{\frac{78321.77}{3600}}{998.2\times\frac{\pi}{4}\times1.2^2}=19.3\times10^{-3}[\mathrm{m}^3/(\mathrm{m}^2\cdot\mathrm{s})]$$

符合 $U\geqslant(L_\mathrm{W})_\mathrm{min}\sigma$

以上校核表明，填料塔直径选用 $D=1200\mathrm{mm}$ 合理。

6.8.1.3 确定填料层高度

(1) 填料层高度计算

脱吸因数为：

$$\frac{mV}{L}=\frac{35.04\times93.25}{4346.38}=0.752$$

气相总传质单元数为:

$$N_{OG} = \frac{1}{1-\frac{mV}{L}} \ln\left[\left(1-\frac{mV}{L}\right)\frac{Y_1-mX_2}{Y_2-mX_2} + \frac{mV}{L}\right]$$

$$= \frac{1}{1-0.752} \times \ln\left[(1-0.752) \times \frac{0.0526-0}{0.00263-0} + 0.752\right] = 7.026$$

气相总传质单元高度为:

$$H_{OG} = \frac{V}{K_Y a\Omega} = \frac{V}{pK_G a\Omega} = \frac{93.25}{101.3 \times 1.195 \times \frac{\pi}{4} \times 1.2^2} = 0.681 \text{ (m)}$$

填料层高度为:

$$Z = H_{OG} N_{OG} = 0.681 \times 7.026 = 4.785 \text{ (m)}$$

取填料层高度为 6m。

(2) 填料层压降计算

采用埃克特通用关联图计算填料层压降。

埃克特通用关联图的横坐标为:

$$\frac{w_L}{w_V}\left(\frac{\rho_V}{\rho_L}\right)^{0.5} = 0.921$$

查手册得 DN38 塑料阶梯环的压降填料因子 $\phi = 116 \text{m}^{-1}$。

纵坐标为:

$$\frac{u^2 \phi \psi \rho_V \mu_L^{0.2}}{g \rho_L} = \frac{0.59^2 \times 116 \times 1 \times 1.257 \times 1^{0.2}}{9.81 \times 998.2} = 0.0052$$

查图 6-22 得:

$$\Delta p/Z = 11 \text{mmH}_2\text{O/m} = 107.91 \text{Pa/m}$$

填料层压降为:

$$\Delta p = 107.91 \times 6 = 647.46 \text{ (Pa)}$$

6.8.2 案例2

在一填料塔中用流量为 1800kg/(m²·h) 的清水逆流吸收空气和氨的混合气体中的氨,已知入塔混合气体的流量为 600m³/(m²·h),入塔气中含氨 0.059(摩尔分数)。一定操作条件下,测得氨的吸收率为 95%,气液相平衡关系为 $Y^* = 2.8X$。现因环保要求,氨的吸收率提高到 99%,拟采用加大清水用量的方法,问需将清水用量增加到多少?假设水量增加后不会造成液泛,且认为吸收过程为气膜控制。

案例分析:

原操作工况下:

惰性气体流量为:

$$\frac{V}{\Omega} = \frac{600 \times (1-0.059)}{22.4} = 25.205 \text{ [kmol/(m}^2\cdot\text{h)]}$$

吸收剂水流量为:

$$\frac{L}{\Omega} = \frac{1800}{18} = 100 \text{ [kmol/(m}^2\cdot\text{h)]}$$

脱吸因数为:

$$\frac{mV}{L} = \frac{2.8 \times 25.205}{100} = 0.706$$

$$\frac{Y_1 - mX_2}{Y_2 - mX_2} = \frac{Y_1}{Y_2} = \frac{1}{1-\eta} = \frac{1}{1-0.95} = 20$$

气相总传质单元数为：

$$N_{OG} = \frac{1}{1-\frac{mV}{L}} \ln\left[\left(1-\frac{mV}{L}\right)\frac{Y_1-mX_2}{Y_2-mX_2} + \frac{mV}{L}\right]$$

$$= \frac{1}{1-0.706} \times \ln[(1-0.706) \times 20 + 0.706] = 6.41$$

新操作工况分析：

新操作条件下气体处理量、操作压强保持不变，由 $K_Y a = pK_G a$ 可得，$K_Y a$ 不变。且塔设备不变，即填料层高度 Z、塔截面积 Ω 不变，由 $H_{OG} = \frac{V}{K_Y a \Omega}$ 可得，H_{OG} 不变。由 $N_{OG} = \frac{Z}{H_{OG}}$ 可得，N_{OG} 也保持不变。此外，操作压强和温度都不变，所以相平衡常数也保持不变。

$$\frac{Y_1 - mX_2}{Y_2' - mX_2} = \frac{Y_1}{Y_2'} = \frac{1}{1-\eta'} = \frac{1}{1-0.99} = 100$$

即：

$$\frac{1}{1-\frac{mV}{L'}} \ln\left[\left(1-\frac{mV}{L'}\right) \times 100 + \frac{mV}{L'}\right] = 6.41$$

解得脱吸因数为：

$$\frac{mV}{L'} = 0.347$$

清水用量为：

$$\frac{L'}{\Omega} = \frac{2.8 \times 25.205}{0.347} = 203.4 [\text{kmol}/(\text{m}^2 \cdot \text{h})] = 3661 [\text{kg}/(\text{m}^2 \cdot \text{h})]$$

思考题

6-1 吸收分离的基本依据是什么？吸收的操作费用主要花费在哪里？

6-2 选择吸收剂的主要依据有哪些？

6-3 对一定的物系，气体的溶解度与哪些因素有关？如何影响？

6-4 简述亨利定律的内容及其适用范围。

6-5 E、H、m 三者有何关系？三者各自与温度、压力有何关系？

6-6 温度、压力对吸收操作有何影响？

6-7 双膜论的主要观点有哪些？

6-8 什么是气膜控制和液膜控制？

6-9 吸收操作线方程的物理意义是什么？

6-10 什么是最小液气比？如何计算？

6-11 吸收液气比大小对吸收操作有何影响？如何确定适宜液气比？

6-12 N_{OG} 有哪些计算方法？用解析法计算有何条件？

6-13 填料的作用是什么？对填料有哪些基本要求？
6-14 化工生产中有哪些常用的填料？
6-15 填料塔的主要结构有哪些？
6-16 什么是液泛？
6-17 填料塔内为什么要安装液体再分布器？
6-18 填料塔气体通过填料层的压降与哪些因素有关？

习题

6-1 某吸收塔在108kPa压强、25℃操作条件下处理焦炉气1800m³/h，已知该流量中含苯1.65kmol。试求焦炉气中苯的体积分数、摩尔分数和摩尔比。

6-2 在100kg水中含1kg NH_3。试求NH_3的摩尔分数、物质的量浓度和摩尔比。在101.3kPa压强下，此溶液上方NH_3的平衡分压为987Pa。试求溶液的溶解度系数H、亨利系数E和相平衡系数m（服从亨利定律）。

6-3 在100kPa下用水吸收氨。已知气膜传质系数$k_G = 5 \times 10^{-6}$ kmol/(m²·s·kPa)，液膜传质系数$k_L = 1.5 \times 10^{-4}$ m/s，平衡关系服从亨利定律，溶解度系数$H = 0.73$ kmol/(m³·kPa)。试求：(1) 该过程气膜阻力所占总阻力分数；(2) K_Y值。

6-4 试粗略绘出附图三个流程相对应的相平衡线和操作线位置，并注明流程中相应组成的坐标处。

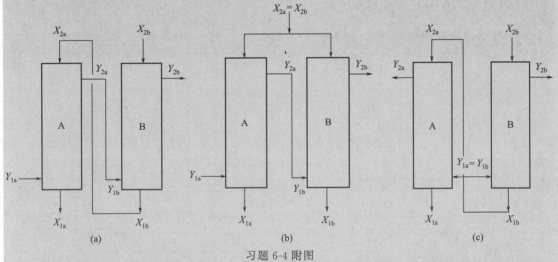

习题6-4附图

6-5 在逆流吸收塔中，用清水吸收混合气中的SO_2。气体处理量为4000m³/h（标准状况），进塔气中含SO_2为8%（体积分数），要求SO_2的吸收率达到95%，操作条件下$Y^* = 26.7X$，用水量为最小用水量的1.6倍。试求：(1) 用水量为多少？(2) 若吸收率提高到98%，同样操作条件下，用水量应为多少？

6-6 在逆流操作的吸收塔中，于101.3kPa、25℃条件下用清水吸收混合气中的H_2S，进塔时气中含H_2S 4%（体积分数），吸收率为95%。平衡关系服从亨利定律，$E = 5.52 \times 10^4$ kPa。试计算：(1) 操作液气比为最小液气比的1.15倍时，操作L/V和出塔吸收液组成X_1（摩尔比）各为多少？(2) 若操作压强改为506kPa，其他条件不变，L/V和X_1又应为多少？

6-7 在常压操作下,用清水吸收焦炉气中的氨,焦炉气处理量为 5000m³/h(标准状况),氨浓度为 10g/m³(标准状况),要求氨的吸收率为 99%,水用量为最小用量的 1.5 倍,焦炉气入塔温度为 30℃,入塔空塔气速为 1.1m/s。操作条件下 $Y^* = 1.2X$,$K_Ya = 0.0611 \text{kmol}/(\text{m}^3 \cdot \text{s})$。试求所需的填料层高度。

6-8 用清水逆流吸收混合气中的溶质 A,进塔气 $Y_1 = 0.01$,吸收率为 80%,水用量为最小用量的 1.5 倍,相平衡关系为 $Y^* = X$。试求:(1) 传质单元数 N_{OG}。(2) 若要求回收率达到 95%,操作压强、温度均不变,仍用原塔,此时应采用何种措施?(设不存在液泛问题,传质单元高度 H_{OG} 不受液流量影响)

6-9 若填料塔塔径为 800mm,填料层高度为 6m。在 101.3kPa、25℃下,进塔混合气流量为 2000m³/h,混合气中含丙酮 0.05(摩尔分数),用清水吸收,塔顶排出废气中含丙酮 0.00263(摩尔分数),塔底吸收液每 1kg 中含丙酮 61.2g,操作条件下相平衡关系 $Y^* = 2.0X$。试求:(1) 操作条件下气相体积总传质系数 K_Ya 值;(2) 每小时回收的丙酮为多少千克?(丙酮 M = 58g/mol)。

6-10 在一填料塔中用清水吸收混合气体中的 SO_2,在一定条件下,吸收率达到 90%。现假定其他条件不变,分别逐一变更以下条件,试分析吸收率或吸收后尾气中 SO_2 含量各将发生什么变化?如何进行计算?

(1) 原始水中含有少量 SO_2;
(2) 操作温度上升或下降;
(3) 操作压强上升或下降;
(4) 进塔气中 SO_2 含量增加。

(此吸收为液膜控制过程,$\dfrac{1}{K_G} \approx \dfrac{1}{Hk_L}$,忽略 p、t 对 k_L 的影响)

第7章 蒸馏

本章符号说明

英文字母

c——比热容，kJ/(kmol·℃)
C——负荷系数，量纲为1
D——馏出液流量，kmol/s
D——塔径，m
E_M——单板效率，量纲为1
E_T——全塔效率，量纲为1
F——原料流量，kmol/s
h_L——液层高，m
HETP——理论板当量高度，m
H_0——人（手）孔处的板间距，m
H_D——塔顶空间，m
H_F——加料板的板间距，m
H_T——板间距，m
H_W——塔底空间，m
I——焓，kJ/kmol
K——相平衡常数，量纲为1
L——液体摩尔流量，kmol/s
L_s——液体体积流量，m³/s
N——塔板数
N_R——精馏段理论板数
N_S——提馏段理论板数
r——汽化热，kJ/kmol
p——总压，Pa
p_A、p_B——A、B组分的分压，Pa
$p^{\ominus}$——饱和蒸气压，Pa
q——进料热状态参数，量纲为1
R——回流比，量纲为1
S——人（手）孔个数
t——温度，℃

t_b——泡点，℃
t_D——露点，℃
u——空塔气速度，m/s
v——挥发度，Pa
V——蒸气摩尔流量，kmol/s
V_0——塔釜加入的水蒸气流量，kmol/s
V_s——气体体积流量，m³/s
W——残液流量，kmol/s
x——液相中组分的摩尔分数，量纲为1
y——气相中组分的摩尔分数，量纲为1
Z——塔体总高，m

希文

α——相对挥发度，量纲为1
μ——黏度，Pa·s
ρ——密度，kg/m³
η——回收率，量纲为1
σ——表面张力，N/m

上标

*——相平衡状态
'——提馏段

下标

A——易挥发组分
B——难挥发组分
D——塔顶产品（馏出液）
F——进料
L——液体或液相
m、n——塔板序号
max——最大的
min——最小的
P——实际的

q——q 线与相平衡线的交点　　　　　　　W——塔底产品（残液）
V——蒸气或气相

知识目标

1. 掌握蒸馏基本概念和术语；掌握双组分理想物系的气液相平衡及其关系表达；掌握精馏原理和过程；掌握双组分连续精馏过程的物料衡算、操作线方程、q 线方程、进料热状况参数 q 的计算、理论塔板数的计算、塔板效率和实际塔板数的计算；掌握最小回流比的计算和回流比的选择；掌握影响精馏过程的因素及精馏操作条件的选择。

2. 理解非理想溶液的相平衡关系；理解特殊精馏的操作特点；理解精馏塔的控制与调节；理解精馏塔的节能；理解板式塔的工艺尺寸的确定。

3. 了解蒸馏在化工生产中的应用及分类；了解气液传质设备；了解常用板式塔的类型和操作。

能力目标

1. 了解并认知各种塔板结构和板式塔。
2. 掌握精馏工艺流程。
3. 能应用相对挥发度判断混合液各组分的分离难易程度，并能根据生产任务和分离要求选择压力、回流比、进料热状态等精馏操作条件及设计精馏塔的主要工艺尺寸。
4. 能根据生产任务对精馏塔实施基本的操作，能分析精馏操作参数改变对精馏结果的影响，能对精馏系统常见的故障进行分析与处理，能综合运用所学知识解决精馏各类实际工程问题。

7.1 概述

蒸馏是化工过程中分离互溶液体混合物时最常用的一种方法。例如，将原油分离为汽油、煤油、柴油、重油等多种油品；从液态空气中分离出较纯的氧和氮；从乙醇水溶液中除去水提高溶液中乙醇的浓度，等等。

7.1.1 蒸馏分离的依据

在一定外压下，混合液中各组分的沸点不同，即在同一温度下，各组分的饱和蒸气压不同。例如，苯-甲苯溶液，在 85℃时，苯的饱和蒸气压为 116.9kPa，而甲苯的饱和蒸气压为 46.0kPa。蒸气压大小反映出组分的挥发难易程度。若将苯-甲苯混合液加热，使其部分汽化，因苯较易挥发，在产生的蒸气中，苯的含量大于混合液中苯含量。将所产生的蒸气冷凝，则可得到苯浓度高于原混合液的冷凝液，这表明溶液中苯得到一定程度的提纯，而原溶液得到一定程度的分离。

如将混合蒸气部分冷凝，因难挥发的组分容易被液化，在未被冷凝的混合蒸气中易挥发组分含量可得到提高，即部分冷凝也同样起到混合物分离的效果。

将利用混合物中各组分挥发性能的不同，通过加入或取出热量的方法，使混合物形成气-液两相系统，从而实现混合物组分分离的这类操作方法，统称为蒸馏。

在一定的外界压力下，通常混合物中沸点低的组分容易挥发，称为易挥发组分或轻组分，而沸点高的组分难挥发，称为难挥发组分或重组分。在一定温度下，混合液中饱和蒸气压高的组分容易挥发,饱和蒸气压低的组分难挥发。

7.1.2 蒸馏过程的分类

由于待分离混合物中各组分挥发性能的差异、要求的分离程度、操作条件等各有不同,因此蒸馏有多种方法。

① 按操作流程可分为间歇蒸馏和连续蒸馏生产中以连续蒸馏为主,间歇蒸馏主要用于小规模生产或某些有特殊要求的场合。

② 依据形成气-液两相系统的次数是一次还是多次,以及两相分开方式的不同,蒸馏可分为简单蒸馏、平衡蒸馏、精馏。此外,还有特殊精馏。

图 7-1 为简单蒸馏流程。混合液一次性全部投放到蒸馏釜 1 中,在恒压下加热至沸腾,使液体不断汽化,所产生的蒸气不断引出并冷凝为馏出液。随蒸馏进程,釜内液体中易挥发组分含量不断减少,所蒸出的蒸气中易挥发组分浓度相应降低,因此,馏出液通常按不同浓度范围分容器收集。待釜液中易挥发组分降低到指定浓度时,停止蒸馏,排出残液。

简单蒸馏过程为非稳态过程,瞬间形成的蒸气与液体可视为互相平衡,但形成的全部蒸气并不与剩余的液体相平衡。因此简单蒸馏的计算应该作微分衡算。

图 7-2 为平衡蒸馏(又称闪蒸)流程示意图。混合液物料连续进入加热器 1,经加热升温的料液通过节流阀 2 骤然减压,使料液迅速部分汽化,气-液两相在分离器 3 中分开,则得到易挥发组分浓度较高的顶部产品与易挥发组分浓度较低的底部产品。

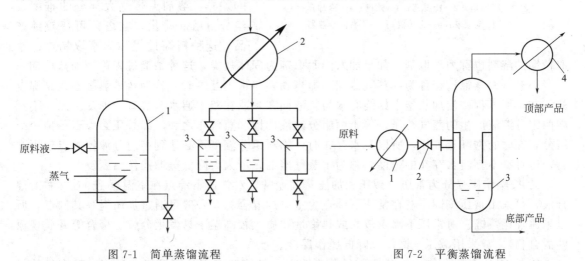

图 7-1 简单蒸馏流程
1—蒸馏釜;2—冷凝器;3—容器

图 7-2 平衡蒸馏流程
1—加热器;2—节流阀;3—分离器;4—冷凝器

平衡蒸馏过程为稳态连续过程,形成的气-液两相处于平衡状态。

图 7-3 为化工厂常见的连续精馏流程。精馏主体设备为一板式塔或填料塔,塔底有用于对溶液加热的塔釜部分,塔顶上方有冷凝器(通常为全凝器),冷凝器通过管道与塔相连接。正常操作时,料液连续从塔中部加入,同时不断从冷凝器引出馏出液并将其排放到贮槽,也从塔釜排放残液到残液贮槽。

在许多场合,将塔釜加热部分作为一单独加热器放置在塔外,再由管道与塔体相连接,这种精馏加热器称为再沸器或重沸器。有时塔上方冷凝器可以是个部分冷凝器(通常称为分凝器),此时塔顶产物以蒸气状态引出,而不是以馏出液引出。在生产实践中可有许多不同

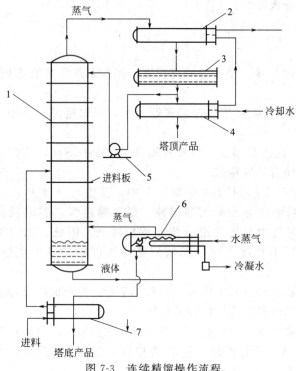

图 7-3 连续精馏操作流程
1—精馏塔；2—冷凝器；3—贮槽；4—冷却器；
5—回流液泵；6—再沸器；7—原料液预热器

的具体流程布置。

将料液一次投放到塔釜的精馏操作，则为间歇精馏，其过程是非稳态过程。

简单蒸馏只适用于混合液中各组分的挥发性能相差大而又分离要求不高的组分间的粗略分离。平衡蒸馏可比简单蒸馏的生产能力大，但也不能得到高纯度产物。精馏则是一种可以获得高纯度产物的蒸馏操作。

当物料性质不可能或不适宜采用一般精馏方法时，还采用在精馏系统中加入其他组分来改变原有组分之间的挥发性差异的特殊精馏方法。如若外加组分与原物料中某个（些）组分形成低沸点共沸物并从塔顶蒸出，而在塔底可得到较纯产品，这种精馏过程称为恒沸精馏。如若加入高沸点的溶剂，加大了原物料组分之间挥发性的差异，溶剂夹带绝大部分的难挥发组分由塔底排出，在塔顶可得较纯产品，这种精馏过程称为萃取精馏。萃取精馏的溶剂也称为萃取剂，如果加入的萃取剂为固体盐类，这种精馏过程称为加盐精馏。

还有一种蒸馏过程称为水蒸气蒸馏，即当物料与水不互溶时，若物料是热敏性或高沸点的，在蒸馏过程中使加热釜中始终有水与料液同在，或在釜中通水蒸气直接加热。因为不互溶两组分溶液产生的蒸气总压，等于两组分纯液体饱和蒸气压之和，即总压必大于单独一个组分存在时的饱和蒸气压，所以有水存在时，物料组分温度不必达到纯组分液体沸点就可沸腾，这种有不互溶水存在的蒸馏，称为水蒸气蒸馏，可大大降低蒸馏操作温度。

③ 按操作压强分为常压、减压和加压蒸馏通常，对常压下沸点在室温至150℃左右的混合液，可采用常压蒸馏。对在常压下沸点为室温的混合物，一般可通过加压提高其沸点，所以采用加压蒸馏。对常压下沸点较高或热敏性物质（较高温下易发生分解、聚合等变质现象的混合物），常采用减压蒸馏，以降低操作温度。

④ 按待分离混合物中组分的数目分为双组分精馏和多组分精馏工业生产中较多见的是多组分精馏，但两者在精馏原理、计算原则等方面均无本质区别，只是多组分精馏过程更为复杂。

7.1.3 精馏操作的工程问题

将精馏方法应用到生产实际，应了解和解决的问题有：

① 精馏原理。像图 7-3 所示的流程装置，何以能使物系得到高度分离提纯？

② 精馏过程的设计计算。为实现精馏应怎样选择合适的操作条件？如何按具体分离要求确定塔设备的塔板数、塔径等结构尺寸，计算能耗？

③ 合理操作，满足分离要求。操作条件变动会对分离效果产生怎样影响？要使受到干扰的操作恢复到原定分离要求，可采取哪些措施？

④ 适用的精馏设备。

本章针对常压下双组分物系连续精馏过程，从相平衡、物料平衡、气液接触分析，阐述精馏原理，作设计计算、操作分析及板式塔介绍，有助于在实践中及早掌握精馏操作相关知识和培养参与设计的初步能力，为更好解决精馏工程问题提供基础知识。

7.2 双组分溶液的气液平衡

蒸馏是通过造成气液两相系统而得以实现分离混合物的目的。因此，了解混合物气液平衡关系是理解蒸馏原理、解决精馏计算和控制精馏操作的基本条件。

7.2.1 理想物系的泡点方程和露点方程

理想物系是指物系的液相是服从拉乌尔（Raoult）定律的理想溶液，气相为服从道尔顿（Dalton）分压定律的理想气体。

拉乌尔定律认为理想溶液中同一组分分子间吸引力与不同组分分子间吸引力相等，溶液中各组分蒸气压不及纯组分的蒸气压，仅仅是因它在溶液中只占一定摩尔分数，即理想溶液上方某一组分的蒸气压等于同温下该组分的饱和蒸气压与该组分在液相中的摩尔分数之乘积。拉乌尔定律的表达式为：

$$p_A = p_A^{\ominus} x_A \tag{7-1}$$

$$p_B = p_B^{\ominus} x_B = p_B^{\ominus}(1 - x_A) \tag{7-2}$$

式中 p_A、p_B——溶液中 A、B 组分的蒸气压；

x_A、x_B——溶液中 A、B 组分的摩尔分数，双组分物系则有 $x_A + x_B = 1$；

$p_A^{\ominus}$、$p_B^{\ominus}$——溶液温度下，纯 A、B 组分的饱和蒸气压，各纯组分在每一温度下具有一定饱和蒸气压，可由实验数据查得或按经验式计算。

当溶液达到沸腾，气液两相处于相平衡时，溶液中各组分蒸气压之和必等于气相总压 p，即双组分物系总压 p 应为：

$$p = p_A + p_B = p_A^{\ominus} x_A + p_B^{\ominus}(1 - x_A) \tag{7-3}$$

$$x_A = \frac{p - p_B^{\ominus}}{p_A^{\ominus} - p_B^{\ominus}} \tag{7-4}$$

式(7-4)描述平衡物系的温度与液相组成的关系。

在一定压强下，液体混合物开始沸腾的温度，称为在所处压强下该溶液的泡点。故式(7-4)也称为泡点方程。

气相为理想气体，依道尔顿分压定律，气相中 A 组分摩尔分数 y_A 为

$$y_A = \frac{p_A}{p} \tag{7-5}$$

将式(7-1)、式(7-4)代入式(7-5)得：

$$y_A = \frac{p_A^{\ominus}}{p} x_A = \frac{p_A^{\ominus}}{p} \times \frac{p - p_B^{\ominus}}{p_A^{\ominus} - p_B^{\ominus}} \tag{7-6}$$

式(7-6)描述平衡物系的温度与气相组成的关系。

一定压强下蒸气混合物开始冷凝的温度，称为在所处压强下该蒸气的露点。式(7-6)亦

称为露点方程。

在相平衡时液相的组成为 x_A，气相的组成为 y_A，平衡时气液温度相同，即组成为 x_A 的溶液的泡点，就是组成为 y_A 的蒸气混合物的露点。

【例 7-1】 已知 85℃ 时，苯的饱和蒸气压 $p_A^\ominus = 116.9\text{kPa}$，甲苯的饱和蒸气压 $p_B^\ominus = 46\text{kPa}$。试求在总压 p 为 101.3kPa、温度为 85℃ 下，苯-甲苯物系相平衡时的气、液组成。（苯-甲苯物系可视为理想物系）

解 按理想物系，现以苯含量表示混合物组成。

$$x_A = \frac{p - p_B^\ominus}{p_A^\ominus - p_B^\ominus} = \frac{101.3 - 46}{116.9 - 46} = 0.78$$

$$y_A = \frac{p_A^\ominus}{p} x_A = \frac{116.9}{101.3} \times 0.78 = 0.90$$

现就例 7-1 作进一步讨论，可更多地了解方程的应用。

① 如若规定 $y_A = 0.90$、温度为 85℃ 这两个参数，当然能反求出满足相平衡的操作压强 $p = 101.3\text{kPa}$，同时得出 $x_A = 0.78$。如若规定 $x_A = 0.78$ 和温度为 85℃，也同样能反求出 $p = 101.3\text{kPa}$，$y_A = 0.90$。

这就是在产物浓度（x 或 y）指定后，根据现实可能提供的温度条件来决定精馏操作压强的方法。

② 如若规定了压强为 101.3kPa，再规定 $y_A = 0.90$（或再规定 $x_A = 0.78$），当然也能反求出满足相平衡的温度应为 85℃（只不过因温度与纯组分饱和蒸气压之间不存在线性关系，通常必须参照各种温度下饱和蒸气压的数据作试差计算）。这就是在规定压强 p 下操作，为保证产物浓度应控制合适的温度的理由所在。

在涉及气液相平衡的温度、压强、气相组成和液相组成共四个参数中，只能任意指定 2 个，另 2 个也就相应地确定并由式(7-4)、式(7-6)求出。按物理化学中介绍的相律，也可得出同样结论：双组分气液平衡的自由度为 2。

7.2.2 相平衡的温度组成图（t-x-y 图）

将相平衡关系以相图表达，有助于直观理解蒸馏和方便蒸馏计算。蒸馏大多在一定压强下进行，所以蒸馏采用的都是恒压下的相平衡关系图，对双组分物系，只需用一个组分的含量表示组成，在以下章节中，x、y 均指液、气体中易挥发组分的摩尔分数。

图 7-4 为 101.3kPa 下苯-甲苯物系的温度组成图，纵坐标为温度 t，横坐标为 x 或 y，图中下面的曲线为 t-x 线，称为饱和液体线或泡点线，上面的曲线为 t-y 线，称为饱和蒸气线或露点线。一般物系，曲线数据应由实验测得，对理想物系，则可依饱和蒸气压数据，应用式(7-4)、式(7-6)算得。

借助 t-x-y 图显示物系变化，可清晰地了解操作进程。参照图(7-4)，将组成 x_1、温度 t_0（0 点）的液体，加热到 t_1（1 点）时，开始蒸出组成 y_1（$1'$ 点）的蒸气，（不引出蒸气）继续升温，状态点进入两曲线包围的两相区，当升温到 t_2（2 点），物系分为两相（$2'$点与 $2''$点），气相组成 y_2，液相组成 x_2，两相量之比按杠杆规则：

$$\frac{\text{液相量}}{\text{气相量}} = \frac{\overline{22'}}{\overline{22''}} \tag{7-7}$$

继续加热至 t_3（3 点），物系完全汽化，蒸气组成 $y_3 = x_1$。再升温至 t_4（4 点），蒸气组成不变，成为过热蒸气。

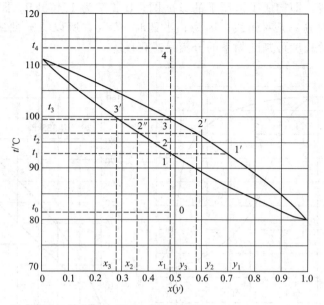

图 7-4　苯-甲苯混合物的 t-x-y 图

从过程可理解：建立两相系统时两相组成不同，$y_2 > x_1 > x_2$，这就是蒸馏实现组分分离的基本措施。t_1 为 x_1 液体的泡点。t_2 为 x_2 液体的泡点，也等于 y_2 蒸气的露点。t_3 为 y_3 蒸气的露点，也是 x_1 液体全部汽化的温度。

t-x-y 图也将有助于理解精馏原理。

非理想物系的 t-x-y 图通常都要由实验数据标绘，曲线形态因物系而异。有的非理想物系的 t-x-y 图上 t-x 线与 t-y 线出现一接触点，这种点称为恒沸点。图 7-5 为乙醇-水溶液的 t-x-y 图，图中有一低温恒沸点 M；图 7-6 为硝酸-水溶液的 t-x-y 图，图中有一高温恒沸点 N。

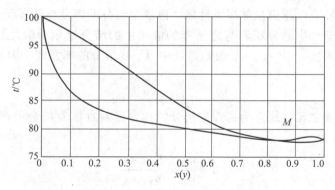

图 7-5　乙醇-水溶液的 t-x-y 图

处于恒沸点状态的平衡气液两相组成相同，即所造成的两相系统并不起到组分分离效果。表明遇到有恒沸点的物系时，不可能采用蒸馏方法获得跨越恒沸点组成的产物，而应设法消除恒沸点存在（有时改变压强或采用特殊精馏）。在学过精馏计算之后，对这点将理解得更清楚。

7.2.3　相平衡的气液组成关系图（y-x 图）

在恒定压强下，将每个温度平衡两相中的组成 x 与 y 的对应数值，在 x-y 直角坐标中逐点标出并连成曲线，即构成了恒压下的 y-x 图。图 7-7 为 101.3kPa 下苯-甲苯物系的 y-x 图。在 y-x 图上同时画一条对角线，因为相平衡时 $y>x$，所以 y-x 曲线必在对角线上方，由曲线偏离对角线的程度可判断物系的分离易难程度。

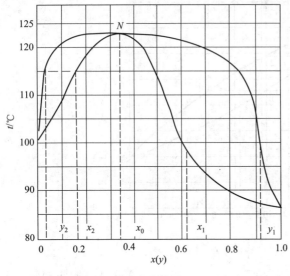

图 7-6　硝酸-水溶液的 t-x-y 图　　　　图 7-7　苯-甲苯的 y-x 图

y-x 图常用于只须顾及组成变化的蒸馏计算。y-x 图可从 t-x-y 图获取数据来标绘。对理想物系也可直接采用式(7-4) 与式(7-6) 算出的相应数值，还可引用以相对挥发度概念建立的平衡组成关系式来标绘。

7.2.4　相对挥发度与相平衡组成关系表达式

纯组分可用饱和蒸气压值量度挥发性能，溶液中组分的挥发性能还受其他组分存在的影响，因而以组分在蒸气中的分压和与之平衡的液相中的组分摩尔分数之比值来量度挥发性能，称此比值为挥发度，以 v_A、v_B 表示溶液中 A、B 组分的挥发度，即：

$$v_A = \frac{p_A}{x_A}, \quad v_B = \frac{p_B}{x_B} \tag{7-8}$$

将两组分挥发度之比（通常为易挥发组分的挥发度对难挥发组分的挥发度之比），称为相对挥发度 α，即：

$$\alpha = \frac{v_A}{v_B} = \frac{p_A/x_A}{p_B/x_B} \tag{7-9}$$

气相服从道尔顿分压定律，即有 $p_A = y_A p$、$p_B = y_B p$，代入式(7-9) 得：

$$\alpha = \frac{y_A/x_A}{y_B/x_B} = \frac{y_A/y_B}{x_A/x_B} \tag{7-10}$$

可见，相对挥发度表示气相中两组分的浓度比为液相中两组分浓度比的倍数。α 值反映组分分离的难易程度，α 值愈大，挥发度差异愈大，分离愈容易。

易挥发组分不注下标，即式(7-10) 可改写为：

$$\alpha = \frac{y(1-y)}{x/(1-x)} \tag{7-11}$$

得：

$$y = \frac{\alpha x}{1+(\alpha-1)x} \quad \text{或} \quad x = \frac{y}{\alpha-(\alpha-1)y} \qquad (7\text{-}12)$$

式(7-12)为相平衡组成关系表达式。

当液相为理想溶液,将拉乌尔定律 $p_A = p_A^\ominus x_A$,$p_B = p_B^\ominus x_B$ 代入式(7-9),则可以利用纯组分饱和蒸气压求取 α,可得:

$$\alpha = \frac{p_A^\ominus}{p_B^\ominus} \qquad (7\text{-}13)$$

如按方程 $y_A = K_A x_A$,$y_B = K_B x_B$,K_A、K_B 分别为组分 A、B 在气液两相中的浓度比(在吸收章中已遇到 $y = mx$),称 K 为相平衡常数,则从式(7-10)可得出利用相平衡常数求 α 的计算式:

$$\alpha = \frac{K_A}{K_B} \qquad (7\text{-}14)$$

许多物系数据表明,α 值随温度的变化不大,所以常只取 2~3 组饱和蒸气压或相平衡常数 K 值,计算出 2~3 个 α 值,取一个平均 α 值,就可以应用式(7-12)计算恒压下整个温度变化范围的 y-x 关系,即用一个平均 α 值就可以作出整条 y-x 关系线。

【例 7-2】 附表 1 中列有苯(A)与甲苯(B)的饱和蒸气压,应用泡点方程(7-4)、露点方程(7-6)计算在总压 p 为 101.3kPa 时的 x、y 值。

例 7-2 附表 1

$t/℃$	80.1	85	90	95	100	105	110.6
$p_A^\ominus/\text{kPa}$	101.33	116.9	135.5	155.7	179.2	204.2	240.0
$p_B^\ominus/\text{kPa}$	40.0	46.0	54.0	63.3	74.3	86.0	101.33
x	1.00	0.780	0.581	0.412	0.258	0.130	0.00
y	1.00	0.900	0.777	0.633	0.456	0.262	0.00

现请用平均相对挥发度计算 x、y 值,并加以比较。

解 苯-甲苯为理想溶液,按 $\alpha = \dfrac{p_A^\ominus}{p_B^\ominus}$。

取 85℃时,$\alpha_1 = \dfrac{p_A^\ominus}{p_B^\ominus} = \dfrac{116.9}{46.0} = 2.54$。

105℃时,$\alpha_2 = \dfrac{p_A^\ominus}{p_B^\ominus} = \dfrac{204.2}{86.0} = 2.37$。

平均挥发度 $\alpha \approx \dfrac{\alpha_1+\alpha_2}{2} = \dfrac{2.54+2.37}{2} = 2.46$。

利用式(7-12)计算 x、y 值:

$$y = \frac{\alpha x}{1+(\alpha-1)x} = \frac{2.46x}{1+1.46x}$$

如当 $x = 0.78$,$y = \dfrac{2.46 \times 0.78}{1+1.46 \times 0.78} = 0.897$。

$x = 0.581$,$y = \dfrac{2.46 \times 0.581}{1+1.46 \times 0.581} = 0.773$

……

计算结果列于附表 2:

例 7-2 附表 2

x	1.00	0.78	0.581	0.412	0.258	0.130	0.00
y	1.00	0.897	0.773	0.633	0.467	0.269	0.00

计算结果与附表 1 比较，误差甚小。

7.3 精馏操作过程

7.3.1 精馏原理

前面已介绍过精馏操作流程图 7-3。现以图 7-8 为精馏塔中气液流动情况示意图，结合图 7-9 的 t-x-y 图，进一步讨论精馏原理。

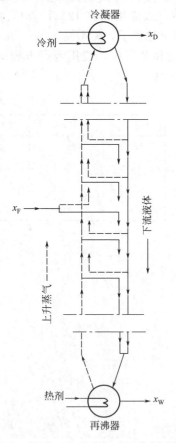

图 7-8 精馏塔内气液流动情况示意图

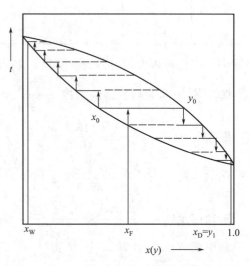

图 7-9 在 t-x-y 图上的精馏表达

精馏操作时，首先向塔中加料，待塔釜（或再沸器中）存放足够溶液时，暂停加料。加热，让釜中溶液沸腾，同时向塔顶冷凝器通入冷剂（如果物料本身含气相，应投料时就通入制冷剂）。釜液汽化产生的蒸气沿塔上升。进入冷凝器的蒸气完全被冷凝，冷凝液沿塔向下流。如图 7-8 所示，塔内出现了一股向上流的蒸气流与一股向下流的液体流。

根据气液相平衡规律，参照相应的 t-x-y 图 7-9，这种由高温向上的蒸气股与由低温向下的液流股的相对流动，将产生三项结果：

① 上升蒸气因与下降液体接触，蒸气被一次次部分冷凝，未冷凝蒸气中的易挥发组分含量将一次次增多；下降液体因与上升蒸气接触，液体被一次次部分汽化，未汽化液体中的易挥发组分含量将一次次减少，则沿塔自上而下建立了浓度梯度。

② 多次被冷凝，使上升蒸气温度逐步下降；多次被汽化，使下降液体温度逐步上升，则沿塔自下而上建立了温度梯度。

③ 液体逐步汽化所需热量来自蒸气逐步冷凝放出的热量，塔中无须另设换热装置。上升蒸气因逐次被冷凝所减少的量，由液体逐次汽化产生的量补充，因此能够有相当量的蒸气到达冷凝器；液体因逐次汽化减少的量由蒸气逐次冷凝产生的量补充，因此能够有相当量的液体到达塔釜，有可能自然平衡。

由恒温下温度测定做判断，一旦浓度、温度梯度稳定建立，便可以有一定量的回流液（由冷凝器流入塔称回流）引出，即从塔顶引出含高浓度易挥发组分的塔顶产物（常称馏出液）。同时按物料平衡要求，同步进料和从塔底引出含高浓度难挥发组分的塔底产物（常称残液），进行连续操作。

概括而言，利用组分间挥发性差异，借助多次重复的部分汽化与部分冷凝，而达到物系组分高度分离提纯，这就是精馏原理。气液两相在板式塔中呈分级式接触，在填料塔中呈微分式接触，精馏即为两相间热量传递、同时进行着易挥发组分由液相向气相与难挥发组分由气相到液相的综合传递过程。

在精馏操作中，加料口以上的塔段称为精馏段，精馏段起着使原料中易挥发组分增浓的作用。加料口以下的塔段称为提馏段，提馏段则起着使易挥发组分从液相中汽提出来的作用。

只有精馏段的精馏塔只能把原料分离为高纯度的易挥发组分与粗的残液。例如从发酵液中提取乙醇，将煤焦油的粗苯馏分分离为精苯与动力苯，即用于只注重塔顶产物质量的场合。

只有提馏段的精馏塔只能将料液分离为粗的馏出液与较高纯度的难挥发组分。例如吸收液的解吸以回收溶剂，稀硫酸的浓缩；二氯乙烷生产中脱除低沸点组分的低沸塔，即用于只注重釜液产物质量的场合。

如料液是在操作之前一次性全部加入釜中，操作过程只不断引出塔顶馏出液，而待到釜液中易挥发组分含量降到规定时才一次性排出，这种方式的精馏则为间歇精馏，或称为分批精馏。

间歇精馏是一种只有精馏段的非稳态操作过程。间歇精馏适用于料液品种或组成经常变化的情况，用于小批量多品种的生产场合。

7.3.2 理论板概念与恒摩尔流假设

图 7-10 为精馏塔中某 n 板的气液流量与组成示意图。y_{n+1}、y_n 为来自下板（$n+1$ 板）与离开 n 板的蒸气组成，x_{n-1}、x_n 为来自上板（$n-1$ 板）与离开 n 板的液体组成（均为易挥发组分摩尔分数）。

若离开该板的蒸气组成 y_n 与离开该板的液体组成 x_n 成平衡，即达到这样传热、传质

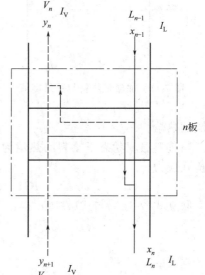

图 7-10　塔上气液流量与组成变化

最高程度的塔板，称为理论板。实际上理论板并不存在，它只是作为衡量实际塔板分离效果的最高标准。通常，在精馏计算中，先求得理论板数，然后利用塔板效率予以修正，即求得实际板数。引入理论板的概念，可以简化计算，对精馏过程的分析和计算是十分有用的。

V_{n+1}、V_n 为来自下板（$n+1$ 板）与离开 n 板的蒸气摩尔流量（kmol/s），L_{n-1}、L_n 为来自上板（$n-1$ 板）与离开 n 板的液体流量（kmol/s）。

操作稳定时，由物料衡算有：

$$V_{n+1} + L_{n-1} = V_n + L_n \tag{7-15}$$

如果忽略组成与温度对热焓的影响，认为进、出塔板的蒸气热焓均为 I_V，进、出塔板的液体热焓均为 I_L（kJ/kmol），并不计塔的热损失，则由塔板热量衡算有：

$$V_{n+1} I_V + L_{n-1} I_L = V_n I_V + L_n I_L \tag{7-16}$$

将式（7-15）与式（7-16）联立，可得：

$$\begin{cases} V_{n+1} = V_n \\ L_{n-1} = L_n \end{cases} \tag{7-17}$$

式（7-17）表示，对于没有另外进、出料的任一塔板，进入板的蒸气摩尔流量与离开板的蒸气摩尔流量相等；进入板与离开板的液体摩尔流量也相等，该假设称为恒摩尔流假设。对各组分摩尔汽化潜热（kJ/kmol）差值较少的物系，恒摩尔流假设与实际情况较接近。

7.3.3 精馏段与提馏段两塔段的气液流量关系

按恒摩尔流假设，精馏段内蒸气摩尔流量与液体摩尔流量沿流动方向保持不变，现分别以 V、L 表示。提馏段内蒸气摩尔流量与液体摩尔流量沿流动方向也不变，分别以 V'、L' 表示。如图 7-11 所示，加料板另外加入的物料摩尔流量为 F（kmol/s），则由加料板物料衡算有：

$$F + L + V' = L' + V \tag{7-18}$$

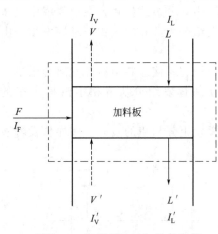

图 7-11 加料板物料与热量衡算

如果仍忽略组成与温度对上下板气液流热焓的影响，以 I_V 与 I_L 表示塔内蒸气流的热焓与塔内液体流的热焓。

当进料温度状态下物料的热焓为 I_F（kJ/kmol）时，不计塔体热量损失，加料板的热量平衡式应为：

$$F I_F + L I_L + V' I_V = L' I_L + V I_V \tag{7-19}$$

联立式（7-18）与式（7-19）得：

$$\frac{L' - L}{F} = \frac{I_V - I_F}{I_V - I_L} \tag{7-20}$$

定义 q：

$$q = \frac{I_V - I_F}{I_V - I_L} = \frac{I_V - I_F}{r} \tag{7-21}$$

式中，（$I_V - I_F$）为 1kmol 物料变为饱和蒸气所需的热量；（$I_V - I_L$）为塔内上升蒸气与下降液体热焓差，可按进料条件下的物料摩尔汽化潜热 r 计；q 值称为加料的热状态参数。依式（7-20）与式（7-21），可知两段气液量的关系受进料热状态所制约，其关系为：

$$L' = L + qF \tag{7-22}$$

$$V = V' + (1-q)F \tag{7-23}$$

7.4 双组分物系连续精馏的计算

精馏计算也分为设计型与操作型两类计算。现结合板式塔精馏的设计计算，讨论精馏计算的基本方法。

精馏设计计算就是将一定数量和组成的物料，按生产任务指定的分离要求进行精馏时，计算产物的量与组成，选择操作条件，确定理论塔板数与进料位置。

从整个精馏装置来说，还包括塔高、塔径、塔板结构，以及冷凝器与再沸器等项工艺计算。

为便于理解，先讨论操作条件已定的精馏计算。

7.4.1 全塔物料衡算

如图 7-12 所示，进塔原料的流量为 F (kmol/s)，原料中易挥发组分摩尔分数为 x_F，按生产任务指定馏出液中易挥发组分摩尔分数应达到 x_D，残液中易挥发组分摩尔分数降至 x_W，则可以运用全塔物料衡算，求出馏出液流量 D (kmol/s) 与残液流量 W (kmol/s)。

物料衡算式如下：

对全物料衡算有：
$$F = D + W \tag{7-24}$$

对易挥发组分衡算有：
$$Fx_F = Dx_D + Wx_W \tag{7-25}$$

有时生产任务是指定一个产物的组成与一个组分的回收率。回收率 η 的定义为组分在产物中的量与组分在原料中的量之比。

易挥发组分在馏出液中的回收率：
$$\eta_A = \frac{Dx_D}{Fx_F} \tag{7-26}$$

难挥发组分在残液中的回收率：
$$\eta_B = \frac{W(1-x_W)}{F(1-x_F)} \tag{7-27}$$

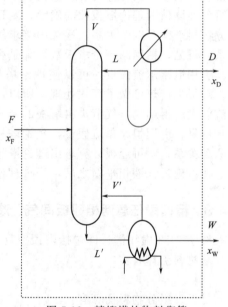

图 7-12 精馏塔的物料衡算

在生产任务指定了一个产物组成与一个组分回收率之后，就可依据回收率概念，结合式(7-24)与式(7-25)，求出两个产物的流量及另一个产物的组成。

【例 7-3】 将15000kg/h 含苯 0.44（摩尔分数）和含甲苯 0.56（摩尔分数）的混合液连续精馏，要求残液中苯的摩尔分数不高于 0.0235，苯在馏出液中的回收率达 97.1%。试求馏出液中苯的摩尔分数及馏出液与残液的流量 (kmol/h)。

解 苯的摩尔质量为78kg/kmol，甲苯的摩尔质量为92kg/kmol。

原料液平均摩尔质量 $M_F = 0.44 \times 78 + 0.56 \times 92 = 85.8$ (kg/kmol)。

原料液摩尔流量 $F = 15000/85.8 = 175$ (kmol/h)。

依回收率概念有：

$$Dx_D = \eta_A Fx_F = 0.971 \times 175 \times 0.44 = 74.7 \text{ (kmol/h)}$$

由式(7-25)有

$$Wx_W = Fx_F - Dx_D$$
$$Wx_W = (1-\eta_A)Fx_F = (1-0.970) \times 175 \times 0.44 = 2.31 \text{ (kmol/h)}$$

即：

$$W = \frac{Wx_W}{x_W} = \frac{2.31}{0.0235} = 98.3 \text{ (kmol/h)}$$

$$D = F - W = 175 - 98.3 = 76.7 \text{ (kmol/h)}$$

$$x_D = \frac{Dx_D}{D} = \frac{74.7}{76.7} = 0.974$$

7.4.2 确定理论塔板数的途径

气液通过一块理论板就是一次相平衡，计算理论塔板数必然关系到相平衡关系；塔板上气液相间传热，所以理论塔板数也关系到热量衡算；精馏塔建立浓度梯度，理论塔板数亦涉及代表物系组成的易挥发组分的物料平衡；稳定操作塔板还应满足总物料平衡关系。总之，双组分连续精馏理论塔板数的确定，要运用到相平衡关系、热量平衡、总物料平衡、易挥发组分物料平衡等四个关系，逐级串接求解。此外，还会遇到物料热焓与组成、温度的非线性关系。可见，精确的理论塔板数计算是个极其复杂的过程，远超出本教材讨论范围。

引用恒摩尔流假设，可以使理论塔板数计算大为简化。从前面已知，作恒摩尔流假设时，对板上传热已做了简化处理，所以，在考虑塔板传质时可暂时避开热量衡算。又由恒摩尔流假设所得结论：气液进出塔板的摩尔流量都不变，即无须每板都要再考虑总物料衡算。

可见，引用恒摩尔流假设，理论塔板数的计算只需利用气液相平衡关系和易挥发组分衡算两个关系，就可逐板计算求出理论塔板数。

在讨论过气液相平衡之后，为求理论板数要从建立塔内气液组成关系式着手。

7.4.3 精馏段任意两相邻板间气、液的组成关系

按图7-13虚线框，即包括塔顶冷凝器和塔的第$n+1$板以上精馏段在内，作物料衡算。总物料衡算有：

$$V = L + D \tag{7-28}$$

易挥发组分物料衡算有：

$$Vy_{n+1} = Lx_n + Dx_D \tag{7-29}$$

式中 y_{n+1}——精馏段第$n+1$板上升蒸气中易挥发组分摩尔分数；

x_n——精馏段第n板下降液体中易挥发组分摩尔分数。

精馏段每板上升蒸气量V也是进入冷凝器的蒸气量。每板下降液流量也就是出冷凝器液体在泡点温度下回流入塔的冷凝液量。定义回流液量与馏出液量之比为回流比，用符号R表示，即：

$$R = L/D \tag{7-30}$$

联立式(7-28)与式(7-29)得：

$$y_{n+1} = \frac{L}{V}x_n + \frac{D}{V}x_D \tag{7-31}$$

$$y_{n+1} = \frac{R}{R+1}x_n + \frac{x_D}{R+1} \tag{7-32}$$

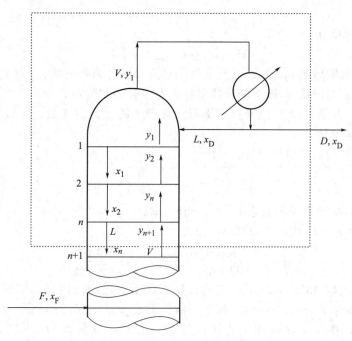

图 7-13 精馏段操作线方程式的推导

式(7-32)表达了一定的操作条件下，精馏段内任一板（n 板）下流液体组成 x_n 与自相邻下一板（$n+1$ 板）上升的蒸气组成 y_{n+1} 之间的关系。式(7-32)称为精馏段操作线方程式，在 y-x 直角坐标图可标绘为一直线，其斜率为 $R/(R+1)$，在 y 轴上截距为 $x_D/(R+1)$，直线通过对角线上（$x=x_D$，$y=x_D$）点。

7.4.4 提馏段任意相邻两板间气、液的组成关系

按图 7-14 虚线框，即包括再沸器和第 m 板之下提馏段在内，作物料衡算。

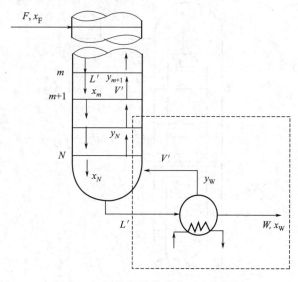

图 7-14 提馏段操作线方程式的推导

总物料衡算有：

$$V' = L' - W \tag{7-33}$$

易挥发组分衡算有：

$$V'y_{m+1} = L'x_m - Wx_W \tag{7-34}$$

式中 y_{m+1}——提馏段第 $m+1$ 板上升蒸气中易挥发组分摩尔分数；

x_m——提馏段第 m 板下降液体中易挥发组分摩尔分数。

提馏段每板上升蒸气量 V' 就是自再沸器汽化产生的上升蒸气量。每板下降液量 L' 就是流进再沸器的液体流量。

联立式(7-33)与式(7-34)得：

$$y_{m+1} = \frac{L'}{V'}x_m - \frac{W}{V'}x_W \tag{7-35}$$

若将提馏段与精馏段流量关系 $L' = L + qF = RD + qF$，$V' = V - (1-q)F = (R+1)D - (1-q)F$，及 $W = F - D$ 代入式(7-35)，则得：

$$y_{m+1} = \frac{RD + qF}{RD + qF - W}x_m - \frac{Wx_W}{RD + qF - W} \tag{7-36}$$

式(7-35)或式(7-36)，表达了一定的操作条件下，提馏段内任一塔板（m 板）下流液体组成 x_m 与自相邻下一板（$m+1$）板上升蒸气组成 y_{m+1} 之间的关系。两方程均称为提馏段操作线方程式，在 y-x 坐标图上也可标绘为一直线，其斜率为 L'/V'，在 y 轴截距为 $-Wx_W/V'$，直线通过对角线上（$x = x_W$，$y = x_W$）点。

7.4.5 理论塔板数的逐板计算法

建立了塔内气、液组成关系式，就可以结合相平衡方程式，通过逐板计算（图 7-15），确定塔板数。

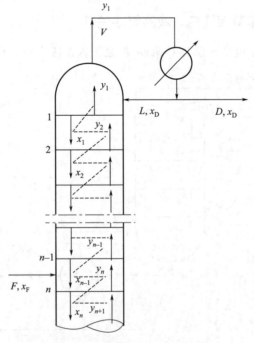

图 7-15 逐板计算法示意图

参照图 7-15，塔顶为全凝器，来自第 1 板进冷凝器的蒸气组成等于馏出液组成，$y_1 = x_D$。

离开第 1 理论板的液体组成 x_1 与蒸气组成 y_1 成平衡，可由相平衡关系求出 x_1。
y_2 与 x_1 关系为操作线关系，可应用操作线方程由 x_1 求出 y_2。
x_2 与 y_2 为相平衡，可由相平衡求 x_2。
依次类推，可列出下面的计算方法顺序：

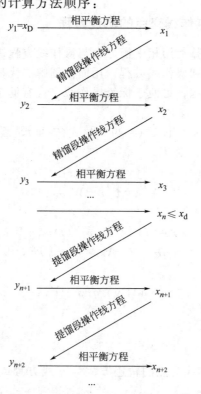

逐板计算所经过的相平衡次数即为包括加料板和塔釜（再沸器）在内的理论塔板数，上述顺序表示总板数 $N=n+m$。

以 $x_n \approx x_F$ 板定为加料板，对泡点温度下进料较确切，对其他温度条件进料，仅为方便近似判断，精确的则要适应温度作上下调整，方法如下：联立求解精馏段和提馏段操作线方程组成的方程组，设求出的 x 解为 x_d，此时以 $x_n \approx x_d$ 板定为加料板。

逐板计算也可由 x_W 开始向上逐板计算到 x_D。

【例 7-4】 连续精馏塔中分离苯-甲苯混合液，常压下物系的相对挥发度 $\alpha = 2.47$，塔顶为全凝器，操作回流比 $R = 5$，馏出液组成 x_D 为 0.98（苯的摩尔分数）。试求塔顶往下第二理论板下流液体组成 x_2。

解 $\alpha = 2.47$，相平衡关系为：

$$x = \frac{y}{\alpha - (\alpha-1)y} = \frac{y}{2.47 - 1.47y}$$

$R = 5$，$x_D = 0.98$，精馏段操作线为：

$$y_{n+1} = \frac{R}{R+1}x_n + \frac{x_D}{R+1} = \frac{5}{5+1}x_n + \frac{0.98}{5+1} = 0.833x_n + 0.163$$

逐板计算：

$$y_1 = x_D = 0.98$$

$$x_1 = \frac{y_1}{2.47 - 1.47y_1} = \frac{0.98}{2.47 - 1.47 \times 0.98} = 0.952$$

$$y_2 = 0.833x_1 + 0.163 = 0.956$$

$$x_2 = \frac{y_2}{2.47 - 1.47y_2} = \frac{0.956}{2.47 - 1.47 \times 0.956} = 0.898$$

7.4.6 精馏段与提馏段两操作线交点的轨迹方程

既然理论塔板数可通过交替运用相平衡方程与操作线方程进行计算，则可以相平衡曲线和操作线分别代替相平衡方程和操作线方程，用简便图解法代替繁杂的计算。

建立操作线交点的轨迹方程，可便于标绘操作线，且有助于分析进料热状态对精馏操作的影响。

应用两操作线方程初始形式，即式(7-29)与式(7-34)，因交点同时服从两个方程，求交点时两方程变量可略去下标，则

$$Vy = Lx + Dx_D \tag{7-37}$$

$$V'y = L'x - Wx_W \tag{7-38}$$

两式相减得：

$$(V'-V)y = (L'-L)x - (Dx_D + Wx_W) \tag{7-39}$$

根据两段气液量关系 $L'-L = qF$，$V-V' = (1-q)F$，及全塔物料衡算 $Fx_F = Dx_D + Wx_W$，则式(7-39)为：

$$(q-1)Fy = qFx - Fx_F \tag{7-40}$$

所以：

$$y = \frac{q}{q-1}x - \frac{x_F}{q-1} \tag{7-41}$$

通常称式(7-41)这一操作线交点的轨迹方程为 q 线方程或进料方程。当 $x = x_F$，由方程得 $y = x_F$，即在 y-x 坐标图上，式(7-41)是通过对角线上点 (x_F, x_F) 的直线，其斜率为 $q/(q-1)$。

7.4.7 理论塔板数的图解法（McCabe-Thiele 法）

参照图 7-16，M-T 图解法求理论塔板数的步骤如下：

① 在 y-x 直角坐标图上标绘出操作压强下物系的 y-x 相平衡关系线，并画出对角线。

② 在同一图上，根据操作参数 x_D、x_F、x_W、q 和 R，作出操作线。

在 $x = x_D$ 处作垂线交于对角线上 a 点，a 为精馏段操作线上的点 $(x_n = x_D, y_{n+1} = x_D)$。再在 y 轴上定出截距为 $R/(R+1)$ 的 b 点。a、b 连线即为精馏段操作线。

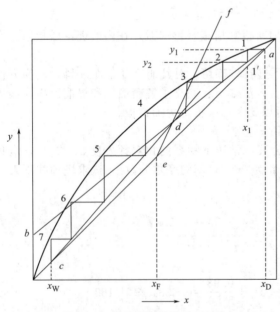

图 7-16 求理论塔板数的图解法

在 $x = x_F$ 处作垂线交于对角线上 e 点，e 为 q 线必通过的点 $(x = x_F, y = x_F)$。依 q

值通过 e 点作斜率为 $q/(q-1)$ 的 ef 线。ef 线即为 q 线（图 7-16 中为 $q>1$ 的情况）。

在 $x=x_W$ 处作垂线交于对角线上 c 点，c 为提馏段操作线上的点（$x_m=x_W$，$y_{m+1}=x_W$）。精馏段操作线与 q 线的交点 d，当然也是提馏段操作线与 q 线的交点，所以连线 cd 即为提馏段操作线。

③ 在 x_D 至 x_W 范围内，于相平衡线与操作线之间划梯级，确定精馏所需的理论塔板数。

a 点为全凝器与塔体连接管道处气液两相组成关系 $y_1=x_D$ 的状态点。由 a 引水平线交于相平衡关系线上 1 点，1 点为第 1 理论板气液（x_1，y_1）状态点，由 1 点可读出 x_1 值，即画 $a1$ 线就相当于应用相平衡关系式求 x_1 的计算过程。

从 1 点向下作垂线交于操作线 $1'$ 点，操作线画上的 $1'$ 点为表示 x_1 与 y_2 关系的状态点，由 $1'$ 点可读出 y_2 值，即画 $11'$ 线就相当于应用操作线方程求 y_2 的计算过程。

可见，画一个梯级（$a11'$）就是完成一理论板的计算，物系分离经历了一块理论板。如图 7-16 所示，在相平衡线与精馏段操作线之间可画 3 个梯级，第 4 平衡状态点的 x_4 已低于 x_d，表示精馏段应有 3 块理论板，第 4 板为理论加料板。

跨过两操作线交点 d 之后，进入提馏段，应在相平衡线与提馏段操作线之间画梯级，一直画到第 7 平衡状态点时，$x_7 \leqslant x_W$，即组分降至所指定值，则完成图解全过程。

如图 7-16 所示，精馏操作共需 7 块理论塔板（包括塔釜或再沸器），第 4 理论板为加料板。

【例 7-5】 用常压精馏塔分离苯-甲苯混合液，进料组成 $x_F=0.44$（苯的摩尔分数，下同），要求馏出液组成 $x_D=0.974$，塔底残液组成 x_W 低于 0.0235。操作回流比 R 为 3.5。已算得 20℃进料的热状况参数 $q=1.36$。试用图解法求精馏所需理论塔板数。

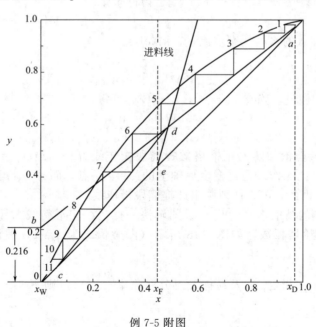

例 7-5 附图

解 (1) 利用相平衡数据，在直角坐标图绘出 y-x 相平衡曲线（引用图 7-4 或由 α 值计算的数据），并画出对角线。如附图所示，以 $x_D=0.974$、$x_F=0.44$、$x_W=0.0235$ 在对角线上定出 a、e、c 三点。

(2) $x_D/(R+1)=0.974/(3.5+1)=0.216$

以 0.216 在 y 轴上定 b 点，连接 ab 为精馏段操作线。

(3) $q/(q-1)=1.36/(1.36-1)=3.78$

从 e 点作斜率为 3.78 的直线，即为 q 线，并得 q 线与精馏段操作线的交点 d。

(4) 连结 cd 为提馏段操作线。

(5) 从 a 点开始，在相平衡线与精馏段操作线之间作出 1、2、3、4 等四个梯级。相平衡点 5 已跨过操作线交点 d，改在相平衡关系与提馏段操作线之间作梯级，作出 5、6、7、8、9、10、11 等七个梯级。相平衡点 11 时 x_{11} 已低于 x_W。共得 11 次相平衡级，则精馏操作需要 11 块理论塔板（包括塔釜），第 5 理论板为加料板。

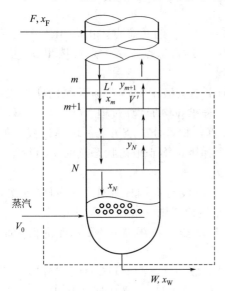

图 7-17 直接蒸汽加热时提馏段操作线的推导

7.4.8 直接蒸汽加热的精馏塔理论塔板数计算

若待分离的是由易挥发组分与水组成的混合液，且指定精馏塔釜液 x_W 甚小，釜液可当废液排放时，则常将水蒸气直接通入塔釜液中进行加热，以省掉再沸器。如图 7-17 所示，直接蒸汽加热的精馏塔，其精馏段操作情况与间接蒸汽加热时没有区别，故精馏段操作线方程完全一样，q 线的作法也相同。但提馏段操作线方程则应另行推导。

对图 7-17 中虚线范围作物料衡算，总物料衡算：

$$L'+V_0=V'+W \tag{7-42}$$

式中 V_0——塔釜加入的水蒸气摩尔流量，kmol/s。

易挥发组分衡算：

$$L'x_m=V'y_{m+1}+Wx_W \tag{7-43}$$

又仍按恒摩尔流假设，则有 $V_0=V'$，$L'=W$，可得：

$$y_{m+1}=\frac{W}{V_0}x_m-\frac{W}{V_0}x_W \tag{7-44}$$

式(7-44)为直接蒸汽加热的精馏塔的提馏段操作线方程。当 $x_m=x_W$ 时，$y_{m+1}=0$，即在 y-x 坐标图上，此操作线通过横坐标轴上的 $x=x_W$ 点，而另一点已由精馏段操作线与 q 线的交点所确定，因此，可方便地画出此提馏段操作线。

同间接蒸汽加热的精馏塔理论塔板数图解法一样，在相平衡线与操作之间画梯级直至 $x_m \leqslant x_W$，则得出理论塔板数，如图 7-18 所示（图中情况为 $q=1$，理论加料板为第 5 板，理论塔板共 7 块）。

当已知 F、x_F，并指定 x_D 及易挥发组分回收率 $\dfrac{Dx_D}{Fx_F}$ 值，则 Fx_F-Dx_D 就是一个确定值，现比较两种情况：

间接蒸汽加热时，全塔总物料衡算 $F=D+W$，则得：

$$(Fx_F-Dx_D)=Wx_W=(F-D)x_W \tag{7-45}$$

直接蒸汽加热时，因加热蒸汽 V_0 加到物系中，全塔总物料衡算 $F+V_0=D+W$，则得：

$$(Fx_F-Dx_D)=Wx_W=(F+V_0-D)x_W \tag{7-46}$$

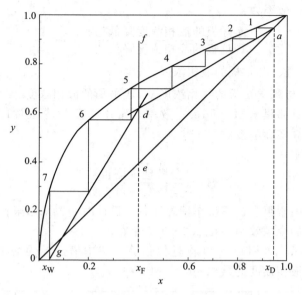

图 7-18 直接蒸汽加热时理论塔板数的图解法

式(7-45)与式(7-46)对比,显然直接蒸汽加热时,使精馏塔釜液量 W 加大,而使残液组成 x_W 减小,图解法画出的梯级数增多,表明同样操作条件下,直接蒸汽加热时理论塔板数要多。

7.4.9 塔板效率与实际塔板数

实际操作过程,由于气液两相在塔板上接触时间短暂等原因,使离开塔板的蒸气与液体不可能达到相平衡,即每层塔板不能起到一理论板的作用,为完成分离任务所需的实际塔板数应比理论塔板数多。

通常用"板效率"来衡量塔板上两相质量传递的完善程度,为表达塔板性能的优劣程度,板效率有几种表示法。

(1) 单板效率 E_M

单板效率是针对每一层塔板作考虑,见图 7-19,对第 n 板,以气相表示的单板效率为:

$$E_{MV} = \frac{\text{实际板的气相增浓值}}{\text{理论板的气相增浓值}} = \frac{y_n - y_{n+1}}{y_n^* - y_{n+1}} \tag{7-47}$$

式中 y_{n+1}、y_n——进、出 n 板的气相组成;

y_n^*——与离开 n 板的液体浓度 x_n 成平衡的气相浓度。

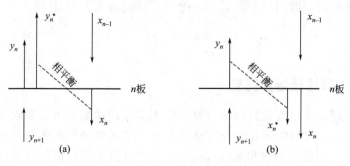

图 7-19 气相单板效率(a)和液相单板效率(b)

以液相表示的单板效率为：

$$E_{ML} = \frac{实际板的液相浓度降低值}{理论板的液相浓度降低值} = \frac{x_{n-1} - x_n}{x_{n-1} - x_n^*} \quad (7-48)$$

式中 x_{n-1}、x_n——进、出 n 板的液相浓度；

x_n^*——与离开 n 板的气相浓度 y_n 成平衡的液相浓度。

单板效率也称为默弗里（Murphree）效率，常用于度量塔板性能，因各板效率不等，单板效率较少用于核算实际塔板数。

(2) 全塔效率 E_T

$$E_T = \frac{全塔理论塔板数}{全塔实际塔板数} \quad (7-49)$$

影响塔板效率的因素很多，不易作精确计算，设计时一般采用来自生产或中间试验的数据。对双组分混合液的全塔效率多在 0.5～0.7 左右。

当缺乏实际数据时，可用图 7-20 作近似估算，图中横坐标为塔顶与塔底平均温度下，料液的相对挥发度与液相黏度的乘积 $\alpha\mu_L$（mPa·s）。

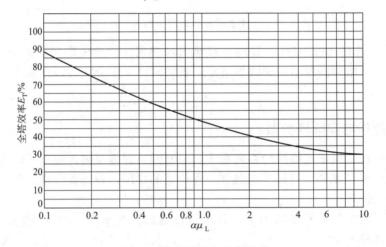

图 7-20 精馏塔效率关联曲线

再沸器有多种形式，有的再沸器也达不到理论板的作用，但相对于塔板而言，一般计算中都将塔釜或再沸器当作一层理论板，而不再作板数核算。所以当由图解法或逐板法求得理论塔板数为 N，则不包括再沸器的实际塔板数 N_P 为：

$$N_P = \frac{N - 1}{E_T} \quad (7-50)$$

若塔顶采用分凝器，即相当于又有一块理论板放到塔外，则：

$$N_P = \frac{N - 2}{E_T} \quad (7-51)$$

7.4.10 填料层的理论板当量高度

通常较多引用理论板概念进行精馏计算，引用单元高度概念进行吸收计算。但是同样可按精馏所用的图解法，在吸收操作线与气液相平衡线之间画梯级求吸收所需理论塔板数。也同样可仿照吸收中引用传质系数和推动力概念的方法计算精馏所需的填料层高度。不过，对于填料精馏塔，常应用等板高度来确定填料层高度。

所谓等板高度是指与一块理论塔板起到同样传质作用的填料层高度,也称为理论板当量高度(HETP)。以精馏所需理论塔板数乘以等板高度则得精馏所需的填料层高度。

HETP 由实验测定,或取之生产经验数值,还有些用经验公式估算。表 7-1 中所列出的数据可供参考。

表 7-1 等板高度

填料类型或应用情况	HETP/m	填料类型或应用情况	HETP/m
25mm 直径填料	0.46	吸收	1.5~1.8
38mm 直径填料	0.66	小直径塔(直径<0.6m)	塔径
50mm 直径填料	0.90	真空塔	塔径+0.1

7.4.11 冷凝器和再沸器

(1) 冷凝器

精馏塔上冷凝器的特点是混合蒸气冷凝,与纯蒸气不同,混合蒸气冷凝过程的温度不断降低,即从蒸气的露点开始冷凝到全部冷凝时的泡点。混合蒸气冷凝的传热精确计算是个较复杂过程。

在生产中,通常精馏馏出液组成较多接近纯的易挥发组分,且操作过程热损失一项总是个估算值,因此,工厂中可按纯的易挥发组分冷凝的情况进行冷凝器计算。

(2) 再沸器

精馏塔再沸器因形式多样而使计算复杂化。在工厂现场可能看到有溶液一次通过的罐式再沸器、有溶液循环受热的热虹吸式等多种形式的循环式再沸器。

作为生产现场的估算,可按在塔底残液温度 t_W 下,将釜液汽化产生提馏段上升蒸气量 V' 所需的热量为热负荷,以计算加热剂的用量。当 x_W 很小时,t_W 也近似以难挥发组分沸点计。

选取计算传热面积的经验传热系数 K 值,务必注意到再沸器类型的差异。

7.5 精馏操作条件参数选择

7.5.1 精馏操作压强的确定

精馏在常压下进行,操作既方便又能节省投资费用。但有些热敏性物系必须采用减压精馏,例如分离乙苯-苯乙烯,为降低釜液的泡点以避免物料聚合变质,须采用真空精馏;而有些在常温常压下为气态的物系,工厂中难以获得使物系常压下液化所需的非常低温的冷剂,为此就要采用高压来提高物系露点,以便工厂所具有的冷剂能使物系液化。例如分离乙烯-乙烷混合气,即使是用深冷冷冻剂,精馏也必须在加压下进行。

降低精馏操作压强有利于增大相对挥发度,因而有利于精馏分离。

进行精馏设计时,在全塔物料衡算之后,应依据组分饱和蒸气压数值,运用相平衡关系确定操作压强(见例 7-1 讨论)。精馏操作时,稳定住压强是稳定操作的首要措施。

7.5.2 进料热状态的影响

进料可有多种热状态。

(1) 进料为温度 t 低于其泡点 t_b 的冷液

冷液热焓低于饱和液体的热焓,若料液平均摩尔比热容为 c_L,则料液热焓为:

$$I_F = I_L - c_L(t_b - t) \tag{7-52}$$

得：

$$q = \frac{I_V - I_F}{I_V - I_L} = \frac{I_V - I_L + c_L(t_b - t)}{I_V - I_L} = 1 + \frac{c_L(t_b - t)}{r} > 1 \tag{7-53}$$

(2) 进料为泡点 t_b 下的饱和液体

饱和液体有 $I_F = I_L$，即：

$$q = \frac{I_V - I_F}{I_V - I_L} = \frac{I_V - I_L}{I_V - I_L} = 1 \tag{7-54}$$

(3) 进料为气液混合物

设进料 F 中液量为 L_F （kmol/s），即：

$$I_F F = I_L L_F + I_V (F - L_F) \tag{7-55}$$

$$I_F = I_V - \frac{(I_V - I_L) L_F}{F} \tag{7-56}$$

$$q = \frac{I_V - \left[I_V - \frac{(I_V - I_L) L_F}{F} \right]}{I_V - I_L} = \frac{L_F}{F} \tag{7-57}$$

可见，对于气液混合进料，q 值就是进料中液量的摩尔分数 L_F/F，$0 < q < 1$。

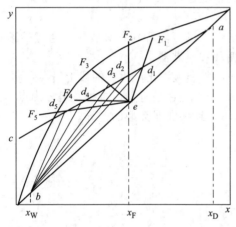

图 7-21 进料热状况对 q 线及操作线的影响

将 L_F/F 代入 q 线方程，即可看出 q 线方程也就是进料的物料衡算式 $Fx_F = L_F x + (F - L_F) y$。

(4) 进料为露点 t_D 下的饱和蒸气

饱和蒸气有 $I_F = I_V$，即 $q = 0$。

(5) 进料为温度 t 高于其露点 t_D 的过热蒸气

若蒸气平均摩尔比热容为 c_V，即：

$$I_F = I_V + c_V(t - t_D) \tag{7-58}$$

$$q = \frac{I_V - I_V - c_V(t - t_D)}{I_V - I_L} = \frac{-c_V(t - t_D)}{r} < 0 \tag{7-59}$$

进料热状态不同，q 值不同，q 线斜率即不同。在指定 x_D 和 R 时，精馏段操作线不变，而提馏段操作线位置则随精馏操作线与 q 线的交点变化而变化，如图 7-21、表 7-2 所示。

表 7-2 图 7-21 上情况描述

q	$q/(q-1)$	q 线
>1	>0	eF_1
$=1$	∞	eF_2
$0<q<1$	<0	eF_3
0	0	eF_4
<0	>0	eF_5

从图 7-21 可见，固定 R 值时，q 愈小则提馏段操作线愈靠近相平衡线，相应理论板数就愈多。因此，除非为回收废热或减少塔釜热负荷，否则对进料升温并非可取之举，从分离效果考虑，精馏所需热量应由塔釜加入最为有利。

另外，若塔釜（L'/V'）不变，即提馏段操作线位置固定时，q 愈大则精馏段操作线愈靠近相平衡线，相应理论塔板数愈多。因此，除非为减少冷凝器低温冷却剂用量，否则无须特意为进料降温，从分离效果考虑，从塔顶冷凝器引出热量对分离最有利。

【例 7-6】 常压操作，进料含苯 $x_F=0.44$（摩尔分数）的苯-甲苯溶液，进料温度 20℃。求进料的热状态参数 q 值（即求例 7-5 的 q）。

解 由图 7-4 中 t-x 线，查得 $x_F=0.44$ 的泡点 $t_b=93℃$。

在平均温度 $(20+93)/2=56.5$ (℃) 下，由附录查得苯和甲苯比热容均为 $1.84\,\mathrm{kJ/(kg·℃)}$，苯和甲苯汽化潜热分别为 $390\,\mathrm{kJ/kg}$ 与 $359\,\mathrm{kJ/kg}$。

进料的平均摩尔比热容为：
$$c_L=0.44\times1.84\times78+(1-0.44)\times1.84\times92=158\,[\mathrm{kJ/(kmol·℃)}]$$

进料的平均摩尔汽化潜热为：
$$r=0.44\times390\times78+(1-0.44)\times359\times92\approx31880\,(\mathrm{kJ/kmol})$$

进料热状态参数为：
$$q=1+\frac{c_L(t_b-t)}{r}=1+\frac{158\times(93-20)}{31880}=1.36$$

7.5.3 操作回流比的选择

(1) 全回流与最少理论塔板数

从图解法求理论塔板数的过程中可清楚知道：增大 R 值，精馏段操作线的截距减小，操作线与相平衡线的间距随之加大，为完成分离任务所需的理论塔板数就可减少。

若将进全凝器的蒸气 V 冷凝后全部作为回流，即不引出馏出液，$D=0$，回流比 $R=L/D$ 为无穷大，精馏段操作线截距等于零，则精馏段操作线和提馏段操作线都与对角线重合，如图 7-22 所示，分离所需的理论塔板数最少。此全回流下的理论塔板数称为最少理论塔板数，记为 $N_{\min}$。

全回流操作只在精馏开车阶段或为测定塔板性能时采用，实际生产当然不会做无馏出液的精馏。

对理想物系，以 α 为操作范围内两组分的平均相对挥发度，则可应用相平衡关系式(7-11) 与对角线表达式 $y=x$，通过逐板计算，得出 $N_{\min}$ 的计算式：

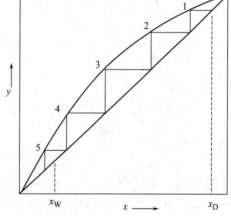

图 7-22 全回流时理论塔板数

$$N_{\min}=\frac{\lg\left[\left(\dfrac{x_D}{1-x_D}\right)\left(\dfrac{1-x_W}{x_W}\right)\right]}{\lg\alpha} \tag{7-60}$$

式(7-60) 称为芬斯克（Fenske）方程，式中 $N_{\min}$ 包括再沸器。

(2) 最小回流比

R 值减小，精馏段操作截距增大，操作线与相平衡线的间距随之减小，表明传质随之减少，当 R 值小到使操作线与相平衡出现接触点，则传质推动力等于零，精馏无法进行，此时的接触点称为夹点。从图解法可知，不论画多少梯级都不能跨过夹点，即理论板数为无

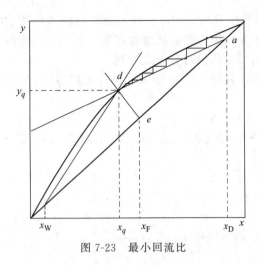

图 7-23 最小回流比

限多,其相应回流比称为最小回流比,以 $R_{\min}$ 表示。

相平衡线为弓形时,夹点必在 q 线与相平衡线的交点上,如图 7-23 所示,出现夹点时精馏段操作线斜率为:

$$\frac{R_{\min}}{R_{\min}+1}=\frac{x_D-y_q}{x_D-x_q} \quad (7-61)$$

得:

$$R_{\min}=\frac{x_D-y_q}{y_q-x_q} \quad (7-62)$$

式中 x_q、y_q —— q 线与相平衡线的交点的横坐标、纵坐标。

相平衡线为非弓形时,如图 7-24 所示,夹点可出现在精馏段操作线与相平衡相切处 [图 7-24(a)],或提馏段操作线与相平衡线相切处 [图 7-24(b)],此时可以读取精馏段操作线的截距 $x_D/(R_{\min}+1)$,然后计算出 $R_{\min}$。

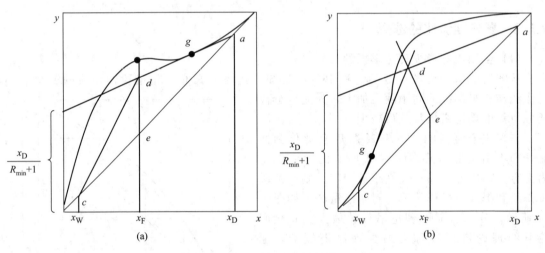

图 7-24 非弓形相平衡线时的 $R_{\min}$

【例 7-7】 常压下将 $x_F=0.44$(摩尔分数,下同)的苯-甲苯混合液分离为 $x_D=0.974$,$x_W=0.0235$ 的产物。分别求:①20℃进料,即 $q=1.36$ 时的 $R_{\min}$ 值;②泡点进料 $q=1$ 时的 $R_{\min}$ 值。

解 参照例 7-5 附图查数据

① 当 $q=1$ 时,$x_q=x_F=0.44$,作垂直线 q 线查得夹点 $y_q=0.66$。

$$R_{\min}=\frac{x_D-y_q}{y_q-x_q}=\frac{0.974-0.66}{0.66-0.44}=1.43$$

② 当 $q=1.36$ 时,作 q 线查得夹点 $x_q=0.52$,$y_q=0.74$。

$$R_{\min}=\frac{x_D-y_q}{y_q-x_q}=\frac{0.974-0.74}{0.74-0.52}=1.07$$

(3)操作回流比的选择

精馏操作理论塔板数 N 与回流比 R 的相应关系,大致如图 7-25 所示,N 随 R 增大而减少,但减速逐渐缓慢,以 $N=N_{\min}$ 为限。

设备费随 N 减少而减少，但 R 增到一定程度后，N 随 R 的变化慢，而 R 大使 V 和 V' 都大，冷凝器和再沸器的传热面积都要大，所以设备费反而上升，如图 7-26 曲线 1 所示。操作费主要是冷凝器所需冷剂和再沸器所需加热剂消耗量的用费，随 V 和 V' 增大而增大，操作费随 R 变化如曲线 2 所示。

图 7-26 中曲线 3 为（两种费用之和的）总费用与 R 的关系曲线。曲线最低点的相应 R 值为适宜回流比，粗略估计通常为最小回流比的 $1.1 \sim 2.0$ 倍，即：

$$R = (1.1 \sim 2.0) R_{\min} \tag{7-63}$$

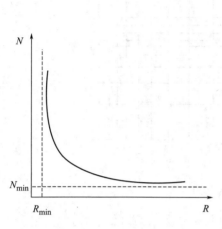

图 7-25 N 和 R 的关系

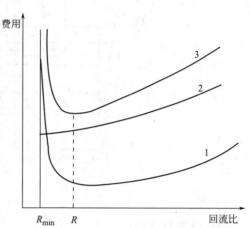

图 7-26 适宜回流比的确定

选择 R 值时，还应考虑到满足气液两相良好接触的需要，如填料塔要有足够液喷淋密度，又不能使塔内液流量造成液泛等情况。

7.5.4 理论塔板数的简捷计算

要确定精馏设计的最佳方案，必须作多种方案的计算汇总，才可能标绘出图 7-26 的曲线图供选择，即使仅为判断 N-R 关系也要作多方案计算。

吉利兰（Gilliland）关联图（图 7-27）是一种最为广泛应用于简捷计算的经验关联图。

利用吉利兰关联图计算理论塔板数的步骤为：①求知 $R_{\min}$、$N_{\min}$；②确定 R 值；③依据 $(R-R_{\min})/(R+1)$ 由曲线查出 $(N-N_{\min})/(N+1)$；④计算出 N 值；⑤若以进料的液相组成代替釜液组成，重复上述步骤，可计算精馏段塔板数，确定加料板位置。

图 7-27 中曲线也可用近似公式表达。

$0 < X \leqslant 0.01$ 时：

$$Y = 1.0 - 18.5715 X \tag{7-64}$$

$0.01 < X < 0.9$ 时：

$$Y = 0.545827 - 0.591422 X + 0.00273/X \tag{7-65}$$

$0.9 \leqslant X \leqslant 1.0$ 时：

$$Y = 0.16595 - 0.16595 X \tag{7-66}$$

式中，$X = \dfrac{R - R_{\min}}{R + 1}$；$Y = \dfrac{N - N_{\min}}{N + 1}$。 \tag{7-67}

【例 7-8】 用简捷计算法计算例 7-5 所求的精馏塔理论塔板数。

解 已知 $x_D = 0.974$，$x_W = 0.0235$，$R = 3.5$，并已算得 $R_{\min} = 1.07$（见例 7-7），平均相对挥发 $\alpha = 2.47$。

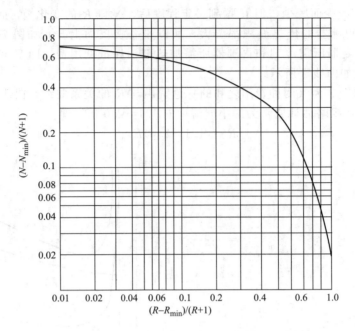

图 7-27　吉利兰关联图

应用芬斯克方程：

$$N_{min}=\frac{1}{\lg\alpha}\lg\left[\left(\frac{x_D}{1-x_D}\right)\left(\frac{1-x_W}{x_W}\right)\right]=\frac{1}{\lg 2.47}\times\lg\left(\frac{0.974}{1-0.974}\times\frac{1-0.0235}{0.0235}\right)=8.13$$

N_{min} 也可由图解法求得（参看图 7-22）：

$$\frac{R-R_{min}}{R+1}=\frac{3.5-1.07}{3.5+1}=0.54$$

从图 7-27 查出纵坐标为 0.23，即：

$$\frac{N-N_{min}}{N+1}=\frac{N-8.13}{N+1}=0.23$$

得：

$$N\approx 10.86$$

与例 7-5 图解法相符，图解 $N=11$。

7.6　精馏的操作型计算

精馏操作型计算是指设备已确定（全塔理论塔板数与加料位置确定）的情况下，指定操作条件，要求预计精馏操作的结果；或为达到希望的精馏结果，要求确定必须的操作条件。

依据已有设备的操作结果，来设计同类物系为达到新操作结果的新设备，也是操作型计算的推广应用。

在恒摩尔流假设的前提下，已从图解计算理论塔板数的过程中了解到：在操作压强下相平衡关系已确定后，已知 x_F，指定分离要求 x_D、x_W，选定 q 与 R，便能求出精馏段理论塔板数 N_R 和提馏段理论板数 N_S（即全塔理论板数 N 和加料板位置）。则表明精馏操作涉及的 8 个参数 x_F、x_D、x_W、α、q、R、N_R、N_S，已知其中 6 个，便可求另外的 2 个。设计型是求 N_R 与 N_S，操作型则是求 x_D、x_W 或 N_R、R 等另外 2 个。

由于相平衡关系非线性,精馏操作型计算的逐板计算过程复杂,采用图解法也需试差。图解试差法,就是对操作型所要求的 2 个未知参数首先设定数值,而后按设计型的图解法求精馏段塔板数 N_R 与提馏段塔板数 N_S,若所得 N_R、N_S 同现有设备的相同,即所设定数值就是要求未知参数的正确答案。否则重新假设、重新求解,直到符合为止。

现就两种操作型问题的图解试差法作简要介绍。

① 设备具有精馏段理论塔板数 N_R、提馏段理论板数 N_S,选定回流比 R、进料热状态 q、物料组成 x_F。求可能达到的分离效果 x_D、x_W。

图解试差可这样进行(在绘有相平衡关系的 y-x 图上):

a. 因 x_F、q 为已知,可作出 q 线。

b. 因 R 已知,设 x_D 值,便可作出精馏段操作线。画梯级求 N_R,若 N_R 同设备所具有的相等(相近),即所设 x_D 值正确。否则重设,重求 N_R 直至相符。

c. 因 q 线与精馏段操作线已作出,设 x_W,便可作出提馏段操作线。画梯级求 N_S,若 N_S 与设备所具有的相同(近),即所设 x_W 正确。否则重设,重求 N_S 直至相符。

x_D、x_W 求出之后,通过物料衡算,就可得组分的回收率 η 及采出率 D/F 等,结合进料量 F 求产物量,其他分离效果也可求出来。

② 已知设备的总理论塔板数 N、物料组成 x_F、进料热状态 q,为达到分离效果能得到 x_D、x_W 产物。求所需的操作回流比 R,及确定加料位置。

在绘有相平衡曲线的 y-x 图上,图解试差步骤为:

a. 因 q、x_F 为已知值,可作出 q 线。

b. 因 x_D 已知,设定 R 值即可作精馏段操作线。根据精馏段操作线与 q 线的交点及已知 x_W 值,又可作出提馏段操作线。

c. 从 x_D 至 x_W 在相平衡线与操作线间画梯级,若所得总理论塔板数 N 与设备具有的相符,则所定的 R 值为所需的操作回流比,并从两操作线交点判断加料位置。否则,重设 R 开始重复试差,直至符合为止。

如果要求的分离效果是指 x_D 及回收率 η 或指 x_D、D/F 等,则通过物料衡算,仍可将分离效果改为 x_D、x_W 两项,再进行图解试差计算。当然要求的分离效果必须在物料平衡许可的范围内。

【例 7-9】 在一具有 8 块理论板(含塔釜)的精馏塔中分离苯-甲苯混合液。$F = 100\text{kmol/h}$,$x_F = 0.45$,$q = 1$,$V' = 140\text{kmol/h}$,$R = 2.11$,加料板为第四块。问:(1) x_D、x_W 为多少?此时加料位置是否合适?(2) 若加料板上移一块,其余(F、x_F、q、V'、R)不变,则 x_D、x_W 为多少?(3) 若加料板下移一块,其余不变,则结果又如何?α 可取为 2.47。

解 (1)
$$D = \frac{V}{R+1} = \frac{V'+(1-q)F}{R+1} = \frac{140}{2.11+1} = 45(\text{kmol/h})$$
$$W = F - D = 100 - 45 = 55 \ (\text{kmol/h})$$
$$L' = V' + W = 140 + 55 = 195 \ (\text{kmol/h})$$

全塔物料衡算关系为:
$$x_W = \frac{Fx_F - Dx_D}{W} = \frac{100 \times 0.45 - 45x_D}{55} = 0.8182(1-x_D)$$

精馏段操作线方程为:
$$y = \frac{R}{R+1}x + \frac{x_D}{R+1} = \frac{2.11}{2.11+1}x + \frac{x_D}{2.11+1} = 0.6785x + 0.3125x_D$$

提馏段操作线方程为:
$$y = \frac{L'}{V'}x - \frac{Wx_W}{V'} = \frac{195}{140}x - \frac{55}{140}x_W = 1.393x - 0.393x_W$$

相平衡方程为:
$$y = \frac{2.47x}{1+1.47x}$$

x_D、x_W 的求解采用试差法，因板数较多，宜用计算机求解，要注意的是，从 x_n 求 y_{n+1} 需用精馏操作线方程。

此时 $N=8$，$N_R=3$，解得 $x_D=0.901$，$x_W=0.081$，逐板气液组成列于附表1。

例 7-9 附表 1

n	(1) $N_R=3$		(2) $N_R=2$		(3) $N_R=4$	
	x_n	y_n	x_n	y_n	x_n	y_n
1	0.786	0.901	0.767	0.890	0.778	0.896
2	0.653	0.823	0.628	0.807	0.642	0.816
3	0.526	0.732	0.501	0.713	0.514	0.724
4	0.425	0.646	0.443	0.662	0.416	0.637
5	0.340	0.560	0.360	0.582	0.349	0.570
6	0.243	0.442	0.262	0.467	0.251	0.453
7	0.152	0.306	0.166	0.329	0.158	0.317
8	0.081	0.179	0.090	0.196	0.085	0.187

由于 $q=1$，因此进料线与精馏段操作线交点 d 的横坐标 $x_d = x_F = 0.45$，而从附表1可知，$x_3 = 0.526$，$x_4 = 0.425$，即 $x_4 < x_d < x_3$，从而加料板为第四块是合适的。

本例若用 M-T 图解法求解，则结果如附图1所示，可知加料位置是合适的。

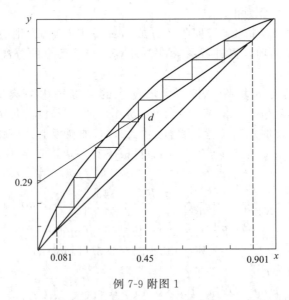

例 7-9 附图 1

(2) 因为 F、q、V'、R 不变，所以 D、W、L' 不变，从而精馏段、提馏段两操作线的方程形式同 (1) 完全一样，但此时 $N_R=2$，可试差解得 $x_D=0.890$，$x_W=0.090$，其逐板气液组成见附表1，图解结果则如附图2所示。由于 $N_R=2$，因此画第三个梯级时，须在平衡线与提馏段操作线间进行。

(3) 此时 $N_R=4$，其余不变，解得 $x_D=0.896$，$x_W=0.085$，逐板气液组成见附表1。其图解结果如附图3所示，要注意前4个梯级在平衡线与精馏段操作线之间进行。

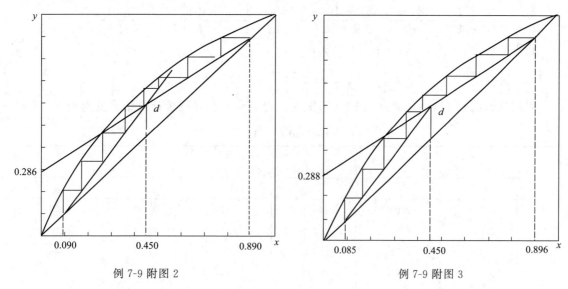

例 7-9 附图 2　　　　　　　　　例 7-9 附图 3

本例计算结果表明：任何偏离合适的加料位置，均使分离程度下降，即 x_D 减小、x_W 增大。若希望在较佳状态下操作，原则上料液应在塔内气液组成与其相近的位置加入，以减小不同组成物流混合造成的不利影响。与（1）相比，本例（2）、（3）中因 x_F 与加料板上的液相组成差别较大而造成混合后果较严重［在（2）中加料板上液相组成为 0.501，（3）中为 0.349，与 $x_F=0.45$ 的偏差比（1）中大］，结果导致分离效果比（1）差。显然若加料板位置比（2）的更往上偏，或比（3）的更往下偏，混合造成的不利后果将更严重，分离效果还会继续下降。附表2给出了在不同加料位置时计算所得的 x_D、x_W 值，其变化趋势正如上述。

例 7-9 附表 2

N_R	x_D	x_W	N_R	x_D	x_W
0	0.798	0.166	4	0.896	0.085
1	0.860	0.114	5	0.876	0.102
2	0.890	0.090	6	0.833	0.137
3	0.901	0.081	7	0.757	0.199

【例 7-10】 在一具有8块理论板（含塔釜）的精馏塔中分离苯-甲苯混合液。$\alpha=2.47$，$F=100\text{kmol/h}$，$q=1$，加料在第四块板，$x_F=0.45$，要求 $x_D \geq 0.901$。当馏出液量 $D=45\text{kmol/h}$，所需 $R=2.11$。问：(1) 若 D 增至 46kmol/h，则 R 需为多少？(2) 已知再沸器的最大蒸发能力 $V'_{\max}=201\text{kmol/h}$，则馏出液可能的最大产量为多少？(3) 如何确定合适的馏出液量？

解 (1) $D=46\text{kmol/h}$，$W=F-D=100-46=54$ （kmol/h），$x_D=0.901$

$$x_W=(Fx_F-Dx_D)/W=(100\times 0.45-46\times 0.901)/54=0.066$$

精馏段操作线方程为：

$$y=\frac{R}{R+1}x+\frac{0.901}{R+1}$$

此时：

$$L'=RD+qF=46R+100$$

$$V' = L' - W = 46R + 100 - 54 = 46R + 46$$

从而提馏段操作线方程为：

$$y = \frac{L'}{V'}x - \frac{Wx_W}{V'} = \frac{46R+100}{46R+46}x - \frac{54 \times 0.066}{46R+46} = \frac{R+2.174}{R+1}x - \frac{0.0775}{R+1}$$

相平衡线为：

$$y = \frac{2.47x}{1+1.47x}$$

采用计算机对 $N=8$，$N_R=3$ 试差求解 R，得 $R=2.33$，逐板计算结果见附表1。

例 7-10 附表 1

n	(1) $D=46$ kmol/h $R=2.33$		(2) $D=47.7$ kmol/h $R=3.23$		(3) $D=49$ kmol/h $R=6.82$	
	x_n	y_n	x_n	y_n	x_n	y_n
1	0.786	0.901	0.786	0.901	0.786	0.901
2	0.649	0.820	0.638	0.813	0.619	0.800
3	0.516	0.724	0.486	0.700	0.435	0.655
5	0.314	0.530	0.247	0.448	0.159	0.319
6	0.213	0.401	0.149	0.301	0.081	0.178
7	0.127	0.265	0.080	0.177	0.038	0.089
8	0.066	0.149	0.039	0.091	0.017	0.041

（2）从（1）的计算结果可知，在维持 x_D 不变的情况下，若想加大 D，则所需的 R 将增加，从而所需 V' 也增大，但 V' 有其限制值 $V'_{max}=201$ kmol/h，因此塔顶馏出液量也受到限制。

塔顶最大产量 D_{max} 的确定可采用试差法：假设一个 D 值，求出所需的 R 及 V'，若 $V'<V'_{max}$，则 D 还可增大，否则 D 应调小，直到 $V' \approx V'_{max}$。

试差过程中两操作线方程为：

精馏段

$$y = \frac{R}{R+1}x + \frac{0.901}{R+1}$$

提馏段 $\quad y = \dfrac{RD+qF}{RD+qF-W}x - \dfrac{Wx_W}{RD+qF-W} = \dfrac{RD+F}{RD+F-W}x - \dfrac{Fx_F - Dx_F}{RD+F-W}$

$$= \frac{RD+100}{(R+1)D}x - \frac{45-0.901D}{(R+1)D}$$

试差结果如下（附表2）：

例 7-10 附表 2

D	47	48	47.5	47.7	49
R	2.71	3.52	3.03	3.21	6.82
$V'=(R+1)D$	174	217	191	201	383

可知 $D_{max}=47.7$ kmol/h。

（3）在保证产品质量不下降的前提下，增大馏出液量将使得 R、V、V' 均相应增大，而且越到后来，增大幅度越厉害（D 为 48~49 时，R 为 3.52~6.28），使得操作费用急剧增加。显然，当 D 增大所增加的经济效益不及操作费用的增加额时，增大 D 不再有益。因此合适馏出液量的确定需要进行经济核算（当然，首先要保证塔能正常操作）。

【**例 7-11**】 一正在运行中的精馏塔，当下列条件发生改变时，试分析 L、V、L'、D（或 V'）、W、x_D、x_W 将如何变化？（1）由于前段工序的原因，使进料量 F 增加，但 x_F、q（冷液进料）、R、V' 仍不变。（2）增大回流比 R，但 F、x_F、q、V' 保持不变。（3）由于前段工序的原因，使料液组成 x_F 下降，而 F、q、R、V' 仍不变。（4）塔的操作压力上升，而 F、x_F、q、R、V' 仍不变。（5）因进料预热器内加热蒸汽压力降低致使进料 q 值增大，但 F、x_F、R、D 不变。

解 （1）给定的 8 个条件为 x_F、q、R、V'、N、N_R、α 不变，F 增大。

由 $V = V' + (1-q)F$，V'、q ($q>1$) 不变，所以 F 增大使 V 减小。

由 $D = V/(R+1)$，R 不变，所以 D 减小。

由 $W = F - D$，F 增大，D 减小，所以 W 增大。

由 $L = RD$，R 不变，D 减小，所以 L 减小。

由 $L' = V' + W$，V' 不变，W 增大，所以 L' 增大。

由 $L/V = R/(R+1)$，R 不变，所以 L/V 不变。

由 $L'/V' = 1 + W/V'$，V' 不变，W 增大，所以 L'/V' 增大。

以下分析 x_D、x_W 的变化情况：

用 M-T 图解法：

设 x_D 不变，利用 L/V 不变、L'/V' 增大作出新工况下的两操作线，如附图 1 (a) 虚线所示，可知所需 N 减小，从而推知在 N 不变情况下，将有 x_D 增大。据此，再重画新工况下的两操作线（保持 N 不变），如附图 1 (b) 所示，即 x_W 增大。

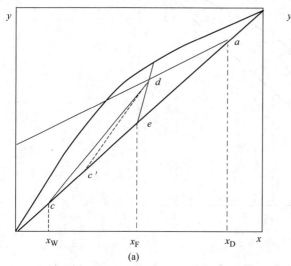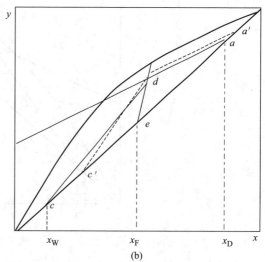

例 7-11 附图 1

物料衡算核算：F 增大、D 减小、W 增大、x_D 增大、x_W 增大能满足 $Fx_F = Dx_D + Wx_W$。

如从塔板分离能力考察：因为 L'/V' 增大、N_S 不变、x_F 不变，所以 x_W 增大。

由于 F 增大、D 减小、W 增大，故暂无法从物料衡算确定 x_D 的变化趋势，而根据 N 不变画出新工况下的两操作线才能定。结合 x_W 增大、L'/V' 增大、L/V 不变、N 不变，画出新工况下的两操作线，如附图 1 (b) 所示，即 x_D 增大。

注意：不能仅从 L/V 不变、N_R 不变、x_F 不变就得出 x_D 不变的结论。由于提馏段塔板分离能力下降,致使加料板上升蒸气组成增大,而精馏段分离能力不变,因此 x_D 增大。一般情况下,若 L/V 有变化,则加料板上升蒸气组成的改变对塔分离结果的影响比不上 L/V 的影响大,从而可从 L/V 增大、x_F 不变得出 x_D 增大的结论。本例 L/V 不变,则加料板上升蒸气组成的变化对塔顶 x_D 的影响就要考虑。

从以上分析可知,不论用 M-T 图解法还是用考察塔板分离能力的方法,两者所得的结果相同。实际上分离能力的变化也可从 M-T 图解法中分析得到(通过考察 x_D 不变时的情形),因此与 M-T 图解法相比,考察塔板分离能力的方法相当于免去了考察 x_D 不变时的步骤,较简单,但两者实质是一致的。

(2) 此例的 8 个已知条件为 F、x_F、q、V'、N、N_R、α 不变,R 增大。

由 $V=V'+(1-q)F$,V'、q、F 不变,所以 V 不变。

由 $D=V/(R+1)$,R 增大,所以 D 减小。即本例 R 增大的代价是 D 减小。

由 $W=F-D$,F 不变,所以 W 增大。

由 $L=V-D$,V 不变,D 减小,所以 L 增大。

$L'=L+qF$,q、F 不变,所以 L' 增大。

以下对 x_D、x_W 进行分析:

用 M-T 图解法:

先假设 x_D 不变,根据 R 增大,新工况下的精馏段操作线 ad' 将向对角线靠近,如附图 2,接下来要画的提馏段操作线。

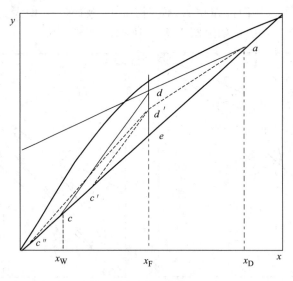

例 7-11 附图 2

若仅从物料衡算 $x_W=(Fx_F-Dx_D)/W$ 看,并不能确定 x_W 的变化趋势(因为 F、x_F、x_D 不变,但 D 减小,W 增大),提馏段操作线可能为 $d'c'$、$d'c''$。换句话说,上述提馏段操作线的作法有问题,应换成利用点 d' 及提馏段斜率 L'/V' 来画。

由 $L'/V'=1+W/V'$,V' 不变,W 增大,所以 L'/V' 增大。

从而新工况下提馏段的操作线如附图 2 虚线 $d'c'$ 所示,可知所需 N 减小,进一步可推知在 N 不变情况下,将有 x_D 增大。再根据 x_D 增大、R(或 L/V)增大、L'/V' 增大画出新工况下的两操作线,如附图 3 所示,可知 x_W 增大。

现再来分析一下附图 3 是否能满足 N_R、N_S 不变。显然对精馏段新、旧两操作线相交,因此能满足 N_R 不变,但对提馏段,若仅分别从点 d 或 d' 出发画梯级,则新工况下的梯级

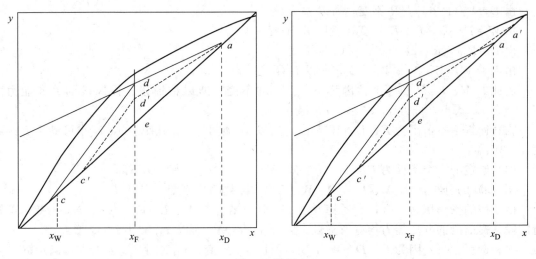

例 7-11 附图 3

数要少,但这并不意味着新工况下满足不了 N_S 不变这个要求。因为改变工况后,原来的最佳加料位置,新工况下已不是最佳,因此作提馏段梯级时不应从点 d' 出发,而应在点 d' 前就开始,较详细的示意结果如附图 4 所示,$N=8$,$N_R=3$,$N_S=5$,可见新、旧工况下 N、N_R、N_S 不变。

物料衡算核算:D 减小、W 增大、x_D 增大、x_W 增大能满足 $Fx_F=Dx_D+Wx_W$。

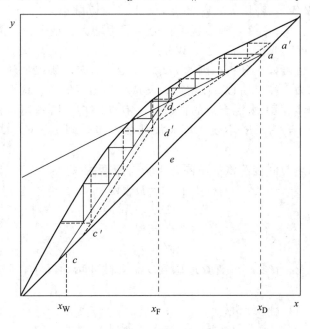

例 7-11 附图 4

上述反证法较烦琐,若结合塔板分离能力进行分析,则较为简单,分析方法如下:

因为 L/V 增大、L'/V' 增大、N_R 不变、N_S 不变,所以精馏段的分离能力提高、提馏段的分离能力下降,结合 x_F 不变,可得 x_D 增大、x_W 增大。

(3) 给定的 8 个条件为 F、q、R、V'、N、N_R、α 不变,x_F 下降。

由 $V=V'+(1-q)F$,V'、q、F 不变,所以 V 不变。

由 $D=V/(R+1)$，R 不变，所以 D 不变。

由 $W=F-D$，F、D 不变，所以 W 不变。

由 $L=RD$，R、D 不变，所以 L 不变。

由 $L'=V'+W$，V'、W 不变，所以 L' 不变。

由此 L/V、L'/V' 都不变。因为 N、N_R 均不变，所以精馏段、提馏段的分离能力不变，结合 x_F 减小，可得 x_D 减小、x_W 减小。

物料衡算考察：因为 F、D、W 不变，所以 x_F 减小、x_D 减小、x_W 减小可满足 $Fx_F=Dx_D+Wx_W$。

(4) 给定的 8 个条件为 F、x_F、q、R、V'、N、N_R 不变，α 下降。

同 (3) 的分析，L、V、L'、D、W、L/V、L'/V' 均不变。

由于塔的操作压力上升，相对挥发度 α 下降，结合 L/V、L'/V'、N_R、N_S 不变，可知精馏段、提馏段的分离能力均有所降低。因为 x_F 不变，所以 x_D 减小、x_W 增大。

物料衡算考察：因为 F、D、W 不变，所以 x_F 不变、x_D 减小、x_W 增大可满足 $Fx_F=Dx_D+Wx_W$。

(5) 给定的 8 个条件为 F、x_F、R、D、N、N_R、α 不变，q 增加。

由 $L=RD$，$V=(R+1)D$，D、R 不变，所以 L、V 不变。

由 $L'=L+qF$，$V'=V-(1-q)F$，F 不变，q 变大，所以 L'、V' 变大。

由 $W=F-D$，F、D 不变，所以 W 不变。

由 $L/V=R/(R+1)$，R 不变，所以 L/V 不变。

由 $L'/V'=1+W/V'$，V' 增大，W 不变，所以 L'/V' 减小。

因为 L'/V' 减小，N_S 不变，所以提馏段分离能力增大，结合 x_F 不变，可得 x_W 减小。

由 $x_D=(Fx_F-Wx_W)/D$，F、D、W、x_F 不变，所以 x_D 增大。

说明：x_D、x_W 也可如下分析，因为 q 增大、x_F 不变，所以加料板上升蒸气的浓度增加，而精馏段分离能力不变，所以 x_D 增大，又从物料衡算知 x_W 减小。

【例 7-12】 一分离甲醇-水混合液的精馏塔，泡点进料，塔釜用直接水蒸气加热，如附图所示。若保持 F、x_F、q、R 不变，增大加热蒸汽量，则 L、V、L'、D、W、x_D、x_W 将如何变化？

解 直接蒸汽加热与间接蒸汽的不同在于物料衡算关系为：

$$F+V_0=D+W$$
$$Fx_F=Dx_D+Wx_W$$
$$L'=W$$
$$V'=V_0$$

由于直接蒸汽量 V_0 增多，可直觉地感到 x_W 会被冲稀而减小，同时 x_D 也将下降，现作分析如下：

(1) L、V、L'、D、W 分析：

由 $V=V'+(1-q)F$，q、F 不变，V' 增大，所以 V 增大。

由 $D=V/(R+1)$，R 不变，所以 D 增大。

由 $W=L'=RD+qF$，R、q、F 不变，D 增大，所以 W 增大、L' 增大。

由 $L=RD$，R 不变，D 增大，所以 L 增大。

(2) L/V、L'/V' 分析：

因为 R 不变，所以 L/V 不变。

$$L'/V'=(RD+qF)/V'=[RV/(R+1)+qF]/V'=[RV'/(R+1)+F]/V'$$

因为 R、F 不变，V' 增大，所以 L'/V' 减小。

(3) x_D、x_W 分析：

因为 L'/V' 减小、N_S 不变、x_F 不变，所以 x_W 减小。将其代入物料衡算式 $Fx_F = Dx_D + Wx_W$，但由于 D 增大、W 增大，暂无法确定 x_D 的变化趋势。再根据 x_W 减小、L'/V' 减小、L/V 不变，作出新工况下的两操作线（要求 N 不变），如附图（b）所示的虚线，可知 x_D 减小。

结果：x_D 减小、x_W 减小。

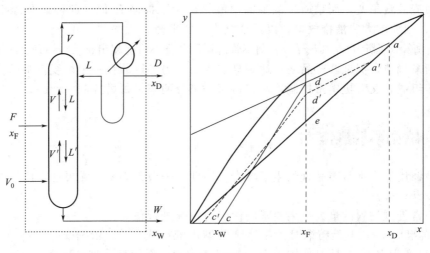

例 7-12 附图

7.7 连续精馏的操作

精馏操作的基本要求是保证预定的处理物料量达到预定的分离效果。操作型计算能够指导精馏操作，但操作的干扰因素多，要正确处理操作过程可能出现的问题，其难度往往大于工艺计算。现仅定性的指出一些操作注意点。

(1) 保持操作稳定

由相平衡关系可知，保持操作压强稳定才有可能将温度作为产物质量的间接参数，以温度判断产物组成和通过调节温度控制组成。

物料应加到与物料组成相近的塔板上，以保持塔内浓度梯度稳定，使操作状态最佳。精馏塔常设多个加料口，可适应进料波动情况。

(2) 监控灵敏板温度调节控制产物质量

精馏沿塔高的最大温度梯度的位置，是在靠中部的塔段，当 x_D（或 x_W）有所变动时，馏出液温度 t_D（或釜液温度 t_W）仅有不易觉察的微小变化，而在温度梯度大的塔段，板上液温就有明显变化。选一块温度变化最明显又便于测温的塔板，称为灵敏板，以测量和控制灵敏板的温度来调节控制馏出液或釜液的组成，这样调节可及时准确。

(3) 改变回流比是调节产物质量的主要手段

例如，当操作中出现 x_D 降低时（由馏出液温度或灵敏板液相温度升高反映出），可通过提高回流比 R，使 x_D 回升到原位。因为 R 大即精馏段操作线斜率大，传质推动力大，这在图解法操作型计算中可得定量确定。或者以"冷凝液回流可降低塔顶温度，易挥发组分浓度可提高"这样粗略的解析来理解回流比的作用。

当然,不可能以提高 R 值,使 x_D 超出设备所具有理论塔板数的分离能力的限制。也不可使回流调节超越物料的平衡制约。

(4) 维护物料平衡是稳定操作的必要条件

当 F、x_F、x_D、x_W 已定,相应的 D、W、D/F、W/F 因受物料平衡关系所制约,也就确定了。

例如,保持馏出液量不变,通过加大回流液量来提高 R 值,在原有物料量 F 时,即 W 量也不能变,则塔釜要加大热负荷使上升的蒸气 V' 加大,保持塔内物料平衡。

如若回流液量不变,而是通过减少馏出液排出量来提高 R 值(此种调节馏出液生产能力受影响),则要增大釜液排放量,以保证全塔物料平衡。

按物料衡算,必定 $Dx_D \leqslant Fx_F$,表明不管怎样调节都不可能超出 $x_D \geqslant x_F(D/F)$ 这一极限。

通常精馏调节,保证两产品之一达到规定组成,另一产品在一定浓度范围内。若对两产品均要规定组成,又无更精密控制手段,可将一塔分两塔,每塔控制一产品。

7.8 间歇精馏的操作

间歇精馏用于小批量多品种的生产场合,因此,一般无必要也无可能专门针对某物料作很精确的设计计算。

可按一常处理物料的最大分离要求的两瞬时情况进行估算:

① 原料组成 x_F,开始精馏时指望达到的馏出液组成 x_{D1}。依据 x_{D1}、x_F 值,及 $q=1$ (塔釜沸腾温度为泡点),即可作图求 $R_{\min}$,进而定 R,图解确定理论塔板数 N。

② 限定馏出液 x_D,要求精馏终止时釜液最低 x_W 值,依据 x_D、x_W 及 $q=1$,求 $R_{\min}$、定 R、确定 N。

必要时,按这两种瞬时情况,同连续精馏一样可用图解法确定理论塔板数 N 及回流比 R 范围。

间歇精馏操作,若恒定 R 值,馏出液 x_D 将随过程而减小[上述情况(1)就以 R 不变为依据];若要保持 x_D 不变,则 R 值应不断加大[上述情况(2)以 x_D 不变考虑]。

实际生产操作,为便于操作和经济上更合理,经常以两种操作方式相结合进行,采用分段保持恒定馏出液组成,而使回流比逐级加大。但在操作后期,就不再加大回流比,继续蒸出部分低组成 x_D 馏出液,直至釜液降到规定 x_W 为止,将所蒸出的这部分低组成馏出液加入下一批料液中再次精馏。

7.9 板式塔

板式塔与填料塔一样,都是圆筒形壳体的气液传质设备。填料塔中装填着填料,板式塔内则是安装着若干水平塔板,以塔板为气液两相提供传质的场所。

7.9.1 塔板结构与气液接触状态

塔板是由塔盘本身和降液管、溢流堰、气体通道元件等部分所构成的。图 7-28 是一块以筛孔为气体通道元件的塔板结构操作示意图。

筛孔是最简单的气体通道,通常直径为 3~8mm 的圆孔,钻孔均布在塔板上。除筛孔之外,还有多种形式的气液通道元件,对塔板性能各有不同影响，稍后另作讨论。

降液管是液体自上层板流到下层板的通道。降液管一般为弓形，管下端离下层板有一定高度 h_O（低隙高度），以使流体畅流，但为防止气体窜入降液管，h_O 应小于堰高度 h_W。

溢流堰起拦液作用，以堰高 h_W 维持板上液层高度（一般液层高 50～100mm，减压时可小一些），通常堰为弓形降液管上的平直堰，堰长 l_W 约为塔径的 0.6～0.8 倍。

图 7-28 是工厂中最常用的只有一个降液管的单流型塔板，液体一次横流过板面。对大液流量时，还有采用多流型的。

气体经筛孔进入塔板与横流过板面的液体相互接触。当气速小时，气体鼓泡通过液层，板上气液两相呈鼓泡接触状态；随气速增大，气泡增多，气泡表面连成一片并不断合并与破裂，液体以泡沫形式存在于气泡中，气液呈泡沫接触状态；当气速增大，气体喷射穿过液层，将液体破碎为液滴抛向板上方，回落液滴汇集成薄液层又被破碎抛出，气液两相处于喷射接触状态。后两种状态下，气液接触面大又不断更新，所以，工业上都使操作处于泡沫接触或一定程度的喷射接触状态。

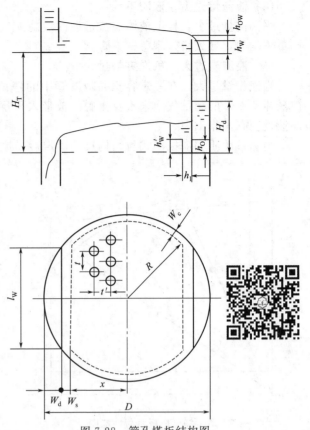

图 7-28 筛孔塔板结构图

h_W—出口堰高，m；h_{OW}—堰上液层高度，m；
h_O—降液管底隙高度，m；h_1—进口堰与降液管间的水平距离，m；h'_W—进口堰高，m；
H_d—降液管中的清液层高度，m；H_T—板间距，m；
l_W—堰长，m；W_d—弓形降液管宽度，m；
W_c—无效区宽度，m；W_s—破沫区宽度，m；D—塔径，m；R—鼓泡区半径，m；
x—鼓泡区宽度的，m；t—同一横排的阀孔中心距，m

7.9.2 应避免的操作现象与操作负荷性能图

(1) 漏液

当气速过小，上层板上的部分液体未与气体传质就从气体通道直接落到下层板，即降低了传质效率，若严重漏液将使板上不能积液而无法操作。

(2) 过量液沫夹带

气液接触产生的液滴被气流夹带至上层板，称为液（雾）沫夹带，低浓度液体倒回到高浓度液体，使塔板提浓作用变差；为保证传质效果，不能使夹带量超过 0.1kg 液/kg 干气。

(3) 液泛

气体通过塔板的压降随气速增大而增大，一方面上下两层压差愈大，降液管内液面就愈高；另一方面液体流经降液管要克服局部阻力，液流量大阻力大，使降液管液面也要随之有大的升高。因气液流量增加都会使降液管液面升高，当降液管内泡沫层升到上层板的堰高之上，液体无法顺畅下流，造成液流阻塞，这种现象称为液泛。

(4) 液流量过少，液流不均

当液流量过少，板上液体溢流过堰的液高 h_{OW} 太低（一般认为 $h_{OW} \leq 6mm$），板上液流严重不均匀，导致板效率急剧下降。

(5) 液流量过大，气泡夹带过大

当液流量过大，在一定容积的降液管中的停留时间就过短（一般认为小于 3～5s）时，被液体所夹带的超量气泡来不及排脱而被带入下层板，显然影响板效率，也是液泛的隐患，即液流应有操作上限。

当物系性质和塔板形式与结构尺寸确定后，或者说对处理一定物料的现有板式塔塔板、气体流量和液体流量就是影响塔板正常操作的主要参数。以气体流量 V_s 为纵坐标、液体流量 L_s 为横坐标，在坐标图上将适宜操作的气、液流量范围标绘出来，这样的图称为塔板负荷性能图。

图 7-29 为塔板负荷性能图，图中 5 条线是相应上述 5 种不正常操作现象的 V_s-L_s 关系线：

DE 线为严重漏液线，也是气体流量下限线；

AA' 线为过量液（雾）沫夹带线；

BB' 线为液泛线；

EE' 线为液体流量下限线；

CD 线为液体流量上限线。

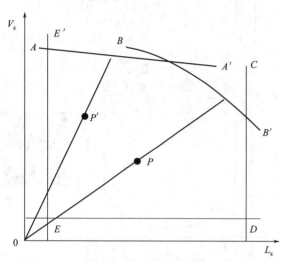

图 7-29 塔板负荷性能图

以 5 线为界限，界限外为不合适的操作区域，界限内为适宜操作的区域。筛孔塔板与浮阀塔板等成熟塔板的负荷性能图已可由相应的公式计算，有些塔板只能借助实验测定。

设计时，以负荷性能图评价设计的合理程度，指出设计应修改的结构尺寸。对现有塔，负荷性能图指明塔的生产能力可变范围。

7.9.3 塔径的确定

板式塔设计，大多是从确定塔径开始，进而引用或参照已制定的塔板结构的标准系列，确定塔板间距、溢流装置、气体通道元件数目及排列等，最后进行流体力学验算，再作必要的调整。

塔内气体体积流量，是按精馏任务（或吸收任务）计算所给定的已知条件，因此确定塔径的关键在于选择适宜的空塔气速。空塔速度太大会造成严重液沫夹带或液泛，空塔气速太小会造成严重漏液。通常取空塔气速 u 为最大允许气速 u_{max} 的 0.6～0.8 倍，即：

$$u = (0.6 \sim 0.8) u_{max} \tag{7-68}$$

从重力沉降看待液沫夹带，将 u_{max} 表达成与沉降相仿的公式：

$$u_{max} = C \sqrt{\frac{\rho_L - \rho_V}{\rho_V}} \tag{7-69}$$

式中　u_{max}——最大允许空塔气速，m/s；

　　　ρ_V、ρ_L——气、液相密度，kg/m³；

C——负荷系数。

负荷系数 C 是液滴大小、阻力系数等待定影响因素的总概括。C 值与气液两相的流量 V_s、L_s (m³/s)，密度 ρ_V、ρ_L (kg/m³)，液相表面张力 σ (mN/m)，板间距 H_T，液层高 h_L 等有关。

图 7-30 是最常用于求取负荷系数的史密斯（Smith）关联图，由于图的纵坐标读数是液体表面张力为 20mN/m 时的负荷系数 C_{20}，当操作的液体表面张力为 σ (mN/m) 时，则操作状况下的负荷系数 C 要用下式校正：

$$C = C_{20} \left(\frac{\sigma}{20}\right)^{0.2} \tag{7-70}$$

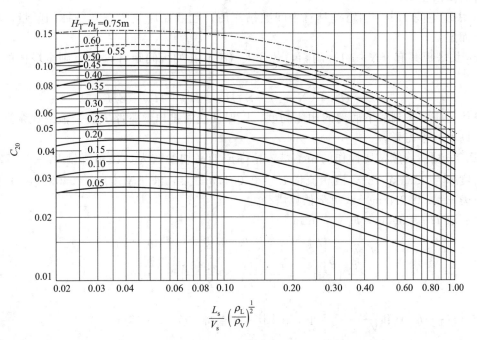

图 7-30 史密斯关联图

塔板间距可参考表 7-3 选取。板上液层 h_L 值，常压为 0.05～0.1m，减压应取低些，可低至 0.025～0.03m。

表 7-3 塔板间距参考数值

塔径 D/m	0.3～0.5	0.5～0.8	0.8～1.6	1.6～2.0	2.0～2.4	≥2.4
板间距 H_T/mm	200～300	300～350	350～450	450～600	500～800	≥600

选择了操作空塔气速，则可计算塔径 D：

$$D = \sqrt{\frac{4V_s}{\pi u}} \tag{7-71}$$

算出 D 后，应按塔直径系列标准予以圆整（最常用标准直径为 0.6m、0.7m、0.8m、0.9m、1.0m、1.2m、1.4m、1.6m、1.8m、2.0m、2.2m、…、4.2m 等），最后要经流体力学核算认可。

7.9.4 塔高的确定

当实际塔板数 N_P 已定，塔高就取决于塔板间距 H_T。表 7-3 所列的是一般板间距参考值，从计算塔径 D 可知：取较大的 H_T，相应的 D 可小些。表 7-3 中值是基于防止严重液沫夹带的经验值。对另有其他功能的一些板间距则要另行考虑，例如：

① 第一块塔板上的塔顶空间 H_D。常用于安装或开有人孔，或为减少雾沫带出而装有破沫装置，所以 H_D 要比一般 H_T 大，一般取到 $1.0\sim 1.3$m。

② 开人孔或手孔的板间距 H_0。当塔径大于 900mm，塔板采用分块式，分块的塔板经由人孔送入塔内安装，应使 $H_0 \geqslant 600$mm。塔径 900mm 以下，开有手孔的板间距约取 450mm（塔板为整块式，预先装在分段塔体，无须经人孔）。

③ 加料板的板间距 H_F。由于进料口的形式或设置防冲挡板等的需要，H_F 要比 H_T 大，有时高出 1 倍。

④ 塔底空间 H_W。因塔釜具有中间贮槽作用，贮液在塔釜能有几分钟的贮量，需按工艺要求而定。

N_P 块塔板共有 (N_P+1) 间距，若开人（手）孔的板间距有 S 个，则全塔体的高度 Z 应为：

$$Z = H_D + (N_P - 2 - S)H_T + H_F + H_W + SH_0 \tag{7-72}$$

塔体还应考虑到塔下底部的裙座高度，以保证釜液排出、管路安装、液封或泵送（负的泵安装高度）等需要。

【例 7-13】 连续常压操作的精馏塔，精馏段的平均参数为：气相流量 $V_s = 0.772\text{m}^3/\text{s}$，气相密度 $\rho_V = 2.81\text{kg/m}^3$，液相流量 $L_s = 0.00173\text{m}^3/\text{s}$，液相密度 $\rho_L = 940\text{kg/m}^3$，液相的表面张力 $\sigma = 0.032$N/m。试初步估算塔径。

解 取 $H_T = 300$m，$h_L = 70$mm

$$H_T - h_L = 0.3 - 0.07 = 0.23\text{m}$$

$$\frac{L_s}{V_s}\left(\frac{\rho_L}{\rho_V}\right)^{0.5} = \frac{0.00173}{0.772} \times \left(\frac{940}{2.81}\right)^{0.5} = 0.041$$

依 $(H_T - h_L)$ 和 $\frac{L_s}{V_s}\left(\frac{\rho_L}{\rho_V}\right)^{0.5}$ 值，由图 7-30 查得 $C_{20} = 0.047$m/s。

利用式(7-70)：

$$C = C_{20}\left(\frac{\sigma}{20}\right)^{0.2} = 0.047 \times \left(\frac{32}{20}\right)^{0.2} = 0.0516 \text{ (m/s)}$$

由式(7-69)：

$$u_{\max} = C\sqrt{\frac{\rho_L - \rho_V}{\rho_V}} = 0.0156 \times \sqrt{\frac{940 - 2.81}{2.81}} = 0.94 \text{ (m/s)}$$

以 $u = (0.6\sim 0.8)u_{\max} = (0.6\sim 0.8) \times 0.94 = 0.564\sim 0.752$ (m/s) 计，则塔径：

$$D = \sqrt{\frac{4V_s}{\pi u}} = \sqrt{\frac{4 \times 0.772}{\pi \times 0.564}} \sim \sqrt{\frac{4 \times 0.772}{\pi \times 0.752}} = 1.32\sim 1.14 \text{ (m)}$$

取 $D = 1.2$m。

核算：

$$u = \frac{0.772}{\frac{\pi}{4} \times 1.2^2} = 0.683 \text{ (m/s)}$$

$$\frac{u}{u_{\max}} = \frac{0.683}{0.94} = 0.726$$

可见 u/u_{max} 在 0.6～0.8 的范围内，初选 $D=1.2m$ 合适。

7.9.5 塔板类型简介

为适应各种不同物料及不同操作条件，已开发和使用的塔板类型繁多，现仅就较常用的和有代表性的几种予以简单介绍。

(1) 筛孔塔板

在图 7-28 已经介绍，筛孔板的结构最简单，造价低。图 7-31 为导向筛板，比一般筛板作两项改进：①板上开有孔口与液流方向相同的导向孔，有利推进液体和克服液面梯度；②板在入口处翘起一定角度的鼓泡促进器，使压降降低，板效率提高，可应用于减压精馏，但筛孔易阻塞。

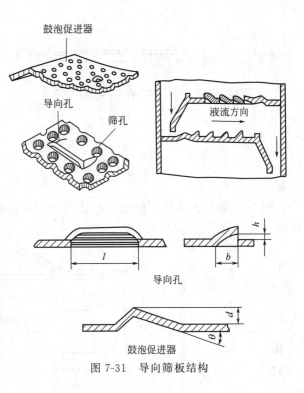

图 7-31 导向筛板结构

(2) 泡罩塔板

泡罩塔板是最早应用的塔板，图 7-32 为圆形泡罩塔板，泡罩下沿周边有齿缝，泡罩安装在升气管上，气体经升气管从齿缝吹出，低气速也不会严重漏液，操作稳定，能适用黏厚液体，但结构复杂，成本高，在石油化工厂重组分精馏塔等个别场合还使用，其他情况已很少使用。

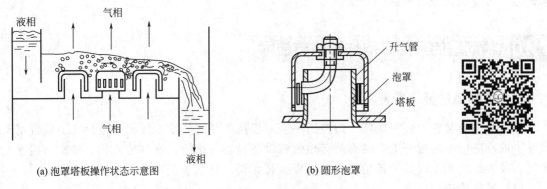

(a) 泡罩塔板操作状态示意图　　(b) 圆形泡罩

图 7-32 泡罩塔板

(3) 浮阀塔板

浮阀塔板上开有圆孔，每孔装有一个可上下浮动的阀片，图 7-33 是 H 形浮阀，阀片连有 3 个阀腿，起定向及限制最大开度的作用，还有个凸缘或定距片，保持最低开度，比泡罩结构简单，比筛孔的弹性（处理量可变动范围）大，在操作范围都有较高效率，为工厂较普遍应用的塔板形式。

(4) 喷射型塔板

图 7-34 为舌形塔板。板上冲有许多舌形孔，舌叶片与板面成一定角度，向溢流出口张开，液体流过舌孔时，即被从孔中喷出的气流强烈扰动，充分利用气体动能来促进两相间的

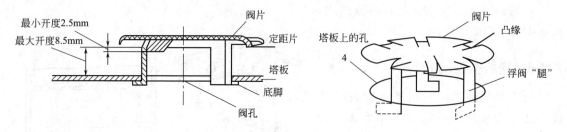

图 7-33 浮阀塔板

接触,提高传质效率。

图 7-35 是综合考虑了浮阀塔板优点而衍生出的浮舌塔板,加大了操作弹性,又降低了压强,可适用于减压操作。

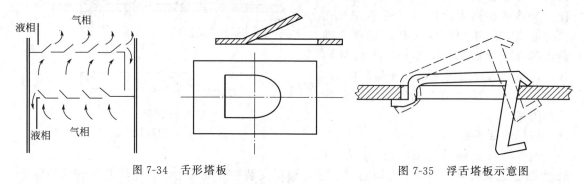

图 7-34 舌形塔板　　　　　图 7-35 浮舌塔板示意图

还有与固定舌形板作用相类似的斜孔板,一排排的斜孔与液流方向垂直,又有相邻两排的气体反方向水平喷出,相互牵制作用,被认为是一种优秀的塔板。还有网孔喷射及百叶窗式板式喷孔等喷射型塔板。

7.10 精馏塔的开停车操作和调节技术

7.10.1 精馏塔的开工准备

在精馏塔的装置安装完成后,需经历一系列投运准备工作后,才能开车投产。精馏塔首次开工或改造后的装置开工,操作前必须做到设备检查、试压、吹(清)扫、冲洗、脱水及电气、仪表、公用工程处于备用状态,盲板拆装无误,然后才能转入化工投料阶段。

(1) 设备检查

设备检查是依据技术规范、标准要求检查每台设备安装部件,设备安装质量好坏直接影响开工过程和开工后的正常运行。

① 塔设备　塔设备的检查包括设备的检查和试验,分别在设备的制造、返修或验收时进行。通常用的检查法有磁粉探伤法、渗透探伤法、超声波探伤法、X 射线探伤法和 γ 射线射线探伤法。试验方法也有煤油试验、水压试验、气压试验和气密性试验。

首次运行的塔设备,必须逐层检查所有塔盘,确认安装正确,检查溢流口尺寸、堰高等符合要求。所有阀也要进行检查,确认清洁,如浮阀要活动自如,舌形塔板舌口要清洁无损坏。所有塔盘紧固件的正确安装能起到良好的紧固作用。所有分布器安装定位正确,分布孔畅通。每层塔板和降液管清洁无杂物。

所有设备检查工作完成后,马上安装人孔。

② 机泵、空冷风机　机泵经过检修和仔细检查,可以备用;泵冷却水畅通,润滑油加至规定位置,检查合格;空冷风机润滑油或润滑脂按规定加好,空冷风叶调节灵活。

③ 换热器　换热器安装到位,试压合格,对于检修换热器,抽芯、清扫、疏通后,使管束外表面清洁和管束畅通,保证开工后换热效果,换热器所有盲板都要拆除。

(2) 试压

精馏塔设备本身在制造厂做过强度试验,到工厂安装就位后,为了检查设备焊缝的致密性和机械强度,在试用前要进行压力试验。一般使用清洁水做静液压试验。试压一般按设计图上的要求进行,如果设计无要求,则按系统的操作压力进行,若系统的操作压力在 $5 \times 101.3 \mathrm{kPa}$ 下,则试验压力为操作压力的 1.5 倍;操作压力在 $5 \times 101.3 \mathrm{kPa}$ 以上,则试验压力为操作压力的 1.25 倍;若操作压力不到 $2 \times 101.3 \mathrm{kPa}$,则试验压力为 $2 \times 101.3 \mathrm{kPa}$ 即可。一般塔的最高部位和最低部位应各装一个压力表,塔设备上还应有压力记录仪表,可用于记录试验过程并长期保存。首先需关闭全部放空和排液阀,试压系统与其他部分连接管线上的阀门也需关死。打开高位放空口,向待试验系统注水,直到系统充满水,关闭所有放空口和排凝阀,利用试验泵将系统压力升至规定值。关闭试验泵及出口阀,观察系统压力应在 1h 内保持不变。试压结束后,打开系统排凝阀放水,同时打开高位通气口,防止系统形成真空损坏设备。还应注意检验设备对水压的承受能力。静水试压以后,开工前还必须用空气、氮气或蒸汽对塔设备进行气体压力试验,以保证法兰等静密封点的气密性,并检查静液压试验以后设备存在的泄漏点。加压完毕后,注意监测系统压力的下降速度,并对各法兰、人孔、焊口等处,用肥皂水等检查,观察有无鼓泡现象,有泡处即为泄漏处。注意当检查出渗漏时,小漏大多可通过拧紧螺栓来消除,或对系统进行减压,针对缺陷进行修复。在加压试验时,发现问题,修理人员应事先了解试验介质的性质,像氮气对人有窒息作用,需做好相应的防范措施,同时也要注意超压的危险。用水蒸气试压就需注意水蒸气引入设备的注意点,注意防止系统因停蒸汽造成负压而损坏设备。

对于减压精馏系统,一般可先按上述方法加压,因为加压时容易发现。随后再对系统抽真空,抽至正常操作真空度后关闭真空发生设备,监控压力的回升速度,判断是否达到要求。在抽真空试验前,应将设备中积液和残留水排除,否则在真空下汽化升压,影响判断。

(3) 吹(清)扫

试压合格后,需对新配管及新配件进行吹扫等清洁工作,以免设备内的铁锈、焊渣等杂物对设备、管道、管件、仪表造成堵塞。

管线清扫一般从塔向外吹扫,首次将各管线与塔相连接处的阀门关死,将仪表管线拆除,接管处阀门关死,只将指示清扫所需的仪表保留。开始向塔内充以清扫用的空气或氮气,塔作为一个"气柜",当达到一定压力后停止充气,接着对各连接管路逐根进行清扫。清扫时需注意如下一些问题:

① 将管线中的调节阀和流量计等拆除,临时用短管代替;

② 管线中的清扫气速应足够大,才能有效地实现清扫,推荐气速为 60m/s;

③ 扫线时要防止塔压下降过快,塔都有一定的设计气速,过大的气速将引起过大的压降,过大的压降可能会造成塔板等变形;

④ 仪表管线在物料和水、气等管线清扫完毕后,先将接口清扫,再接上仪表管进行清扫。

塔的清扫,一般用称为"加压和卸压"的方法,即通过多次重复对设备加压和卸压来实现清扫。开车前的清扫先用水蒸气,再用氮气清扫;停车清扫时,因水蒸气易产生静电有危险，故先吹氮气再吹水蒸气。清扫排气应通过特设的清扫管；在进行塔的加压和卸压时，要注意控制压力的变化速度。清扫时需注意如下一些问题：

① 用于清扫的惰性气体的纯度要高，其中含氧或可燃物都是十分不利的；

② 清扫时，管路的阀门应打开，排液阀也打开，使排液阀和放空阀能排放，以防塔中存在未清扫到的死角；

③ 用水蒸气清扫前，应将冷凝器和各换热器中积有的冷却水排掉，以节省水蒸气用量和清扫时间，一般情况下，水蒸气清扫时，放空阀排放干气半小时左右，即可认为此清扫已完成；

④ 当塔中有水会发生严重腐蚀的场合，应避免水蒸气清扫；

⑤ 向塔内吹扫时应打开塔顶、塔釜放空，缓慢给气防止冲翻塔盘；

⑥ 注意安全，防止烫伤或杂物飞溅伤人。

(4) 盲板

盲板是用于管线、设备间相互隔离的一种装置。塔停车期间，为了防止物料经连接管线漏入塔中而造成危险，一般在清扫后于各连接管线上加装盲板。在试运行和开车前，这些加装的盲板又需拆除。有时试运行仅在流程部分范围内进行，为防止试运行物料漏入其余部分，在与试运行部分相连的管线上也需加装盲板，全流程开车之前再拆除。还有那些专用的冲洗水蒸气、水等管线，在正常操作时塔中不能有水漏入，或塔中物料倒漏入这种管线将会出现危险，在塔开车前对这些管线则需加上盲板，在清扫或试运行中用到它们时则又需拆除这些盲板。总之，在塔绝连接管线与设备之间的物流流动时，不能依靠阀门关闭来完成，因为很可能阀有渗漏，这时需加装盲板，当要恢复物流流动时，又应拆除盲板。在实际操作时，可以利用醒目彩色油漆或盲板标记牌帮助提醒已安装的盲板位置。

(5) 塔的水冲洗、水联运

① 水冲洗 塔的冲洗主要用来清除塔中污垢、泥浆、腐蚀物等固体物质，也有用于塔的冷却或为入塔检修而冲洗的。在塔的停车阶段，往往利用轻组分产物来冲洗，例如催化裂化分馏系统的分馏塔，其进料中含有少量催化剂粉末，随塔底油浆排出塔外。冲洗液大多数情况下用水，有的需用专用清洗液。

装置吹扫试压工作已完成，设备、管道、仪表达到生产要求；装置排水系统通畅，应拆法兰、调节阀、仪表等均已拆完；应加的盲板均已加好；与冲洗管道连接的蒸气、风、瓦斯等与系统有关的阀门关闭。有关放空阀都打开，没有放空阀的系统拆开法兰以便排水。

一般从泵入口引入新鲜水，经塔顶进入塔内，当水位到达后，最高水位为最上抽出口（也可将最上一个人孔打开以限水位），自上而下逐条管线由塔内向塔外进行冲洗，并在设备进出口、调节阀处及流程末端放水。必须经过的设备如换热器、机泵、容器等，应打开入口放空阀或拆开入口法兰排水冲洗，待水干净后再引入设备。冲洗应严格按流程冲洗，冲洗干净一段流程或设备，才能进入下一段流程或设备。冲洗过程尽量利用系统建立冲洗循环，以节约用水，在滤网持续12h保持清洁时，可判断冲洗已完成。需要注意的问题是：

a. 在对塔进行冲洗前，应尽量排除塔中的酸碱残液；

b. 冲洗水需不含泥沙和固体杂物；

c. 冲洗液不会对设备有腐蚀作用；

d. 仪表引线在工艺管道冲洗干净后才能引水冲洗；

e. 在冲洗连接塔设备的管线以前，安装法兰连接短管和折流板，这种办法能够防止异物冲洗进塔；

f. 冲洗水的水管系统应先用水高速循环冲洗，以除去管壁上的腐蚀物、水垢等杂物，当冲洗泥浆、固体沉淀等堵塞物时，宜从塔顶蒸气出口管处向塔中冲洗，使固体杂物从上向下由塔底排出，当塔壁上粘着铁锈、固体沉淀等物时，应注意反复冲洗，直至冲洗掉为止；

g. 当处理有害物系的塔停车时，为了塔的检修必须进行冲洗时，注意冲洗彻底，不能有未冲洗到的死区，所有的阀门、排液口全部打开；

h. 冲洗液在冲洗完成后一般要彻底清除。

② 水联运　水联运主要是为了暴露工艺、设备缺陷及问题，对设备的管道进行水压试验，打通流程。考察机泵、测量仪表和调节仪表性能。

水冲洗完毕，孔板、调节阀、法兰等安装好，泵入口过滤器清洗干净重新安装好，塔顶放空打开，改好水联运流程，关闭设备安全阀前闸阀，关闭气压机出入口阀及气封阀、排凝阀。从泵入口处引入新鲜水，经塔顶冷回流线进入塔内，试运过程中对塔、管道进行详细检查，无水珠、水雾、水流出为合格；机泵连续运转 8h 以上，检查轴承温度、振动情况，运行平稳无杂声为合格；仪表尽量投用，调节阀经常活动，有卡住现象及时处理；水联运要达 2 次以上，每次运行完毕都要打开低点排凝阀把水排净，清理泵入口过滤器，加水再次联运；水联运完毕后，放净存水，拆除泵入口过滤网，用压缩空气吹净存水。还应注意控制好泵出口阀门开度，防止电流超负荷烧坏电动机。严禁水窜入余热锅炉体、加热炉体、冷热催化剂罐、蒸气、风、瓦斯及反应再生系统。

(6) 脱水操作（干燥）

对于低温操作的精馏塔，塔中有水会影响产品质量，造成设备腐蚀，低温下水结冰还可造成堵塞，产生固体水合物，或由于高温塔中水存在会引起压力大的波动，因此需在开车前进行脱水操作。

① 液体循环　液体循环可分为热循环和冷循环，所用液体可以是系统加工处理的物料，也可以是水。在进行水循环时要求各管线系统尽可能参与循环，有水经过的仪表要尽可能启动，并进行调试，为了防冻必要时加热升温。水循环结束后要彻底排净设备中的积水，对于机泵应打开底部旋塞排水，或者用风吹干。

② 全回流脱水　应用于与水不互溶的物料，它可以是正式运行的物料，也可以是特选的试验物料，随后再改为正式生产中的物料，最好其沸点比水高。水汽蒸到塔顶经冷凝器冷凝到回流罐，水从回流罐的最低位处的排液阀排走。

③ 热气体吹扫　用热气体吹扫将管线或设备中某些部位的积水吹走，从排液口排出。开始时排液口开放，当连续吹出热气体时关闭，随后周期性地开启排放。热气体吹扫除水速度快，但很难彻底清除。

④ 干燥气体吹扫　靠干燥气体带走塔内汽化的水分。该方法一般用于低温塔的脱水，并在装置中有产生干燥气体的设备。为了加快脱水，干燥气体温度应尽量高些，干吹扫气循环方法可以是开环的，也可以是闭环的。

⑤ 吸水性溶剂循环　应用乙二醇、丙醇等一类吸湿性溶剂在塔系统中循环，吸取水分，达到脱水的目的。此法费用较高。

(7) 置换

在工业生产中，被分离的物质绝大部分为有机物，它们具有易燃、易爆的性质，在正式生产前，如果不驱出设备内的空气，就容易与有机物形成爆炸混合物。因此，先用氮气将系统内的空气置换出去，使系统内含氧量达到安全规定（0.2%）以下，即对精馏塔及附属设备、管道、管件、仪表凡能连通的都连在一起，再从一处或几处向里充氮气，充到指定压力，关氮气阀，排掉系统内空气，再重新充气，反复 3～5 次，直到分析结果含氧量合格为止。

(8) 电、仪表、公用工程

电气动力：新安装（或检修后）电动机试车完成后，电缆绝缘、电动机转向、轴承润滑、过流保护、与主机匹配等均要符合要求。新鲜水、蒸气等引进装置正常运行，蒸气管线各疏水器正常运行，工业风、仪表风、氮气等引进装置正常运行。

仪表：仪表调校对每台、每件、每个参数都重要，所有调节阀经过调试，全程动作灵活，动作方向正确。热电偶经过校验检查，测量偏差在规定范围内，流量、压力和液位测量单元检测正常。其中塔压、塔釜温、回流、塔釜液面等调节阀阀位核对尤为重要，投料前全部仪表处于备用状态。

公用工程：精馏塔所涉及的公用工程主要是冷却剂、加热剂，冷却水可以循环使用，加热剂接到进再沸器调节阀前备用。

所有的消防、灭火器材均配备到位，所有的安全阀处于投运状态，各种安全设备备好待用。

7.10.2 精馏塔的开车操作

精馏塔的开车一般包括下列步骤：

① 制订出合理的开车步骤、时间表和必须的预防措施，准备好必要的原材料和水、电、气供应，配备好人员编制，并完成相应的培训工作等，编妥有关的操作手册、操作记录表格；

② 完成相关的开车准备工作，此时塔的结构必须符合设计要求，塔中整洁，无固体杂物，无堵塞，并清除了一切不应存在的物质，例如塔中含氧量和水分含量需符合要求，机泵和仪表调试正常，安全设施已调试好；

③ 对塔进行加压或减压，达到正常操作压力；

④ 对塔进行加热或冷却，使其接近操作温度；

⑤ 向塔中加入原料；

⑥ 开启再沸器和各加热器的热源，开启塔顶冷凝器和各冷却器的冷源；

⑦ 对塔的操作条件和参数逐步调整，使塔的负荷、产品质量逐步又尽快地达到正常操作值，转入正常操作。

对于停车后的开车，一般是指检修后的开车，需检查各设备、管道、阀门、各取样点、电气及仪表等是否完好正常；然后对系统进行吹扫、冲洗、试压及对系统进行置换，一切正常合格后，按开车操作步骤进行。

精馏塔开车时，进料要平稳，当塔釜中见到液位后，开始通入加热蒸汽使塔釜升温，同时开启塔顶冷凝器的冷却水。升温一定要缓慢，因为这时塔的上部分开始还是空的，没有回流，塔板上没有液体，如果蒸气上升太快，没有气液接触，就可能把过量的难挥发组分带到塔顶，塔顶产品很长时间会达不到要求，造成开车时间过长，要逐渐将釜温升到工艺指标。随着塔内压力的升高，应当开启塔顶通气口，排除塔内空气或惰性气体，进行压力调节。等到回流液槽中的液面达到 $\frac{1}{2}$ 以上，就开始打回流，并保持回流液槽中的液面。当塔釜液面维持 $\frac{1}{2} \sim \frac{2}{3}$ 时，可停止进料，进行全回流操作。同时对塔顶塔釜产品进行分析，待达到预定的分离要求，就可以逐渐加料，从塔顶和塔釜采出馏出液和釜残液，调节回流量选择适宜的回流比，调节好加热蒸汽量，使塔的操作在一平衡状态下稳定而正常地进行，即可转入正常的生产。

7.10.3 精馏塔的停车操作

精馏塔停车的一般步骤为：

① 制订一个降负荷计划，逐步降低塔的负荷，相应地减少加热剂和冷却剂用量，直至完全停止；如果塔中通有直接蒸汽，为避免塔板漏液，多出些合格产品，降负荷时也可先适当增加直接蒸汽量；

② 停止加料；

③ 排放塔中存液；

④ 实施塔的降压或升压、降温或加温，用惰性气体清扫或水冲洗等，使塔接近常温常压，打开人孔通大气，为检修做好准备。

紧急停车：生产中一些想象不到的特殊情况下的停车称紧急停车。如某些设备损坏、某部分电气设备的电源发生故障、某一个或多个仪表失灵等，都会造成生产装置的紧急停车。发生紧急停车时，首先停止加料，调节塔釜加热蒸汽和凝液采出量，使操作处于待生产的状态，及时抢修，排除故障，待停车原因消除后，按开车的程序恢复生产。

全面紧急停车：当生产过程中突然发生停电、停水、停气或发生重大事故时，则要全面紧急停车。这种停车操作者事前是不知道的，一定要尽力保护好设备，防止事故的发生和扩大。有些自动化程度较高的生产装置，在车间内备有紧急停车按钮，当发生紧急停车时，以最快的速度按下此按钮。

7.10.4 精馏的操作与调节

精馏塔要正常而稳定地连续操作，应维持一定的平衡关系，即物料平衡、气液平衡和热量平衡等，尤其是一些参数的调节。

7.10.4.1 压力

精馏塔的压力是最主要的因素之一。塔压的波动会影响到塔内的气液平衡和物料平衡，进而影响操作的稳定和产品的质量。稳定塔压是操作的基础，塔压稳定，与此相应的参数调整到位后，精馏塔的操作就正常了。

对于常压塔，只要在塔顶（一般在冷凝器出口）的塔压等于大气压，不需另设控制回路；对于大多数加压塔和减压塔，常取温度作被控变量，设置塔压控制。

(1) 塔压的扰动

由于塔的热量平衡受到干扰，例如供热量增加，会使塔压上升；不凝性气体的积累，塔压也将上升。采出量少，塔压升高；反之，采出量大，塔压降低。设备问题也会引起塔压变化。

(2) 塔压的控制

① 调节冷凝器

a. 改变冷却水用量　调节冷凝器的冷却剂流量可以控制塔压，取冷却剂流量作为操纵变量，它是塔压控制的基本控制方案。一般使用冷却水作为冷却剂。

b. 改变冷凝的传热面积　对于生产液体产品的全凝器，这是一种最通用的方法。调节冷凝器排出的冷凝液量，可直接或间接地改变冷凝器浸没区域。例如，当冷凝器排出的冷凝液流量减小时，可增大冷凝器中浸没的区域，使暴露在蒸气中进行冷凝传热的面积减小，从而减小了冷凝速度，使塔压升高。

c. 采用热气体旁路　通过改变冷凝器旁路的热气体量来控制塔压。当冷却剂采用空气的空冷器时，因空气量一般不作调节，这种方案成为空冷器控制塔压的最常用的控制方式。

② 调节气相出料的比例控制塔压　当产品是气相时，可采用此方案控制塔压。

a. 改变产品流量（加压塔）当塔有蒸气产品时，最简单又直接的方法是压力控制器直接调节蒸气产品流量，从而控制了塔压。有时也可增加气相产品流量副回路，并和塔压控制构成串级控制，会有更好的效果。

b. 改变蒸气量（减压塔）对于减压精馏塔可利用压力控制器来改变流向喷射泵的蒸气量来达到控制压力的目的。

③ 具有气液两相产品时塔压的控制　当进料中存在不凝性组分时，采用全凝器生产液相产品时，不凝性气体会在塔内积聚，使塔压不断升高。当不凝性气体量较少时，可在冷凝器出口处直接排放。当不凝性气体含量大时，可把它看成气相出料来处理，这时必须增加一个被控变量冷凝液温度，其目的是适当分割气相产品，测量点应尽量接近冷凝器。塔压和冷凝温度可分别用冷却剂流量和气相出料来控制。

7.10.4.2　温度

在一定的压力下，被分离混合物的汽化程度决定于温度。塔釜温度是由塔釜再沸器的蒸气量来控制的；塔顶温度则随进料量、进料组成等的变化而变化，也随操作压力和塔釜温度变化而变化。

(1) 精馏塔提馏段的温度控制

采用以提馏段温度作为衡量质量指标的间接变量，以改变加热量作为控制手段的方案，就称为提馏段温度控制。该方案有五个辅助控制回路，它们分别是：

① 塔釜的液位控制回路——通过改变塔底采出量的流量，实现塔釜的液位定值控制；

② 回流罐的液位控制回路——通过改变塔顶馏出物的流量，实现回流罐液位的定值控制；

③ 塔顶压力控制回路——通过控制冷凝器的冷剂量维持塔压的恒定；

④ 回流量控制回路——对塔顶的回流量进行定值控制，设计时应使回流量足够大，即使在塔的负荷最大时，也能使塔顶产品的质量符合要求；

⑤ 进料量控制回路——对进塔物料的流量进行定值控制，若进料量不可控，可采用均匀控制系统。

(2) 精馏塔精馏段的温度控制

采用以精馏段温度作为衡量质量指标的间接变量，以改变回流量作为控制手段的方案，就称为精馏段温度控制。该方案也有五个辅助控制回路。

对进料量、塔压、塔底采出量与塔顶馏出液的四个控制方案和提馏段温控方案基本相同；不同的是对再沸器加热蒸汽流量进行了定值控制，且要求有足够的蒸气量供应，以使精馏塔在最大负荷时仍能保证塔顶产品符合规定的质量指标。

(3) 灵敏板的温度控制

所谓灵敏板就是当塔的操作受干扰或控制作用后，塔内各板的浓度都将发生变化，温度也将同时变化，但变化程度各板是不相同的，当达到新的稳态后，温度变化最大的那块板。灵敏板的位置可以通过静态模型逐板仿真计算。粗看起来，塔顶或塔底的温度似乎最能代表塔顶或塔底产品的质量，其实当分离的产品较纯时，在邻近塔顶或塔底的各板之间，温度差已经很小，产品质量可能已超出容许范围。因此，对温度检测仪表的灵敏度和控制精度都提出了很高的要求，但实际上却很难满足。为了解决这个问题，通常在提馏段或精馏段中，选择灵敏度较高的板（又称灵敏板）上温度作为产品的质量指标。

7.10.4.3 平衡控制

(1) 物料平衡控制

① 直接物料平衡控制 操纵 D 或 W，而 V 固定不变的控制称为直接物料平衡控制。成分控制器直接控制一股产品物流，另一股产品物流则由液位或压力控制。成分控制的是馏出量的称为精馏段直接物料平衡控制；成分控制的是塔底采出量的称为提馏段直接物料平衡控制。例如，回流过冷突然增大（暴风雨冷却了回流罐），则塔压下降，压力控制器将减少冷凝速率，贮罐液位将下降，从而通过液位控制器使回流减少。就维持了塔的正常操作。需要注意的是气液两相接触和质量交换是在塔内各塔板上进行的，调整 D 或 W 的流量，并不能立即影响到塔内，只有在 D 或 W 的变化影响了塔釜或贮罐液位时，才会调整载热体流量，从而影响上升蒸气量或回流液量，使塔内的情况发生变化。如果液位响应不快或液位控制回路的响应不迅速，塔内的物料平衡关系不能迅速有所调整，整个控制方案就不能奏效。

② 间接物料平衡控制 操纵 V，而 L 固定不变的控制称为间接物料平衡控制；间接物料平衡控制时，成分控制器不是直接调节产品流量，而是用回流量、蒸发量或冷凝速率作用操纵变量，产品流量由液位或压力来控制。物料平衡的调整是通过液位或压力间接实现的。

(2) 能量平衡控制

由能量平衡的变化控制产品成分。操纵 V，而 W 或 D 固定不变的控制称为能量平衡控制。例如，原料液中轻组分浓度升高，塔底部温度将下降，温度控制器将增大蒸发量以使温度上升，于是塔压升高，压力控制器增大冷凝速率，贮罐液位上升，液位控制器使流入塔内的回流增加。这样又引起控制板温度的下降，再增大蒸发量，即物料平衡变化与控制相互影响。如此继续直到回流和蒸发量升高后的综合效应，使控制板上温度升高，而保持原控制点温度为止。同时在整个调整过程中系统中的轻组分会产生积累，这将引起回流和蒸发量的进一步加大，此时操作人员将人工干预、放出更多的产品、制止回流和蒸发量的上升，就成半连续方式操作。

7.10.5 精馏的操作故障及处理

精馏操作中常见操作故障及处理方法归纳见表 7-4。

表 7-4 精馏操作中常见操作故障及处理方法

异常现象	原因	处理方法
液泛	①负荷高 ②液体下降不畅，降液管局部被污物堵塞 ③加热过猛，釜温突然升高 ④回流比大 ⑤塔板及其他流道冻堵	①调整负荷 ②加热 ③调加热量,降釜温 ④降回流,加大采出 ⑤注入适量解冻剂 ⑥停车检查
釜温及压力不稳	①蒸气压力不稳 ②疏水器不畅通 ③加热器漏液	①调整蒸气压力至稳定 ②检查疏水器 ③停车检查漏液处
釜温突然下降而提不起温度	①开车升温 ②疏水器失灵 ③扬水站回水阀未开 ④再沸器内冷凝液未排除,蒸气加不进去 ⑤再沸器内水不溶物多 ⑥循环管堵塞,列管堵塞 ⑦排水阻气阀失灵 ⑧塔板堵塞,液体回不到塔釜	①检查疏水器 ②打开回水阀 ③吹凝液 ④清理再沸器 ⑤通循环管,通列管 ⑥检查阀 ⑦停车检查情况

续表

异常现象	原因	处理方法
塔顶温度不稳定	①釜温太高 ②回流液温度不稳 ③回流管不畅通 ④操作压力波动 ⑤回流比小	①调节釜温至规定值 ②检查冷凝液温度和用量 ③疏通回流管 ④稳定操作压力 ⑤调节回流比
系统压力增高	①冷凝液温度高或冷凝液量少 ②采出量少 ③塔釜温度突然上升 ④设备有损或有堵塞	①检查冷凝液温度和用量 ②增大采出量 ③调节加热蒸汽 ④检查设备
塔釜液面不稳定	①塔釜排出量不稳 ②塔釜温度不稳 ③加料成分有变化	①稳定釜液排出量 ②稳定釜温 ③稳定加料成分
加热故障	①加热剂的压力低 ②加热剂中含有不凝性气体 ③加热剂中的冷凝液排出不畅	①调整加热剂的压力 ②排除加热剂中的不凝性气体 ③排除加热剂中的冷凝液排出不畅
	①再沸器泄漏 ②再沸器的液面不稳(过高或过低) ③再沸器堵塞 ④再沸器的循环量不足	①检查再沸器 ②调整再沸器的液面 ③疏通再沸器 ④调整再沸器的循环量
泵的流量不正常	①过滤器堵塞 ②液位太低 ③出口阀开得过小 ④轻组分太多	①清洁过滤器 ②调整液位 ③打开阀门 ④控制轻组分量
塔压差增高	①负荷升高 ②回流量不稳 ③冻塔或堵塞 ④液泛	①减负荷 ②调节回流比 ③解冻及疏通 ④按液泛情况处理
夹带	①气速太大 ②塔板间距过小 ③液体在降液管内的停留时间短 ④破沫区小	①调节气速 ②调整板间距 ③调整停留时间 ④调整破沫区的大小
漏液	①气速太小 ②气流的不均匀分布 ③液面落差 ④人孔和管口等连接处焊缝有裂纹、腐蚀、松动 ⑤气体密封圈不牢固或腐蚀	①调节气速 ②流体阻力的结构均匀 ③减少液面落差 ④保证焊缝质量、采取防腐措施,重新拧紧固定、修复或更换
污染	①灰尘、锈、污垢沉积 ②反应生成物、腐蚀生成物积存于塔内	①进料塔板堰和降液管之间要留有一定的间隙,以防积垢 ②停工时彻底清理塔板
腐蚀	①高温腐蚀 ②磨损腐蚀 ③高温、腐蚀性介质引起设备焊缝处产生裂纹和腐蚀	①严格控制操作温度 ②定期进行腐蚀检查和测量壁厚 ③流体内加入防腐剂,器壁包括衬里防腐层

7.10.6 精馏塔的日常维护和检修

(1) 精馏塔的日常维护

为了确保塔设备安全稳定运行,必须做好日常检查,并记录检查结果,以作为定期停车检查、检修的资料。日常维护和检查内容有：原料、成品及回流液的流量、温度、纯度，公用工程流体（如水蒸气、冷却水、压缩空气等）的流量、温度及压力；塔顶、塔底等处的压力及塔的压降；塔底的温度；安全装置、压力表、温度计、液面计等仪表；保温、保冷材料；检查连接部位有无松动的情况；检查紧固面处有无泄漏，必要时采取增加夹紧力等措施。

(2) 精馏塔的停车检修

塔设备在一般情况下，每年定期停车检查 1~2 次，将设备打开，对其内构件及壳体上大的损坏进行检查、检修。通常停车检查项目有：检查塔盘水平度，支持件、连接件的腐蚀、松动等情况，必要时取出塔外进行清洗或更换；检查塔底腐蚀、变形及各部位焊缝的情况，对塔壁、封头、进料口处筒体、出入口接管等处进行超声波探伤仪探测，判断设备的使用寿命；全面检查安全阀、压力表、液面计有无发生堵塞现象，是否在规定的压力下动作，必要时重新进行调整和校验；检查塔板的磨损和破坏情况；如在运行中发现异常振动现象，停车检查时一定要查明原因，并妥善处理。应当注意的是，为防止垫片和紧固用配件之类的损坏和遗失，有必要准备一些备品；当从板式塔内拆出塔板时，应将塔板一一做上标记，这样在复原时就不至于装错。

7.10.7 精馏塔的节能

由于精馏工艺和操作比较复杂，干扰影响因素多，在一般塔的操作中，通常为了获得合格的产品，大多数都是牺牲过多的能量进行"过分离"操作，以换取在一个较宽的操作范围内获得合格的产品，这就使精馏塔消耗能量过大。在精馏塔中涉及的能量有：再沸器的加热量、料液带进的热量、塔顶产品带出去的热量、塔顶冷凝器中的冷却量、塔底产品带出去的热量。精馏过程的主要能量损失是流体阻力、不同温度的流体间的传热和混合及不同浓度的流体间的传质与混合。精馏塔的节能就是如何回收带出去的热量和减少精馏塔的能量损失。

近年来，人们对精馏过程节能问题进行了大量的研究，大致可归纳为两大类：一是通过改进工艺设备达到节能；二是通过合理操作与改进精馏塔的控制方案达到节能。

(1) 预热进料

精馏塔的馏出液、侧线馏分和塔釜液在其相应组成的沸点下由塔内采出，作为产品或排出液，但在送往后道工序使用、产品贮存或排弃处理之前常常需要冷却，利用这些液体所放热量对进料或其他工艺流股进行预热，是最简单的节能方法之一。

(2) 塔釜液余热的利用

塔釜液的余热除了可以直接利用其显热预热进料外，还可将塔釜液的显热变为潜热来利用。例如，将塔釜液送入减压罐，利用蒸气喷射泵，把一部分塔釜液变为蒸气作为他用。

(3) 塔顶蒸气的余热回收利用

塔顶蒸气的冷凝热从量上讲是比较大的，通常用以下几种方法回收。

① 直接热利用 在高温精馏、加压精馏中，用蒸气发生器代替冷凝器将塔顶蒸气冷凝，可以得到低压蒸气，作为其他热源。

② 余热制冷 采用吸收式制冷装置产生冷量。

③ 余热发电 用塔顶余热产生低压蒸气驱动透平发电。

(4) 热泵精馏

热泵精馏类似于热泵蒸气，就是将塔顶蒸气加压升温，再作为塔釜再沸器的热源，回收其冷凝潜热。这种称为热泵精馏的操作虽然能节约能源，但是以消耗机械能来达到的，未能得到广泛采用。目前热泵精馏只用于沸点相近的组分的分离,其塔顶和塔釜温差不大。

(5) 增设中间冷凝器和中间再沸器

在没有中间冷凝器和中间再沸器的塔中,塔所需的全部再沸热量均从塔釜再沸器输入,塔所需移去的所有冷凝热量均从塔顶冷凝器输出。但实际上塔的总热负荷不一定非得从塔釜再沸器输入,从塔顶冷凝器输出,采用中间再沸器方式把再沸器加热量分配到塔釜和塔中间段,采用中间冷凝器把冷凝器热负荷分配到塔顶和塔的中间段,这就是节能的措施。

此外,在精馏塔的操作中,还可以通过多效精馏和减小回流比等方式来达到节能的目的,这里就不再叙述。

7.10.8 精馏操作的安全技术

化工生产具有易燃、易爆、易中毒、高温、高压、有腐蚀性等特点,生产工艺复杂多样,生产过程中潜在的不安全因素很多,危险性很大,因此对安全生产的要求很严格。

(1) 生产安全技术

就蒸馏操作来说,应注意以下几点。

① 常压操作

a. 正确选择再沸器　蒸馏操作一般不采用明火作为热源,采用水蒸气或过热蒸汽等较为安全。

b. 注意防腐和密闭　为了防止易燃液体或蒸气泄漏,引起火灾爆炸,应保持系统的密闭性。对于蒸馏具有腐蚀性的液体,应防止塔壁、塔板等被腐蚀,以免泄漏。

c. 防止冷却水进入塔内　对于高温蒸馏系统,一定要防止塔顶冷凝器的冷却水突然漏入蒸馏塔内,否则水会汽化导致塔压增加而发生冲料,甚至引起火灾爆炸。

d. 防止堵塔　防止因液体所含高沸物或聚合物凝结造成堵塞,使塔压升高引起爆炸。

e. 注意塔顶冷凝　塔顶冷凝器中的冷却水不能中断,否则,未凝易燃蒸气逸出可能引起爆炸。

② 减压操作

a. 保证系统密闭　在减压操作中,系统的密闭性十分重要,蒸馏过程中,一旦吸入空气,很容易引起燃烧爆炸事故。因此,真空泵一定要安装单向阀,防止突然停泵造成空气倒吸进入塔内。

b. 保证开车安全　减压操作开车时,应先开真空泵,然后开塔顶冷却水,最后开再沸蒸气。否则,液体会被吸入真空泵,可能引起冲料,引起爆炸。

c. 保证停车安全　减压操作停车时,应先冷却,然后通入氮气吹扫置换,再停真空泵。若先停真空泵,空气将吸入高温蒸馏塔,引起燃烧爆炸。

③ 加压操作

a. 保证系统密闭　加压操作中,气体或蒸气容易向外泄漏,引起火灾、中毒和爆炸等事故。设备必须保证很好的密闭性。

b. 严格控制压力和温度　由于加压蒸馏处理的液体沸点都比较低,危险性很大,因此,为了防止冲料等事故发生,必须严格控制蒸馏的压力和温度,并应安装安全阀。

(2) 开车与停车安全技术

生产装置的开车过程,是保证装置正常运行的关键,为保证开车成功,必须遵循以下安全制度:

① 开车安全技术

a. 生产辅助部门和公用工程部门在开车前必须符合开车要求，投料前要严格检查各种泵、材料及公用工程的供应是否齐备、合格。

b. 开车前严格检查阀门开闭情况、盲板抽加情况，要保证装置流程通畅。

c. 开车前要严格检查各种机电设备及电器仪表等，保证处于完好状态。

d. 开车前要检查落实安全、消防措施完好，保证开车过程中的通信联络畅通，危险性较大的生产装置及过程开车，应通知安全、消防等相关部门到现场。

e. 开车过程中各岗位要严格按开车方案的步骤进行操作，要严格遵守升降温、升降压、投料等速度与幅度要求。

f. 开车过程中应停止一切不相关作业和检修作业，禁止一切无关人员进入现场。

g. 开车过程中要严密注意工艺条件的变化和设备运行情况，发现异常要及时处理，紧急情况时应中止开车，严禁强行开车。

② 停车安全技术

a. 停车　执行停车时，必须按上级指令，并与上下工序取得联系，按停车方案规定的停车程序进行。

b. 泄压　若该设备是加压操作，就必须泄压操作，泄压时应缓慢进行，在压力未泄尽排空前，不得拆动设备。

c. 排放　在排放残留物料时，不能使易燃、易爆、有毒、有腐蚀性的物料任意排入下水道或排放到地面上，以免发生事故或造成污染。

d. 降温　降温的速度应按工艺要求的速度进行，要缓慢，以防设备变形、损坏等事故发生，不能用冷水等直接降温，以强制通风、自然降温为宜。

(3) 检修的安全技术

化工设备及其管道、阀门等附件在运行过程中腐蚀、磨损等严重，要进行日常的维护保养到停车检修，化工生产的危险性决定了化工检修的危险性。因此必须加强检修的安全管理，具体要注意以下几点：

① 安全用具的准备　为了保证检修的安全，检修前必须准备好安全及消防用具，如安全帽、安全带、防毒面具、测氧、测爆等分析化学仪器和消防器材、消防设施等。

② 抽堵盲板　抽堵盲板属危险性作业，应办理作业许可证和审批手续，并指定专人制订作业方案和检查落实相应的安全措施。抽堵多个盲板时，按盲板位置图和编号作业。严禁在一条管路上同时进行两处或两处以上抽堵盲板作业。

③ 置换和中和　为了保证检修的安全，设备内的易燃、易爆、有毒气体应进行置换，酸、碱等腐蚀性液体应进行中和处理。

④ 吹扫　对可能积附易燃、易爆、有毒介质残留物，油垢或沉淀物的设备，用置换方法不能彻底清除时，还应进一步进行吹扫作业，以便清除彻底。

⑤ 清洗和铲除　经置换和吹扫无法清除的沉积物，采用清洗的方法，若清洗无效时，可采用人工铲除的方法予以清除。

⑥ 检验分析　清洗后的设备必须进行检验分析，以保证安全要求。

⑦ 切断电源　对一切需要检修的设备，要切断电源，并在启动开关上挂上"禁止合闸"的标志牌。

⑧ 整理场地和通道　凡是与检修无关的、妨碍通行的物体都要挪开，无用的坑沟要填平，地面上、楼梯上的积雪冰层、油污等都要清除，不牢构筑物旁要设置标志，孔、井、无栏平台要加标志。

7.11 案例分析

7.11.1 案例1

用连续操作的板式精馏塔分离苯-甲苯混合物。已知原料液的处理量为4000kg/h，组成为0.41（苯的质量分数，下同），要求塔顶馏出液的组成为0.96，塔底釜液的组成为0.01。试选用适当的压强、回流比、进料热状态等操作条件，并确定所需的塔板数和塔高。全塔效率按52%计算。

案例分析：

7.11.1.1 设计方案的确定

本任务分离两元混合物苯-甲苯，拟采用连续精馏流程。

原料采用泡点进料，即将原料液通过预热器加热至泡点后送入精馏塔内。塔顶上升蒸气采用全凝器冷凝，冷凝液在泡点下一部分回流至塔内，其余部分经产品冷却器冷却后送至贮罐。塔釜采用间接蒸汽加热，塔底产品经冷却后送至贮罐。

查手册得常压下苯、甲苯的沸点分别约为80℃、110℃，采用常规饱和水蒸气加热就能使苯-甲苯混合物形成气液两相，本案例选用常压操作。苯-甲苯物系属易分离物系，取操作回流比为最小回流比的2倍。

7.11.1.2 精馏塔的物料衡算

(1) 原料液及塔顶、塔底产品的摩尔分数

苯的摩尔质量：$M_A = 78.11 \text{kg/kmol}$

甲苯的摩尔质量：$M_B = 92.13 \text{kg/kmol}$

$$x_F = \frac{0.41/78.11}{0.41/78.11 + (1-0.41)/92.13} = 0.450$$

$$x_D = \frac{0.96/78.11}{0.96/78.11 + (1-0.96)/92.13} = 0.966$$

$$x_W = \frac{0.01/78.11}{0.01/78.11 + (1-0.01)/92.13} = 0.012$$

(2) 原料液及塔顶、塔底产品的平均摩尔质量

$$M_F = 0.450 \times 78.11 + (1-0.450) \times 92.13 = 85.82 \text{ (kg/kmol)}$$

$$M_D = 0.966 \times 78.11 + (1-0.966) \times 92.13 = 78.59 \text{ (kg/kmol)}$$

$$M_W = 0.012 \times 78.11 + (1-0.012) \times 92.13 = 91.96 \text{ (kg/kmol)}$$

(3) 物料衡算

原料液处理量：$F = \dfrac{4000}{85.82} = 46.61$ （kmol/h）

总物料衡算：$46.61 = D + W$

苯物料衡算：$46.61 \times 0.45 = 0.966D + 0.012W$

联立解得：$D = 21.40 \text{kmol/h}$

$W = 25.21 \text{kmol/h}$

7.11.1.3 塔板数的确定

(1) 理论塔板数 N_T 的求取

苯-甲苯属于理想物系，可采用图解法求理论塔板数。

① 由手册查得苯-甲苯物系的气液平衡数据，并绘出 y-x 图，见案例1附图。

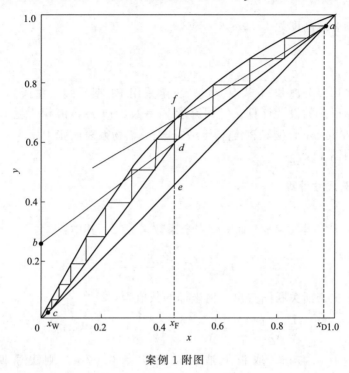

案例1附图

② 求最小回流比及操作回流比。

采用作图法求最小回流比。在本案例附图中对角线上，自点 e（0.45，0.45）作垂线 ef 即为进料 q 线，该线与平衡线的交点坐标为：

$$y_q = 0.667 \qquad x_q = 0.45$$

故最小回流比为：

$$R_{min} = \frac{x_D - y_q}{y_q - x_q} = \frac{0.966 - 0.667}{0.667 - 0.45} = 1.38$$

取操作回流比为：

$$R = 2R_{min} = 2 \times 1.38 = 2.76$$

③ 图解法求理论塔板数：

如附图所示，以 $x_D = 0.966$、$x_F = 0.450$、$x_W = 0.012$ 在对角线上定出 a、e、c 三点。

精馏段操作线在 y 轴上截距值 $x_D/(R+1) = 0.966/(2.76+1) = 0.257$，以 0.257 在 y 轴上定 b 点，连接 ab 为精馏段操作线。

泡点进料，从 e 点作铅垂线，即为 q 线。并得 q 线与精馏段操作线的交点 d。

连接 cd 即为提馏段操作线。

从 a 点开始，在相平衡线与精馏段操作线、提馏段操作线之间作梯级。得理论塔板数为 13 块（包括塔釜），第 6 理论板为加料板。

(2) 实际塔板数及塔高的求取

精馏段实际塔板数　　　$N_{精} = 5/0.52 = 9.6 \approx 10$

提馏段实际塔板数　　　　　$N_提=7/0.52=13.5≈14$
全塔实际塔板数　　　　　　$N_提=24$
实际进料板为第 11 块。

取板间距为 0.4m，塔顶空间为 0.8m，塔底空间 1.5m，进料板上方开一人孔，此处板间距取为 0.8m。

由此精馏塔的有效高度为 11.9m。

7.11.2 案例 2

拟建一浮阀塔用以分离苯-甲苯混合物，决定采用 F1 型浮阀（重阀），试根据以下条件做出浮阀塔（精馏段）的设计计算。气相流量 $V_s=1.61\text{m}^3/\text{s}$，液相流量 $L_s=0.0056\text{m}^3/\text{s}$，气相密度 $\rho_V=2.78\text{kg/m}^3$，液相密度 $\rho_L=875\text{kg/m}^3$，物系表面张力 $\sigma=20.3\text{mN/m}$。

案例分析（附图1）：

7.11.2.1 塔板工艺尺寸计算

(1) 塔径

欲求塔径应先求空塔气速 u，而 $u=$ 安全系数 $\times u_{max}$，其中：

$$u_{max}=C\sqrt{\frac{\rho_L-\rho_V}{\rho_V}}$$

式中，C 可由史密斯关联图查出，横坐标的数值为：

$$\frac{L_s}{V_s}\left(\frac{\rho_L}{\rho_V}\right)^{0.5}=\frac{0.0056}{1.61}\times\left(\frac{875}{2.78}\right)^{0.5}=0.0617$$

取板间距 $H_T=0.45\text{m}$，取板上液层高度 $h_L=0.07\text{m}$，则史密斯关联图中参数值为：

$$H_T-h_L=0.45-0.07=0.38\text{（m）}$$

根据以上数值，由史密斯关联图查得 $C_{20}=0.08$。
校正表面张力：

$$C=C_{20}\left(\frac{\sigma}{20}\right)^{0.2}=0.08\times\left(\frac{20.3}{20}\right)^{0.2}≈0.08。$$

则：

$$u_{max}=c\sqrt{\frac{\rho_L-\rho_V}{\rho_V}}=0.08\times\sqrt{\frac{875-2.78}{2.78}}=1.417\text{（m/s）}$$

取安全系数为 0.6，则空塔气速为：

$$u=0.6u_{max}=0.6\times1.417=0.85\text{（m/s）}$$

塔径：

$$D=\sqrt{\frac{4V_s}{\pi u}}=\sqrt{\frac{4\times1.61}{\pi\times0.85}}=1.553\text{（m）}$$

按标准塔径圆整为 $D=1.6\text{m}$，则塔截面积：

$$A_T=\frac{\pi}{4}D^2=\frac{\pi}{4}\times1.6^2=2.01\text{（m}^2\text{）}$$

实际空塔气速：

$$u=1.61/2.01=0.801\text{（m/s）}$$

(2) 溢流装置

选单溢流弓形降液管，不设进口堰。各项计算如下：

① 堰长 l_W　取堰长 $l_W=0.66D=0.66\times1.6=1.056$（m）。

② 出口堰高 h_W　采用平直堰，堰上液层高度 $h_{OW}=\dfrac{2.84}{1000}E\left(\dfrac{L_h}{l_W}\right)^{2/3}$，近似取 $E=1$，则：

$$h_{OW}=\dfrac{2.84}{1000}\times1\times\left(\dfrac{0.0056\times3600}{1.056}\right)^{2/3}=0.02\ (\text{m})$$

则：

$$h_W=h_L-h_{OW}=0.07-0.02=0.05\ (\text{m})$$

③ 弓形降液管宽度 W_d 和面积 A_f　由塔板结构参数系列化标准及 $l_W/D=0.66$ 可查得：

$$W_d=0.199\text{m},\quad A_f=0.145\text{m}^2$$

验算液体在降液管中的停留时间，即：

$$\tau=\dfrac{A_f H_T}{L_s}=\dfrac{0.145\times0.45}{0.0056}=11.7\ (\text{s})>5\ (\text{s})$$

故降液管尺寸可用。

④ 降液管底隙高度 h_O　取降液管底隙处液体流速 $u'_O=0.13\text{m/s}$，则：

$$h_O=\dfrac{L_s}{l_W u'_O}=\dfrac{0.0056}{1.056\times0.13}=0.041\ (\text{m})$$

取 $h_O=0.04\text{m}$。

(3) 塔板布置及浮阀数目与排列

取阀孔动能因子 $F_O=10$，则气体通过阀孔时的速度：

$$u_O=\dfrac{F_O}{\sqrt{\rho_V}}=\dfrac{10}{\sqrt{2.78}}=6\ (\text{m/s})$$

每层塔板上的浮阀数：

$$N=\dfrac{V_s}{\dfrac{\pi}{4}d^2 u_O}=\dfrac{1.61}{\dfrac{\pi}{4}\times0.039^2\times6}=225$$

取边缘区宽度 $W_c=0.06\text{m}$，破沫区宽度 $W_s=0.10\text{m}$，则鼓泡区面积：

$$A_a=2\left(x\sqrt{R^2-x^2}+\dfrac{\pi}{180}R^2\arcsin\dfrac{x}{R}\right)$$

式中，$R=\dfrac{D}{2}-W_c=\dfrac{1.6}{2}-0.06=0.74$（m）；$x=\dfrac{D}{2}-(W_d+W_s)=\dfrac{1.6}{2}-(0.199+0.10)=0.501$（m）。

故 $A_a=2\times\left(0.501\times\sqrt{0.74^2-0.501^2}+\dfrac{\pi}{180}\times0.74^2\times\arcsin\dfrac{0.501}{0.74}\right)=1.36$（m²）

设计选取 $D=1.6\text{m}$，所以本设计选用分块式塔板，共分 4 块，其中一块为矩形板，短边尺寸为 420mm，一块为通道板，短边尺寸为 400mm，两块为弓形板，取弧边到塔臂的径向距离 $f=20\text{mm}$，则弧边直径 $D_g=D-2f=1.6-2\times0.02=1.56$（m）。

浮阀排列方式采用等腰三角形叉排。取同一横排孔心距 $t=75\text{mm}=0.075\text{m}$，估算排间距：

$$t'=\dfrac{\dfrac{A_a}{N}}{t}=\dfrac{1.36}{225\times0.075}=0.08\ (\text{m})=80\ (\text{mm})$$

考虑到塔的直径较大，必须采用分块式塔板，而各分块板的支承与衔接也要占去一部分鼓泡区面积，因此排间距不宜采用80mm，应小于此值，故取 $t'=65\text{mm}=0.065\text{m}$。

按 $t=75\text{mm}$、$t'=65\text{mm}$ 以等腰三角形叉排方式作图，排得阀数 $N=228$。

按 $N=228$ 重新核算孔速及阀孔动能因数：

$$u_O = \frac{V_s}{\frac{\pi}{4}d^2 N} = \frac{1.61}{\frac{\pi}{4} \times 0.039^2 \times 228} = 5.91 \text{ (m/s)}$$

$$F_O = u_O \sqrt{\rho_V} = 5.91 \times \sqrt{2.78} = 9.85 \in (9 \sim 12)$$

阀孔动能因数 F_O 变化不大，仍在 9～12 范围内。

塔板开孔率：

$$\varphi = \frac{u}{u_O} = \frac{0.801}{5.91} \times 100\% = 13.6\%$$

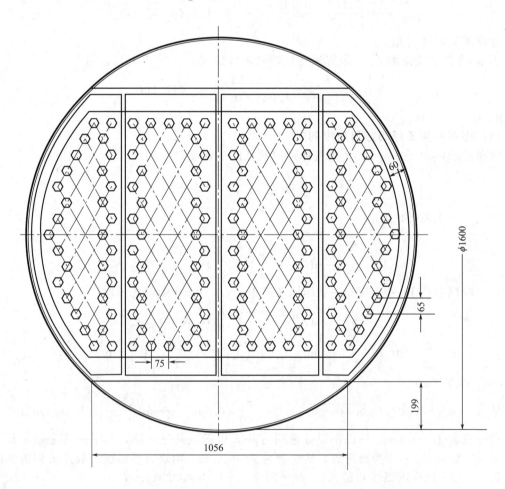

案例2附图1

7.11.2.2 塔板上流体力学校核

(1) 气体通过浮阀塔板的压降

① 求干板阻力：

$$u_{OC} = 1.825\sqrt{\frac{73.1}{\rho_V}} = 1.825\sqrt{\frac{73.1}{2.78}} = 6.0 \text{ (m/s)}$$

因 $u_O < u_{OC}$，故干板阻力为：

$$h_C = 19.9 \frac{u_O^{0.175}}{\rho_L} = 19.9 \times \frac{5.91^{0.175}}{875} = 0.031 \text{ (m 液柱)}$$

② 板上充气液层阻力：本设备分离苯-甲苯的混合液，取充气系数 ε_O 为 0.5，则：

$$h_l = \varepsilon_O h_L = 0.5 h_L = 0.5 \times 0.07 = 0.035 \text{ (m 液柱)}$$

③ 液体表面张力所造成的阻力很小，忽略不计。

因此，与气体流经一层浮阀塔板的压降所相当的液柱高度为：

$$h_P = h_C + h_l = 0.031 + 0.035 = 0.066 \text{ (m 液柱)}$$

则单板压降 $\Delta p_P = h_P \rho_L g = 0.066 \times 875 \times 9.81 = 567 \text{ (Pa)}$

(2) 淹塔

为了防止淹塔现象的发生，要求控制降液管中的清液层高度，$H_d \leqslant \phi(H_T + h_W)$。其中，$H_d = h_L + h_P + h_d$。

① 与气体通过塔板的压降所相当的液柱高度　前已算出，$h_P = 0.066$ m 液柱。

② 液体通过降液管的压头损失　因不设进口堰，故：

$$h_d = 0.153 \left(\frac{L_s}{l_w h_O}\right)^2 = 0.153 \times \left(\frac{0.0056}{1.056 \times 0.04}\right)^2 = 0.00269 \text{ (m 液柱)}$$

③ 板上液层高度　前已选定板上液层高度 $h_L = 0.07$ m，则：

$$H_d = 0.07 + 0.066 + 0.00269 = 0.139 \text{ (m)}$$

取 $\phi = 0.5$，则 $\phi(H_T + h_W) = 0.5 \times (0.45 + 0.05) = 0.25$ (m)。

可见，$H_d < \phi(H_T + h_W)$，符合防止淹塔的要求。

(3) 雾沫夹带

采用泛点百分率 F 作为间接衡量浮阀塔雾沫夹带的指标。泛点百分率 F 按如下经验公式计算：

$$F = \frac{V_s \sqrt{\frac{\rho_V}{\rho_L - \rho_V}} + 1.36 L_s Z}{A_b K C_F} \times 100\%$$

式中，板上液体流经长度 $Z = D - 2W_d = 1.60 - 2 \times 0.199 = 1.202$ (m)；板上液流面积 $A_b = A_T - 2A_f = 2.01 - 2 \times 0.145 = 1.72$ (m²)；苯-甲苯为正常系统，取物性系数 $K = 1.0$；又由资料查得泛点负荷系数 $C_F = 0.126$。将以上数值代入泛点百分率计算式，得泛点百分率：

$$F = \frac{1.61 \times \sqrt{\frac{2.78}{875 - 2.78}} + 1.36 \times 0.0056 \times 1.202}{1.72 \times 1.0 \times 0.126} \times 100\% = 46.2\% < 80\%$$

可见，液沫夹带量能够满足 $e_V < 0.1$（kg 液/kg 气）的要求。

7.11.2.3 塔板负荷性能图

(1) 液沫夹带上限线

依泛点百分率 $F = 80\%$ 计算，即：

$$F = \frac{V_s\sqrt{\frac{\rho_V}{\rho_L-\rho_V}}+1.36L_sZ}{A_b K C_F} \times 100\% = 80\%$$

代入有关数据得:$\dfrac{V_s\sqrt{\dfrac{2.78}{875-2.78}}+1.36L_s\times 1.202}{1.72\times 1.0\times 0.126}\times 100\% = 80\%$

整理得: $V_s = 3.07 - 28.9 L_s$ (1)

可见,液沫夹带上限线为直线,在操作范围内任取两个 L_s 值,依式(1)算出相应 V_s 值,列于本案例附表 1 中。据此,在直角坐标中作图得液沫夹带上限线 (1),见本案例附图 2。

案例 2 附表 1

$L_s/(\mathrm{m^3/s})$	0.002	0.010
$V_s/(\mathrm{m^3/s})$	3.01	2.78

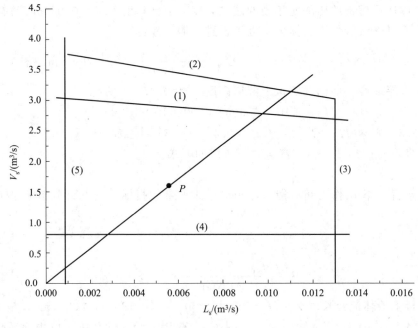

案例 2 附图 2

(2) 液泛线

依 $\phi(H_T+h_W) = H_d = h_P + h_L + h_d = h_C + h_l + h_\sigma + h_L + h_d$ 确定液泛线,忽略此式中 h_σ,得:

$$\phi(H_T+h_W) = 5.34\frac{u_O^2}{2g}\times\frac{\rho_V}{\rho_L}+(\varepsilon_O+1)\left[h_W+\frac{2.84}{1000}E\left(\frac{3600L_s}{l_W}\right)^{\frac{2}{3}}\right]+0.153\left(\frac{L_s}{l_Wh_O}\right)^2$$

因物系一定,塔板结构尺寸一定,上式中 H_T、h_W、h_O、l_W、ρ_V、ρ_L、ϕ 及 ε_O 都为定值,而 $u_O = \dfrac{V_s}{\frac{\pi}{4}d_O^2 N}$,阀孔数 N 和孔径 d_O 亦为定值,代入各数值化简上式得 V_s-L_s 关系为:

$$V_s^2 = 15.0 - 7348L_s^2 - 82.69L_s^{\frac{2}{3}} \tag{2}$$

即为液泛线方程，在操作范围内任取若干个 L_s 值，依式(2)算出相应 V_s 值，列于本案例附表 2 中。据此，在直角坐标中作图得液泛线（2），见本案例附图 2。

案例 2 附表 2

$L_s/(\mathrm{m}^3/\mathrm{s})$	0.001	0.005	0.009	0.013
$V_s/(\mathrm{m}^3/\mathrm{s})$	3.76	3.52	3.29	3.03

（3）液相负荷上限线

液体的最大流量应保证在降液管内停留时间不低于 3～5s。取停留时间 $\tau = 5$s 时液体流量为最大允许值 $(L_s)_{\max}$，则：

$$(L_s)_{\max} = \frac{A_f H_T}{\tau} = \frac{0.145 \times 0.45}{5} = 0.013 \ (\mathrm{m/s}) \tag{3}$$

据此，在直角坐标中作图得与气体流量无关的竖直液相负荷上限线（3），见本案例附图 2。

（4）漏液线

对于 F1 型重阀，依 $F_O = 5$ 计算，则 $u_O = \dfrac{F_O}{\sqrt{\rho_V}} = \dfrac{5}{\sqrt{2.78}}$。

$$(V_s)_{\min} = \frac{\pi}{4}d_O^2 N u_O = \frac{\pi}{4} \times 0.039^2 \times 228 \times \frac{5}{\sqrt{278}} = 0.817 \ (\mathrm{m}^3/\mathrm{s}) \tag{4}$$

据此，在直角坐标中作图得与液体流量无关的水平漏液线（4），见本案例附图 2。

（5）液相负荷下限线

取堰上液层高度 $h_{OW} = 0.006$m 作为液相负荷的下限条件，即：

$$h_{OW} = \frac{2.84}{1000}E\left(\frac{L_h}{l_W}\right)^{\frac{2}{3}} = \frac{2.84}{1000} \times 1 \times \left[\frac{3600 \times (L_s)_{\min}}{1.056}\right]^{\frac{2}{3}} = 0.006$$

解得：

$$(L_s)_{\min} = 0.0009(\mathrm{m}^3/\mathrm{s}) \tag{5}$$

据此，在直角坐标中作图得与气体流量无关的竖直液相负荷下限线（5），见本案例附图 2。

由塔板负荷性能图可以看出：

① 任务规定的气、液负荷下的操作点 P（设计点），处在适宜操作区内的适中位置。

② 塔板的气相负荷上限由液沫夹带控制，操作下限由漏液控制。

③ 按照固定的液气比，由本案例附图 2 查出塔板的气相负荷上限 $(V_s)_{\max} = 2.8$（m^3/s），气相负荷下限 $(V_s)_{\min} = 0.817$（m^3/s），所以：

$$操作弹性 = \frac{2.8}{0.817} = 3.43$$

将计算结果汇总列于本案例附表 3 中。

案例 2 附表 3　浮阀塔板工艺设计计算结果

项目	数值及说明	备注
塔径 D/m	1.60	
板间距 H_T/m	0.45	
塔板形式	单溢流弓形降液管	分块式塔板
空塔气速 u/(m/s)	0.801	

续表

项目	数值及说明	备注
堰长 l_W/m	1.056	
堰高 h_W/m	0.05	
板上液层高度 h_L/m	0.07	
降液管底隙高度 h_O/m	0.04	
浮阀数 N	228	等腰三角形叉排
阀孔气速 u_O/(m/s)	5.91	
阀孔动能因数 F_O	9.85	
临界阀孔气速 u_{OC}/(m/s)	6.0	
孔心距 t/m	0.075	指同一横排的孔心距
排间距 t'/m	0.065	指相邻两横排的中心线距离
单板压降/Pa	567	
液体在降液管中停留时间 τ/s	11.7	
降液管内清液层高度 H_d/m	0.139	
泛点率/%	46.2	
气相负荷上限 $(V_s)_{max}$/(m³/s)	2.8	液沫夹带控制
气相负荷下限 $(V_s)_{min}$/(m³/s)	0.817	漏液控制
操作弹性	3.43	

思考题

7-1 蒸馏的目的是什么？蒸馏操作的基本依据是什么？

7-2 什么是理想溶液和非理想溶液？

7-3 双组分理想溶液的气液相平衡如何表示？

7-4 总压对相对挥发度有何影响？

7-5 简单蒸馏和平衡蒸馏有何不同？

7-6 精馏分离的原理是什么？为什么精馏操作一定要有回流？

7-7 精馏塔内的温度和气、液两相的组成沿塔高如何变化？

7-8 恒摩尔流假设指什么？其成立的主要条件是什么？

7-9 精馏操作线方程的物理意义是什么？操作线为直线的条件是什么？

7-10 q 值的含义是什么？原料有哪几种加料热状态？

7-11 q 线方程的物理意义是什么？

7-12 什么是理论板？单板效率有何含义？

7-13 理论塔板数有哪些求解方法？

7-14 全回流没有出料，其实际意义是什么？

7-15 何谓最小回流比？如何计算？

7-16 适宜回流比选择时须考虑哪些因素？

7-17 何谓灵敏板？

7-18 简述板式塔的结构，常用的塔板类型有哪些？

7-19 塔板上的气液接触状态有哪些？

7-20 板式塔有哪些不正常的操作现象？

第7章 蒸馏

习题

7-1 苯和甲苯在92℃时的饱和蒸气压分别为143.7kPa和57.6kPa。试求:由0.4的苯和0.6的甲苯(均为摩尔分数)组成的混合液在92℃时各组分的平衡分压、系统总压及平衡蒸气组成(视苯-甲苯为理想溶液)。

7-2 苯-甲苯混合液中苯的初始组成为0.4(摩尔分数),若将其在一定总压下部分汽化,测得平衡的液相组成为0.258,气相组成为0.455。试求该条件下的气液比。

7-3 在101.33kPa下,正庚烷与正辛烷物系的平衡数据见附表。

习题7-3附表

温度/℃	98.4	105	110	115	120	125.6
液体中正庚烷摩尔分数	1.0	0.656	0.487	0.311	0.157	0.0
汽相中正庚烷摩尔分数	1.0	0.810	0.673	0.491	0.280	0.0

试求:(1)正庚烷为0.4(摩尔分数),该溶液泡点及平衡蒸气瞬时组成。(2)该溶液加热到115℃时,物系处于何状态?各项组成为多少?(3)该溶液加热到多少温度才能全部汽化?其蒸气组成为若干?

7-4 连续精馏分离二硫化碳-四氯化碳混合液,原料量5000kg/h,液体中含CS_2 35%,要求CS_2在釜液中含量不超过6%(均为质量分数),CS_2在馏出液中回收率达90%。试求:塔顶产品量及组成(以摩尔流量及摩尔分数表示)。

7-5 101.33kPa下连续精馏分离苯-甲苯混合液,进料组成$x_F=0.45$,温度为55℃。求:热状态参数q值及q线方程。已知该溶液泡点为94℃,平均比热容为167.5kJ/(kmol·℃),平均汽化热为30397.6kJ/kmol。

7-6 连续精馏塔进料量$F=150$kmol/h,进料组成$x_F=0.4$,馏出液组成$x_D=0.95$,釜液$x_W=0.05$(均为摩尔分数),操作回流比为2.3。试求:(1)塔顶及塔釜产品量D及W。(2)精馏段上升蒸气量V和回流液量L。(3)泡点进料及饱和蒸气进料时,提馏段上升蒸气量V'。

7-7 连续精馏分离双组分理想溶液,进料量$F=75$kmol/h,泡点进料。若已知精馏段和提馏段操作线方程分别为:$y=0.723x+0.263$,$y=1.25x-0.018$。试求:(1)精馏段与提馏段下降液流量(kmol/h)。(2)精馏段与提馏段上升蒸气量(kmol/h)。

7-8 某连续精馏塔,进料组成$x_F=0.35$,馏出液组成$x_D=0.92$,操作条件下物系的平均相对挥发度$\alpha=1.8$,冷液进料$q=1.2$。试求:(1)最小回流比R_{min}。(2)若操作回流比$R=1.2R_{min}$,塔顶为全凝器,第二块理论板上升蒸气组成y_2及下降液体组成x_2(均为摩尔分数)。

7-9 常压下甲醇-水溶液平衡数据(甲醇摩尔分数)见附表。

习题7-9附表

x	0	0.02	0.04	0.06	0.08	0.10	0.15	0.20	0.30
y	0	0.134	0.234	0.304	0.365	0.418	0.517	0.579	0.665
x	0.40	0.50	0.60	0.70	0.80	0.90	0.95	1.00	
y	0.729	0.779	0.825	0.870	0.915	0.958	0.979	1.00	

当进料组成$x_F=0.4$,馏出液组成$x_D=0.95$,釜液组成$x_W=0.04$,泡点进料,塔釜间接蒸汽加热,操作回流比$R=1.2R_{min}$。试求:理论塔板数及加料位置。

7-10　已知进料组成$x_F=0.6$，馏出液组成$x_D=0.96$，釜液组成$x_W=0.03$，泡点进料，操作回流比$R=1.95$，操作条件下，物系的相对挥发度$\alpha=3.74$。试用逐板计算法求出精馏段的理论塔板数。

7-11　甲醇-水溶液进料组成$x_F=0.35$，要求馏出液组成$x_D=0.90$，甲醇回收率为90%，操作回流比$R=2.1$，冷液进料$q=1.5$，常压操作相平衡数据见习题7-9附表。试计算用直接蒸汽加热所需的理论塔板数。

7-12　常压下分离苯-甲苯混合液，塔顶为全凝器，物系的相对挥发度$\alpha=2.47$，全回流操作情况下，测得塔顶全凝器冷凝液$x_D=0.95$，第一塔板下流液组成$x_1=0.916$。试求：第一块塔板的气相单板效率E_{MV}和液相单板效率E_{ML}。

7-13　常压连续精馏塔，共有15块塔板，用于精馏甲醇-水溶液，进料组成$x_F=0.63$，馏出液组成$x_D=0.96$，釜液组成$x_W=0.02$（甲醇摩尔分数），泡点进料，操作回流比为最小回流比的1.5倍，相平衡数据见习题7-9附表。试求：（1）全塔塔板效率。（2）若进料组成下降到$x_F=0.56$，仍按泡点进料及原回流比，此时馏出液与釜液的组成x_D、x_W有什么变化？（3）采用加大回流量提高回流比R，使$x_F=0.56$时可以得到$x_D=0.96$，则再沸器应采取什么相应措施？

7-14　一操作中的精馏塔，若保持F、x_F、q、D不变，增大回流比R，试分析L、V、L'、V'、x_D、x_W的变化趋势？

7-15　试估算在下列生产条件下，板式塔的塔径。

气相流量：3360 m^3/h；气相密度：2.6 kg/m^3；

液相流量：9.6 m^3/h；液相密度：800 kg/m^3；液相表面张力：12 mN/m。

第8章 萃取

本章符号说明

a——单位体积混合液所具有的（相际接触）表面积，面积，m^2/m^3

A——溶质组分（常作下标）

A_m——萃取因子（类似吸收中的吸收因子）

β——萃取剂的选择系数

B——稀释剂（或难溶组分）量，kg（或 kg/h）

E——萃取相（量），kg（或 kg/h）

E'——萃取液（量），kg（或 kg/h）

F——萃取原料液（量），kg（或 kg/h）

HETS——萃取段有效高度，m

H_{OS}——萃取相传质单元高度，m

Φ——萃取率（或萃余率），%

$k(K)$——组分（在两相中）的分配系数，kg/$(m^2 \cdot s)$

L——多级浸取过程的底流液（量），kg（或 kg/h）

M——混合液（量），kg（或 kg/h）

$N(n)$——多级萃取器的理论级数

N_{OS}——萃取相传质单元数

R——萃余相（量），kg（或 kg/h）

R'——萃余液（量），kg（或 kg/h）

Ω——萃取塔的横截面积，m^2

S——萃取剂（或溶剂），kg（或 kg/h）

x_i——组分 i 在萃余相 R 中的质量分数

X_A——萃余相中组分 A 的质量比

y_i——组分 i 在萃取相 E 中的质量分数

Y_A——萃取相中组分 A 的质量比

z_i——组分 i 在混合液（或溶剂）中质量分数

z_A——萃取剂（溶剂）中组分 A 质量比

z_B——浸取过程中载体 B 的浓度（质量比）

知识目标

1. 掌握萃取分离的基本原理；掌握萃取的相平衡；掌握单级萃取分离的计算；掌握萃取效率 η；掌握萃取剂的选择原则；掌握萃取操作的方式与级数，并能根据实际生产选择合理的萃取操作设备。

2. 理解不同的萃取操作；理解萃取设备的类型及结构特点；理解萃取设备的节能。

3. 通过本章的学习，掌握萃取分离操作的原理、萃取分离相平衡与三角形相图；掌握单级萃取的计算、萃取操作设备。

能力目标

1. 能够根据生产任务对萃取设备实施基本的操作。

2. 能对萃取操作过程中的影响因素进行分析，并运用所学知识解决实际工程问题。

3. 了解萃取操作的常见事故及其处理；了解萃取设备的日常维护及保养；了解萃取的安全环保要求。

8.1 化工中的萃取操作

液-液萃取是依据液体混合物中各组分在溶剂中的溶解度不同，而实现液体混合物组分分离的一种方法，在某些行业（如炼油工业）常称为抽提，是一种应用广泛、发展迅速的分离液体混合物的单元操作。图 8-1 是萃取分离操作的简单示意图。原料液为 A、B 两组分混合液，选用的溶剂称为萃取剂，以 S 表示；原料液中易溶于 S 的组分称为溶质，以 A 表示；难溶于 S 的组分称为原溶剂，以 B 表示。将一定量的溶剂和原料液同时加入萃取器中，搅拌使二者充分混合，溶质将通过相界面由原料液向溶剂中扩散。搅拌停止后，两液相因密度差而分为两层：一层以溶剂 S 为主，并溶有较多溶质，称为萃取相，以 E 表示；另一层以原溶剂 B 为主，且含有未被萃取完的溶质，称为萃余相，以 R 表示。若溶剂 S 和原溶剂 B 为部分互溶，则萃取相中还含有 B，萃余相中也含有 S。再通过蒸馏或蒸发的方法，有时也可采用结晶或其他化学方法对萃取相和萃余相进行分离，得到产品 A 并回收溶剂以供循环使用。脱除溶剂后的萃取相和萃余相分别称为萃取液和萃余液，以 E′ 和 R′ 表示。由于萃取是依据液体混合物中各组分在溶剂中的溶解度不同，而实现液体混合物组分分离的一种方法，所以选取合适的萃取剂是非常重要的。

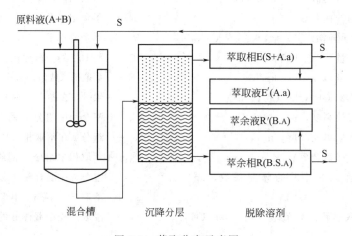

图 8-1 萃取分离示意图

选用的萃取剂需满足以下两个基本条件：①萃取剂 S 与稀释剂 B 应是互不相溶的，且两者的相溶性越小越好（易于分层）；②萃取剂 S 对组分 A、B 应有不同的溶解度，且差异越大越好，即选择性好。

萃取的分类：若萃取剂与原料液中的组分不发生化学反应，则称为"物理萃取"；反之则为"化学萃取"。另外，根据提取组分的数量，可以是单组分的萃取；也可以是多组分的萃取，后者因组分数较多，致使过程的数学描述和计算相对复杂。

本章为突出重点仅讨论双组分混合物的物理萃取过程。

8.1.1 萃取操作在化工中的应用

萃取操作的分离对象为液体均相混合物，对于液体混合物的分离，工业上主要采用精馏方法。到底选用蒸馏方法还是液液萃取方法分离，主要取决于技术上的可行性和经济上的合理性，一般情况下，在如下几种情况下萃取方法更加经济合理。

① 原料液中两组分的相对挥发度十分接近于1或形成恒沸物，此时如果采用精馏分离方法，那么所需的塔板数将是一个很大值，设备上几乎无法实现。例如芳烃与脂肪烃的分离，用一般的蒸馏方法不能将它们分离或很不经济，用萃取方法则更为有利。

② 溶质在混合液中浓度低且为难挥发组分，若采取精馏方法，作为轻组分的水量很大，此时操作的大部分能量消耗在溶剂（水）的回收上，经济上极不合理。例如低含量乙酸水溶液的分离。

③ 被分离混合液中需分离的组分是热敏性物质（遇热易分解、聚合等），显然，采用精馏分离方法容易导致物料受热被破坏，在此类情况下，往往采用液-液萃取的方法来实现组分的分离。例如从发酵液中对青霉素及咖啡因进行提取。

现在萃取技术已在各方面获得了广泛的应用：

① 炼油和石化工业中石油馏分的分离和精制，如烷烃和芳烃的分离、润滑油精制等；

② 湿法冶金，铀、钍、钚等放射性元素，稀土、铜等有色金属，金等贵金属的分离和提取；

③ 磷和硼等无机资源的提取和净化；

④ 医药工业中多种抗生素和生物碱的分离提取；

⑤ 食品工业中有机酸的分离和净化；

⑥ 环保处理中有害物质的脱除等。

但由于萃取操作引入了溶剂（新组分），若要实现组分的完全分离，仍需通过精馏分离方法。因此，液-液萃取可看作是精馏分离操作的一种补充。

8.1.2 萃取的操作流程

以乙酸-水的分离为例（如图8-2），向精馏系统中加入某种高沸点的溶剂（萃取剂）后，增大组分之间的相对挥发度，使分离变得容易进行。乙酸被萃取剂萃取，与水分离，水（萃余相）由精馏塔排出，乙酸与萃取剂的混合液（萃取相）则输送到溶剂回收塔将萃取剂回收然后再可以循环使用，将混合物分离。过程中主要设备是萃取精馏塔和溶剂回收塔。

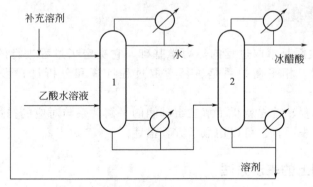

图8-2 乙酸-水萃取精馏流程示意图
1—萃取精馏塔；2—溶剂回收塔

8.1.3 萃取剂的选择原则

萃取剂的选择关系到萃取操作的设备费和操作费，影响萃取过程的经济性。衡量萃取剂的性能，主要从以下几个方面考虑：

① 有很好的选择性，即萃取剂 S 对溶质 A 的溶解能力比对稀释剂 B 的溶解能力大得多；

② 萃取容量尽可能大；

③ 溶解度大；

④ 易回收；

⑤ 物理、化学性质稳定；

⑥ 资源充足、价格低廉等。

一般来说，很难找到满足上述所有要求的萃取剂。在选用萃取剂时根据实际情况加以权衡，以保证满足主要要求。

8.1.4 萃取操作中的工程问题

(1) 液泛现象

当连续相速度增加或者分散相速度下降，此时分散相上升或下降的速度为 0，对应的连续相速度即为液泛速度，这种现象即为液泛现象。

影响液泛的因素：

① 外加能量的大小；

② 流量、系统的物性。

(2) 分散相液滴过小

液滴过小难于再凝聚，使两相分层困难，也易于产生被连续相夹带的现象；太小的液滴也会出现萃取操作中不希望出现的乳化现象。

(3) 返混现象

无论是连续相还是分散相，总有一部分流体的流动滞后于主体流动，或者向相反方向运动，或者产生不规则的漩涡流动，这种现象称为返混或者轴向混合。

塔内液体的返混使两相之间的组成差减小，即减小了传质推动力，减小了传质速率，同时降低了萃取设备的生产能力。

8.2 液-液相平衡

液-液的相平衡关系是萃取过程的热力学基础，它决定了过程进行的方向、推动力大小和过程的极限。同时，相平衡关系是进行萃取过程计算和分析过程影响因素的基本依据之一。

研究萃取操作过程，首先就得了解三组分间的平衡关系与对应的描述。三组分间的相平衡关系，可以用相图表示，也可以用数学方程描述。

8.2.1 三角形相图上的表示方法

三组分混合液的组成用三角形图来描述。一般有等边三角形和直角等腰三角形两种表示方法，后者又分为等腰直角三角形和不等腰三角形，图 8-3 的等腰直角三角形最为简明方便。有时，可以根据需要将某直角边放大，使所标绘的曲线清晰，方便使用。

在三角形相图中，常用质量分数表示混合物的组成，间或有采用体积分数或摩尔分数表示，如没有特别说明，均指质量分数。

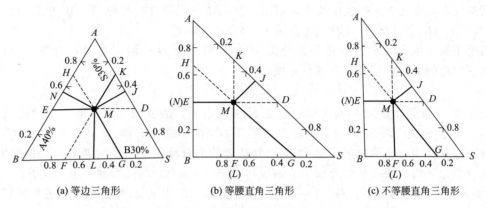

图 8-3 三组分体系浓度的三角形坐标图的表示法

在三角形图中,三角形的三个顶点分别代表三个纯组分:A 表示溶质,B 表示稀释剂,S 表示溶剂或萃取剂。三角形三条边上的任一点就代表一种二元混合物,如图 8-4 所示,AB 边上的 E 点,表示一个 AB 二元混合物,其中 A 与 B 各 50%。

同理,三角形图内的任一点,则代表一个三元组分的混合物,如图 8-3 所示,三角形图内的 M 点,其中 A、B、S 三个组分的含量可分别通过画底边平行线的方法来确定。由图 8-3(b) 可知,M 点所代表混合物的组成为:A20%,B50%,S30%。事实上,当 A、B 组成确定后,S 组分的量可通过归一化原则(即 $x_A + x_B + x_S = 1$)而确定。

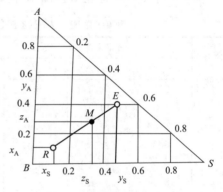

图 8-4 三角形图中杠杆原理

8.2.2 杠杆原则

若现有两个三元组分混合液,其组成位于三角形相图中的 R、E 点(见图 8-4)。将两种混合液混合后对 R、E 混合前后的总物料与 A 组分作物料衡算,可得:

$$M = R + E \tag{8-1}$$

$$Mz_A = Rx_A + Ey_A \tag{8-2}$$

式中,x_A、y_A、z_A 分别表示组分 A 在 R、E 和 M 混合液中的质量分数。整理二式后可得:

$$\frac{E}{R} = \frac{z_A - x_A}{y_A - z_A} = \frac{\overline{RM}}{\overline{ME}} \tag{8-3}$$

同理,对 S 组分作物料衡算可得:

$$\frac{E}{R} = \frac{z_S - x_S}{y_S - z_S} = \frac{\overline{RM}}{\overline{ME}} \tag{8-4}$$

式中,x_S、y_S、z_S 分别表示组分溶剂 S 在 R、E 和 M 混合液中的质量分数。整理二式后可得:

$$E \times \overline{ME} = R \times \overline{RM} \tag{8-5}$$

其物理含义是:当质量为 E 的混合液与质量为 R 的混合液合并后,得到一新混合液

M，其组成点必定在 ER 的连接线上，且 E、R、M 三点符合杠杆原则，如图 8-4 所示。因为 M 点是 E、R 合并所得，故称 M 点为 E、R 的"和点"。

换个角度，也可将 R 看成是由混合液 M 中移去质量为 E 混合液后，所剩余的新混合液，而它们之间的量，同样满足杠杆原则，即：

$$M \times \overline{MR} = E \times \overline{ER} \tag{8-6}$$

由于 R 是由混合液 M 中减去质量为 E 后所剩余的，故称 R 为 M 和 E 的"差点"。同理，由于 E 是由混合液 M 中减去质量为 R 后所剩余的，故称 E 为 M 和 R 的"差点"。

在萃取操作中，将萃取剂（S）加入已知浓度的混合液中所形成的新混合液的组成就可通过和点概念获得；相反从混合液中蒸馏脱除溶剂（S 或 B）的过程就是求取差点。

【例 8-1】 以水为溶剂，对 $x_F = 30\%$（质量分数）的丙酮-乙酸乙酯溶液进行单级萃取。原料液量为 100kg，水用量为原料液的 1.5 倍，操作温度 30℃。试求：萃取相和萃余相的量以及组成。

例 8-1 附表是丙酮-乙酸乙酯-水在 30℃下相平衡数据。

例 8-1 附表　丙酮-乙酸乙酯-水在 30℃下相平衡数据（质量分数）

序号	乙酸乙酯相			水相			分配系数 k_A（计算结果）
	$w_A/\%$	$w_B/\%$	$w_S/\%$	$w_A/\%$	$w_B/\%$	$w_S/\%$	
1	0	96.5	3.5	0	7.4	92.6	—
2	4.8	91.0	4.2	3.2	8.3	88.5	0.667
3	9.4	85.6	5.0	6.0	8.0	86.0	0.640
4	13.5	80.5	6.0	9.5	8.3	82.2	0.704
5	16.6	77.2	6.2	12.8	9.2	78.0	0.771
6	20.0	73.0	7.0	14.8	9.8	75.4	0.740
7	22.4	70.0	7.6	17.5	10.4	72.3	0.781
8	26.0	65.0	9.0	19.8	12.2	68.0	0.762
9	27.8	62.0	10.2	21.2	11.8	67.0	0.762
10	32.6	51.0	13.4	26.4	15.0	58.6	0.810

解　由附表平衡数据作直角三角形相图。如附图所示，由 $x_F = 30\%$，在 AB 边上得点 F；连接点 F 和 S，由杠杆规则：

$$\frac{S}{F} = \frac{\overline{MF}}{\overline{MS}} = 1.5 \text{kg}(水)/\text{kg}(料液)$$

在线段 $\overline{FS}$ 上得 M，混合液量 $M = 100 + 1.5 \times 100 = 250$（kg）。过点 M 作连接线得 E 和 R，读得

E 相组成：$y_A = 0.14$，$y_B = 0.04$，$y_S = 0.82$

R 相组成：$x_A = 0.14$，$x_B = 0.78$，$x_S = 0.08$

8.2.3　溶解度曲线与平衡连接线

在萃取操作中，由于涉及多个组分与多相的存在，其相互间的平衡关系十分复杂，通常需通过实验获取，并需用三角形相图来表示。

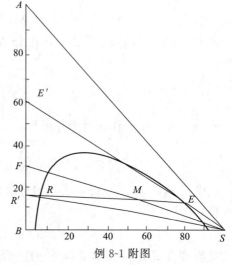

例 8-1 附图

根据萃取操作中各组分的互溶性，可将三元物系分为以下三种情况，即：

① 溶质 A 完全溶于 B 及 S，B 与 S 不互溶；

② 溶质 A 完全溶于 B 及 S，B 与 S 部分互溶；

③ 溶质 A 完全溶于 B，A 与 S 及 B 与 S 部分互溶。

习惯上将①、②代表的三元混合物系称为第Ⅰ类物系。如：丙酮(A)-水(B)-甲基异丁基酮(S)、乙酸(A)-水(B)-苯(S) 等系统。

将③代表的三元混合物系称为第Ⅱ类物系。如甲基环己烷(A)-正庚烷(B)-苯胺(S)、苯乙烯(A)-乙苯(B)-二甘醇(S) 等。

本章以Ⅰ类物系为讨论重点。

设溶质 A 可溶于 B 及 S，但 B 与 S 为部分互溶，一定温度下的平衡相图如图 8-5 所示，图中曲线 $R_0R_1R_2R_iR_nKE_nE_iE_2E_1E_0$ 称为溶解度曲线。溶解度曲线将三角形相图分为两个区域：曲线以内的区域为两相区，曲线以外的区域为均相区。位于两相区内的混合物分成两个互相平衡的液相，称为共轭相，连接两共轭相组成坐标的直线称为联结线。如图 8-5 中的 R_iE_i 线（$i=0、1、2、\cdots、n$）所示。显然萃取操作只能在两相区内进行。

若组分 B 与组分 S 完全不互溶，则点 R_0 与 E_0 分别与三角形顶点 B、S 相重合。

一定温度下第Ⅱ类物系的溶解度曲线和联结线见图 8-6。

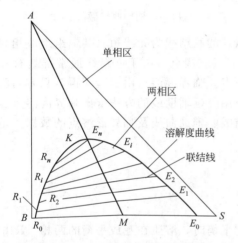

图 8-5　溶解度曲线和联结线

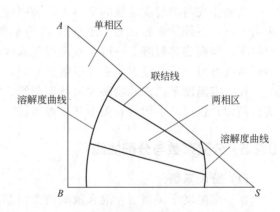

图 8-6　第Ⅱ类物系的溶解度曲线和联结线

通常联结线的斜率随混合液的组成而变，但同一物系其联结线的倾斜方向一般是一致的，有少数物系，当混合液组成变化时，其联结线的斜率会有较大的改变，如图 8-7 所示。然而一定温度下，由实验测出的平衡共轭相点，如图 8-5 中的（E_1、R_1）、（E_2、R_2）、$\cdots$、（E_i、R_i）总是有限的，所以获得的联结线条数也是有限的。若当混合液的组成落在 M 点处（见图 8-7），那么由此分离而形成的互为平衡的共轭相点该如何获取？即如何确定通过 M 点的平衡联结线。

8.2.4 辅助曲线和临界混溶点

一定温度下，三元物系的溶解度曲线和联结线是根据实验数据标绘的，使用时若要求与已知相成平衡的另一相的数据，常借助辅助曲线（也称共轭曲线）求得。只要有若干组联结线数据即可作出辅助曲线，可参考图 8-8。通过已知点 R_1、R_2 等分别作底边 BS 的平行线，再通过相应联结线的另一端点 E_1、E_2 等分别作侧直角边 BA 的平行线，诸线分别相交于点

J、K 等，连接这些交点所得平滑曲线即为辅助曲线。利用辅助曲线便可由已知的某相 R（或 E）组成确定与之平衡的另一相组成 E（或 R）。

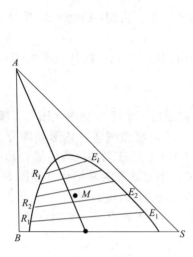

图 8-7　（平衡）联结线及共轭相

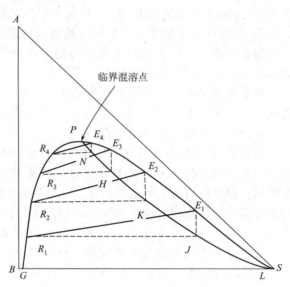

图 8-8　辅助曲线做法

辅助曲线与溶解度曲线的交点 P，表明通过该点的联结线为无线短（共轭组组成相同），相当于这一系统的临界状态，故称点 P 为临界混溶点或褶点。由于联结线通常都具有一定的斜率，因而临界混溶点一般不在溶解度曲线的顶点。临界混溶点由实验测得，只有当已知的联结线很短（即很接近于临界混溶点）时，才可用外延辅助线的方法求出临界混溶点。

在一定温度下，三元物系的溶解度曲线、联结线、辅助曲线及临界混溶点的数据都是由实验测得，也可从手册或有关专著中查得。

8.2.5　分配系数与分配曲线

（1）分配系数

在一定温度下，当三元混合液的两个液相达到平衡时，溶质在互成平衡的两相（R 相与 E 相）的组成之比称为分配系数，若假定溶质（A）在 R 相中的质量分数以 x_A 表示，在 E 相中用 y_A 表示，组分 A 在两相中的分配系数 k_A 为：

$$k_A = \frac{\text{组分 A 在 E 相中的组成}}{\text{组分 A 在 R 相中的组成}} = \frac{y_A}{x_A} \tag{8-7}$$

同样，对于组分 B 也可写出相应的表达式：

$$k_B = \frac{y_B}{x_B} \tag{8-8}$$

式中　y_A、y_B——组分 A、B 在萃取相 E 中的质量分数；

x_A、x_B——组分 A、B 在萃余相 R 中的质量分数。

分配系数表达了某一组分在两个平衡液相中的分配关系。对组分 A 而言，显然 k_A 值愈大，组分 A 在 E 相中的浓度大于 R 相中，即萃取分离效果愈好。另外，对同一物系，由于 k 值与平衡联结线的斜率有关（参见图 8-6），且随相的组成与温度而变化，因此，分配系数 k 并非常数。只有一定温度下，当溶质组成范围变化不大，且两相分子状态相同时，k 值才被认为是常数。

在操作条件下，若萃取剂 S 与稀释剂 B 互不相溶，且以质量比表示相组成的分配系数

为常数时,式(8-7)可以改写为式(8-9):

在温度、压力确定后,三组分萃取物系的自由度为1,即只要已知某一组分在任一相中的浓度(质量分数),则其他组分的组成以及其共轭相的组成也随之确定。换句话说,当温度、压力一定时,溶质(A)在(平衡)共轭两相中的浓度关系是确定的,它可表示为:

$$Y = KX \tag{8-9}$$

式中　Y——萃取相中溶质 A 的质量比组成;

　　　X——萃余相中溶质 A 的质量比组成;

　　　K——以质量比表示相组成的分配系数。

(2) 分配曲线

溶质 A 在三元物系互成平衡的两个液层中的组成,也可以像蒸馏和吸收一样,在 x-y 直角坐标图中用曲线表示。图 8-9 以萃余相 R 中溶质 A 的组成 x_A 为横坐标,以萃取相 E 中溶质 A 的组成 y_A 为纵坐标,互成平衡的 E 相和 R 相中组分 A 的组成在直角坐标图上,若将诸联结线两端点相对应组分 A 的组成均标于 x-y 图上,得到分配曲线:

$$y_A = f(x_A) \tag{8-10}$$

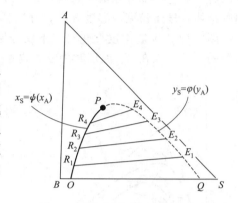

图 8-9　萃取与萃余相溶解度曲线

图 8-10 描述了如何将三角形中的溶解度曲线转化为直角坐标系中的分配曲线。若实验点足够多,经数学拟合处理,就可得到分配曲线的具体函数关系式。

从临界混溶点 P 至 Q,即溶解度曲线的右半部分见(见图 8-9 的虚线部分),它表示了平衡状态下萃取相中溶质(A)与萃取剂(S)之间的关系:

$$y_S = \varphi(y_A) \tag{8-11}$$

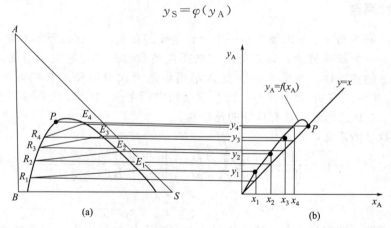

图 8-10　三角形相图的溶解度曲线(a)与直角坐标系的分配曲线(b)

同理,自 P 至 O 点的溶解度曲线左半部分,代表了萃余相中溶质(A)与萃取剂(S)之间的关系:

$$x_S = \psi(x_A) \tag{8-12}$$

总之,对处于均相中的三组分物系而言,其自由度为 2(温度、压力确定,即规定任意两个组分,如 x_A 和 x_S,则第三组分由归一条件确定,即 $x_A + x_S + x_B = 1$。但若物系组成点处于两相区域内,虽达到平衡时两相共有 6 个可变量,但此时物系的自由度仅为 1。如指定萃取相中 A 组分的含量 y_A,由平衡关系或式(8-10)可确定 x_A,再由溶解度曲线关系式(8-11)、式(8-12)决定 y_S、x_S,而最后两相中B组分的含量 x_B 或 y_B 则由归一化条件确定。

8.2.6 温度对相平衡关系的影响

通常,物系的温度越高,溶质在溶剂中的溶解度越大,反之减小。因而,温度明显地影响溶解度曲线的形状、联结线的斜率和两相区的面积,从而也影响分配曲线形状。图8-11表示有一对组分部分互溶体系在 T_1、T_2 及 T_3($T_1 < T_2 < T_3$)3个温度下的溶解度曲线和联结线。显而易见,温度升高,分层区面积缩小,对于萃取分离是不利的。

图8-12表明,温度变化时,不仅分层区面积和联结线斜率改变,而且还可能引起物系类型的改变。如在 T_1 温度时为Ⅱ类物系,当温度升高至 T_2 时变为Ⅰ类物系。

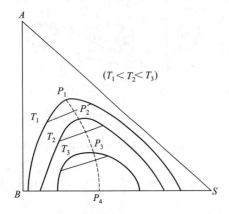

图8-11 温度对互溶度的影响(Ⅰ类物系)

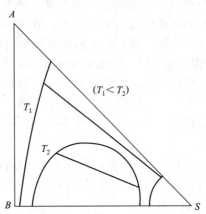

图8-12 温度对互溶度的影响(Ⅱ类物系)

8.2.7 选择性系数

事实上,溶剂的选择对萃取操作是一个十分重要的前提。为比较不同溶剂对萃取分离的效果,这里引入一个新的概念,即溶剂的"选择性系数(β)",它表示溶剂对两个不同组分在溶解能力上的差异性。如果S对溶质A的溶解能力比对稀释剂B的溶解能力大得多,则萃取相(E)中 y_A 较 y_B 要大得多,而在萃余相中则是 x_B 比 x_A 大得多。换句话说,这种萃取剂(对A、B二组分)具有良好的选择性。

选择性系数 β 的定义:

$$\beta = \frac{\text{萃取相中A的质量分数}/\text{萃取相中B的质量分数}}{\text{萃取相中A的质量分数}/\text{萃取相中B的质量分数}}$$

即:

$$\beta = \frac{y_A/y_B}{x_A/x_B} = \frac{y_A/x_A}{y_B/x_B} = \frac{k_A}{k_B} \qquad (8-13)$$

为更好地理解 β 的物理含义,这里先对单级萃取操作的过程作一简单描述。图8-13(a)为萃取分离操作的流程示意图,图8-13(b)则为三角形相图对过程的描述。

假设有A、B两组分的混合液,其组成点位于 F,现用纯溶剂S进行萃取,混合后体系的组成点位于 M。达到平衡后即分离为萃取相E和萃余相R,若通过蒸馏除去溶剂S后,二相分别得到对应的萃取液(E')、萃余液(R'),其组成点落在 AB 边上[见图8-13(b)]。显然,E' 是 E 和 S 的"差点",即在萃取相与萃取液中,A、B组分的质量之比是恒定的;而对萃余相与萃余液也同样如此,故有:

$$\frac{y_A}{y_B} = \frac{y'_A}{y'_B}; \quad \frac{x_A}{x_B} = \frac{x'_A}{x'_B}; \quad \text{且 } y'_A + y'_B = 1; \quad x'_A + x'_B = 1 \qquad (8-14)$$

联立式(8-13)、式(8-14)可得：

$$y'_A = \frac{\beta x'_A}{1+(\beta-1)x'_A} \tag{8-15}$$

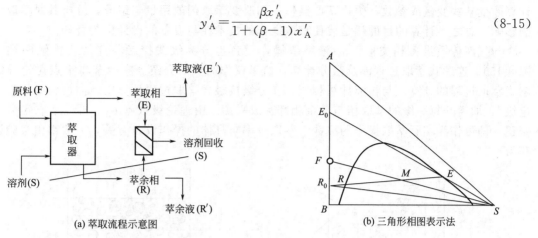

图 8-13 单级萃取过程

比较精馏章节中的相平衡方程，显然萃取中的选择性系数（β）与精馏中的相对挥发度（α）具有相同的物理意义。当 $\beta=1$ 时，由式(8-15)可知，萃取液与萃余液中溶质 A 的浓度相等，这相当于恒沸精馏，意味着无法分离。只有 $\beta>1$ 时，表示萃取分离后，溶质 A 在萃取液中的浓度大于萃余液中的浓度，萃取分离才有效，且可知 β 值越大，萃取分离效果越好。$\beta<1$，不符合要求。

另外，根据选择性系数（β）的定义可知，当 $y_B=0$ 即组分 B 完全不溶于萃取剂 S 中，则有 $\beta\to\infty$，此为选择性的理想状况。通常萃取操作中，β 值约为 $1\sim10^3$ 的数量级。

溶剂的选择性系数与平衡联结线的位置有关。联结线斜率越大，当 S、B 的互溶度越小，选择性系数 β 值就越大。另外，实验也发现，有相同的分配系数 k，互溶度小的体系具有较大的 β 值；另外，温度的升高往往会增加组分之间的相溶性，这反而会使选择性降低（见图 8-14）。

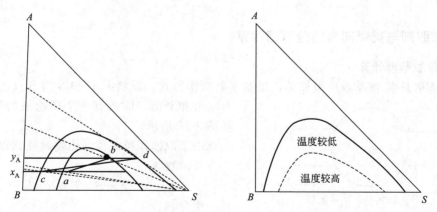

图 8-14 溶剂的互溶度对选择性的影响

8.3 萃取过程计算

就工程实际而言，萃取操作过程中需解决的问题基本就是两类：即设计型问题与操作型问题。前者就是根据具体的任务，计算与设计符合要求的萃取工艺参数，简单地说，就是计算萃取剂的用量、萃取的级数等；操作型萃取问题则往往是在已知的萃取设备基础上，通过计算改变某些变量或参数，优化萃取操作。如改变萃取剂的用量与组成，分析其对萃取结果的影响。总之，计算的目的就是要使萃取操作的技术性与设备的设计更趋合理。

与气液传质设备相类似，液-液萃取操作设备也分为级式接触与连续式接触两类（见图 8-15）。连续式萃取过程涉及微分计算，这里仅作简要的介绍。本章节将重点讨论分级接触式萃取过程的计算。与精馏计算相似，在分级接触式萃取过程计算中，假设各级均为"理论级"，即离开每一级的萃取相与萃余相都互成平衡。由理论级数（n_T）再经萃取效率（η）修正，即可作为实际萃取操作的级数。萃取效率与具体的操作设备有关，一般都由实验测定获得。

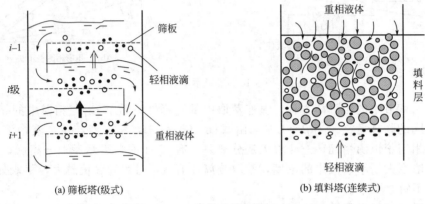

图 8-15 萃取接触类型

从组分体系而言，根据萃取剂 S 与稀释剂 B 的相溶程度，通常将液-液萃取的物系划分为两大类：①B 与 S 为部分互溶（或称"微溶"）的体系；②B 与 S 为完全不互溶的体系，即理想萃取体系。对于部分互溶体系的萃取计算，由于描述过程的数学方程式较多，且不易直接获得，故较多采用图解法解决；而对于理想萃取体系，则可直接用数学方程式定量计算。

8.3.1 萃取剂与稀释剂为部分互溶体系

（1）单级萃取计算

单级萃取是液-液萃取中最简单、最基本的操作方式，原料液 F 和溶剂 S 只进行一次混合接触和平衡，即只有一个理论级的萃取过程，如图 8-16 所示。

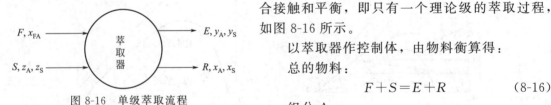

图 8-16 单级萃取流程

以萃取器作控制体，由物料衡算得：

总的物料：

$$F+S=E+R \tag{8-16}$$

组分 A：

$$Fx_{FA}+Sz_A=Ey_A+Rx_A \tag{8-17}$$

组分 S：

$$Sz_S=Ey_S+Rx_S \tag{8-18}$$

另外，根据前述的分配曲线与平衡曲线的数学描述，可得：

$$y_A=f(x_A) \tag{8-19}$$

$$y_S=\varphi(y_A) \tag{8-20}$$

$$x_S = \phi(x_A) \tag{8-21}$$

萃取无论是设计型还是操作型问题,通常都涉及 6 个未知量。联立求解上述式(8-16)~式(8-21)的方程组,便可对萃取操作作解析计算。

但由于萃取操作物系的平衡数据大都来自于实验,且实验点数有限,溶解度曲线通常由点的光滑连接绘图得到,而正确的数学表达式(8-18)~式(8-20)则很难得到或函数表达形式十分复杂,因此部分互溶系的萃取操作过程的解析计算十分繁复,取而代之的则是作图求解法。

图 8-17 表示了单级萃取操作的图解过程。F 点由原料液组成获得;M 点则由杠杆原则确定,平衡联结线 RE 则可利用辅助线得到。其方法步骤如下所述。

① 设计型问题(已知 x_A),可先根据工艺要求的 x_A 值确定 R 点(参见图 8-17)。由平衡联结线 RE 与直线 FS 的交点得 M 点。萃取剂 S 的用量则可通过下述的杠杆法则求得:

$$S = \frac{\overline{FM}}{\overline{SM}} \times F$$

由物料衡算:

$$F + S = M = R + E \tag{A}$$

杠杆原则:

$$\frac{R}{E} = \frac{\overline{EM}}{\overline{RM}} \tag{B}$$

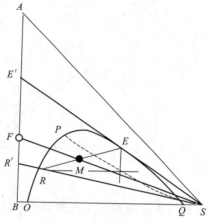

图 8-17 单级萃取图解法

解方程(A)、方程(B),可进一步求得单级萃取分离后 E、R 两相的量及组成。
(注:线段的长度可直接度量获得,E、R 相的组成也由三角形相图中直接读出)

若进一步将 E 相和 R 相中的溶剂全部脱除,得到萃取液 E′、R′(见图 8-18)。即经过一次萃取操作后,原料液 F 被分离成两组溶液 E′ 与 R′,其中 E′ 中溶质 A 的含量高于原料液 F 中的;而 R′ 中 B 含量较高,使 A、B 两组分得到了一定程度的分离。

根据物料衡算式有:

$$\begin{cases} F = E' + R' \\ F x_{FA} = E' y'_A + R' x'_A \end{cases} \tag{C}$$

解方程组(C),可求得 E′、R′ 的质量。

② 操作型问题(已知 S),计算目标是要求得萃取相、萃余相的量及组成。

由于 F、S 均已知,根据杠杆原理,即可确定 M 点的位置;再利用辅助线和试差法画出经过 M 点的平衡联结线 RE(即获得二相的组成点)。联立求解方程(A)、方程(B),可获得萃取相、萃余相的量及组成。

【例 8-2】 在 B-S 部分互溶物系的单级萃取中,料液中溶质 A 与稀释剂 B 的质量比为 40:60。采用纯溶剂,S=200kg,溶剂比 S/F 为 1,脱除溶剂后萃余液浓度 $x' = 0.3$(质量分数),选择性系数 $\beta = 8$。试求萃取液量 E′ 为多少?

解 萃取液浓度为:

$$y' = (\beta x')/[1 + (\beta - 1)x'] = 8 \times 0.3/(1 + 7 \times 0.3)$$
$$= 0.774 \quad x_F = 40/(40 + 60) = 0.4$$

又 $S = F = 200\text{kg}$

据物料衡算（杠杆法则）：
$$E' = F(x_F - x')/(y' - x') = 200 \times (0.4 - 0.3)/(0.774 - 0.3) = 42.2$$

【例 8-3】 在单级萃取中，混合液量 $F = 100$kg，混合液中含溶质 A 30%（质量分数，下同）。现用某纯溶剂 S 萃取溶质 A，测得萃取相中含溶质 A 40%。已知操作条件下，溶质 A 的分配系数 $k_A = 2.0$，溶解度曲线见附图。

试求：萃取相 E、萃余相 R、纯溶剂 S 的量为多少？

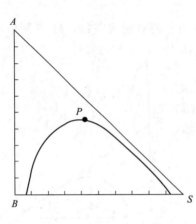
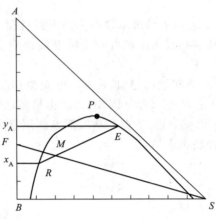

例 8-3 附图

解 由萃取剂 S 为纯溶剂的条件确定点 S；
由混合液中含 A 30%的条件确定点 F；
由 $y_A = 0.4$，确定点 E；
由 $k_A = \dfrac{y_A}{x_A} = 2.0$ 得 $x_A = 0.2$，确定点 R；
连接点 F、S，点 E、R，交于点 M；

所以：$\dfrac{S}{F} = \dfrac{\overline{FM}}{\overline{MS}} = \dfrac{12}{54} = S = 100 \times \dfrac{12}{54} = 22.2$ （kg）

$$M = F + S = 122.2\text{kg}$$

由 $\dfrac{E}{M} = \dfrac{\overline{RM}}{\overline{RE}} = \dfrac{5}{24}$ 得 $E = 122.2 \times 5/24 = 25.5$ （kg）。

$$R = M - E = 96.7\text{kg}$$

【例 8-4】 以水为萃取剂从质量分数为 35%的乙酸（A）与氯仿（B）混合液中提取乙酸。已知原料液的处理量为 4000kg/h，用水量为 3200kg/h。操作温度 25℃下，E 相和 R 相的平衡数据如附表所示。试求：

(1) 单级萃取后 E、R 相的组成及流量；
(2) 除溶剂后，萃取液、萃余液组成及流量；
(3) 此操作条件下的选择性系数 β。

例 8-4 附表 单位：%

萃余相(R)		萃取相(E)	
乙酸	水	乙酸	水
0.00	0.99	0.00	99.16
6.77	1.38	25.10	73.69

续表

萃余相(R)		萃取相(E)	
乙酸	水	乙酸	水
17.72	2.28	44.1	48.58
25.72	4.15	50.18	34.71
27.65	5.20	50.56	31.11
32.08	7.93	49.41	25.39
34.16	10.03	47.87	23.28
42.5	16.5	42.50	16.50

解 根据已知数据，在三角形坐标图中作出溶解度曲线和辅助曲线，如附图所示。

(1) 单级萃取后 E 相和 R 相的组成及流量：

由原料液组成：乙酸质量分数为 35%，在 AB 边上确定 F 点，连接点 F、S，按 F、S 流量利用杠杆原理在 FS 线上确定点 M。

(已知：$\overline{FM}/\overline{MS} = 3200/4000 = 4/5$)

因 E 相和 R 相的组成均未给出，故需借助辅助曲线，用试差作图法确定过 M 点的联结线 ER。由图读得两相组成为：

E 相：$y_A = 27\%$，$y_B = 1.5\%$；$y_S = 71.5\%$；
R 相：$x_A = 7.2\%$，$x_B = 91.4\%$，$x_S = 1.4\%$。

由质量衡算得：$M = F + S = 4000 + 3200 = 7200$ (kg/h)

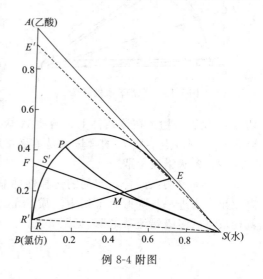

例 8-4 附图

又由图中量得：$\overline{RM} = 26$mm；$\overline{ME} = 16$mm；则：

$$\begin{cases} R + E = 7200 & \text{(A)} \\ \dfrac{R}{E} = \dfrac{\overline{ME}}{\overline{RM}} = \dfrac{16}{26} & \text{(B)} \end{cases}$$

由此解得：$E = 4457$kg/h；$R = 2743$kg/h。

(2) 萃取液和萃余液的组成与流量：

连接点 S、E，并延长 SE 与 AB 边交于 E'，由图读出 $y'_E = 92\%$；同理可得点 R'，并读得 $x'_R = 7.3\%$；结合 $x_F = 35\%$，由物料衡算与杠杆原理得：

$$\begin{cases} R' + E' = 4000 & \text{(C)} \\ \dfrac{R'}{E'} = \dfrac{\overline{FE'}}{\overline{R'F}} = \dfrac{92\% - 35\%}{35\% - 7.3\%} & \text{(D)} \end{cases}$$

同样可解得：$E' = 1308$kg/h；$R' = 2692$kg/h。

(3) 选择性系数 β：

根据式(8-12) 可得：$\beta = \left(\dfrac{y_A}{y_B}\right) \bigg/ \left(\dfrac{x_A}{x_B}\right) = \dfrac{27\%}{1.5\%} \bigg/ \dfrac{7.2\%}{91.4\%} = 228.5$

由于该物系中，氯仿（B）与水（S）的互溶度很小，所以 β 值较高（选择性好）得到的萃取液中 A 的组成很高。

应予指出，在实际生产中，由于萃取剂是循环使用的，故其中会含有少量的 A 与 B。同样，萃取液和萃余液中也会含有少量的 S；但图解计算的原则和方法仍然适用，只是点

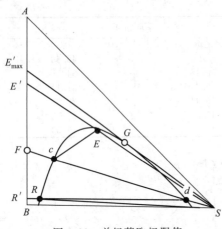

图 8-18 单级萃取极限值

S、E' 与 R' 位置均移至三角形相图之内。

通过以上图解法过程可看出，单级萃取操作的分离存在一定的限度。当物系的组分与溶解度曲线确定后，对于组成一定的原料液 F 而言，萃取剂 S 的用量存在着两个极限，即 c、d 两点（见图 8-18）。萃取剂 S 用量超出此范围值时，三元混合体系为均相溶液，此时无法实现萃取分离操作。显然 c 点对应 S_{min}，d 点为最大溶剂量 S_{max}，而通过杠杆原理很容易求得此极限值。图中 E、R 两点分别表示与 c、d 两点互成平衡的共轭萃取相和共轭萃余相。

另外，对于一定的物系和溶解度曲线，由萃取作图法原理可知，过 S 作溶解度曲线的切线，切点 G 就表示物系在该条件下，溶质 A 含量能达到最高值的萃取相组成，连接 SG 并延长至 E'_{max}，则该点溶质 A 的含量就是单级萃取分离所能回收到的最大值。

（2）多级错流萃取

对于多数物系而言，溶剂的选择性并非很高，故仅依赖单级萃取，并不能达到良好的分离效果。为进一步降低萃余相中溶质 A 的含量，可以将多个单级萃取加以串联组合，这样就构成了"多级错流萃取"，见图 8-19。

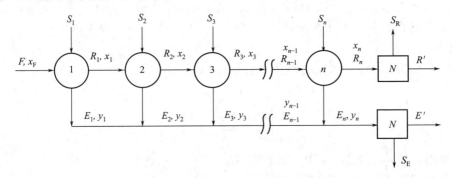

图 8-19 多级错流萃取流程示意图

在多级错流萃取流程中，每一级相当于一个单级萃取器，前一级的萃余相即为下一级的原料，而每级均加入新鲜的萃取剂。操作时，原料液由第 1 级萃取器开始，萃余相经多次萃取操作后，相中溶质 A 含量就能低于某指定值，达到工艺要求。

（3）多级逆流萃取

与精馏操作类似，若将达到平衡后的萃取相、萃余相，再继续与相邻平衡级的共轭相接触，则就形成"多级逆流萃取"的操作形式，其操作的流程如图 8-20 所示。

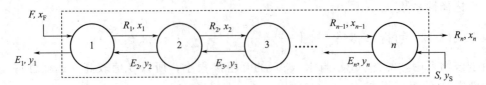

图 8-20 多级逆流萃取流程示意图

根据图 8-20，原料液 F 经多次逆流萃取后，最终萃余相 R 中溶质 A 浓度可降至很低；

与此同时，在另一端可获得溶质 A 含量较高的萃取相 E。相对错流方式，多级逆流萃取使用的溶剂量大大减少，分离效率高，且适宜连续化进料，因此它在工业上得到了广泛的应用。

（4）逆流塔式流程

逆流塔式流程如图 8-21 所示。原料液 F 出萃取塔的上部进入塔内（这种安排是由于原料液密度比萃取剂密度大；反之，原料液的密度比萃取剂的密度小，则原料液应从下部进入塔内），萃取剂从下部进入塔内，两液在塔内由于密度的差异逆流接触。萃取剂向上升至塔顶，原料液下流至塔底部。逐渐溶解原料液中的溶质，当它从塔顶排出时已成溶有大量溶质的萃取相了。

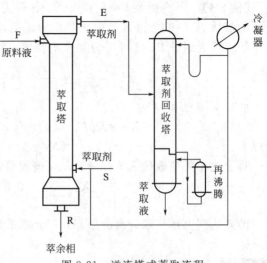

图 8-21　逆流塔式萃取流程

原料液由塔顶向下流动过程中溶质逐渐减少，当从塔底排出时，则变成含溶质很少的萃余相。

由塔顶排出的萃取相中的萃取剂还要循环使用。所以需将萃取相引入萃取剂回收塔中回收溶剂。溶剂回收一般采用普通蒸馏的方法。若萃余相中也含有萃取剂，还应再增设一个溶剂回收塔来回收萃取剂。

8.3.2　萃取剂与稀释剂为完全不溶体系

萃取剂与稀释剂为完全不溶体系中，由于 B、S 完全不相溶，故在传质过程中，只有溶质 A 相际之间的传递。在达到平衡时，无论萃取相 E 还是萃余相 R，每相中均只含两个组分，且过程中 B、S 量是恒定的，因此，对该类体系萃取操作的数学描述相对简单，对应的萃取来计算也可作简化处理。

由于整个过程中 B、S 为定值，故溶质 A 在两相中的浓度常采用质量比表示，即：

$$Y = \frac{\text{溶质 A 的质量}}{\text{萃取剂 S 的质量}} = \frac{m_A}{m_S}; \quad X = \frac{\text{溶质 A 的质量}}{\text{稀释剂 B 的质量}} = \frac{m_A}{m_B}$$

此时，分配曲线的数学表达式可写成：$Y = f(X)$。若在操作范围内，分配系数 K 为常数，则平衡关系可表示为：

$$Y = KX \tag{8-22}$$

以萃取器为控制体（参见图 8-17），对溶质 A 作物料衡算有：

$$B(X_F - X_1) = S(Y_1 - Y_S) \tag{8-23}$$

式中　B、S——分别为稀释剂与萃取剂的质量，kg 或 kg/h；

X_F——原料液中组分 A 的质量比；

X_1——萃余相中组分 A 的质量比；

Y_S——萃取剂中组分 A 的质量比；

Y_1——萃取相中组分 A 的质量比。

对于萃取操作的一般性问题，联立式(8-21)、式(8-22)，即可求得溶剂的用量 S 或萃取相的组成 Y_1。

【例 8-5】 若将例 8-4 中的组分 B、S 视为完全不互溶，且分配系数 $K=3.4$，要求原料液中的溶质 A 有 90% 进入萃取相，则每千克原溶剂 B 需要消耗多少千克的萃取剂 S？

解 因为组分 B、S 可视为完全不相溶，则可用式(8-22)、式(8-23)来进行计算。

$$X_F = \frac{x_F}{1-x_F} = \frac{0.35}{1-0.35} = 0.538$$

而根据题意有：

$$X_1 = X_F(1-\eta_A) = 0.538 \times (1-0.9) = 0.0538$$

所以

$$Y_1 = KX_1 = 3.4 \times 0.0538 = 0.183$$

将上述相关参数代入式(8-22)，并整理得：

$$\frac{S}{B} = \frac{X_F - X_1}{Y_1 - Y_S} = \frac{0.538 - 0.00538}{0.183 - 0} = 2.65$$

即要达到上述萃取分离的效果，1kg 原溶剂 B 需消耗 2.65kg 萃取剂 S。

8.4 液-液萃取设备

液-液萃取设备的基本功能，就是实现液体的分散以及两个液相的相对流动与分层。一方面为加快液-液间的传质速度，必须要求两相充分接触并伴有较高的湍流程度，而液滴的表面积即为两相接触的传质面积。显然，液滴越小，两相接触面积就越大，传质越快。另一方面，分散的两相必须进行相对的流动，以实现液滴的聚集与两相分层。此时分散相液滴越小，两相的相对流动就越慢，聚合分层就越困难。也就是说，液体的分散与两液相的分层是互相矛盾的，因此，在进行萃取设备的结构设计或操作参数的选择时，须做优化处理。

8.4.1 逐级接触式萃取设备

在逐级接触式设备中，每一级均进行两相的混合与分离，故每级之间两液相的组成将发生阶跃式的变化。

(1) 混合-澄清器

混合-澄清器是使用最早且目前仍广泛应用的一种萃取设备，它由混合器与澄清器两部分组成，如图 8-22 所示。混合器中，原料液与萃取剂借助搅拌作用快速实现液滴的分散，以提高传质速率。在澄清器中，轻、重两相液体依密度差而进行重力沉降（或升浮），并在界面张力的作用下聚集和分层，最终形成萃取相与萃余相。

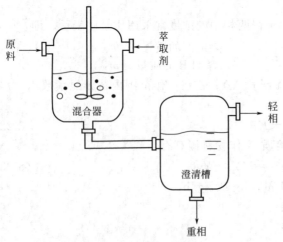

图 8-22 混合-澄清器

混合-澄清器的优点是：结构简单、操作方便、适应性强，甚至能处理含少量悬浮固体的物系；它易实现多级连续操作，方便级数的调节（参见图 8-23）；另外，它流比适用范围大，处理量也大，单级的传质效率一般在 80% 以上。但多级混合-澄清器需占较大的场地面积，且每级配备搅拌装置，级

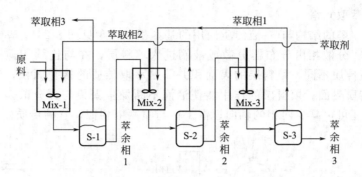

图 8-23　三级逆流混合-澄清组合使用

间的流体流动还需泵输送，设备与操作费用均较高。

（2）筛板萃取塔

筛板萃取塔的结构及两相流动与前述的精馏筛板塔十分相似。在塔内，轻、重两相液体作逆向流动；在塔板上两相液体呈错流接触。图 8-24 显示了轻液、重液分别作为分散相的流动状况与塔内的构造。以图 8-24(a) 为例，轻相通过塔板上的筛孔而被分散成细小液滴，与塔板上横向流动的连续相充分接触进行传质，继而穿过连续相，轻相液滴逐渐聚集并浮于上层筛板的下侧。待两相分层后，轻相借助压差的推动，再经筛孔分散，形成新表面的液滴。如此分散、聚集交替进行……，直至塔顶分层、排出。而连续相（重相）则横向流过塔板，在板上与分散相液滴接触传质后，由降液管流至下一层塔板。筛板萃取塔由于分散相的多次分散和聚集，液滴表面不断更新，提高了萃取传质效率；另外，由于筛板塔结构简单，造价低廉，且可处理腐蚀性原料液，所以目前已得到了广泛的应用。

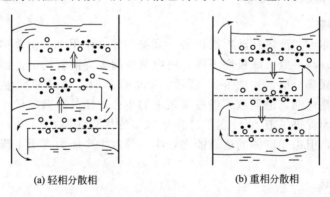

(a) 轻相分散相　　　　　　(b) 重相分散相

图 8-24　筛板萃取塔

8.4.2　微分接触式萃取设备

（1）喷洒塔

喷洒塔，又称"喷淋塔"，其大致构造如图 8-25 所示。操作时轻/重两相液体分别由塔底/塔顶加入，并在密度差作用下呈逆流流动。两相液体中，一相作为连续相，充满塔内主要空间，而另一相以液滴形式分散于连续相中，从而使两相接触发生传质。塔体两端各有一个澄清室，以供两相静止分层。两相分层界面的位置，可由阀门 B 和 π 形管的高度来控制。

喷洒塔的结构非常简单，塔体内除各流股物料进出的连接管和分散装置外，无其他内部构件。但缺点是轴向返混严重，传质效率低，一般不超过 1～2 理论级，故工业上应用已很少。

(2) 填料（萃取）塔

填料（萃取）塔的结构与气-液传质使用的基本相似（参见图 8-26）。萃取操作时，连续相充满整个塔中，分散相由分布器分散成液滴进入填料层，在与连续相逆流接触中进行传质。但又与气-液传质不同，填料层的表面积并非是萃取传质的接触面积，液滴的外表面才是真正的液-液传质界面。填料层的作用能使液滴不断发生聚集与再分散，以促进液滴的表面更新，同时它还可以减少两相的轴向返混。但与喷洒塔相似，它的传质效率仍然较低。

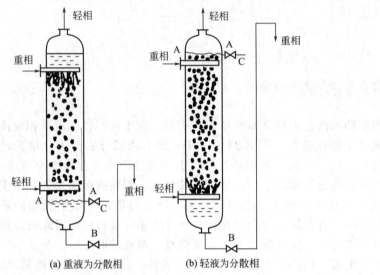

图 8-25　喷洒塔　　　　　　图 8-26　填料（萃取）塔

(3) 脉冲筛板塔

脉冲筛板塔，亦称"液体脉动"筛板塔，是指在外力作用下，使液体在塔内产生周期性脉冲运动的筛板塔，与一般的筛板塔不同，塔内筛板间无降液管构造，而上下两端的直径较大，以便于两相的聚集分层，如图 8-27 所示。萃取操作时，由脉冲发生器提供的脉冲，使塔内液体作上下往复运动，迫使液体经过筛板上的小孔，使其分散成较小的液滴，并形成强烈的湍流运动，从而促进了液-液传质。脉冲萃取塔的优点是结构简单，传质效率高，能提供较多的理论级数，但由于液体的通过能力较小，导致生产能力有所下降，在化工中的应用受到了一定限制。

(4) 振动筛板塔

与上述脉冲筛板塔不同，振动筛板塔的工作原理是通过一组筛板（见图 8-28）的上下往复运动，迫使液体通过板上的小孔时，因喷射形成小液滴，从而增加两相的接触面积，提高了传质效率。振动筛板萃取塔因可大幅度地增加相际接触面积和提高液体的湍动程度，流动阻力小，且操作方便，生产能力大，故在石油化工、制药等领域有着广泛的应用。

(5) 转盘（萃取）塔

转盘（萃取）塔的基本结构如图 8-29 所示。在塔体内壁按一定间距设置许多固定环，而在旋转的中心轴上按同样间距安装许多圆形转盘。固定环将塔内分成若干个小空间，在每一个区间则有一转盘对液体进行搅拌，为便于安装制造，转盘的直径小于固定环的内径。萃取操作时，转盘作垂直轴向的高速旋转，通过剪应力作用，使分散相破裂成许多细小的液滴，并产生强烈的涡旋运动，从而增大了相际接触表面及其湍动程度，而固定环起到抑制塔内液体的轴向返混的作用。两相在垂直方向上的流动仍靠密度差推动。

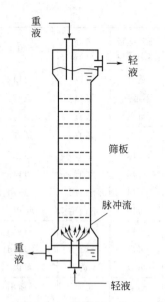 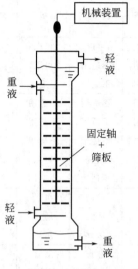 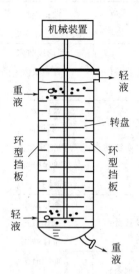

图 8-27　脉冲筛板塔　　　图 8-28　振动筛板塔　　　图 8-29　转盘（萃取）塔

由于转盘（萃取）塔结构简单，传质效率高，生产能力大，因而在石油化工中应用比较广泛。近年来，研究者又开发了不对称转盘塔（又称偏心转盘塔），使其对物系的适应性更强，萃取效率也得到了改善。

(6) 离心式（萃取）设备

离心式液-液传质设备，即需借助高速旋转所产生的离心力作用，使有密度差的两相液体作相对速度极大的逆流流动，并实现最终的相分离。由于离心式液-液传质设备的转速可达 2000～5000r/min，所产生的离心力为重力的几百倍乃至几千倍，因此，它能将密度差很小的两相进行密切接触，而实现传质分离。离心式液-液传质设备的特点是：设备体积小，生产强度高，物料停留时间短，分离效果高。但其结构复杂，制造困难，操作费用高，应用受到一定的限制。一般来说，对于两相密度差小、要求停留时间短，且处理量不大的场合（如抗生素的萃取）适宜采用此种设备。目前，属此类工作原理的萃取设备有转筒式离心萃取器、卢威式离心萃取器和波德式离心萃取器。

8.4.3　萃取设备的选择

为更好地选择所需的萃取设备，这里先对液-液传质设备特性作一简单的描述。我们知道，若液滴尺寸大，则界面积小，对传质不利；反之，当液滴尺寸小，液滴的相对速率过小，将限制设备的通过能力。另外，液滴尺寸小，传质表面固然大，但聚集速率则随之降低，停留时间延长。如对塔式液-液传质设备而言，分散相必须经聚集、分离后才能自塔内排出。因此液滴聚集速率的大小将直接影响澄清室的尺寸（设备大小）。换句话说，在液-液传质设备中始终存在着传质速率与聚集速率（或通过能力）之间的矛盾。因此，对一定的设备而言，适宜的液滴大小是十分重要的，液滴的尺寸决定了萃取设备的基本行为与特性。

液-液传质设备的种类繁多，在设备的选型过程中，应同时考虑物系性质和设备特性两方面的因素，通常的选择原则如表 8-1 所示。如系统性质未知，必要时应通过小型试验作判断。

表 8-1 萃取设备的选择原则

因素	设备类型	喷洒塔	填料塔Ⅰ	筛板塔	转盘塔	往复筛板脉动筛板	离心萃取器	混合-澄清器
工艺条件	理论级数多	不适用	可以	可以	适宜	适宜	可以	可以
	处理量大	不适用	不适用	可以	适宜	不适用	可以	适宜
	两相流比大	不适用	不适用	不适用	可以	可以	适宜	适宜
物系特性	密度差小	不适用	不适用	不适用	可以	可以	适宜	适宜
	黏度高	不适用	不适用	不适用	可以	可以	适宜	可以
	界面张力大	不适用	不适用	不适用	可以	可以	适宜	可以
	腐蚀性强	适宜	适宜	可以	可以	可以	不适用	不适用
	固体悬浮物	适宜	不适用	不适用	适宜	可以	可以	可以
设备费用	制造成本	适宜	可以	可以	可以	可以	不适用	可以
	操作费用	适宜	适宜	适宜	可以	可以	不适用	不适用
	维修费用	适宜	适宜	适宜	可以	可以	不适用	不适用
场地条件	面积有限	适宜	适宜	适宜	适宜	适宜	适宜	不适用
	高度有限	不适用	不适用	不适用	可以	可以	适宜	适宜

8.5 萃取操作

8.5.1 萃取装置的操作规程

(1) 开车前的准备及检查

① 检查设备及管道阀门是否泄漏。
② 检查仪器、仪表是否能正常工作。
③ 检查水、电是否处于正常供给状态。
④ 检查分析用药品是否准备齐全。
⑤ 将配制好的原料液混合物灌入轻相槽内；接通水管，将水（溶剂）灌入重相槽内。
⑥ 关闭所有阀门。

(2) 开车与操作（手动操作）

① 接通总电源、打开仪表开关。

② 打开磁力泵进口阀门，全开重相（水相）进泵阀门，打开重相泵电源开关，全开重相出泵阀门，用磁力泵将水送入萃取塔内，当塔内水面快上升至重相入口与轻相出口间中点时，将水流量调整到指定值，并缓慢改变Ⅱ形管高度，使塔内液位稳定在重相与轻相出口之间的中点位置上。

③ 将调整装置的旋钮调至零位，然后接通电源，开动电动机，再慢慢调至某一固定的转速。调速时应小心谨慎，慢慢地升速，绝不能调节过快致使电动机产生"飞转"而损坏设备。通过调节转盘转速来控制外加能量的大小，在操作时转速逐步加大，中间会跨越一个临界转速（共振点），一般转速控制在 500r/min 以下。

④ 水在萃取塔内搅拌流动，并连续运行 5min 后，打开分散相进口阀门，打开电源开关，打开出口阀门，将轻相流量调到指定值，待分散相在塔顶凝聚一定厚度的液层后，应及时通过调节连续相出口管路中Ⅱ形管上的阀门开度，始终保持塔顶分离段两相的相界面位于重相入口与轻相出口之间的中点位置。

⑤ 在操作过程中，要绝对避免塔顶的两相界面过高或过低。若两相界面过高，到达轻相出口的高度，则将重相水混入萃余相贮罐。

(3) 停车

① 关小轻相流量计进口阀，切断磁力油泵电源，关闭油泵、最后再关死油相流量计进口阀。

② 将调速器慢慢调至 0 位，使桨叶停止转动。

③ 稍开大重相水流量，提升两相界面位置，尽量将轻相压出去，注意：水不能从轻相出口出去，两相界面位置不能高于轻相出口！

④ 待两相界面位置接近轻相出口处时，切断水泵电源关闭磁力水泵，最后再关死水相流量计进口阀。

⑤ 关闭仪表柜电源，关闭总电源。

⑥ 整理现场：滴定分析过后轻相应集中存放加以回收。洗净分析仪器，一切复原。注意：若操作后，塔长时不用，请利用排净阀排净塔内和油箱、水箱中的物料，注意分类收集。

8.5.2 操作过程的注意事项

① 调节桨叶转速时一定要谨慎，应慢慢地升速，千万不能增速过猛，使电动机产生"飞转"而损坏设备。最高转速机械上可达 600r/min。从流体力学性能考虑，若转速太高，容易液泛，操作不稳定。

② 在整个操作过程中，塔顶两相界面一定要控制在轻相出口和重相入口之间的适宜位置并保持不变。

③ 流量不能太大或太小，太小会使出口的产品含量太低，从而导致分析误差较大；太大会使原料消耗量增加。

④ 物质的实际体积流量并不等于流量计的读数。在需要物质的真实流量时，必须使用流量修正公式对流量计的读数进行修正。

8.5.3 不正常现象原因及处理方法

(1) 现象：萃取槽呈正压

原因：抽风量过小；烟道堵塞或循环水流不急，淹没文丘里及烟道。

处理：开大风机；清理烟道，减小氟吸收补充水量。

(2) 现象：萃取槽沫大

原因：抽风量小；投料过大；临行停车后未开尾气风机就投料；磷矿中 CO_2 和有机质含量过高。

处理：增大抽风量；暂停投料，开大尾气风机；添加消泡剂。

8.5.4 事故处理

如遇萃取槽搅拌突然跳闸或外线断电，操作人员应该第一时间进行如下操作：

① 关闭阀门；

② 通知相关人员；

③ 当班人员首先拉停电源闸刀，后组织人员紧急盘车，防止物料沉淀；

④ 故障排除后，试车；

⑤ 待试车正常后，投料生产。

8.6 案例分析

8.6.1 案例1

如何确定单级萃取操作中可能获得的最大萃取液组成，对于 $k_A>1$ 和 $k_A<1$ 两种情况确定方法是否相同？

分析：萃取相 E 完全脱除溶剂后得到萃取液 E''，所以 E 为和点 E''、S 成为差点。当 $k_A>1$ 时，要获得最大萃取液组成，即可以由 S 点作溶解度曲线的切线 SE_{max} 并延长交 AB 边于 E''，该点对应的组成就是单级萃取可能得到的最高萃取液组成。当 $k_A<1$ 时由 SF 与溶解度曲线交点 H 作联结线求得的 E 相组成为最高萃取相组成，其脱溶剂后所得萃取液为可能获得的最大萃取液组成。

8.6.2 案例2

在 25℃ 下以水（S）为萃取剂从乙酸（A）与氯仿（B）的混合液中提取乙酸。已知：原料液流量为 1000kg/h，其中乙酸的质量分数为 35%，其余为氯仿；用水量为 800kg/h。操作温度下，E 相和 R 相以质量分数表示的平均数据列于本例附表中。

案例 2 附表

氯仿层（R 相）		水层（E 相）	
乙酸	水	乙酸	水
0.00	0.99	0.00	99.16
6.77	1.38	25.10	73.69
17.72	2.28	44.12	48.58
25.72	4.15	50.18	34.71
27.65	5.20	50.56	31.11
32.08	7.93	49.41	25.39
34.16	10.03	47.87	23.28
42.5	16.5	42.50	16.50

试求：(1) 经单级萃取后 E 相和 R 相的组成及流量；(2) 若将 E 相和 R 相中的溶剂完全脱除，再求萃取液及萃余液的组成和流量；(3) 操作条件下的选择性系数 β。

解 根据题给数据，在等腰直角三角形坐标图中作出溶解度曲线和辅助曲线，如附图所示。

(1) 两相的组成和流量：

根据乙酸在原料液中的质量分数为 35%，在 AB 边上确定 F 点，连接点 F、S，按 F、S 的流量用杠杆定律在 FS 线上确定合点 M。

因为 E 相和 R 相的组成均未给出，需借助辅助线用试差法确定通过 M 点的联结线 ER。由图读得两相的组成为：

E 相： $y_A=27\%$，$y_B=1.5\%$，$y_S=71.5\%$

R 相：

$x_A = 7.2\%$, $x_B = 91.4\%$, $x_S = 1.4\%$

依总物料衡算得：

$M = F + S = 1000 + 800 = 1800$ （kg/h）

由图量得 $\overline{RM} = 45.5$ mm 及 $\overline{RE} = 73.5$ mm。

用下式求 E 相的量，即：

$$E = M \times \frac{\overline{RM}}{\overline{RE}} = 1800 \times \frac{45.5}{73.5} = 1114 \text{（kg/h）}$$

$R = M - E = 1800 - 1114 = 686$ （kg/h）

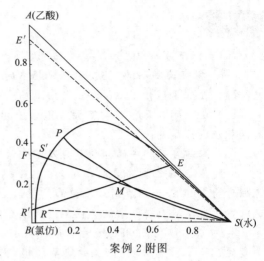

案例 2 附图

（2）萃取液、萃余液的组成和流量：

连接点 S、E，并延长 SE 与 AB 边交于 E'，由图读得 $y_E' = 92\%$。

连接点 S、R，并延长 SR 与 AB 边交于 R'，由图读得 $x_R' = 7.3\%$。

萃取液和萃余液的流量由下式求得，即：

$$E' = F \times \frac{x_F - x_R'}{y_E' - x_R'} = 1000 \times \frac{35 - 7.3}{92 - 7.3} = 327 \text{（kg/h）}$$

$$R' = F - E' = 1000 - 327 = 673 \text{（kg/h）}$$

（3）选择性系数 β：

用下式求 β，即：

$$\beta = \frac{\dfrac{y_A}{x_A}}{\dfrac{y_B}{x_B}} = \frac{\dfrac{27}{7.2}}{\dfrac{1.5}{91.4}} = 228.5$$

由于该物系的氯仿（B）、水（S）的互溶度很小，所以 β 值较高，得到的萃取液组成很高。

思考题

8-1 萃取的目的是什么？原理是什么？

8-2 萃取剂的必要条件是什么？

8-3 萃取过程与吸收过程的主要差别有哪些？

8-4 什么情况下选择萃取而不选择精馏？

8-5 什么是临界混溶点？是否在溶解度曲线的最高点？

8-6 何为选择性系数？

8-7 萃取温度高好还是低好？

8-8 液液传质设备的主要技术性能有哪些？与设备尺寸有何关系？

8-9 什么是萃取塔设备的特性速度、临界滞液率、液泛、两相极限速度？

8-10 分散相的选择应考虑哪些因素？

8-11 什么是超临界萃取？基本流程是怎样的？

8-12 液膜萃取的基本原理是什么？液膜萃取按操作方式可分为哪两类？

习题

（注：以下习题中，涉及有关三元组分物系的平衡数据可参见附录）

8-1 根据丙酮-三氯乙烷-水三元物系的平衡数据，试求：

（1）在三角形相图上，绘出溶解度曲线和辅助线；

（2）由丙酮 50kg、三氯乙烷 100kg 和水 50kg 所构成的混合液，试确定其达到平衡时的两相组成及质量；

（3）溶质在两相中的分配系数及溶剂的选择性系数。

8-2 以三氯乙烷为溶剂，对含 30%（质量分数）丙酮水溶液作萃取操作。已知原料处理量为 1000kg/h，溶剂与原料的质量比为 1.8 倍。试问：单级萃取处理后，再经溶剂回收，所得萃取液与萃余液中丙酮的含量分别是多少？

8-3 在 25℃ 下，用乙醚为溶剂，对 100kg 乙酸水溶液作单级萃取。若原料液中乙酸含量为 20%（质量分数），现欲使萃余相中乙酸含量降 10%，试求：

（1）萃余相、萃取相的量及组成；（2）溶剂用量 S。

已知 25℃ 下物系的平衡关系为：

$$y_A = 1.356 x_A^{1.2}$$
$$y_S = 1.618 - 0.64 \exp(1.96 y_A)$$
$$x_S = 0.067 + 1.43 x_A^{2.27}$$

式中 y_A——平衡时，萃取相中乙酸含量；

x_A——萃余相中乙酸含量；

y_S——萃取相中溶剂的含量；

x_S——萃余相中溶剂的含量。

8-4 在三级错流萃取装置中，以异丙醚为溶剂，由含量为 30% 的乙酸水溶液中提取乙酸。若原料液的处理量为 2000kg，每级异丙醚的用量为 800kg，操作温度为 20℃。

试求：（1）萃取相中乙酸的平均浓度和最终萃余相的量及乙酸的含量；

（2）若用一级萃取达到同样的残液组成，则需多少千克的萃取剂？

8-5 在多级逆流萃取装置中，用水提取丙酮-乙酸乙酯混合液中的丙酮。已知混合液中丙酮含量为 40%（质量分数），原料液的处理量为 2000kg/h，操作溶剂比（S/F）为 0.9，要求最终萃余相中丙酮含量不大于 6%，试求：（1）所需的理论级数；（2）萃取相的组成和流量。

8-6 用纯溶剂 S 对 A、B 混合液作萃取分离。已知溶剂 S 与稀释剂 B 可看作完全不互溶，在操作范围内，溶质 A 在两相中的平衡浓度可用：$Y = 1.4X$ 表示（Y、X 均为质量分数）。若要求最终萃余相中，萃余百分数为 3%（质量分数）。试问：单级和三级错流萃取（每级溶剂用量相等）中，每千克稀释剂 B 需消耗溶剂 S 多少？

8-7 在多级逆流萃取装置中，以纯三氯乙烷为溶剂从丙酮质量分数为 35% 的丙酮水溶液中提取丙酮，已知原料液处理量为 1000kg/h，要求最终萃余相中丙酮的质量分数不高于 5%。萃取剂的用量为最小用量的 1.3 倍。水和三氯乙烷可视为完全不互溶，操作条件下该物系的分配系数 K 取为 1.71，试用解析法求所需的理论级数。

8-8 拟设计一个多级逆流的萃取塔，以水作溶剂萃取乙醚-甲苯的混合液。混合液的组成为 15% 乙醚和 85% 甲苯（均为质量分数），处理量为 100kg/h。在操作范围内，水与甲苯可视为完全不互溶，其平衡关系为 $Y = 2.2X$，要求萃余相中乙醚的质量分数降为 1%。试求：若所用的溶剂量 $S = 1.5 S_{min}$，需多少理论板？

第9章 干燥

本章符号说明

H——湿度（湿含量），kg/kg 干气
M_v——水蒸气的分子量
M_g——干空气的分子量
n_v——水蒸气的物质的量，kmol
n_g——干空气的物质的量，kmol
H_s——饱和湿度
c_H——湿空气比热容，kJ/(kg·℃)
I_H——湿空气的焓，kJ/kg 干气
v_H——湿空气的比体积，m³/kg 干气
t_w——湿球温度
t_{as}——绝热饱和温度
t_d——露点
W——湿基含水量

X——干基含水量
I——湿物料的焓
η——热效率
H_1——干燥介质进干燥器的湿度
t_1——干燥介质进干燥器的温度
H_2——干燥介质出口时湿度
t_2——干燥介质出口时温度
L——绝对干空气用量
U——干燥速度，kg 水/(m²·s)
W——汽化水分质量，kg
S——干燥面积，m²
τ——干燥时间，s

知识目标

1. 掌握干燥的基本知识、物料平衡、干燥过程的操作、常见事故及其处理。
2. 理解固体干燥操作特点、掌握干燥器的控制与调节、理解干燥器的节能。
3. 了解干燥设备的日常维护及保养及其相关的安全环保要求。

能力目标

1. 能够根据生产任务选择合适的干燥器，并熟练掌握其基本操作。
2. 能对干燥操作过程中的影响因素进行正确的分析，并运用所学知识解决实际生产问题。
3. 了解干燥操作中的常见事故及其处理，了解干燥设备的日常维护及保养，了解传热的安全环保要求。

9.1 化工中的干燥操作及常压干燥设备

化工中有些固体原料、中间体和成品常含有水分或其他溶剂（称为湿分）。为了方便加工、运输、贮存和使用，需将湿分从物料中除去。去湿的方法有多种，通过加热汽化去除湿分的方法称为干燥。为节约能耗，一般先以机械法去湿，然后进行干燥。干燥是化工以及轻工、食品等工业中必不可少的单元操作。

化工中由于物料形状和性质不同、生产规模不同，以及产品要求不同，干燥方法和干燥设备形式多种多样。最常用的是以热空气（或其他惰性气体）直接对物料供热，又以热空气流将汽化的湿气带走的对流干燥；或以间壁传热对物料供热，而以气流带走湿气或由真空泵抽走汽化湿分的导热干燥。

去湿的方法有很多，常用的主要有：①机械去湿，即通过压榨、过滤、离心分离等方法去湿，这是一种低能耗的去湿方法，但这种方法湿分不能完全被除去。②热能去湿，即借热能使物料的湿分汽化，并将汽化产生的蒸汽由惰性气体带走或用真空抽吸而除去的方法，这种方法简称为干燥。此法去湿彻底，但能耗较高。③吸附去湿，用干燥剂（如无水氯化钙、硅胶等）吸附去湿，该法只能用于除去少量湿分，适合于实验室使用。为节省能源，工业上往往先用比较经济的机械方法除去湿物料中大部分湿分，然后再利用干燥方法继续去湿，以获得湿分符合要求的产品。干燥操作在化工、石油化工、医药、食品、原子能、纺织、建材、采矿、电工与机械制品及农产品等行业中广泛使用。

干燥操作可有不同的分类方法：

① 按操作压力可分为常压干燥和真空干燥。真空干燥适于处理热敏性及易氧化的物料，或用于要求成品中含湿量低的场合。

② 按操作方式可分为连续干燥和间歇干燥。连续干燥具有生产能力大、产品质量均匀、热效率高及劳动条件好等优点。间歇干燥适用于处理小批量、多品种或要求干燥时间比较长的物料。

③ 按传热方式可分为传导干燥、对流干燥、辐射干燥、介电加热干燥，以及由上述两种或多种方式组合成的联合干燥。

化工、食品、医药等行业中以连续操作的对流干燥应用最为普遍，干燥介质可以是不饱和热空气、惰性气体及烟道气，需要除去的湿分为水分或其他化学试剂。本章主要讨论以不饱和热空气为干燥介质，湿分为水的干燥过程。其他系统的干燥原理与空气-水系统完全相同。

在对流干燥过程中，热空气将热量传给湿物料，使物料表面水分汽化，汽化的水分又被空气带走。因此，干燥介质既是载热体又是载湿体，干燥过程是热、质同时传递的过程，传热的方向是由气相到固相，热空气与湿物料的温度差是传热的推动力；传质的方向是由固相到气相，传质的推动力是物料表面的水汽分压与热空气中水汽分压之差。显然，干燥过程中热、质的传递方向相反，但两者密切相关，干燥速率由传热速率和传质速率共同控制。干燥操作的必要条件是物料表面的水汽分压必须大于干燥介质中的水汽分压，两者差别越大，干燥操作进行得越快。所以干燥介质应及时将汽化的水汽带走，以维持一定的传质推动力。若干燥介质为水汽所饱和，则推动力为零，这时干燥操作停止。

9.1.1 厢式干燥器

厢式干燥器中小型的称烘箱，大型的称烘房，是典型的间歇式操作的干燥设备。其基本结构如图 9-1 所示，浅盘放在可移动小车的盘架上，物料以 10～100mm 厚度盛放盘中，新鲜空气用风机吸入，经加热器预热后沿挡板均匀进入各层挡板之间，在物料上方流过以加热物料并带走湿气，部分废气经排出管排出，部分作循环使用。流量由进出口挡扳调节。流速以不吹走物料为宜。

厢式干燥器适用于小规模多品种场合。但热利用率低，产品质量不均匀。厢式干燥器亦可以间壁式加热，设备密封由真空泵抽走湿气，使处于真空操作。

9.1.2 气流干燥器

图9-2为装有粉碎机的气流干燥装置流程图，其主体是一根直立的圆筒4，湿物料由加料斗9加入螺旋桨式输送混合器1中，与一定量的干燥物料混合后进入气流干燥器底部的球磨机3。从燃料炉2来的热空气（或烟道气）也同时送入球磨粉碎机，将粉粒状的固体吹入气流干燥器

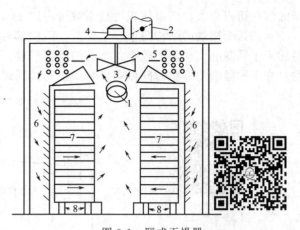

图9-1 厢式干燥器
1—空气入口；2—空气出口；3—风扇；4—电动机；
5—加热器；6—挡板；7—盘架；8—移动轮

中。由于热气体作高速运动，使物料颗粒分散并悬浮于气流中。热气流与物料间进行传热和传质，物料得以干燥，并随气流进入旋风分离器5，经分离后由底部排出，再借分配器8的作用，定时地排出作为产品或输入螺旋桨式输送混合器供循环使用。废气经风机6放空。

气流干燥器具有以下几个特点。

① 由于气流的速度可高达20～40m/s，物料又处于悬浮状态，因此气、固之间的接触面积大，强化了传热和传质过程。因物料在干燥器内只停留0.5～2s，最多5s，故当干燥介质温度较高时，物料温度也不会升得太高，适用于热敏性、易氧化物料的干燥。

② 物料在运动过程中相互摩擦并且与壁面碰撞，对物料有破碎作用，因此气流干燥器不适于干燥易粉碎的物料。

③ 对除尘设备要求严，系统的流动阻力大。

④ 固体颗粒在流化床中具有"液体"性质，所以运输方便，操作稳定，成品质量均匀，装置无活动部分，但对所处理物料的粒度有一定的限制。

⑤ 干燥管的有效长度高达30m，故要求厂房高。

9.1.3 沸腾床干燥器

沸腾床干燥器又称为流化床干燥器。图9-3是一台卧式多室沸腾床干燥器，从分布板上加入粒状湿物料，而热空气则由多孔板的底部进入，空气经

图9-2 具有粉碎机的气流干燥装置的流程图
1—螺旋桨式输送混合器；2—燃烧炉；3—球磨机；
4—气流干燥器；5—旋风分离器；6—风机；
7—星式加料阀；8—固体流动分配器；9—加料斗

均匀分布与物料接触，通过控制气流速度使物料悬浮在气流中，除了细粉物料外，大多颗粒状物料不会被气体带出，颗粒在气流中上下翻动而被干燥，物料逐室通过，最后卸出。

沸腾干燥具有较高的传热和传质速率。因为在沸腾床中，颗粒浓度很高，单位体积干燥

器的传热面积很大,所以体积传热系数可高达2300~7000W/(m² · ℃)。

沸腾床干燥器的结构简单,造价低,活动部件少,操作维修方便。与气流干燥器相比,沸腾床干燥器的流动阻力较小,物料的磨损较轻,气、固分离较容易,热效率较高。此外,物料在干燥器中的停留时间可用出料口控制,因此可改变产品的含水量。

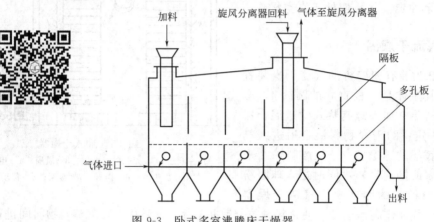

图9-3 卧式多室沸腾床干燥器

9.1.4 喷雾干燥器

喷雾干燥器是用喷雾器将稀料液喷成雾滴分散于热气流中,使湿分迅速汽化而干燥。

常用喷雾干燥流程如图9-4所示。浆液用送料泵压至喷雾器,在干燥室中喷成雾滴而分散在热气流中,雾滴在与干燥器内壁接触前水分已经迅速汽化,成为微粒或细粉落到器底,产品由风机吹至旋风分离器中而被回收,废气经风机排除。

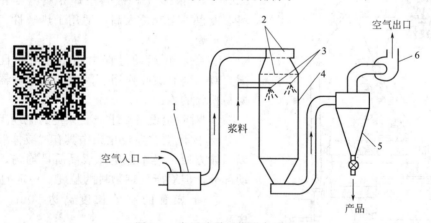

图9-4 常用喷雾干燥设备流程
1—燃烧炉；2—空气分布器；3—压力式喷嘴；4—干燥塔；5—旋风分离器；6—风机

喷雾干燥器有以下几个特点。

① 物料干燥时间短,一般为几秒到几十秒,因此特别适用于干燥热敏性物料。

② 改变操作条件即可控制或调节颗粒直径、粒度分布、物料最终湿含量等。

③ 根据工艺需求,可将产品制成粉末状或空心球体。

④ 在干燥器内可以直接将溶液干燥成粉末状产品,不仅缩短了工艺流程,而且容易实现机械化、连续化、自动化,此外还可减轻劳动强度,改善劳动条件。

⑤ 经常发生粘壁现象,影响产品质量,目前尚无成熟方法解决。

⑥ 喷雾干燥器的体积传热系数较小，对于不能用高温载热体干燥的物料，所需的设备就显得庞大。

⑦ 对气体的分离要求较高，对于微小粉末状产品应选择可靠的气-固分离装置。以避免产品损失及对周围环境的污染。

9.1.5 转筒干燥器

图 9-5 为一台用热空气直接加热的逆流操作转筒干燥器，其主体是一个与水平线略呈倾斜的旋转圆筒。物料从较高一端送入，与从较低端进入的热空气逆流接触，物料在向下端流动过程中，不断被筒内壁的抄板抄起与洒落，流动至低端的干燥物料被放出。

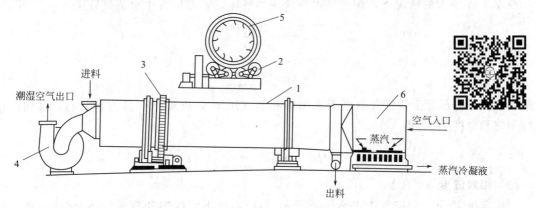

图 9-5　热空气直接加热的逆流操作转筒干燥器
1—圆筒；2—支架；3—驱动齿轮；4—风机；5—抄板；6—蒸汽加热器

干燥器内空气与物料间的流向可采用逆流、并流或并逆流相结合的操作。通常在处理含水量较高、允许快速干燥而不致发生裂纹或焦化、产品不能耐高温而吸水性又较低的物料时，宜采用并流干燥；当处理不允许快速干燥而产品能耐高温的物料时，宜采用逆流干燥。

转筒干燥器的优点是机械化程度高，生产能力大，流动阻力小，容易控制，产品质量均匀；此外，转筒干燥器对物料的适应性较强，不仅适用于处理散粒状物料，而且在处理黏性膏状物料或含水量较高的物料时，可于其中掺杂部分干料以降低黏性。

转筒干燥器的缺点是：设备笨重，金属材料耗量多，热效率低，结构复杂，占地面积大，传动部件需经常维修等。

以上只列举常用的五种干燥器形式，干燥器有多种多样，凡属于对流式干燥装置的流程中，大多都包括空气过滤器、风机、预热器、加料器、干燥器、气固分离设备及控制量度仪器等。

9.2　湿空气的性质和湿焓图

干燥操作中，通常采用热空气为干燥介质，起到载热体和载湿体的作用，而湿物料中除去的湿分最常为水分，因此，讨论干燥过程时，需先了解湿空气的性质。

空气作为干燥介质，空气的含水汽量随着干燥进程而增加，但空气中其他组分并不变化，因此，将空气中其他组分总量称为（绝对）干空气量。为计算方便，对包括水蒸气在内的湿空气的性质参数，都以单位质量的干空气为基准。

9.2.1 湿空气性质

(1) 湿度（湿含量）H

湿空气中单位质量干空气所含水蒸气质量，称为湿空气的湿度，也就是水蒸气与干空气的质量之比。

$$H = \frac{M_v n_v}{M_g n_g} = \frac{18 n_v}{29 n_g} = 0.622 \frac{n_v}{n_g} \tag{9-1}$$

式中 M_v、M_g——水蒸气与干空气的分子量；

n_v、n_g——水蒸气与干空气的物质的量，kmol。

在总压 p 不大的情况下，湿空气可视为理想气体，若湿空气中水蒸气分压为 p_v，则：

$$\frac{n_v}{n_g} = \frac{p_v}{p - p_v}$$

得：

$$H = 0.622 \frac{p_v}{p - p_v} \tag{9-2}$$

当水蒸气分压等于该空气温度下水的饱和蒸气压 p_s，则湿空气呈饱和状态，其相应湿度称为饱和湿度 H_s，即

$$H^{\ominus} = 0.622 \frac{p_s}{p - p_s} \tag{9-3}$$

(2) 相对湿度 φ

一定总压 P 下，湿空气中水蒸气分压 p_v 与同温度下水的饱和蒸气压 p_s 之比，称为相对湿度 φ，即：

$$\varphi = p_v / p_s \tag{9-4}$$

φ 值愈小，表示湿空气偏离饱和程度愈远；$\varphi=1$ 即湿空气已呈饱和。将式(9-4)代入式(9-2)，即：

$$H = 0.622 \frac{\varphi p_s}{p - \varphi p_s} \tag{9-5}$$

(3) 湿空气比热容 c_H

1kg 干空气及其所含的水蒸气，温度升高 1℃ 所需的热量称为湿空气的比热容 c_H。若以干空气比热容 $c_g \approx 1.01 \text{kJ/(kg·℃)}$，水蒸气比热容 $c_v \approx 1.88 \text{kJ/(kg·℃)}$ 计，当湿度为 H 时，湿空气比热容 c_H 即为：

$$c_H = c_g + H c_v = 1.01 + 1.88 H \tag{9-6}$$

(4) 湿空气的焓 I_H

1kg 干空气的焓及其所含水蒸气的焓之和称为湿空气的焓 I_H。规定 0℃ 时的干空气及液态水的焓为零。又 0℃ 水的汽化热 $r_0 = 2490 \text{kJ/kg}$，即温度 t（℃）、湿度 H 的湿空气的焓 I_H 应为：

$$I_H = c_g t + H(c_v t + r_0) = c_H t + H r_0 = (1.01 + 1.88 H) t + 2490 H \tag{9-7}$$

(5) 湿空气的比体积 v_H

1kg 干空气及其所含水蒸气的总体积称为湿空气的比体积，总压为 p（kPa）、温度为 t（℃）、湿度为 H 时，湿空气的比体积 v_H 应为：

$$v_H = \left(\frac{1}{29} + \frac{H}{18}\right) \times 22.4 \times \frac{273 + t}{273} \times \frac{101.33}{p}$$

$$= (0.773 + 1.244 H) \times \frac{273 + t}{273} \times \frac{101.33}{p} \tag{9-8}$$

(6) 湿球温度 t_w

将感温部分（如水银球）包着湿纱布的温度计，放置于湿空气中所测得的温度，称为湿空气的湿球温度 t_w。

湿球温度 t_w 实质上就是与湿空气处于相平衡时的水分温度（图 9-6）。在相平衡时，湿空气温度为 t、湿度为 H；水分温度为 t_w，其饱和湿度为 H_w，水表面积为 S（m²）。

若空气对水的对流传热系数为 α，则空气对流传热速率 Q 为：

$$Q = \alpha S(t - t_w) \tag{9-9}$$

若以 k_H 表示以湿度为推动力的传质系数，则水分向空气的传质速率 W_s 为：

$$W_s = k_H S(H_{s,t_w} - H) \tag{9-10}$$

以 r_{t_w} 表示 t_w 下水分的汽化潜热，则两相传热速率动态平衡：

$$Q = \alpha S(t - t_w) = W_s r_{t_w} = k_H S(H_{s,t_w} - H) r_{t_w}$$

得：

$$t_w = t - (r_{t_w} k_H / \alpha)(H_{s,t_w} - H) \tag{9-11}$$

由于 H_{s,t_w}、r_{t_w} 就是 t_w 下的对应值，而 k_H 与 α 都与 Re 的 0.8 次方成正比，k_H/α 不受空气流态影响，近乎定值 1.09，所以从式（9-11）可见，t_w 只与空气的 t、H 有关，即 t_w 为湿空气的性质参数。且当湿空气越近饱和，即 H 越接近 H_w，湿空气的湿球温度 t_w 就越接近 t，对饱和湿空气 $t_w = t$。

相对于湿球温度而言，常将湿空气的真实温度称为干球温度。利用干、湿球温度差值，便能够判断空气的饱和程度。

(7) 绝热饱和温度 t_{as}

如图 9-7 所示，温度 t、湿度 H 的不饱和湿空气，在绝热器内与大量喷淋水充分接触，湿空气在绝热情况下降温增湿达到饱和时的温度，称为原未饱和湿空气的绝热饱和温度 t_{as}。

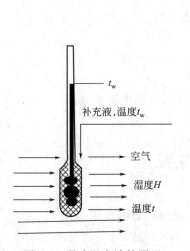

图 9-6 湿球温度计的原理

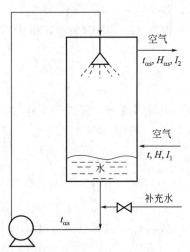

图 9-7 绝热饱和器示意图

绝热下，水向空气汽化时所需潜热只能取自空气中的显热。即空气失去显热，而汽化的水汽将此部分热量又以潜热形式带回到空气。如果忽略水分在汽化前所具有的显热，则湿空气的焓值不变。所以，将绝热饱和温度可视为等焓至饱和时的温度（用于干燥计算，其误差可忽略不计）。

未饱和时湿空气焓： $I_1 = c_H t + H_s r_0$

达饱和时湿空气焓 $I_2 = c_{H_s} t_{as} + H_{as} r_0$

又因饱和前后湿比热容变化甚微，$c_H \approx c_{H_s}$，则依 $I_2 = I_1$ 得：

$$t_{as} = t - \frac{r_0}{c_H}(H_{as} - H) \tag{9-12}$$

对比式(9-12)与式(9-11)，水-空气系统 $k_H/\alpha \approx c_{H_0}$，湿空气的 t_{as} 与 t_w 数值基本相等。将便于测定的湿球温度 t_w，引用为便于计算的空气等焓饱和温度 t_{as}，可便于应用。

(8) 露点 t_d

不饱和湿空气在湿度不变的情况下，经冷却达到饱和时的温度，称为原湿空气的露点 t_d。

等焓增湿到饱和时的湿度，当然比不增湿降温到饱和时的湿度大，由式(9-3)可知，饱和湿度大即相应饱和蒸气压大，相应温度也高。

则湿空气不饱和时，$t_w > t_d$，$t > t_w > t_d$。

湿空气饱和时，$t = t_w = t_d$。

【例9-1】 在总压 $P = 101.33 \text{kPa}$ 下，测得湿空气的干球温度 $t = 50℃$，湿球温度为 $30℃$。试求：湿空气的焓、湿度、相对湿度、露点和比体积。

解 由水蒸气表查 $50℃$ 与 $30℃$ 的饱和蒸气压分别为：12.34kPa 与 4.25kPa。

(1) 焓 I　$30℃$ 的饱和湿度按式(9-3)，由 $30℃$ 的饱和蒸气压求 H_{as}：

$$H_{as} = 0.622 \frac{p_s}{p - p_s} = 0.622 \times \frac{4.25}{101.33 - 4.25} = 0.0272 \text{ (kg/kg 干气)}$$

湿球温度时的焓按式(9-7)，由湿球温度及湿度求焓 I：

$$I = (1.01 + 1.88H)t + 2490H$$
$$= (1.01 + 1.88 \times 0.0272) \times 30 + 2490 \times 0.0272 = 99.64 \text{ (kJ/kg)}$$

湿球温度 t_w 等于等焓饱和温度，所以湿球温度下的焓就是湿空气在干球温度 $t = 50℃$ 下的焓，即 $I = 99.64 \text{kJ/kg}$。

(2) 湿度 H　按式(9-7)，由干球温度和焓值求湿度 H：

$$I = (1.01 + 1.88H)t + 2490H$$
$$99.64 = (1.01 + 1.88H) \times 50 + 2490H$$

得：　　　　　　　　$H = 0.019 \text{kg/kg 干气}$

(3) 相对湿度 φ　按式(9-5)，由干球温度的饱和蒸气压和湿度求 φ：

$$H = 0.622 \times \frac{\varphi p_v}{p - \varphi p_v}$$
$$0.019 = 0.622 \times \frac{\varphi \times 12.34}{101.33 - \varphi \times 12.34}$$

得：　　　　　　　　$\varphi = 0.242 = 24.2\%$

(4) 露点 t_d　按式(9-4)，由干球温度的饱和蒸气压和相对湿度求 p：

$$p = \varphi p_v = 0.242 \times 12.34 = 2.986 \text{ (kPa)}$$

查水蒸气表：2.986kPa 相对应温度为 $23.5℃$。

即露点 $t_d = 23.5℃$。

(5) 比体积 v_H　按式(9-8)，由温度、湿度求 v_H：

$$v_H = (0.773 + 1.244H) \times \frac{273 + t}{273} \times \frac{101.33}{p}$$
$$= (0.773 + 1.244 \times 0.019) \times \frac{273 + 50}{273} \times 1 = 0.942 \text{ (m}^3\text{/kg 干气)}$$

从计算示例可知，在一定总压 p 下，由两个独立参数可求出其他的参数［但 t_d 与 H，p

与 H，t_d 与 p，t_w（t_{as}）与 I 等参数，都是单一对应的数值关系，不能算作两个独立参数]。又从算例看到，须知道 t_w 值才能算出 H_{as}，所以当 t_w（t_{as}）为待求未知值时，需要试差计算。

9.2.2 湿空气的湿焓图（H-I 图）

为便于计算，将湿空气各参数间的函数关系绘成线图。湿空气有两种不同类型线图：湿度-焓图（H-I 图）；温度-湿度图（t-H 图）。本章采用 H-I 图。

图 9-8 是按总压为 101.33kPa 的湿空气标绘的。为避免各曲线拥挤，以提高读数准确性，两坐标夹角为 135°，横坐标为湿度 H，又为减少线图篇幅和便于读数，将 H 值投影在水平坐标上，纵坐标为焓值 I。H-I 图由五种线构成。

(1) 等湿度线（等 H 线）

等 H 线是一组与纵坐标平行的直线，同一根 H 线上的不同点代表具有相同 H 值的湿空气的不同状态。

(2) 等焓线（等 I 线）

等 I 线是一组与横坐标平行的直线（与纵坐标成 135°）。同一根 I 线上不同点代表具有相同焓值的湿空气的不同状态。

(3) 等温线（等 t 线）

将式(9-7)改写为 $I=1.01t+(1.88t+2490)H$，可知对一定 t 值时，I 与 H 成直线关系，即各不同 t 值可作许多对应的 t 直线，但斜率为 (1.88t+2490)，各 t 线并不平行。

(4) 等相对湿度线（等 φ 线）

根据 $H=0.622\varphi p_s/(p-\varphi p_v)$，因式中饱和蒸气压 p_s 项与温度 t 有关，所以对 φ 为一定值时，由每个 t 可查到一个 p_s 值，则可由式算出相对应的 H 值，作出一条代表等 φ 的 t-H 关系线。

$\varphi=100\%$ 的等 φ 线为饱和空气线。

(5) 水蒸气分压线（p 与 H 关系线）

将式(9-2)改写为 $p_v=Hp/(0.622+H)$。从式可知在总压 p 一定时，p_v 随 H 变化，在 $H\ll 0.622$，p_v 与 H 近似直线关系。水蒸气分压线标绘在图 9-8 右端纵轴上。

9.2.3 H-I 图的应用

由两个独立参数值，找出相应的两条等值线，则可直接由两线交点确定湿空气状态点，或可按参数的意义确定出湿空气的状态点。有了状态点，从通过状态点的各等值线读出其他参数值。

【**例 9-2**】 湿空气 $t=50$℃，相对湿度 $\varphi=40\%$，求 H、I 值。

解 见例 9-2 附图。

作 $t=50$℃ 的等 t 线与 $\varphi=40\%$ 的等 φ 线相交，得湿空气状态点 A，由状态点读出 $H=0.032$kg/kg 干气，$I\approx 140$kJ/kg 干气。

【**例 9-3**】 利用 I-H 图求解例 9-1。

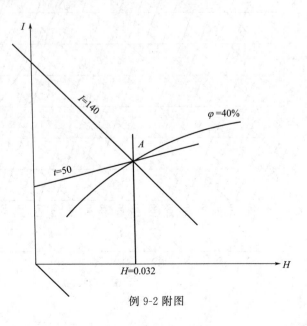

例 9-2 附图

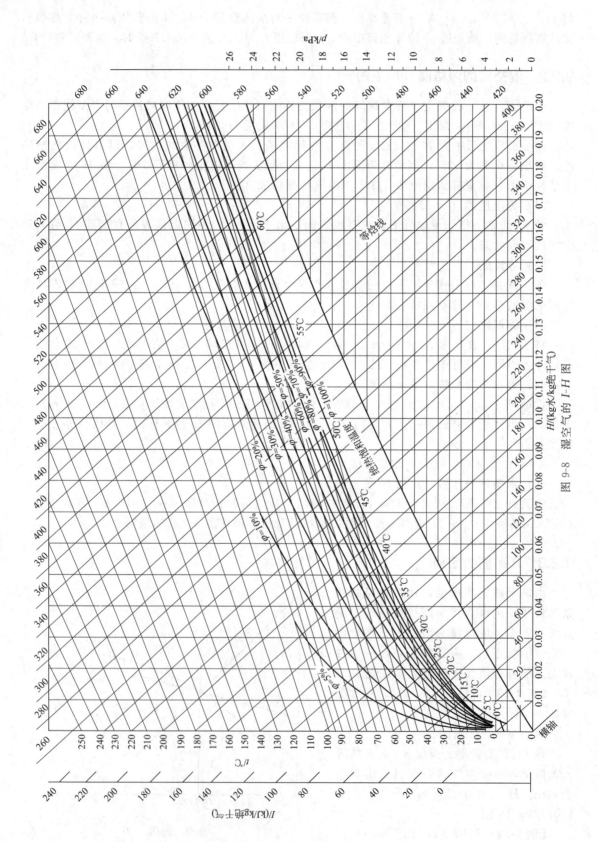

图 9-8 湿空气的 $I-H$ 图

即在 101.33kPa 下，已知 $t=50℃$，$t_w=30℃$，用 I-H 图求解湿空气的 H、I、φ、t_d、p 等参数。

解 附图为在 I-H 图上求解过程的示意图。

作 $t_w=30℃$ 的等温线与 $\varphi=100\%$ 线相交，相交点 S 为湿空气等焓增湿到饱和时的状态点，即湿空气状态必在过 S 点的等焓线上，所以过 S 作等焓线与 $t=50℃$ 的等温线相交，则所得 A 点就是湿空气的状态点。

从过 A 点的 I 线查得 $I\approx100$kJ/kg。

从过 A 点的 φ 线查得 $\varphi\approx24\%$。

从过 A 点的 H 线查得 $H\approx0.019$kg/kg 干空气。

由过 A 点的 H 线与 $\varphi=100\%$ 线相交得 D 点，D 点是湿空气在 H 不变情况下，降温达到饱和时的状态点，即从过 D 点的等温线查得露点 $t_d\approx23.5℃$。

由过 A 点的 H 线与水蒸气分压线相交得 B 点，从 B 点水平线在附图右纵轴 p 坐标上，查得水蒸气分压 $p_v\approx3$kPa。

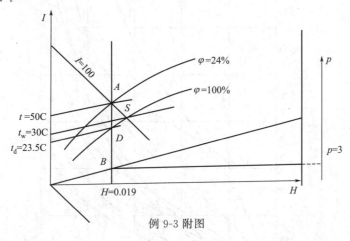

例 9-3 附图

显然，查图时读数不够准确，但比解析计算方便许多，如若湿球温度为待解的未知值，也无需试差，只要由状态点 A 作等 I 线与 $\varphi=100\%$ 相交，由交点就可查出 $t_{as}=t_w$。

湿焓图还可应用于湿空气由一个状态改变为另一状态的过程计算，常在干燥操作或凉水塔冷却过程被应用。

9.3　固体干燥的平衡关系

9.3.1　物料含水量的表示方法

物料的含水量通常有下述两种表示法：

① 湿基含水量 w，为湿物料中水的质量分数：

$$w=\frac{\text{湿物料中水分质量}}{\text{湿物料的总质量}} \tag{9-13}$$

② 干基含水量 X，为湿物料中水与干物料的质量比：

$$X=\frac{\text{湿物料中水分质量}}{\text{湿物料中绝对干物料质量}} \tag{9-14}$$

生产中常用 w 表示，而干燥计算中用 X 表示较方便，因干燥过程，干物料量不变。两种表示的换算关系：

$$w = \frac{X}{1+X} \quad \text{或} \quad X = \frac{w}{1-w} \tag{9-15}$$

9.3.2 平衡水分与干燥平衡曲线

当湿物料与湿空气接触，物料将蒸出水分或吸收水分，直到物料表面所产生的蒸气压与空气中水蒸气分压相等为止，物料中的水分与空气处于平衡状态，此时物料中含水量称为物料的平衡水分。

平衡水分因物料种类不同而有很大差别，同一物料的平衡水分也因所接触的空气状态不同而有很大差别。图 9-9 是某些物料在 25℃空气中，物料平衡水分与空气相对湿度的关系曲线，即干燥平衡曲线。

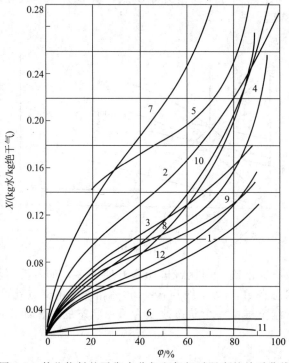

图 9-9 某些物料的平衡水分与空气相对湿度的关系曲线

1—新闻纸；2—羊毛、毛织物；3—硝化纤维；4—丝；5—皮革；6—陶土；7—烟叶；
8—肥皂；9—牛皮胶；10—木材；11—玻璃绒；12—棉花

从图 9-9 可以了解到影响平衡水分的一些因素：

① 物性 非吸水物料，如瓷土、玻璃丝，平衡水分很低，近乎于零；而多孔吸水性物料，如烟叶、皮革、木材，平衡水分很高。

② 空气相对湿度 φ 越小即平衡水分越小。但除非 $\varphi=0$，否则不可能干燥到绝对干。

③ 温度 还从实验得知，在一定相对湿度 φ 下，空气温度高其相应平衡水分可减小，但在温度变化范围不大情况下，可认为 φ 一定时平衡水分近似常数。

物料含水量大于平衡水分时，含水量与平衡水分之差称为自由水分。

9.3.3 结合水分与非结合水分

根据物料中水分除去的难易来划分，物料中的水分可分为结合水分与非结合水分。

① 结合水分 包括物料细胞壁内水分，物体内可溶固体物溶液中的水分、物体内毛细管中的水分等。将这一类与物料的结合力强，其蒸气压低于同温度下纯水的饱和蒸气压的水分，统称为结合水。结合水的除去比纯水要难。

② 非结合水 包括附着于物料表面的水分及在较大孔隙中的水分。将这一类水分不受固体物料的作用，性质与纯水相同，其蒸气压为同温度下纯水饱和蒸气压的水分，统称为非结合水。除去非结合水与水的汽化同样容易。

若将图 9-9 中各物料平衡曲线延长，使之与 $\varphi=100\%$ 轴相交，在交点之下的水分皆为各物料的结合水。就是说在 $\varphi=100\%$ 下各物料的平衡水分，即为各物料的结合水。因为凡在平衡曲线之下的水分都是与 $\varphi<100\%$ 的空气成平衡，表明所产生的蒸气压低于纯水饱和蒸气压。平衡曲线与 $\varphi=100\%$ 轴交点以上的水分，即为非结合水。

很明显，结合水与非结合水的界限，仅取决于物料本身性质，而平衡水分与自由水分的划分还与空气的相对湿度有关。

【例 9-4】 附图为图 9-9 中物料 4（丝）的平衡曲线，并延长至 $\varphi=100\%$ 轴。设物料含水量为 0.30kg/kg 干物料，与相对湿度 $\varphi=50\%$ 的空气接触。试求该物料的平衡水分、自由水分、结合水分及非结合水分。

解 参照例 9-4 附图。

由曲线与 $\varphi=100\%$ 轴相交点 B，读出：
结合水分：0.24kg 水/kg 干物料；
非结合水分：$0.30-0.24=0.06$kg 水/kg 干物料。

由 $\varphi=50\%$ 垂直线与平衡曲线相交点 A，读出：
平衡水分 = 0.085kg 水/kg 干物料；
自由水分 = $0.30-0.085=0.215$kg 水/kg 干物料。

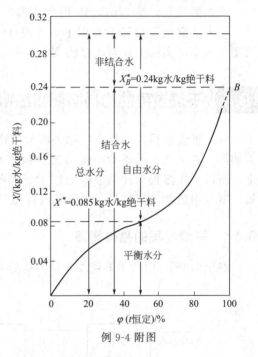

例 9-4 附图

平衡水分皆为结合水，而自由水分中有 0.06kg 水/kg 干物料的非结合水，并有 0.155kg 水/kg 干物料的结合水分。

9.3.4 平衡曲线的应用

有了物料平衡曲线，当含水量 X 的物料与一定相对湿度 φ 的空气相接触，就可对比 X 值与平衡水分 X^* 的大小，判断物料是否可干燥或是吸湿；若可干燥，即可根据平衡水分 X^*，确定干燥后最低含水量并算出应除去的水分量；还可从自由水分中结合水所占分量，大致了解干燥的难易程度。这些已通过例 9-4 给予说明了。

同样，还可以应用物料的干燥平衡曲线，为满足物料干燥要求，确定空气的相对湿度的最高允许值等性质条件。现仅以示例作简单说明。

【例 9-5】 将含水量 $X_1=0.205$kg 水/kg 干物料的湿木材，干燥至含水量 $X_2=0.075$kg 水/kg 干物料。已知木材的干燥曲线如图 9-9 中曲线 10 所示。

试问：(1) 需用相对湿度 φ 低于多少的空气为干燥介质，才可达到干燥要求？(2) 若

现有空气 $t=30℃$、$\varphi=60\%$，必须将该空气加热到多少才能当干燥介质？

解 查图 9-9 中曲线 10，当 $X^*=0.075$ kg 水/kg 干物时，空气相对湿度 $\varphi\approx36\%$，所以：

(1) 为使 $X_2 \geqslant X^*$，即空气的相对湿度必须低于 $\varphi \leqslant 36\%$，才能使 X_2 达到 0.075 kg 水/kg 干物料。

(2) 将该空气预热，即在 H 不变下升温，按式(9-5) H、p 不变，即 (φp_s) 不变。

原 $\varphi=60\%$、$t=30℃$ 查水蒸气表得饱和蒸气压 $p_s=4.2474$ kPa；现要求相对湿度降到 $\varphi'=36\%$，设相应饱和蒸气压为 p_s'，即：

$$0.60 \times 4.2474 = 0.36 p_s'$$

得：
$$p_s' = 7.079 \text{ kPa}$$

查水蒸气表，在 7.079 kPa 时相应温度近似等于 $40℃$。

则需将空气升温到 $40℃$ 以上，才可作为此物料干燥的干燥介质（设温度变化、平衡曲线变化很小，实际上升温还会使 X^* 下降）。

9.4 干燥过程的物料衡算和热量衡算

对流干燥过程是用热空气除去被干燥物料中的水分，所以空气在进入干燥器前应经预热器加热。热空气在干燥器中供给湿物料中水分汽化所需的热量，而汽化的水分又由空气带走，所以干燥过程的计算中应通过干燥器的物料衡算和热量衡算计算出湿物料中水分蒸发量、空气用量和所需热量，再依此选择适宜型号的鼓风机、设计或选择换热器等。

9.4.1 干燥过程的物料衡算

参照图 9-10 中所示的连续干燥器，作水分的物料衡算：

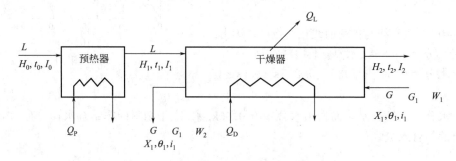

图 9-10 干燥过程的物料衡算与热量衡算

$$GX_1 + LH_1 = GX_2 + LH_2 \tag{9-16}$$

式中 G——绝对干物料的质量流量，kg 干物/s；
　　　L——干空气质量流量，kg 干气/s；
H_1、H_2——空气进、出干燥器时的湿度，kg 水/kg 干气；
X_1、X_2——物料进、出干燥器时的干基含水量，kg 水/kg 干物料。

由式(9-16) 可得出：从物料中蒸发出来并被空气流所夹带走的水分蒸发量 w 应为：

$$w = G(X_1 - X_2) = L(H_2 - H_1) \tag{9-17}$$

所以，若要蒸发水分 w，即所应消耗的干空气流量为：

$$L = \frac{w}{H_2 - H_1} \tag{9-18}$$

如物料进、出量以总湿物料量 G_1、G_2 计,含水量用湿基含水量 W_1、W_2 表示,即物量间有着下列关系:

$$G=G_1(1-W_1)=G_2(1-W_2) \tag{9-19}$$

$$w=G_1-G_2 \tag{9-20}$$

9.4.2 干燥过程的热量衡算

为便于衡算,先定义湿物料焓值,再按系统作热衡算。

(1) 湿物料的焓 I'

以 1kg 绝对干物料为基准的焓 i,表示 1kg 绝对干物料及其所含水分的焓之和。与湿空气焓值基准相一致,也取 0℃下干物料及水的焓为零。

若干物料比热容为 c_s,水比热容为 $C_W=4.187\text{kJ/(kg}\cdot\text{℃)}$,即干基含水量为 X_1、物温为 θ_1 的干燥器进料的焓 I'_1 为:

$$I'_1=c_s\theta_1+4.187X_1\theta_1=(c_s+4.187X_1)\theta_1 \tag{9-21}$$

以干基含水量 X_2、温度 θ_2 离开干燥器的物料焓 I'_2 为:

$$I'_2=(c_s+4.187X_2)\theta_2 \tag{9-22}$$

(2) 预热器的热量衡算

参照图 9-10 中预热器,不计热损失作热衡算,则:

$$Q_P=L(I_1-I_0) \tag{9-23}$$

式中 Q_P——预热器加入热量,kJ/s;

I_0、I_1——空气进、出预热器时的焓,kJ/kg 干气。

(3) 干燥器的热量衡算

参照图 9-10 中干燥器系统作热量衡算,则:

$$LI_1+GI'_1+Q_D=LI_2+GI'_2+Q_L$$

$$Q_D=L(I_2-I_1)+G(I'_2-I'_1)+Q_L \tag{9-24}$$

式中 Q_D——在干燥器中加入的热量,kJ/s;

Q_L——干燥器的热损失,kg/s;

I_2——空气在干燥器出口处时的焓,kJ/kg 干气;

I'_1、I'_2——物料进、出干燥器时的焓,kJ/kg 干物料。

如果在干燥器内不补充热量,即 $Q_D=0$,又可忽略干燥过程的热损失 Q_L 及物料耗热量,则从式(9-24)可得 $I_2=I_1$。即空气在干燥过程中进行着等焓降温增湿,这种等焓干燥过程常被称为理想干燥过程,其干燥器称为理想干燥器。

当物料进出温差不大,或缺少物料具体热参数时,以理想干燥看待,使空气耗量 L 和预热供热 Q_P 计算大为简化,可作为一种粗略估算。

(4) 整个干燥系统的热衡算

整个干燥系统的热衡算包括预热器和干燥器的干燥系统热衡算,即将式(9-23)与式(9-24)两式相加,则得:

$$Q_P+Q_D=L(I_2-I_0)+G(I'_2-I'_1)+Q_L \tag{9-25}$$

式(9-25)与物料衡算式(9-18)相结合,可应用于非理想干燥过程的空气耗量及供热量求解。

为方便计算,对两项变化很小的数据作简化假设:

① 设介质中水蒸气焓值不变:

$$1.88t_0 + 2490 = 1.88t_2 + 2490$$

② 设湿物料比热容不变：

$$c_s + 4.187X_1 = c_s + 4.187X_2 = c_{m2}$$

并将焓 I、I' 计算式和 $W_s = L(H_2 - H_0)$ 代入，则式(7-25)可整理为：

$$Q_P + Q_D = 1.01L(t_2 - t_0) + w(1.88t_2 + 2490) + Gc_{m2}(\theta_2 - \theta_1) + Q_L \quad (9\text{-}26)$$

若在干燥器内不补充热量，$Q_D = 0$，则：

$$Q_P = 1.01L(t_2 - t_0) + w(1.88t_2 + 2490) + Gc_{m2}(\theta_2 - \theta_1) + Q_L \quad (9\text{-}27)$$

从上两式可清晰看出，干燥所消耗热量用于蒸发水分所需热量 $W_s(1.88t_2 + 2490)$、提高物料温度所需热量 $Gc_{m2}(\theta_2 - \theta_1)$、空气带走热量 $1.01L(t_2 - t_0)$ 及干燥设备热损失 Q_L 等4项。

9.4.3 干燥过程的热效率 η

$$\eta = \frac{\text{干燥系统蒸发水分所需热量}}{\text{对干燥系统的总加入热量}}$$

$$\eta = \frac{w(2490 + 1.88t_2 - 4.187\theta_1)}{Q_P + Q_D} \approx \frac{w(2490 + 1.88t_2)}{Q_P + Q_D} \quad (9\text{-}28)$$

干燥热效率表示干燥器的性能，效率高即热利用程度好。

【例 9-6】 某气流干燥器，常压操作，已知操作条件如下：

(1) 空气状况：进预热器时，$t_0 = 15\text{℃}$、$H_0 = 0.0073$ kg 水/kg 干气；进干燥器时，$t_1 = 90\text{℃}$；出干燥器时，$t_2 = 50\text{℃}$。

(2) 物料状况：进干燥器时，$\theta_1 = 15\text{℃}$、$W_1 = 0.13$ kg 水/kg 湿物料；出干燥器时，$\theta_2 = 40\text{℃}$、$W_2 = 0.0099$ kg 水/kg 湿物料，产品流量 $G_2 = 250$ kg/h；绝对干物料比热容 $c_s = 1.156$ kJ/(kg・℃)。

试求：(1) 按理想干燥过程，确定新鲜空气体积流量、预热器加热量以及干燥器的热效率。

(2) 按操作条件并设干燥器的热损失为 3.2kW，确定新鲜空气体积流量、预热器加热量及干燥器热效率。

解 绝对干物料量为：

$$G = G_2(1 - W_2) = 250 \times (1 - 0.0099) = 248 \text{ (kg/h)}$$

$$X_1 = \frac{W_1}{1 - W_1} = \frac{0.13}{1 - 0.13} = 0.15$$

$$X_2 = \frac{W_2}{1 - W_2} = \frac{0.0099}{1 - 0.0099} = 0.01$$

水蒸发量为：

$$w = G(X_1 - X_2) = 248 \times (0.15 - 0.01) = 34.7 \text{ (kg/h)}$$

新鲜空气比体积为：

$$v_{H0} = (0.773 + 1.244H_0)\frac{273 + t}{273}$$

$$= (0.773 + 1.244 \times 0.0073) \times \frac{273 + 15}{273}$$

$$= 0.825 \text{ (m}^3\text{/kg 干气)}$$

(1) 按理想干燥过程，$I_1 = I_2$，又预热 $H_1 = H_0$。

$$(1.01+1.88H_0)t_1+2490H_0=(1.01+1.88H_2)t_2+2490H_2$$
$$(1.01+1.88\times 0.0073)\times 90+2490\times 0.0073$$
$$=(1.01+1.88H_2)\times 50+2490H_2$$

得：
$$H_2=0.0232 \text{kg 水/kg 干气}$$

绝对干空气量为：
$$L=\frac{w}{H_2-H_1}=\frac{34.7}{0.0232-0.0073}=2182(\text{kg 干气/h})$$

新鲜空气体积流量为：
$$V=Lv_{H0}=2182\times 0.825=1800 \text{ (m}^3\text{/h)}$$

预热器加热量为：
$$Q_P=L(I_1-I_0)=L(1.01+1.88H_0)(t_1-t_0)$$
$$Q=2182\times(1.01+1.88\times 0.0073)\times(90-15)=167533 \text{ (kJ/h)}=46.6 \text{ (kW)}$$

干燥器热效率：
$$\eta=\frac{w(2490+1.88t_2-4.187\theta_1)}{Q_P+Q_D}\times 100\%$$
$$=\frac{34.7\times(2490+1.88\times 50-4.187\times 15)}{167533+0}\times 100\%$$
$$=0.522\times 100\%=52.2\%$$

(2) 考虑到物料带出热量和热损失，按式(9-27)：
$$Q_P=1.01L(t_2-t_0)+w(1.88t_2+2490)+Gc_{m2}(\theta_2-\theta_1)+Q_L$$

其中：
$$Q_P=L(I_1-I_0)=L(1.01+1.88H_0)(t_1-t_0)$$
$$=L\times(1.01+1.88\times 0.0073)\times(90-15)=76.78L$$
$$c_{m2}=c_s=4.187X_2=1.156+4.187\times 0.01=1.198 \text{ [kJ/(kg·℃)]}$$
$$Q_L=3.2\text{kW}=11520\text{kJ/h}$$

将 Q_P、c_{m2}、Q_L 及其他各相应数值代入式(9-27)，即：
$$76.78L=1.01L(50-15)+34.7\times(1.88\times 50+2490)+248\times 1.198\times(40-15)+11520$$

得：
$$L=2621.6\text{kg 干气/h}$$

按 $H_2=\frac{W_s}{L}+H_1=(34.7/2621.6)+0.0073=0.0205$ （kg 水/kg 干气）

新鲜空气体积流量为：
$$V=Lv_H=2621.6\times 0.825=2163 \text{ (m}^3\text{/h)}$$

预热器加热量：
$$Q_P=76.78L=76.78\times 2621.6=201286 \text{ (kJ/h)}=55.92 \text{ (kW)}$$

热效率：
$$\eta=\frac{w(2490+1.88t_2-4.187\theta_1)}{Q_P+Q_D}\times 100\%$$
$$=\frac{34.7\times(2490+1.88\times 50-4.187\times 15)}{201286+0}\times 100\%$$
$$=0.435\times 100\%=43.5\%$$

从计算结果可知，理想干燥过程只是一个比较标准，在干燥器内不补充热量的情况下，由于物料带走热量及热损失，使实际所需的空气耗量和热耗量都要增加很多（本例情况，实际比理想要加大 20% 之多）。

9.4.4 干燥介质条件的影响与确定

在干燥过程中,物料量及其进、出干燥器时的含水量 $X_1(W_1)$、$X_2(W_2)$,进料温度 θ_1 均为工艺条件规定的。当再确定物料出干燥器时的允许温度 θ_2 后,则干燥进程的变量就仅是干燥介质的条件参数了。

一般空气进干燥器时的湿度 H_1,取决于外界大气状态,或由废气循环加以调节,剩下的就是空气进、出干燥器时的温度 t_1、t_2,出干燥时的湿度 H_2 和空气量 L。但这几个介质参数不是每个都可任意确定,因为干燥过程受物料衡算及热量衡算所制约(如例9-6中的 H_2、L 由计算求出),应顾及参数的相互影响,按具体情况要求来选择条件参数。

(1) 干燥介质进干燥器的湿度 H_1 和温度 t_1

H_1(或 φ_1)愈小,所需空气量 L 可愈少,可降低操作费,还能加大传质推动力。但对有些物料会因 H_1 过小而干燥过快出现龟裂结疤等现象时,则要限制 H_1,以废气循环调节。

干燥介质温度 t_1 要在物料允许的最高温度的范围之内,对静态中的干燥物料及干燥不易均匀情况下,或干燥过程缓慢情况,t_1 宜较低;而对翻动中或流动中的物料在干燥均匀、能快速干燥情况下,则 t_1 可较高。

(2) 干燥介质出口时湿度 H_2 和温度 t_2

在干燥器内不再补充热量的情况下,干燥介质在干燥过程中经历着增湿降温,即 H_2 与 t_2 密切相关,t_2 高即 H_2 小,t_2 低即 H_2 大。

H_2 大可减少空气用量 L,t_2 低可以提高热效率。但 H_2(φ_2)大会降低传质推动力,所以,对要求物料停留时间短的干燥,要求 H_2 应小些;如若物料停留时间较长的干燥,则 H_2 可以大些。

还有一种情况,不能使 H_2 过大而 t_2 过低,要防止干燥后部的气固分离系统管路中因降温析出水滴而破坏干燥操作。

(3) 绝对干空气用量 L

当 X_1、X_2 由工艺规定后,若空气 H_1 一定,物料衡算 $L/G=(X_1-X_2)/(H_2-H_1)$,即 L/G 减小,H_2 必增大,φ_2 也增大。由干燥平衡曲线图可知,φ_2 增大使平衡水分 X^* 增大,若 $X^* \geqslant X_2$,则干燥不可能进行,所以干燥过程也存在着 L/G 最小值的限制。

L/G 大,可使 H_2 小,φ_2 小,而提高干燥传质推动力,对减少干燥时间、降低设备费用有利。但在较小的 L/G 下操作,即 H_2 较大,t_2 较低,预热器加热量可减少,干燥热效率可提高,对减少操作费用有利。对 L/G 值还应考虑物性及干燥器的操作可行性。

9.5 干燥速度与干燥时间

通过物料衡算与热量衡算,可以确定干燥过程中水分蒸发量、空气消耗量和所需的加热量,依次选择合适的风机和换热器。但是物料在干燥器内停留多少时间才能达到预定的含水量及干燥器的尺寸,还需要通过干燥速度和干燥时间的计算来确定。由于干燥过程中被除去的水分必须先由物料内部迁移至表面,再由表面汽化而进入干燥介质,故干燥速度不仅取决于湿空气的状态和流速,还与物料中所含水分的性质有关,水分在物料内部的扩散速率与物料结构及物料中的水分性质有关。

9.5.1 干燥曲线

为了简化影响因素，干燥实验常在恒定干燥条件下，即用大量的空气干燥少量的湿物料，使空气的温度、湿度、气流方式及流速都在恒定不变的情况下进行。记录不同时间湿物的质量，并在实验结束后烘干物料，称出绝对干物量。将实验数据整理，标绘成图 9-11 所示的含水量 X 与干燥时间 τ 及物料表面温度 θ 与时间 τ 的关系曲线，称为干燥曲线。

从干燥曲线可以直接读出该干燥条件下，将物料从某一含水量干燥到另一含水量所需的时间。

9.5.2 干燥速度曲线

干燥速度是指单位时间内，单位干燥面积上汽化的水分量，其数学表达式为：

$$U = \frac{dw'}{S d\tau} \tag{9-29}$$

式中　U——干燥速度，kg 水/(m² · s)；
　　　w'——汽化水分质量，kg；
　　　S——干燥面积，m²；
　　　τ——干燥时间，s。

以 m_c 表示物料的绝对干物料质量。

因：
$$dW = -G' dX \tag{9-30}$$

则：
$$U = -\frac{G' dX}{S d\tau} \tag{9-31}$$

式中，负号表示物料含水量 X 随干燥时间的增加而减小。

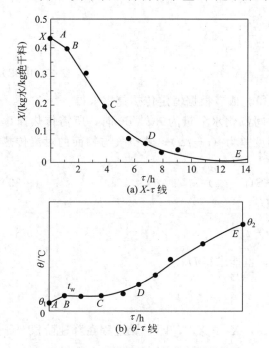

图 9-11　恒定干燥情况下某物料干燥曲线

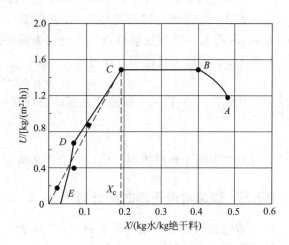

图 9-12　恒定干燥条件下的干燥速度曲线

G'、S 由实验物料测得，而 $dX/d\tau$ 为干燥曲线（X-τ）线的斜率，因而可将图 9-11 的干燥曲线转换为图 9-12 的干燥速度曲线。图 9-12 为一恒定干燥条件下典型的干燥速度曲线。

9.5.3 干燥过程分析

干燥速度曲线的具体形式，因干燥条件及物料种类不同而异。但从各种形式干燥速度曲线都可看出，物料干燥过程可分为 3 个不同阶段：预热阶段、恒速阶段和降速阶段。参照图 9-11 及图 9-12，即为 AB 段、BC 段和 CDE 段。

① 预热阶段　或称为调整阶段，预热初期物料表面温度低，物料中 X 和 θ 随时间变化，干燥速度随 τ 略有提高。此阶段短暂，所以常归并为恒速阶段的一部分。

② 恒速阶段　物料表面温度 θ 等于空气的湿球温度，表明物料表面有充分的非结合水存在，与恒定温差下一般水的汽化一样，所以 X 随 τ 直线下降，干燥速度恒定不变。

③ 降速阶段　物料表面温度 θ 逐渐上升，表明表面出现"干区"，空气供热一部分用于物料升温，一部分用于水分汽化，所以汽化量减少，干燥速度下降。有的降速阶段可分为 CD 与 DE 两阶段，干燥至 DE 段表明物料表面已无水，水分的汽化面向物料内部移动，干燥速度明显下降。

恒速段与降速段交界处的含水量 X_0，称为临界含水量。$X>X_0$，干燥层表面汽化控制，$X<X_0$，干燥层内部扩散控制。当干燥速度等于零，其物料含水量即为物料平衡水分。

9.5.4 恒速阶段干燥时间计算

若物料从含水量 X_1 干燥到 X_i，当 $X_i \geqslant X_0$，即干燥处在恒速阶段，现设恒速段干燥速度为 U_0，即按式(9-31) 得：

$$d\tau = \frac{-G'}{SU_0} dX$$

积分上式可求出所需干燥时间 τ_1 为：

$$\tau_1 = \int_0^{\tau_1} d\tau = \frac{-G'}{SU_0} \int_{X_1}^{X_i} dX$$

$$\tau_1 = \frac{G'}{SU_0}(X_1 - X_i) \tag{9-32}$$

干燥速度 U_0 可由实验所得干燥速度曲线获得，或者根据恒定传热速率求得。

设 $\theta = t_w$ 下水分汽化潜热为 r_{t_w}，即单位时间汽化水分量为 $dw'/d\tau$ 时，所需传热速率为 $r_{t_w} dw'/d\tau$。而恒速阶段空气与物料表面的温度差为 $(t-t_w)$，若空气与物面的对流传热系数为 α，则按传热速率方程可知：

$$r_{t_w} dw'/d\tau = \alpha S(t - t_w) \tag{9-33}$$

将式(9-33) 代入干燥速度方程，就可获得 U_0：

$$U_0 = \frac{\alpha}{r_{t_w}}(t - t_w) \tag{9-34}$$

只要求得干燥过程的 α 值（常有经验算式），也能求得 U_0。

9.5.5 降速阶段干燥时间计算

若物料从含水量 X_i 干燥到 X_2，当 $X_i \leqslant X_0$，$X_2 \geqslant X^*$，即干燥过程在降速阶段，干燥所需时间 τ_2 应为：

$$\tau_2 = -\frac{G'}{S} \int_{X_i}^{X_2} \frac{dX}{U} \tag{9-35}$$

如果已有实验测得的干燥速度曲线,可以干燥速度曲线为依据,在 $\frac{1}{U}$-X 坐标图上作图解积分求得 τ_2。另一种简化的解析计算法,是将降速段干燥速度曲线视为直线。

视 CDE 为直线(参照图 9-12),即:

$$\frac{U_0}{X_0-X^*}=\frac{U}{X-X^*} \tag{9-36}$$

将式(9-36)代入式(9-35),并积分,得 τ_2 为:

$$\tau_2=\int_0^{\tau_2}d\tau=-\frac{G'(X_0-X^*)}{SU_0}\int_{X_i}^{X_2}\frac{dX}{X-X^*}$$

$$\tau_2=\frac{G'(X_0-X^*)}{SU_0}\ln\frac{X_i-X^*}{X_2-X^*} \tag{9-37}$$

如若干燥经历两个阶段,物料从含水量 X_1 干燥到 X_2,其中 $X_1<X_0$,$X_0>X_2>X^*$,则全干燥所需时间 $\Sigma\tau$ 为:

$$\Sigma\tau=\frac{G'}{SU_0}(X_1-X_0)+\frac{G'(X_0-X^*)}{SU_0}\ln\frac{X_0-X^*}{X_2-X^*} \tag{9-38}$$

【例 9-7】 在恒定干燥条件下,测得某物料的临界含水量 $X_0=0.195$ 水/kg 干物料,单位干燥面积的干物料量 G'/S 为 21.5 kg 干物/m²,恒速段干燥速度 $U_0=1.51$ kg 水/(m²·h),平衡水分近似等于零。

试求:在该干燥条件下,物料含水量由 $X_1=0.38$ 水/kg 干物干燥到 $X_2=0.04$ 水/kg 干物所需的干燥时间。

解 $X_1>X_0$,$X_2<X_0$,干燥包括恒速、降速两阶段,即按式(9-38):

$$\Sigma\tau=\frac{G'}{SU_0}(X_1-X_0)+\frac{G'}{SU_0}(X_0-X^*)\ln\frac{X_0-X^*}{X_2-X^*}$$

$$\Sigma\tau=\frac{21.5}{1.51}\times(0.38-0.195)+\frac{21.5}{1.51}\times(0.195-0)\times\ln\frac{0.195-0}{0.04-0}$$

$$=7.034 \text{ (h)}$$

9.6 柱式干燥塔的操作

9.6.1 开机准备

空气循环系统启动:
① 开启空气除湿设备,给柱式干燥塔提供干空气;
② 打开调节板,刚好达到排放从干燥器输送给柱式干燥塔的空气量,流化床所容纳的压强在 5~15mm 水柱之间;
③ 开启循环风机,打开调节板到提供所需空气流量;
④ 设定温度控制,开启加热器,调节柱式干燥塔的空气和到流化床的空气到所需的温度,检查所有温度、压力和流量是否正确;
⑤ 溢流板处于关闭状态。

开车过程:
① 靠气动输送系统使料仓装满料;
② 关闭料仓下部的阀门;

③ 关闭干燥塔下部的阀门；
④ 打开流化床进口的阀；
⑤ 开启给料振动输送机，先手动操作，调节好流量，通过结晶器视孔观察切片沸腾情况；
⑥ 不连续地喂入无定形切片，通过开和关闭料仓底下的阀门完成；
⑦ 重复这一过程直到切片失去粘接性，流化床中的结晶切片与非结晶切片有很好的混合性，即切片沸腾状态良好；
⑧ 完全打开料仓底部阀门连续操作，慢慢增加振料管的喂入量和气流量；
⑨ 观察切片振动情况，严防正常生产能力下，切片发生粘接（流量计应显示气流量）；
⑩ 如气流过大，循环风会将大量切片带入旋风分离器；
⑪ 直到干燥塔达所需最小料位，关闭料仓底部阀门一段时间，调节料位控制器，确定最小料位；
⑫ 将干燥塔喂料调到最大料位；
⑬ 校正料位计后，料位控制为自动操作做准备；
⑭ 从取样阀取样检查切片的含水量；
⑮ 开车后，必须检查所有参数，干燥塔内切片柱有很大压降，需要时应进行控制。

9.6.2 停车过程

① 关闭湿料仓底阀，停止流化床的原料喂入。
② 如将设备完全排空，继续运行直到流化床排空（将流化床溢流排出口设在开位置），干燥塔排空，排空后立即将溢流口的挡板恢复至关闭状态。
③ 若生产同种产品不同批号而重新开车，则不排空流化床，可连续开车。
④ 设备停车过程与设备启动顺序相反。切记，先关加热器，最后停风机。

9.6.3 事故分析与处理

在干燥操作中主要控制干燥机中的空气流量、空气进口和出口温度、加料量。其中加料量作为从属变量进行调节。
① 在气体进口温度一定，其他条件正常下，气体出口温度高时，缓慢提高加料器转速以增加进料量，使气体出口温度降至需要的温度；反之，气体出口温度低时，影响干品水分含量，便降低螺旋加料器转速，减少进料量，使气体出口温度升至需要的温度。
② 干燥机气体进口温度高时，当干燥塔内负压低时须降低加料速度待塔内负压回升稳定后再重新调节加料速度，保证出口温度。
③ 系统压力不平衡时，检查系统是否有漏气或堵塞，及测压管是否有堵塞。
④ 布袋除尘器气体出口冒粉料时，检查布袋是否脱落或破损，及时更换、维修。
⑤ 突然长时间停电时，干燥机内要进行清洗，以防机内湿料干而硬、堵干燥机环隙，以及再开车影响产品质量。
⑥ 如系统压力突然剧增，而又无法消除时，要马上切断电源，操作人员迅速离开操作现场，以防泄爆时伤害人身。

9.6.4 安全操作注意事项

① 干燥机的开动与停止应由专门操作人员进行。
② 干燥机的传动电动机应有良好的接地。

③ 干燥机开动时间禁止检修和在机体下站。
④ 停车时排净干燥机内部的物料。

9.7 案例分析

9.7.1 案例 1

现某工厂要对氧化锌进行干燥。已知条件如下：常压干燥器，将 $G_1=1000$kg/h 的湿物料，从含水量 $w_1=0.5$ 干燥到 $w_2=0.06$（湿基）。采用废气循环，循环比为 0.8（即废气中干空气量与混合气中干空气量之比为 0.8），废气与新鲜空气混合为混合气后，经预热到必要温度 t_1 后，进入干燥器作干燥介质。

新鲜空气 $t_0=25$℃、$H=0.005$kg 水/kg 干气；出干燥器的废气 $t_2=38$℃、$H_2=0.034$kg 水/kg 干气。

试按理想干燥，求新鲜空气质量及体积流量、预热器加热量及空气应达到的温度。

讨论废气循环的优缺点。

分析：作干燥流程示意图，如附图 1 所示。

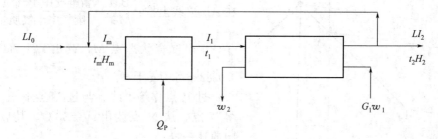

案例 1 附图 1

按循环比为 0.8，新鲜空气的干空气流量为 L，即废气的干空气量为 $4L$，混合气的干空气量为 $5L$。

(1) 求水分蒸发量 W_s

$$G_c=G_1(1-w_1)=G_2(1-w_2)$$
$$G_2=G_1(1-w_1)/(1-w_2)=1000\times(1-0.5)/(1-0.06)=531.9 \text{ (kg/h)}$$
$$W_s=G_1-G_2=1000-531.9\approx468 \text{ (kg/h)}$$

(2) 新鲜空气的干空气流量 L：

按全系统物料衡算（同以干燥器物料衡算一样）：

$$L=W_s/(H_2-H_1)=468/(0.034-0.005)=16140 \text{ (kg 干气/h)}$$

(3) 确定混合气状态：

物料衡算 $LH_0+4LH_2=5LH_m$，得混合气湿度为：

$$H_m=0.2H_0+0.8H_2=0.2\times0.005+0.8\times0.034=0.0282$$

热量衡算 $LI_0+4LI_2=5LI_m$，得混合气的焓为：

$$I_m=0.2I_0+0.8I_2=0.2\times[(1.01+1.88\times0.005)\times25+2490\times0.005]+$$
$$0.8[(1.01+1.88\times0.034)\times38-2490\times0.034]\approx108 \text{ (kJ/kg 干气)}$$

按 $I_m=(1.01+1.88H_m)t_m+2490H_m$，$108=(1.01+1.88\times0.0282)t_m+2490\times0.0282$，得混合气温 $t_m=35.54$℃。

(4) 确定混合气应预热达到的温度 t_1：
按理想干燥过程：
$$I_1 = I_2 = (1.01 + 1.88H_m)t_1 + 2490H_m = (1.01 + 1.88H_2)t_2 + 2490H_2$$
$$I_1 = (1.01 + 1.88 \times 0.0282)t_1 + 2490 \times 0.0282$$
$$I_2 = (1.01 + 1.88 \times 0.034) \times 38 + 2490 \times 0.034$$

得：$I_1 = I_2 = 125.5$ kJ/kg 干气，$t_1 = 52℃$。

(5) 预热器加热量 Q_P：
$$Q_P = L_m(I_1 - I_m) = 5L(I_1 - I_m)$$
$$= 5 \times 16140 \times (125.5 - 108)$$
$$= 1412 \times 10^3 \text{ (kJ/h)} = 392.3 \text{ (kW)}$$

如果不采用循环，仍按 $I_1 = I_2$，即 $H_0 = 0.005$ kg 水/kg 干气的新鲜空气需预热到 110.9℃才能完成此干燥任务。可见，废气循环明显的优点是可降低预热温度和增加进入空气的湿度，这对一些不宜高温干燥的物料尤为适宜。

此题也可用 H-I 图求解。如附图 2 所示，先在 H-I 图上确定新鲜空气状态点 A 及废气状态点 B，在 AB 连线上按：$\dfrac{BM}{MA} = \dfrac{\text{新鲜气中干气质量}}{\text{废气中干气质量}} = \dfrac{0.2}{0.8} = \dfrac{1}{4}$，定出混合状态点 M，读出 $t_m = 36℃$，$H_m = 0.0282$ kg 水/kg 干气。

过 B 点作等 I 线，与过 M 点作等 H 线相交得 N 点，从 N 点读出 $t_1 = 53℃$。其后计算步骤同前述一样。

工业中将废气进行循环利用，在很多方面都有着突出的效益：

① 经济效益　回收循环利用废气可以减少煤炭的燃烧量，并且煤炭使用量的减少又可以减少脱硫剂的使用，这两个方面都大大地提高了企业的经济效益。

② 社会效益　废气的循环利用减少了废气直接排放对环境的影响，可改善工厂在公民心中的形象，并且提高了燃料的利用率，节约了资源，缓解社会能源紧张问题。

但是，在本案例中用废气循环对物料进行干燥，对于干燥过程来说，效率比直接用热空气进行干燥要低一些。

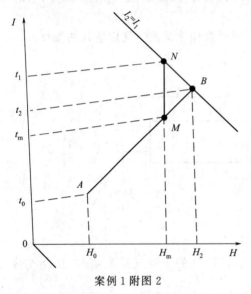

案例 1 附图 2

9.7.2 案例 2

现为干燥无烟煤设计一气流干燥器。已知：每小时干燥 150kg 初始湿物料；物料进干燥器的温度 $t_1 = 90℃$、湿度 $H_1 = 0.0075$ kg/kg 绝干气，离开时温度 $t_2 = 65℃$；物料初始含水量 $X_1 = 0.2$ kg/kg 绝干料，终了时的含水量 $X_2 = 0.002$ kg/kg 绝干料；物料进干燥器时温度 $\theta_1 = 15℃$；颗粒密度 $\rho_s = 1544$ kg/m³，绝干物料比热容 $c_s = 1.26$ kJ/(kg·℃)，临界含湿量 $X_c = 0.01455$ kg/kg 绝干料，平衡湿含量 $X^* = 0$。颗粒可视为光滑球体，平均粒径 $d_{p,m} = 0.23 \times 10^{-3}$ m。不向干燥器补充热量，且热损失可忽略不计。试算：

(1) 物料离开干燥器的温度 θ_2；

(2) 干燥器的直径 D；
(3) 干燥管的高度。

解 (1) 物料离开干燥器的温度 θ_2：

由题给数据知 $X_c < 0.05$ kg/kg 绝干料，用下式求 θ_2，即：

$$\frac{t_2 - \theta_2}{t_2 - t_{w2}} = \frac{r_{t_{w2}}(X_2 - X^*) - c_s(t_2 - t_{w2})\left(\frac{X_2 - X^*}{X_c - X^*}\right)\frac{r_{t_{w2}}(X_c - X^*)}{c_s(t_2 - t_{w2})}}{r_{t_{w2}}(X_c - X^*) - c_s(t_2 - t_{w2})}$$

应用上式计算 θ_2 要采用试差法。

绝干物料流量 $G = \dfrac{G_1}{1 + X_1} = \dfrac{150}{1 + 0.2} = 125$ (kg/h) $= 0.0347$ (kg/s)。

水分蒸发量 $W = G(X_1 - X_2) = 0.0347 \times (0.2 - 0.002) = 0.00688$ (kg/s)。

先利用物料衡算及热量衡算方程求解空气离开干燥器时的湿度 H_2。

围绕干燥器作物料衡算，得：

$$L(H_2 - H_1) = G(X_1 - X_2) = W = 0.00688$$

$$L = \frac{0.00688}{H_2 - 0.0075} \tag{a}$$

再围绕干燥器作热量衡算，得：

$$LI_1 + GI_1' = LI_2 + GI_2'$$

其中： $I_1 = (1.01 + 1.88H_1)t_1 + 2490H_1$

$= (1.01 + 1.88 \times 0.0075) \times 90 + 2490 \times 0.0075 = 110.8$ (kg/kg 绝干料)

$I_2 = (1.01 + 1.88H_2) \times 65 + 2490H_2 = 65.65 + 2612.2H_2$

设 $\theta_2 = 49$℃，则：

$I_1' = c_s\theta_1 + c_w X_1 \theta_1 = 1.26 \times 15 + 4.187 \times 0.2 \times 15 = 31.46$ (kJ/kg 绝干料)

$I_2' = 1.26 \times 49 + 4.187 \times 0.002 \times 49 = 62.15$ (kJ/kg 绝干料)

所以： $110.8L + 0.0347 \times 31.46 = (65.65 + 2612.2H_2)L + 0.0347 \times 62.15$ (b)

联立式(a)、式(b)，解得：

$$H_2 = 0.01674 \text{kg/kg 绝干料}$$
$$L = 0.7446 \text{kg 绝干气/s}$$

根据 $t_2 = 65$℃、$H_2 = 0.01674$ kg/kg 绝干气，查得 $t_{w2} \approx 31$℃，与之相对应的 $r_{t_{w2}} = 2421$ kJ/kg。

将以上值代入试差法公式：

$$\frac{65 - \theta_2}{65 - 31} = \frac{2421 \times 0.002 - 1.26 \times (65 - 31) \times \dfrac{0.002}{0.01455} \times \dfrac{2421 \times 0.01455}{1.26 \times (65 - 31)}}{2421 \times 0.01455 - 1.26(65 - 31)}$$

解得：$\theta_2 = 49.2$℃

所以假设 $\theta_2 = 49$℃ 是正确的。

(2) 干燥管的直径 D：

用下式计算干燥管的直径 D，即：

$$D = \sqrt{\frac{Lv_H}{\dfrac{\pi}{4}u_g}}$$

其中：
$$v_H = (0.772 + 1.244H_1) \times \frac{273 + t_1}{273}$$
$$= (0.772 + 1.244 \times 0.0075) \times \frac{273 + 90}{273} = 1.04 \ (\text{m}^3/\text{kg 绝干气})$$

取空气进入干燥管的速度 $u_g = 10\text{m/s}$，故：
$$D = \sqrt{\frac{0.8932 \times 1.04}{\frac{\pi}{4} \times 10}} = 0.344 \ (\text{m})$$

(3) 干燥管高度：

用下式计算干燥管高度，即：
$$Z = \tau(u_g - u_0)$$

① 计算 u_0：设 $Re_0 \approx 1 \sim 1000$，则相应的 $\zeta = 18.5/Re_0^{0.6}$，将 ζ 值代入相应公式，整理得
$$u_0 = \left[\frac{4(\rho_s - \rho)gd_{p,m}^{1.6}}{55.5\rho v_g^{0.6}}\right]^{1/1.4}$$

空气的物性粗略地按绝干空气且取进出干燥器的平均温度 t_m 求算，即：
$$t_m = \frac{1}{2} \times (65 + 90) = 77.5 \ (\text{℃})$$

查得 77.5℃时绝干空气的物性为：
$$\lambda_g = 3.03 \times 10^{-5} \text{kW/(m·℃)}$$
$$\rho_g = 1.007 \text{kg/m}^3$$
$$\mu = 2.1 \times 10^{-5} \text{Pa·s}$$
$$v = \frac{\mu}{\rho_g} = \frac{2.1 \times 10^{-5}}{1.007} = 2.085 \times 10^{-5} \ (\text{m}^2/\text{s})$$
$$u_0 = \left[\frac{4 \times (1544 - 1.007) \times 9.81 \times (0.23 \times 10^{-3})^{1.6}}{55.5 \times 1.007 \times (2.085 \times 10^{-5})^{0.6}}\right]^{1/1.4} = 1.04 \ (\text{m/s})$$

核算 Re_0，即：
$$Re_0 = \frac{d_{p,m} u_0}{v_g} = \frac{0.23 \times 10^{-3} \times 1.04}{2.085 \times 10^{-5}} = 11.5$$

即假设 Re_0 值在 $1 \sim 1000$ 范围内是正确的，相应 $u_0 = 1.04\text{m/s}$ 也是正确的。

② 计算 u_g：前面取空气进入干燥器的速度为 10m/s，相应温度 $t_1 = 90$℃，现校核为平均温度 $\left[t_m = \frac{1}{2} \times (90 + 65) = 77.5 \ (\text{℃})\right]$ 下的速度，即
$$u_g = \frac{10 \times (273 + 77.5)}{273 + 90} = 9.66 \ (\text{m/s})$$

③ 计算 τ：用下式计算，即
$$\tau = \frac{Q}{\alpha S_p \Delta t_m}$$

a. 求 S_p，即：
$$S_p = \frac{6G}{d_{p,m}\rho_s} = \frac{6 \times 0.0417}{0.23 \times 10^{-3} \times 1544} = 0.705 \ (\text{m}^2/\text{s})$$

b. 求 Q，$Q = Q_I + Q_{II}$，所以先求 Q_I，即：

$$Q_\text{I} = G[(X_1-X_c)r_{t_{w1}}+(c_s+c_wX_1)(t_{w1}-\theta_1)]$$

根据 $t_1=90℃$、$H_1=0.0075\text{kg/kg}$ 绝干气，由图查得湿球温度 $t_{w1}=32℃$，相应水的汽化热 $r_{t_{w1}}=2419.2\text{kJ/kg}$，故：

$$Q_\text{I}=0.0417[(0.2-0.01455)\times2419.2+(1.26+4.187\times0.2)\times(32-15)]$$
$$=20.2\text{（kW）}$$

求 Q_II，即：

$$Q_\text{II}=G[(X_c-X_2)r_{t_m}+(c_s+c_wX_2)(\theta_2-t_{w1})]$$

第二阶段物料平均温度 $t_m=(49+32)/2=40.5$（℃），相应水的汽化热 $r_{t_m}=2400\text{kJ/kg}$。

$$Q_\text{II}=0.0417\times[(0.01455-0.002)\times2400+(1.26+4.187\times0.002)\times(49-32)]$$
$$=2.16\text{（kW）}$$

所以：
$$Q=20.2+2.16=22.36\text{（kW）}$$

c. 求 Δt_m，本题干燥操作包括两个阶段，故：

$$\Delta t_m=\frac{(t_1-\theta_1)-(t_2-\theta_2)}{\ln\dfrac{t_1-\theta_1}{t_2-\theta_2}}=\frac{(90-15)-(65-49)}{\ln\dfrac{90-15}{65-49}}=38.2(℃)$$

d. 求 α，因已算出 $Re_0=11.5$，故：

$$\alpha=(2+0.54Re_0^{\frac{1}{2}})\frac{\lambda_g}{d_{p,m}}=(2+0.54\times11.5^{\frac{1}{2}})\times\frac{3.03\times10^{-5}}{0.23\times10^{-3}}=0.505\text{ [kW/(m}^2\cdot℃\text{)]}$$

所以：
$$\tau=\frac{22.36}{0.505\times0.705\times38.2}=1.64\text{（s）}$$
$$Z=\tau(u_g-u_0)=1.64\times(9.66-1.04)=14.1\text{（m）}$$

思考题

9-1 什么是恒定干燥条件？

9-2 控制恒速干燥阶段速度的因素是什么？控制降速干燥阶段干燥速度的因素是什么？

9-3 若加大热空气热量，干燥速度曲线有何变化？恒速干燥速度、临界湿含量又如何变化？为什么？

9-4 通常物料去湿的方法有哪些？

9-5 对流干燥过程的特点是什么？

9-6 对流干燥的操作费用主要在哪里？

9-7 通常露点温度、湿球温度、干球温度的大小关系如何？什么时候三者相等？

9-8 结合水与非结合水有什么区别？何谓平衡含水量、自由含水量？

9-9 何谓临界含水量？它受哪些因素影响？干燥速率对产品物料的性质会有什么影响？

9-10 连续干燥过程的热效率是如何定义的？

9-11 理想干燥过程有哪些假定条件？

9-12 为提高干燥热效率可采取哪些措施？

9-13 评价干燥器技术性能的主要指标有哪些？

习题

9-1 已知湿空气总压为50.67kPa、温度为60℃，相对湿度为40%。试求：(1) 湿空气中水蒸气的分压；(2) 湿度；(3) 湿空气的密度。

9-2 湿空气的总压为101.33kN/m²，干球温度为303K，相对湿度$\varphi=70\%$。试求：(1) 空气的湿度；(2) 空气的饱和湿度；(3) 空气的露点和湿球温度；(4) 空气的焓；(5) 空气中水蒸气分压。

9-3 用湿空气的H-I图或计算公式，由附表中已有的值求出在总压$P=101.33$kPa下，空格项内的数值。

习题9-3附表

序号	干球温度/℃	湿球温度/℃	湿度/(kg水/kg干气)	相对湿度/%	焓/(kJ/kg干气)	水汽分压/kPa	露点/℃
1	60	35					
2	40						25
3				75		4.5	

9-4 将温度25℃、湿度为0.0204kg水/kg干气的湿空气，预热到120℃时。试求其相对湿度（总压为101.33kPa）。

9-5 在总压101.33kPa下，空气温度为30℃、相对湿度为0.5。试求：保持温度不变，将空气压缩到0.15MPa时空气的相对湿度。

9-6 将20℃、$\varphi=0.05$的新鲜空气和50℃、$\varphi=0.8$的废气相混合，混合比为2∶5（以绝对干空气为基准）。试求：混合气的湿度、焓和温度。

9-7 用内径为1.2m的转筒干燥器干燥某粒状物料，使其含水量自0.30干燥至0.02（湿基含水质量分数）。所用空气进干燥器时干球温度为383K、湿球温度为313K。设干燥为理想干燥，离开干燥器时空气干球温度为318K。规定空气在转筒内的质量速度≤0.833kg/(m²·s)。试求：每小时可向干燥器加入多少湿物料？

9-8 氮与苯蒸气的混合气体，在297K时，含苯的相对湿度为0.6，总压为102.4kPa。如果将混合气冷却到283K，须将混合气总压加到多少才能回收70%的苯？已知：297K和283K时苯的饱和蒸气压分别为12.2kPa和6.05kPa。

9-9 在一逆流操作的列管式换热器中，将干球温度62℃，相对湿度为0.3的空气冷却到露点，常压(101.33kPa)下操作。冷却水进、出口温度分别为15℃与25℃。换热器传热面积为20m²，总传热系数为250W/(m²·℃)。试求：(1) 被冷却的空气量。(2) 冷却水用量。

9-10 在101.33kPa操作压强下，逆流转筒干燥器干燥某晶体物料。空气进预热器时温度为25℃，相对湿度为0.55，进干燥器时空气温度为85℃，出干燥器为30℃。

物料进入时温度24℃，含水量0.037（湿基），出干燥器时为60℃，含水量0.002（湿基），干燥产品流量为1000kg/h。

转筒干燥器内径1.3m，长7m，干燥器外壁与空气的平均温度差为32.5℃，对流辐射的联合传热系数α_T为35kJ/(m²·h·℃)。绝对干物料比热容为1.5kJ/(kg·℃)，预热器加热蒸气压为50kPa的饱和水蒸气。

试求：(1) 干燥空气的干空气流量。(2) 预热器加热蒸汽耗量。

9-11 某湿物料经5.5h的干燥，物料的干基含水量由0.35降到0.10。若在相同条件下，要求物料干基含水量由0.35降到0.05。试求干燥时间。

已知：物料临界含水量为0.15，平衡含水量为0.04，降速阶段干燥速度与自由水分 $(X-X^*)$ 成正比。

附录

附录1 单位换算系数

(1) 质量

千克(公斤)(kg)	吨(t)	磅(lb)
1	0.001	2.20462
1000	1	2204.62
0.4536	4.536×10^{-4}	1

(2) 长度

米(m)	英寸(in)	英尺(ft)	码(yd)
1	39.3701	3.2808	1.09361
0.025400	1	0.073333	0.02778
0.30480	12	1	0.33333
0.9144	36	3	1

注：1公里＝0.6214哩＝0.5400国际海里，1微米（μm）＝10^{-6}米，1埃（Å）＝10^{-10}米。

(3) 面积

平方厘米(cm^2)	平方米(m^2)	平方英寸(in^2)	平方英尺(ft^2)
1	1×10^{-4}	0.15500	0.0010764
1×10^4	1	1550.00	10.7639
6.4516	6.4516×10^{-4}	1	0.006944
929.030	0.09290	144	1

注：1平方公里＝100公顷＝10000公亩＝10^6平方米。

(4) 容积

升(L)	立方米(m^3)	立方英尺(ft^3)	加仑(英)(UK gal)	加仑(美)(US gal)
1	1×10^{-3}	0.03531	0.21998	0.26418
1×10^3	1	35.3147	219.975	264.171
28.3161	0.02832	1	6.2288	7.48048
4.5459	0.004546	0.16054	1	1.20095
3.7853	0.003785	0.13368	0.8327	1

(5) 流量

升/秒	立方米/时	立方米/秒	加仑(美)/分	立方英尺/时	立方英尺/秒
1	3.6	0.001	15.850	127.13	0.03531
0.2778	1	2.778×10^{-4}	4.403	35.31	9.810×10^{-3}
1000	3600	1	1.5850×10^{-4}	1.2713×10^5	35.31
0.06309	0.2271	6.309×10^{-5}	1	8.021	0.002228
7.866×10^{-3}	0.02832	7.866×10^{-6}	0.12468	1	2.778×10^{-4}
28.32	101.94	0.02832	448.8	3600	1

(6) 力（重量）

牛顿	公斤	磅	达因	磅达
1	0.102	0.2248	10^5	7.233
9.8067	1	2.205	980700	70.93
4.448	0.4536	1	444.8×10^3	32.17
10^{-5}	1.02×10^{-6}	2.248×10^{-6}	1	0.7233×10^{-4}
0.1383	0.01410	0.03110	13825	1

(7) 密度

克/厘米^3	公斤/米^3	磅/英尺^3	磅/加仑
1	1000	62.43	8.345
0.001	1	0.6243	0.008345
0.01602	16.02	1	0.1337
0.1198	119.8	7.481	1

(8) 压强

牛顿/米^2 (帕斯卡)	巴 (bar)	公斤(力)/厘米^2(工程大气压)	磅/英寸^2	标准大气压(物理大气压)	水银柱		水柱	
					毫米	英寸	米	英寸
1	10^{-5}	1.019×10^{-5}	14.5×10^{-5}	0.9869×10^{-5}	7.50×10^{-3}	29.53×10^{-5}	1.0197×10^{-4}	4.018×10^{-3}
10^5	1	1.0197	14.50	0.9869	750.0	29.53	10.197	401.8
9.807×10^4	0.9807	1	14.22	0.9678	735.5	28.96	10.01	394.0
6895	0.06895	0.07031	1	0.06804	51.71	2.036	0.7037	27.70
1.0133×10^5	1.0133	1.0332	14.7	1	760	29.92	10.34	407.2
1.333×10^5	1.333	1.360	19.34	1.316	1000	39.37	13.61	535.67
3.386×10^3	0.03386	0.03453	0.4912	0.03342	25.40	1	0.3456	13.61
9798	0.09798	0.09991	1.421	0.09670	73.49	2.893	1	39.37
248.9	0.002489	0.002538	0.03609	0.002456	1.867	0.07349	0.0254	1

注：有时"巴"亦指 1［达因/厘米^2］，即相当于上表中之 $1/10^6$（亦称"巴利"）。
1 公斤（力）/厘米^2 = 98100 牛顿/米^2。毫米水银柱亦称"托"（Torr）。

(9) 动力黏度（通称黏度）

牛顿秒/米^2(帕斯卡·秒)	泊	厘泊	千克/(米·秒)	千克/(米·时)	磅/(英尺·秒)	公斤(力)·秒/米^2
10^{-1}	1	100	0.1	360	0.06720	0.0102
10^{-3}	0.01	1	0.001	3.6	6.720×10^{-4}	0.102×10^{-3}
1	10	1000	1	3600	0.6720	0.102
2.778×10^{-4}	2.778×10^{-3}	0.2778	2.778×10^{-4}	1	1.8667×10^{-4}	0.283×10^{-4}
1.4881	14.881	1488.1	1.4881	5357	1	0.1519
9.81	98.1	9810	9.81	0.353×10^5	6.59	1

(10) 运动黏度

米^2/秒	(斯托克)厘米^2/秒	米^2/时	英尺^2/秒	英尺^2/时
1	10^4	3.6×10^3	10.76	38750
10^{-4}	1	0.360	1.076×10^{-3}	3.875
2.778×10^{-4}	2.778	1	2.990×10^{-3}	10.76
9.29×10^{-2}	929.0	334.5	1	3600
0.2581×10^{-4}	0.2581	0.0929	2.778×10^{-4}	1

注:1厘泡=0.01泡。

(11) 能量（功）

焦耳	公斤(力)·米	千瓦·时	马力·时	千卡	英热单位	英尺·磅
1	0.102	2.778×10^{-7}	3.725×10^{-7}	2.39×10^{-4}	9.485×10^{-4}	0.7377
9.8067	1	2.724×10^{-6}	3.653×10^{-6}	2.342×10^{-3}	9.296×10^{-3}	7.233
3.6×10^6	3.671×10^5	1	1.3410	860.0	3413	2.655×10^6
2.685×10^6	273.8×10^3	0.7457	1	641.33	2544	1.981×10^6
4.1868×10^3	426.9	1.1622×10^{-3}	1.5576×10^{-3}	1	3.968	3087
1.055×10^3	107.58	2.930×10^{-4}	3.926×10^{-4}	0.2520	1	778.1
1.3558	0.1383	0.3766×10^{-6}	0.5051×10^{-6}	3.239×10^{-4}	1.285×10^{-5}	1

注:1尔格=1达因·厘米=10^{-7}焦耳。

(12) 功率

瓦	千瓦	公斤(力)·米/秒	英尺·磅/秒	马力	千卡/秒	英热单位/秒
1	10^{-3}	0.10197	0.73556	1.341×10^{-3}	0.2389×10^{-3}	0.9486×10^{-3}
10^3	1	101.97	735.56	1.3410	0.2389	0.9486
9.8067	0.0098067	1	7.23314	0.01315	0.002342	0.009293
1.3558	0.0013558	0.13825	1	0.0018182	0.0003289	0.0012851
745.69	0.74569	76.0375	550	1	0.17803	0.70675
4186	4.1860	426.85	3087.44	5.6135	1	3.9683
1055	1.0550	107.58	778.168	1.4148	0.251996	1

(13) 比热容

焦耳/克·℃	千卡/公斤·℃	1英热单位/磅·°F	摄氏热单位/磅·℃
1	0.2389	0.2389	0.2389
4.186	1	1	1

(14) 热导率（导热系数）

瓦特/(米·开尔文)	焦耳/(厘米·秒·℃)	卡/(厘米·秒·℃)	千卡/(米·时·℃)	1英热单位/(英尺·时·°F)
1	10^{-2}	2.389×10^{-3}	0.86	0.5779
10^2	1	0.2389	86.00	57.79
418.6	4.186	1	360	241.9
1.163	0.01163	0.002778	1	0.6720
1.73	0.01730	0.004134	1.488	1

(15) 传热系数

瓦特/(米²·开尔文)	千卡/(米²·时·℃)	卡/(厘米²·秒·℃)	英热单位/(英尺²·时·℉)
1	0.86	2.389×10^{-5}	0.176
1.163	1	2.778×10^{-5}	0.2048
4.186×10^4	3.6×10^4	1	7374
5.678	4.882	1.3562×10^{-4}	1

(16) 扩散系数

米²/秒	厘米²/秒	米²/时	英尺²/时	英寸²/秒
1	10^4	3600	3.875×10^4	1550
10^{-4}	1	0.360	3.875	0.1550
2.778×10^{-4}	2.778	1	10.764	0.4306
0.2581×10^{-4}	0.2581	0.09290	1	0.040
6.452×10^{-4}	6.452	2.323	25.000	1

(17) 表面张力

牛顿/米	达因/厘米	克/厘米	公斤(力)/米	磅/英尺
1	10^3	1.02	0.102	6.854×10^{-2}
10^{-3}	1	0.001020	1.020×10^{-4}	6.854×10^{-5}
0.9807	980.7	1	0.1	0.06720
9.807	9807	10	1	0.6720
14.592	14592	14.88	1.488	1

附录2 基本物理常数

理想气体定律常数 $R = 8.3143 \text{kJ} \cdot \text{kmol}^{-1} \cdot \text{K}^{-1} = 1.9872 \text{cal} \cdot \text{mol}^{-1} \cdot \text{K}^{-1} = 0.082057 \text{atm} \cdot \text{m}^3 \cdot \text{kmol}^{-1} \cdot \text{K}^{-1} = 0.7302 \text{atm} \cdot \text{ft}^3 \cdot \text{lb} \cdot \text{mol}^{-1} \cdot °\text{R}^{-1} = 82.057 \text{atm} \cdot \text{cm}^3 \cdot \text{mol}^{-1} \cdot \text{K}^{-1} = 1.9872 \text{Btu} \cdot \text{lb} \cdot \text{mol}^{-1} \cdot °\text{R}^{-1} = 8.3143 \text{kPa} \cdot \text{m}^3 \cdot \text{kmol}^{-1} \cdot \text{K}^{-1} = 10.731 \text{lbf} \cdot \text{in}^{-2} \cdot \text{ft} \cdot \text{lb} \cdot \text{mol}^{-1} \cdot °\text{R}^{-1} = 1.5453 \times 10^3 \text{ft} \cdot \text{lbf} \cdot \text{lb} \cdot \text{mol}^{-1} \cdot °\text{R}^{-1}$

阿伏伽德罗常数（Avogadro's constant） $N_{av} = 6.0221438 \times 10^{23} \text{mol} \cdot \text{mol}^{-1}$

玻耳兹曼常数（Boltzmann's constant） $k_B = R/N = 1.380 \times 10^{-23} \text{J} \cdot \text{mol}^{-1} \cdot \text{K}^{-1}$

重力加速度 $g = 9.80665 \text{m} \cdot \text{s}^{-2} = 32.1740 \text{ft} \cdot \text{s}^{-2}$

焦耳常数（Joule's constant） $J_c = 4.184 \times 10^7 \text{erg} \cdot \text{cal}^{-1} = 778.16 \text{ft} \cdot \text{lbf} \cdot \text{Btu}^{-1}$

普朗克常数（Planck's constant） $h = 6.625 \times 10^{-34} \text{J} \cdot \text{s} \cdot \text{mol}^{-1}$

光在真空中的速度 $c = 2.998 \times 10^8 \text{m} \cdot \text{s}^{-1}$

斯蒂芬-玻耳兹曼常数（Stefan-Boltzmann's constant） $\sigma = 5.669 \times 10^{-8} \text{W} \cdot \text{m}^{-2} \cdot \text{K}^{-4} = 0.1724 \times 10^{-8} \text{Btu} \cdot \text{h}^{-1} \cdot \text{ft}^{-2} \cdot °\text{R}^{-4}$

附录3 水的物理性质

温度 $t/℃$	压强 $p×10^{-5}$ /Pa	密度 ρ /(kg/m³)	焓 i /(J/kg)	比热容 $c_p×10^{-3}$ /[J/(kg·K)]	热导率 $\lambda×10^2$ /[W/(m·K)]	导温系数 $a×10^7$ /(m²/s)	黏度 $\mu×10^5$ /Pa·s	运动黏度 $\nu×10^6$ /(m²/s)	体积膨胀系数 $\beta×10^4$ /(1/K)	表面张力 $\sigma×10^3$ /(N/m)	普朗特数 Pr
0	1.01	999.9	0	4.212	55.08	1.31	178.78	1.789	−0.63	75.61	13.67
10	1.01	999.7	42.04	4.191	57.41	1.37	130.53	1.306	+0.70	74.14	9.52
20	1.01	998.2	83.90	4.183	59.85	1.43	100.42	1.006	1.82	72.67	7.02
30	1.01	995.7	125.69	4.174	61.71	1.49	80.12	0.805	3.21	71.20	5.42
40	1.01	992.2	167.51	4.174	63.33	1.53	65.32	0.659	3.87	69.63	4.31
50	1.01	988.1	209.30	4.174	64.73	1.57	54.92	0.556	4.49	67.67	3.54
60	1.01	983.2	251.12	4.178	65.89	1.61	46.98	0.478	5.11	66.20	2.98
70	1.01	977.8	292.99	4.187	66.70	1.63	40.60	0.415	5.70	64.33	2.55
80	1.01	971.8	334.94	4.195	67.40	1.66	35.50	0.365	6.32	62.57	2.21
90	1.01	965.3	376.98	4.208	67.98	1.68	31.48	0.326	6.95	60.71	1.95
100	1.01	958.4	419.19	4.220	68.21	1.69	28.24	0.295	7.52	58.84	1.75
110	1.43	951.0	461.34	4.233	68.44	1.70	25.89	0.272	8.08	56.88	1.60
120	1.99	943.1	503.67	4.250	68.56	1.71	23.73	0.252	8.64	54.82	1.47
130	2.70	934.8	546.38	4.266	68.56	1.72	21.77	0.233	9.17	52.86	1.36
140	3.62	926.1	589.08	4.287	68.44	1.73	20.10	0.217	9.72	50.70	1.26
150	4.76	917.0	632.20	4.312	68.33	1.73	18.63	0.203	10.3	48.64	1.17
160	6.18	907.4	675.33	4.346	68.21	1.73	17.36	0.191	10.7	46.58	1.10
170	7.92	897.3	719.29	4.379	67.86	1.73	16.28	0.181	11.3	44.33	1.05
180	10.03	886.9	763.25	4.417	67.40	1.72	15.30	0.173	11.9	42.27	1.00

附录4 某些气体的重要物理性质

名称	分子式	密度(0℃,101.3kPa) /kg·m⁻³	比热容(20℃,101.3kPa)/kJ·kg⁻¹·℃⁻¹		黏度 $\mu/10^{-5}$ Pa·s	沸点(101.3kPa) /℃	汽化热(101.3kPa) /kJ·kg⁻¹	临界点 温度/℃	临界点 压力/kPa	热导率(0℃,101.3 kPa)/W·m⁻¹·℃⁻¹
			c_p	c_V						
空气		1.293	1.009	0.720	1.73	−195	197	−140.7	3768.4	0.0244
氧	O_2	1.429	0.913	0.653	2.03	−132.98	213	−118.82	5036.6	0.0240
氮	N_2	1.251	1.047	0.745	1.70	−195.78	199.2	−147.13	3392.5	0.0228
氢	H_2	0.0899	14.27	10.13	0.842	−252.75	454.2	−239.9	1296.6	0.163
氦	He	0.1785	5.275	3.18	1.88	−268.95	19.5	−267.96	228.94	0.144
氩	Ar	1.7820	0.532	0.322	2.09	−185.87	163	−122.44	4862.4	0.0173
氯	Cl_2	3.217	0.481	0.355	1.29(16℃)	−33.8	305	144.0	7708.9	0.0072
氨	CH_3	0.771	2.22	1.67	0.918	−33.4	1373	132.4	11295	0.0215
一氧化碳	CO	1.250	1.047	0.754	1.66	−191.48	211	−140.2	3497.9	0.0226
二氧化碳	CO_2	1.976	0.837	0.653	1.37	−78.2	574	31.1	7384.8	0.0137
二氧化硫	SO_2	2.927	0.632	0.502	1.17	−10.8	394	157.5	7879.1	0.0077

续表

名称	分子式	密度(0℃ 101.3kPa) /kg·m⁻³	比热容(20℃, 101.3kPa)/kJ· kg⁻¹·℃⁻¹ c_p	比热容(20℃, 101.3kPa)/kJ· kg⁻¹·℃⁻¹ c_V	黏度 $\mu/10^{-5}$ Pa·s	沸点 (101.3kPa) /℃	汽化热 (101.3kPa) /kJ·kg⁻¹	临界点 温度/℃	临界点 压力/kPa	热导率 (0℃,101.3 kPa)/W·m⁻¹· ℃⁻¹
二氧化氮	NO_2	—	0.804	0.615	—	21.2	712	158.2	10130	0.0400
硫化氢	H_2S	1.539	1.059	0.804	1.166	−60.2	548	100.4	19136	0.0131
甲烷	CH_4	0.717	2.223	1.700	1.03	−161.58	511	−82.15	4619.3	0.0300
乙烷	C_2H_6	1.357	1.729	1.444	0.850	−88.50	486	32.1	4948.5	0.0180
丙烷	C_3H_8	2.020	1.863	1.650	0.795 (18℃)	−42.1	427	95.6	4355.9	0.0148
正丁烷	C_4H_{10}	2.673	1.918	1.733	0.810	−0.5	386	152	3798.8	0.0135
正戊烷	C_5H_{12}	—	1.72	1.57	0.0874	−36.08	151	197.1	3342.9	0.0128
乙烯	C_2H_4	1.261	1.528	1.222	0.935	103.7	481	9.7	5135.9	0.0164
丙烯	C_3H_6	1.914	1.633	1.436	0.835 (20℃)	−47.7	440	91.4	4599.0	—
乙炔	C_2H_2	1.171	1.683	1.352	0.935	−83.66 (升华)	829	35.7	6240.0	0.0184
氯甲烷	CH_3Cl	2.308	0.741	0.582	0.989	−24.1	406	148	6685.8	0.0085
苯	C_6H_6	—	1.252	1.139	0.72	80.2	394	288.5	4832.0	0.0088

附录5 某些液体的重要物理性质

名 称	分子式	摩尔质量 /kg·kmol⁻¹	密度 (20℃) /kg·m⁻³	沸点 (101.3 kPa)/℃	汽化热 /kJ·kg⁻¹	比热容 (20℃)/kJ· kg⁻¹·℃⁻¹	黏度 (20℃) /mPa·s	热导率 (20℃) /W·m⁻¹· ℃⁻¹	体积膨胀系数 β(20℃) /10^{-4}℃⁻¹	表面张力 σ(20℃) /10^{-3}N· m⁻¹
水	H_2O	18.02	998	100	2258	4.183	1.005	0.599	1.82	72.8
氯化钠盐水 (25%)	—	—	1186 (25℃)	107		3.39	2.3	0.57 (30℃)	(4.4)	
氯化钙盐水 (25%)	—	—	1228	107		2.89	2.5	0.57	(3.4)	
硫酸	H_2SO_4	98.08	1831	340 (分解)	—	1.47 (98%)		0.38	5.7	
硝酸	HNO_3	63.02	1513	86	481.1		1.17 (10℃)			
盐酸 (30%)	HCl	36.47	1149			2.55	2 (31.5%)	0.42		
二硫化碳	CS_2	76.13	1262	46.3	352	1.005	0.38	0.16	12.1	32
戊烷	C_5H_{12}	72.15	626	36.07	357.4	2.24 (15.6℃)	0.229	0.113	15.9	16.2
己烷	C_6H_{14}	86.17	659	68.74	335.1	2.31 (15.6℃)	0.313	0.119		18.2
庚烷	C_7H_{16}	100.20	684	98.43	316.5	2.21 (15.6℃)	0.411	0.123		20.1
辛烷	C_8H_{18}	114.22	763	125.67	306.4	2.19 (15.6℃)	0.540	0.131		21.8

续表

名　称	分子式	摩尔质量 /kg·kmol^{-1}	密度(20℃) /kg·m^{-3}	沸点(101.3 kPa)/℃	汽化热 /kJ·kg^{-1}	比热容(20℃)/kJ·kg^{-1}·℃$^{-1}$	黏度(20℃) /mPa·s	热导率(20℃) /W·m^{-1}·℃$^{-1}$	体积膨胀系数 β(20℃) /10^{-4}℃$^{-1}$	表面张力 σ(20℃) /10^{-3}N·m^{-1}
三氯甲烷	CHCl$_3$	119.38	1489	61.2	253.7	0.992	0.58	0.138(30℃)	12.6	28.5(10℃)
四氯化碳	CCl$_4$	153.82	1594	76.8	195	0.850	1.0	0.12		26.8
1,2-二氯乙烷	C$_2$H$_4$Cl$_2$	98.96	1253	83.6	324	1.260	0.83	0.14(50℃)		30.8
苯	C$_6$H$_6$	78.11	879	80.10	393.9	1.704	0.737	0.148	12.4	28.6
甲苯	C$_7$H$_8$	92.13	867	110.63	363	1.70	0.675	0.138	10.9	27.9
邻二甲苯	C$_8$H$_{10}$	106.16	880	144.42	347	1.74	0.811	0.142		30.2
间二甲苯	C$_8$H$_{10}$	106.16	864	139.10	343	1.70	0.611	0.167	10.1	29.0
对二甲苯	C$_8$H$_{10}$	106.16	861	138.35	340	1.704	0.643	0.129		28.0
苯乙烯	C$_8$H$_9$	104.1	911(15.6℃)	145.2	(352)	1.733	0.72			
氯苯	C$_6$H$_5$Cl	112.56	1106	131.8	325	1.298	0.85	0.14(30℃)		32
硝基苯	C$_6$H$_5$NO$_2$	123.17	1203	210.9	396	396	2.1	0.15		41
苯胺	C$_6$H$_5$NH$_2$	93.13	1022	184.4	448	2.07	4.3	0.17	8.5	42.9
酚	C$_6$H$_5$OH	94.1	1050(50℃)	181.8(熔点40.9)	511		3.4(50℃)			
萘	C$_{16}$H$_8$	128.17	1145(固体)	217.9(熔点80.2)	314	1.80	0.59(100℃)			
甲醇	CH$_3$OH	32.04	791	64.7	1101	2.48	0.6	0.212	12.2	22.6
乙醇	C$_2$H$_5$OH	46.07	789	78.3	846	2.39	1.15	0.172	11.6	22.8
乙醇(95%)		—	804	78.3			1.4			
乙二醇	C$_2$H$_4$(OH)$_2$	62.05	1113	197.6	780	2.35	23			47.7
甘油	C$_3$H$_5$(OH)$_3$	92.09	1261	290(分解)	—		1499	0.59	5.3	63
乙醚	(C$_2$H$_5$)$_2$O	74.12	714	34.6	360	2.34	0.24	0.14	16.3	18
乙醛	CH$_3$CHO	44.05	783(18℃)	20.2	574	1.9	1.3(18℃)			21.2
糠醛	C$_5$H$_4$O$_2$	96.09	1168	161.7	452	1.6	1.15(50℃)			43.5
丙酮	CH$_3$COCH$_3$	58.08	792	56.2	523	2.35	0.32	0.17		23.7
甲酸	HCOOH	46.03	1220	100.7	494	2.17	1.9	0.26		27.8
乙酸	CH$_3$COOH	60.03	1049	118.1	406	1.99	1.3	0.17	10.7	23.9
乙酸乙酯	CH$_3$COOC$_2$H$_5$	88.11	901	77.1	368	1.92	0.48	0.14(10℃)		
煤油		—	780~820				3	0.15	10.0	
汽油		—	680~800				0.7~0.8	0.19(30℃)	12.5	

附录6 某些有机液体的相对密度（液体密度与4℃水的密度之比）

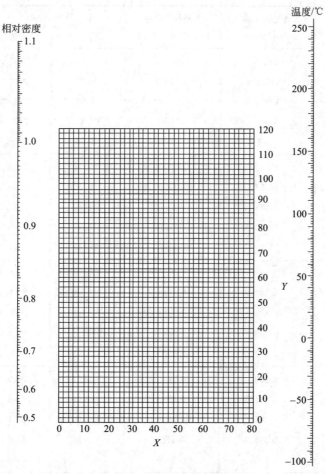

有机液体相对密度共线图的坐标

有机液体	X	Y	有机液体	X	Y	有机液体	X	Y	有机液体	X	Y
乙炔	20.8	10.1	十一烷	14.4	39.2	甲酸乙酯	37.6	68.4	氟苯	41.9	86.7
乙烷	10.3	4.4	十二烷	14.3	41.4	甲酸丙酯	33.8	66.7	癸烷	16.0	38.2
乙烯	17.0	3.5	十三烷	15.3	42.4	丙烷	14.2	12.2	氢	22.4	24.6
乙醇	24.2	48.6	十四烷	15.8	43.3	丙酮	26.1	47.8	氯乙烷	42.7	62.4
乙醚	22.6	35.8	三乙胺	17.9	37.0	丙醇	23.8	50.8	氯甲烷	52.3	62.9
乙丙醚	20.0	37.0	三氯化磷	28.0	22.1	丙酸	35.0	83.5	氯苯	41.7	105.0
乙硫醇	32.0	55.5	己烷	13.5	27.0	丙酸甲酯	36.5	68.3	氰丙烷	20.1	44.6
乙硫醚	25.7	55.3	壬烷	16.2	36.5	丙酸乙酯	32.1	63.9	氰甲烷	21.8	44.9
二乙胺	17.8	33.5	六氢吡啶	27.5	60.0	戊烷	12.6	22.6	环己烷	19.6	44.0
二氧化碳	78.6	45.4	甲乙醚	25.0	34.4	异戊烷	13.5	22.5	醋酸	40.6	93.5
异丁烷	13.7	16.5	甲醇	25.8	49.1	辛烷	12.7	32.5	醋酸甲酯	40.1	70.3
丁酸	31.3	78.7	甲硫醇	37.3	59.6	庚烷	12.6	29.8	醋酸乙酯	35.0	65.0
丁酸甲酯	31.5	65.5	甲硫醚	31.9	57.4	苯	32.7	63.0	醋酸丙酯	33.0	65.5
异丁酸	31.5	75.9	甲醚	27.2	30.1	苯酚	35.7	103.8	甲苯	27.0	61.0
丁酸(异)甲酯	33.0	64.1	甲酸甲酯	46.4	74.6	苯胺	33.5	92.5	异戊醇	20.5	52.0

附录7 饱和水蒸气（以温度为准）

温度/℃	压强(绝对大气压)/kPa	水蒸气的比体积/(m³/kg)	水蒸气的密度/(kg/m³)	焓/(kJ/kg) 液体	焓/(kJ/kg) 水蒸气	汽化热/(kJ/kg)
0	0.6082	206.5	0.00484	0	2491.3	2491.3
5	0.8730	147.1	0.00680	20.94	2500.9	2480.0
10	1.226	106.4	0.00940	41.87	2510.5	2468.6
15	1.707	77.9	0.01283	62.81	2520.6	2457.8
20	2.335	57.8	0.01719	83.74	2530.1	2446.3
25	3.168	43.40	0.02304	104.68	2538.6	2433.9
30	4.247	32.93	0.03036	125.60	2549.5	2423.7
35	5.621	25.25	0.03960	146.55	2559.1	2412.6
40	7.377	19.55	0.05114	167.47	2568.7	2401.1
45	9.584	15.28	0.06543	188.42	2577.9	2389.5
50	12.34	12.054	0.0830	209.34	2587.6	2378.1
55	15.74	9.589	0.1043	230.29	2596.8	2366.5
60	19.92	7.687	0.1301	251.21	2606.3	2355.1
65	25.01	6.209	0.1611	272.16	2615.6	2343.4
70	31.16	5.052	0.1979	293.08	2624.4	2331.2
75	38.55	4.139	0.2416	314.03	2629.7	2315.7
80	47.38	3.414	0.2929	334.94	2642.4	2307.3
85	57.88	2.832	0.3531	355.90	2651.2	2295.3
90	70.14	2.365	0.4229	376.81	2660.0	2283.1
95	84.56	1.985	0.5039	397.77	2668.8	2271.0
100	101.33	1.675	0.5970	418.68	2677.2	2258.4
105	120.85	1.421	0.7036	439.64	2685.1	2245.5
110	143.31	1.212	0.8254	460.97	2693.5	2232.4
115	169.11	1.038	0.9635	481.51	2702.5	2221.0
120	198.64	0.893	1.1199	503.67	2708.9	2205.2
125	232.19	0.7715	1.296	523.38	2716.5	2193.1
130	270.25	0.6693	1.494	546.38	2723.9	2177.6
135	313.11	0.5831	1.715	565.25	2731.2	2166.0
140	361.47	0.5096	1.962	589.08	2737.8	2148.7
145	415.72	0.4469	2.238	607.12	2744.6	2137.5
150	476.24	0.3933	2.543	632.21	2750.7	2118.5
160	618.28	0.3075	3.252	675.75	2762.9	2087.1
170	792.59	0.2431	4.113	719.29	2773.3	2054.0
180	1003.5	0.1944	5.145	763.25	2782.6	2019.3

附录8　饱和水蒸气（以压强为准）

压强/Pa	温度/℃	水蒸气的比体积/(m³/kg)	水蒸气的密度/(kg/m³)	焓/(kJ/kg) 液体	焓/(kJ/kg) 水蒸气	汽化热/(kJ/kg)
1000	6.3	129.37	0.00773	26.48	2503.1	2476.8
1500	12.5	88.26	0.01133	52.26	2515.3	2463.0
2000	17.0	67.29	0.01486	71.21	2524.2	2452.9
2500	20.9	54.47	0.01836	87.45	2531.8	2444.3
3000	23.5	45.52	0.02179	98.38	2536.8	2438.4
3500	26.1	39.45	0.02523	109.30	2541.8	2432.5
4000	28.7	34.88	0.02867	120.23	2546.8	2426.6
4500	30.8	33.06	0.03205	129.00	2550.9	2421.9
5000	32.4	28.27	0.03537	135.69	2554.0	2418.3
6000	35.6	23.81	0.04200	149.06	2560.1	2411.0
7000	38.8	20.56	0.04864	162.44	2566.3	2403.8
8000	41.3	18.13	0.05514	172.73	2571.0	2398.2
9000	43.3	16.24	0.06156	181.16	2574.8	2393.6
1×10^4	45.3	14.71	0.06798	189.59	2578.5	2388.9
1.5×10^4	53.3	10.04	0.09956	224.03	2594.0	2370.0
2×10^4	60.1	7.65	0.13068	251.51	2606.4	2354.9
3×10^4	66.5	5.24	0.19093	288.77	2622.4	2333.7
4×10^4	75.0	4.00	0.24975	315.93	2634.1	2312.2
5×10^4	81.2	3.25	0.30799	339.80	2644.3	2304.5
6×10^4	85.6	2.74	0.36514	358.21	2652.1	2293.9
7×10^4	89.9	2.37	0.42229	376.61	2659.8	2283.2
8×10^4	93.2	2.09	0.47807	390.08	2665.3	2275.3
9×10^4	96.4	1.87	0.53384	403.49	2670.8	2267.4
1×10^5	99.6	1.70	0.58961	416.90	2676.3	2259.5
1.2×10^5	104.5	1.43	0.69868	437.51	2684.3	2246.8
1.4×10^5	109.2	1.24	0.80758	457.67	2692.1	2234.4
1.6×10^5	113.0	1.21	0.82981	473.88	2698.1	2224.2
1.8×10^5	116.6	0.988	1.0209	489.32	2703.7	2214.3
2×10^5	120.2	0.887	1.1273	493.71	2709.2	2204.6
2.5×10^5	127.2	0.719	1.3904	534.39	2719.7	2185.4
3×10^5	133.3	0.606	1.6501	560.38	2728.5	2168.1
3.5×10^5	138.8	0.524	1.9074	583.76	2736.1	2152.3
4×10^5	143.4	0.463	2.1618	603.61	2742.1	2138.5
4.5×10^5	147.7	0.414	2.4152	622.42	2747.8	2125.4
5×10^5	151.7	0.375	2.6673	639.59	2752.8	2113.2
6×10^5	158.7	0.316	3.1686	670.22	2761.4	2091.1
7×10^5	164.7	0.273	3.6657	696.27	2767.8	2071.5
8×10^5	170.4	0.240	4.1614	720.96	2773.7	2052.7
9×10^5	175.1	0.215	4.6525	741.82	2778.1	2036.2
1×10^6	179.9	0.194	5.1432	762.68	2782.5	2019.7

附录9　水在不同温度下的黏度

温度/℃	黏度/mPa·s	温度/℃	黏度/mPa·s	温度/℃	黏度/mPa·s
0	1.7921	33	0.7523	67	0.4233
1	1.7313	34	0.7371	68	0.4174
2	1.6728	35	0.7225	69	0.4117
3	1.6191	36	0.7085	70	0.4061
4	1.5674	37	0.6947	71	0.4006
5	1.5188	38	0.6814	72	0.3952
6	1.4728	39	0.6685	73	0.3900
7	1.4284	40	0.6560	74	0.3849
8	1.3860	41	0.6439	75	0.3799
9	1.3462	42	0.6321	76	0.3750
10	1.3077	43	0.6207	77	0.3702
11	1.2713	44	0.6097	78	0.3655
12	1.2363	45	0.5988	79	0.3610
13	1.2028	46	0.5883	80	0.3565
14	1.1709	47	0.5782	81	0.3521
15	1.1404	48	0.5683	82	0.3478
16	1.1111	49	0.5588	83	0.3436
17	1.0828	50	0.5494	84	0.3395
18	1.0559	51	0.5404	85	0.3355
19	1.0299	52	0.5315	86	0.3315
20	1.0050	53	0.5229	87	0.3276
20.2	1.0000	54	0.5146	88	0.3239
21	0.9810	55	0.5064	89	0.3202
22	0.9579	56	0.4985	90	0.3165
23	0.9358	57	0.4907	91	0.3130
24	0.9142	58	0.4832	92	0.3095
25	0.8937	59	0.4759	93	0.3060
26	0.8737	60	0.4688	94	0.3027
27	0.8545	61	0.4618	95	0.2994
28	0.8360	62	0.4550	96	0.2962
29	0.8180	63	0.4483	97	0.2930
30	0.8007	64	0.4418	98	0.2899
31	0.7840	65	0.4355	99	0.2868
32	0.7679	66	0.4293	100	0.2838

附录10　液体黏度共线图

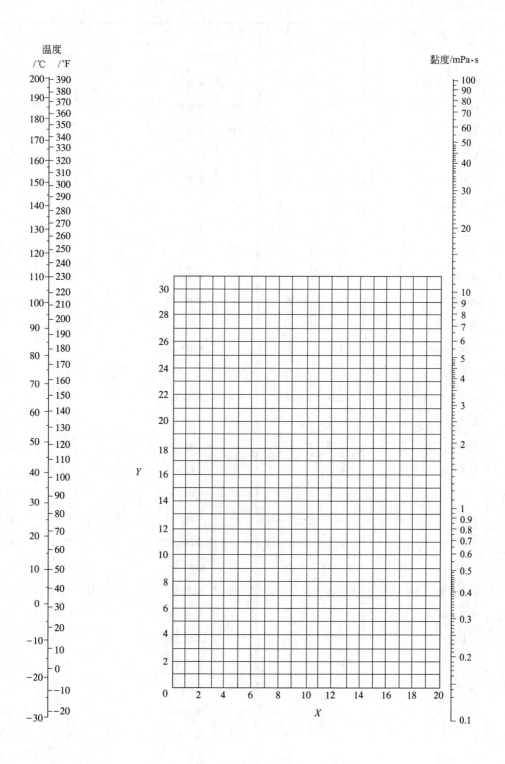

液体黏度共线图坐标值

用法举例，求苯在50℃时的黏度，从本表序号26查得苯的 $X=12.5$，$Y=10.9$。把这两个数值标在前页共线图的 X-Y 坐标上的一点，把这点与图中左方温度标尺上50℃的点联成一直线，延长，与右方黏度标尺相交，由此交点定出50℃苯的黏度。

序号	名　称	X	Y	序号	名　称	X	Y
1	水	10.2	13.0	31	乙苯	13.2	11.5
2	盐水(25%NaCl)	10.2	16.6	32	氯苯	12.3	12.4
3	盐水(25%CaCl$_2$)	6.6	15.9	33	硝基苯	10.6	16.2
4	氨	12.6	2.0	34	苯胺	8.1	18.7
5	氨水(26%)	10.1	13.9	35	酚	6.9	20.8
6	二氧化碳	11.6	0.3	36	联苯	12.0	18.3
7	二氧化硫	15.2	7.1	37	萘	7.9	18.1
8	二硫化碳	16.1	7.5	38	甲醇(100%)	12.4	10.5
9	溴	14.2	18.2	39	甲醇(90%)	12.3	11.8
10	汞	18.4	16.4	40	甲醇(40%)	7.8	15.5
11	硫酸(110%)	7.2	27.4	41	乙醇(100%)	10.5	13.8
12	硫酸(100%)	8.0	25.1	42	乙醇(95%)	9.8	14.3
13	硫酸(98%)	7.0	24.8	43	乙醇(40%)	6.5	16.6
14	硫酸(60%)	10.2	21.3	44	乙二醇	6.0	23.6
15	硝酸(95%)	12.8	13.8	45	甘油(100%)	2.0	30.0
16	硝酸(60%)	10.8	17.0	46	甘油(50%)	6.9	19.6
17	盐酸(31.5%)	13.0	16.6	47	乙醚	14.5	5.3
18	氢氧化钠(50%)	3.2	25.8	48	乙醛	15.2	14.8
19	戊烷	14.9	5.2	49	丙酮	14.5	7.2
20	己烷	14.7	7.0	50	甲酸	10.7	15.8
21	庚烷	14.1	8.4	51	醋酸(100%)	12.1	14.2
22	辛烷	13.7	10.0	52	醋酸(70%)	9.5	17.0
23	三氯甲烷	14.4	10.2	53	醋酸酐	12.7	12.8
24	四氯化碳	12.7	13.1	54	醋酸乙酯	13.7	9.1
25	二氯乙烷	13.2	12.2	55	醋酸戊酯	11.8	12.5
26	苯	12.5	10.9	56	氟利昂-11	14.4	9.0
27	甲苯	13.7	10.4	57	氟利昂-12	16.8	5.6
28	邻二甲苯	13.5	12.1	58	氟利昂-21	15.7	7.5
29	间二甲苯	13.9	10.6	59	氟利昂-22	17.2	4.7
30	对二甲苯	13.9	10.9	60	煤油	10.2	16.9

附录11　气体黏度共线图（常压下用）

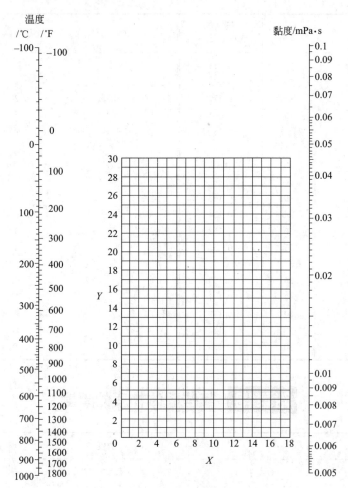

气体黏度共线图坐标值

序号	名称	X	Y	序号	名称	X	Y	序号	名称	X	Y
1	空气	11.0	20.0	15	氟	7.3	23.8	29	甲苯	8.6	12.4
2	氧	11.0	21.3	16	氯	9.0	18.4	30	甲醇	8.5	15.6
3	氮	10.6	20.0	17	氯化氢	8.8	18.7	31	乙醇	9.2	14.2
4	氢	11.2	12.4	18	甲烷	9.9	15.5	32	丙醇	8.4	13.4
5	$3H_2+1N_2$	11.2	17.2	19	乙烷	9.1	14.5	33	醋酸	7.7	14.3
6	水蒸气	8.0	16.0	20	乙烯	9.5	15.1	34	丙酮	8.9	13.0
7	二氧化碳	9.5	18.7	21	乙炔	9.8	14.9	35	乙醚	8.9	13.0
8	一氧化碳	11.0	20.0	22	丙烷	9.7	12.9	36	醋酸乙酯	8.5	13.2
9	氨	8.4	16.6	23	丙烯	9.0	13.8	37	氟利昂-11	10.6	15.1
10	硫化氢	8.6	18.0	24	丁烯	9.2	13.7	38	氟利昂-12	11.1	16.0
11	二氧化硫	9.6	17.0	25	戊烷	7.0	12.8	39	氟利昂-21	10.8	15.3
12	二硫化碳	8.0	16.0	26	己烷	8.6	11.8	40	氟利昂-22	10.1	17.0
13	一氧化二氮	8.8	19.0	27	三氯甲烷	8.9	15.7				
14	一氧化氮	10.9	20.5	28	苯	8.5	13.2				

附录12 某些液体的热导率

液体		温度 t/℃	热导率 /[W/(m·℃)]	液体		温度 t/℃	热导率 /[W/(m·℃)]
醋酸	100%	20	0.171			75	0.135
	50%	20	0.35	汽油		30	0.135
丙酮		30	0.177	三元醇	100%	20	0.284
		75	0.164		80%	20	0.327
丙烯醇		25～30	0.180		60%	20	0.381
氨		25～30	0.50		40%	20	0.448
氨水溶液		20	0.45		20%	20	0.481
		60	0.50		100%	100	0.284
正戊醇		30	0.163	正庚烷		30	0.140
		100	0.154			60	0.137
异戊醇		30	0.152	正己烷		30	0.138
		75	0.151			60	0.135
苯胺		0～20	0.173	正庚醇		30	0.163
苯		30	0.159			75	0.157
		60	0.151	正己醇		30	0.164
乙苯		30	0.149	煤油		75	0.156
		60	0.142			20	0.149
乙醚		30	0.133			75	0.140

附录13 某些固体物质的黑度

材料名称	温度/℃	ε
表面被磨光的铝	225～575	0.039～0.057
表面不磨光的铝	26	0.055
表面被磨光的铁	425～1020	0.144～0.377
用金刚砂冷加工后的铁	20	0.242
氧化后的铁	100	0.736
氧化后表面光滑的铁	125～525	0.78～0.82
未经加工处理的铸铁	925～1115	0.87～0.95
表面被磨光的铸铁件	770～1040	0.52～0.56
经过研磨后的钢板	940～1100	0.55～0.61
表面上有一层有光泽的氧化物的钢板	25	0.82
经过刮面加工的生铁	830～990	0.60～0.70
氧化铁	500～1200	0.85～0.95
无光泽的黄铜板	50～360	0.22
氧化铜	800～1100	0.66～0.84
铬	100～1000	0.08～0.26

续表

材 料 名 称	温度/℃	ε
有光泽的镀锌铁板	28	0.228
已经氧化的灰色镀锌铁板	24	0.276
石棉纸板	24	0.96
石棉纸	40~370	0.93~0.945
水	0~100	0.95~0.963
石膏	20	0.903
表面粗糙、基本完整的红砖	20	0.93
表面粗糙没有上过釉的硅砖	100	0.80
表面粗糙上过釉的硅砖	1100	0.85
上过釉的黏土耐火砖	1100	0.75
耐火砖	—	0.8~0.9
涂在铁板上的光泽的黑漆	25	0.875
无光泽的黑漆	40~95	0.96~0.98
白漆	40~95	0.80~0.95
平整的玻璃	22	0.937
烟尘,发光的煤尘	95~270	0.952
上过釉的瓷器	22	0.924

附录14　固体材料的热导率

(1) 常用金属材料的热导率

热导率/[W/(m·℃)] 温度/℃	0	100	200	300	400
铝	227.95	227.95	227.95	227.95	227.95
铜	383.79	379.14	372.16	367.51	362.86
铁	73.27	67.45	61.64	54.66	48.85
铅	35.12	33.38	31.40	29.77	—
镁	172.12	167.47	162.82	158.17	—
镍	93.04	82.57	73.27	63.97	59.31
银	414.03	409.38	373.32	361.69	359.37
锌	112.81	109.90	105.83	101.18	93.04
碳钢	52.34	48.85	44.19	41.87	34.89
不锈钢	16.28	17.45	17.45	18.49	—

(2) 常用非金属材料

材料	温度/℃	热导率/[W/(m·℃)]	材料	温度/℃	热导率/[W/(m·℃)]
软木	30	0.04303	泡沫塑料	—	0.04652
玻璃棉	—	0.03489~0.06978	木材(横向)	—	0.1396~0.1745
保温灰	—	0.06978	(纵向)	—	0.3838
锯屑	20	0.04652~0.05815	耐火砖	230	0.8723
棉花	100	0.06978		1200	1.6398
厚纸	20	0.1369~0.3489	混凝土	—	1.2793
玻璃	30	1.0932	绒毛毡	—	0.0465
	−20	0.7560	85%氧化镁粉	0~100	0.06978
搪瓷	—	0.8723~1.163	聚氯乙烯	—	0.1163~0.1745
云母	50	0.4303	酚醛加玻璃纤维	—	0.2593
泥土	20	0.6978~0.9304	酚醛加石棉纤维	—	0.2942
冰	0	2.326	聚酯加玻璃纤维	—	0.2594
软橡胶	—	0.1291~0.1593	聚碳酸酯	—	0.1907
硬橡胶	0	0.1500	聚苯乙烯泡沫	25	0.04187
聚四氟乙烯	—	0.2419		−150	0.001745
泡沫玻璃	−15	0.004885	聚乙烯	—	0.3291
	−80	0.003489	石墨	—	139.56

附录15 常用固体材料的密度和比热容

名称	密度/(kg/m³)	比热容/[kJ/(kg·℃)]	名称	密度/(kg/m³)	比热容/[kJ/(kg·℃)]
钢	7850	0.4605	干砂	1500~1700	0.7955
不锈钢	7900	0.5024	黏土	1600~1800	0.7536(−20~20℃)
铸铁	7220	0.5024	黏土砖	1600~1900	0.9211
铜	8800	0.4062	耐火砖	1840	0.8792~1.0048
青铜	8000	0.3810	混凝土	2000~2400	0.8374
黄铜	8600	0.3768	松木	500~600	2.7214(0~100℃)
铝	2670	0.9211	软木	100~300	0.9630
镍	9000	0.4605	石棉板	770	0.8164
铅	11400	0.1298	玻璃	2500	0.6699
酚醛	1250~1300	1.2560~1.6747	耐酸砖和板	2100~2400	0.7536~0.7955
脲醛	1400~1500	1.2560~1.6747	耐酸搪瓷	2300~2700	0.8374~1.2560
聚苯乙烯	1050~1070	1.3398	有机玻璃	1180~1190	
低压聚氯乙烯	940	2.5539	多孔绝热砖	600~1400	
高压聚氯乙烯	920	2.2190			

附录16 气体热导率共线图 (101.3kPa)

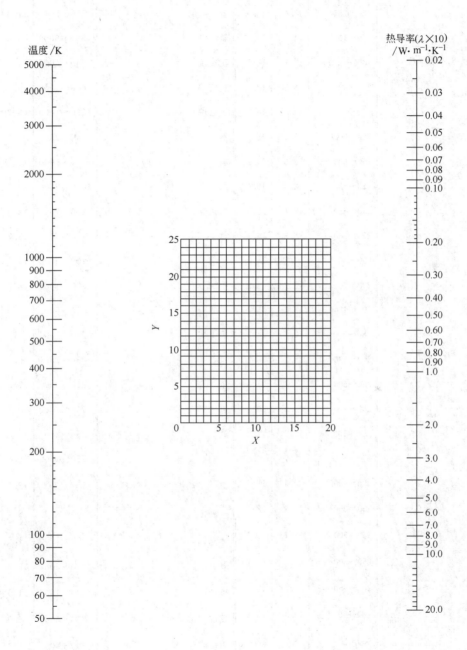

气体的热导率共线图坐标值（常压下用）

气体或蒸气	温度范围/K	X	Y	气体或蒸气	温度范围/K	X	Y
乙炔	200~600	7.5	13.5	氟利昂-113($CCl_2F \cdot CClF_2$)	250~400	4.7	17.0
空气	50~250	12.4	13.9	氦	50~500	17.0	2.5
空气	250~1000	14.7	15.0	氦	500~5000	15.0	3.0
空气	1000~1500	17.1	14.5	正庚烷	250~600	4.0	14.8
氨	200~900	8.5	12.6	正庚烷	600~1000	6.9	14.9
氩	50~250	12.5	16.5	正己烷	250~1000	3.7	14.0
氩	250~5000	15.4	18.1	氢	50~250	13.2	1.2
苯	250~600	2.8	14.2	氢	250~1000	15.7	1.3
三氟化硼	250~400	12.4	16.4	氢	1000~2000	13.7	2.7
溴	250~350	10.1	23.6	氯化氢	200~700	12.2	18.5
正丁烷	250~500	5.6	14.1	氪	100~700	13.7	21.8
异丁烷	250~500	5.7	14.0	甲烷	100~300	11.2	11.7
二氧化碳	200~700	8.7	15.5	甲烷	300~1000	8.5	11.0
二氧化碳	700~1200	13.3	15.4	甲醇	300~500	5.0	14.3
一氧化碳	80~300	12.3	14.2	氯甲烷	250~700	4.7	15.7
一氧化碳	300~1200	15.2	15.2	氖	50~250	15.2	10.2
四氯化碳	250~500	9.4	21.0	氖	250~5000	17.2	11.0
氯	200~700	10.8	20.1	氧化氮	100~1000	13.2	14.8
氘	50~100	12.7	17.3	氮	50~250	12.5	14.0
丙酮	250~500	3.7	14.8	氮	250~1500	15.8	15.3
乙烷	200~1000	5.4	12.6	氮	1500~3000	12.5	16.5
乙醇	250~350	2.0	13.0	一氧化二氮	200~500	8.4	15.0
乙醇	350~500	7.7	15.2	一氧化二氮	500~1000	11.5	15.5
乙醚	250~500	5.3	14.1	氧	50~300	12.2	13.8
乙烯	200~450	3.9	12.3	氧	300~1500	14.5	14.8
氟	80~600	12.3	13.8	戊烷	250~500	5.0	14.1
氙	600~800	18.7	13.8	丙烷	200~300	2.7	12.0
氟利昂-11(CCl_3F)	250~500	7.5	19.0	丙烷	300~500	6.3	13.7
氟利昂-12(CCl_2F_2)	250~500	6.8	17.5	二氧化硫	250~900	9.2	18.5
氟利昂-13($CClF_3$)	250~500	7.5	16.5	甲苯	250~600	6.4	14.8
氟利昂-21($CHCl_2F$)	250~450	6.2	17.5	氟利昂-22($CHClF_2$)	250~500	6.5	18.6

附录17 液体的比热容共线图

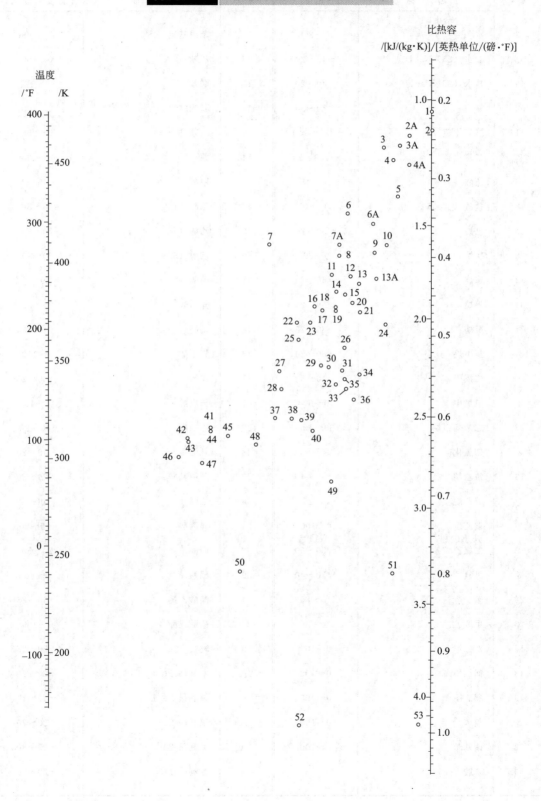

液体比热共线图中的编号

编号	名称	温度范围/℃	编号	名称	温度范围/℃
53	水	10～200	10	苯甲基氯	－30～30
51	盐水（25％NaCl）	－40～20	25	乙苯	0～100
49	盐水（25％CaCl$_2$）	－40～20	15	联苯	80～120
52	氨	－70～50	16	联苯醚	0～200
11	二氧化硫	－20～100	16	联苯-联苯醚	0～200
2	二氧化碳	－100～25	14	萘	90～200
9	硫酸（98％）	10～45	40	甲醇	－40～20
48	盐酸（30％）	20～100	42	乙醇（100％）	30～80
35	己烷	－80～20	46	乙醇（95％）	20～80
28	庚烷	0～60	50	乙醇（50％）	20～80
33	辛烷	－50～25	45	丙醇	－20～100
34	壬烷	－50～25	47	异丙醇	20～50
21	癸烷	－80～25	44	丁醇	0～100
13A	氯甲烷	－80～20	43	异丁醇	0～100
5	二氯甲苯	－40～50	37	戊醇	－50～25
4	三氯甲烷	0～50	41	异戊醇	10～100
22	二苯基甲烷	30～100	39	乙二醇	－40～200
3	四氯化碳	10～60	38	甘油	－40～20
13	氯乙烷	－30～40	27	苯甲基醇	－20～30
1	溴乙烷	5～25	36	乙醚	－100～25
7	碘乙烷	0～100	31	异丙醚	－80～200
6A	二氯乙烷	－30～60	32	丙酮	20～50
3	过氯乙烯	－30～40	29	醋酸	0～80
23	苯	10～80	24	醋酸乙酯	－50～25
23	甲苯	0～60	26	醋酸戊酯	0～100
17	对二甲苯	0～100	20	吡啶	－50～25
18	间二甲苯	0～100	2A	氟利昂-11	－20～70
19	邻二甲苯	0～100	6	氟利昂-12	－40～15
8	氯苯	0～100	4A	氟利昂-21	－20～70
12	硝基苯	0～100	7A	氟利昂-22	－20～60
30	苯胺	0～130	3A	氟利昂-113	－20～70

附录18　气体的比热容共线图 (101.325kPa)

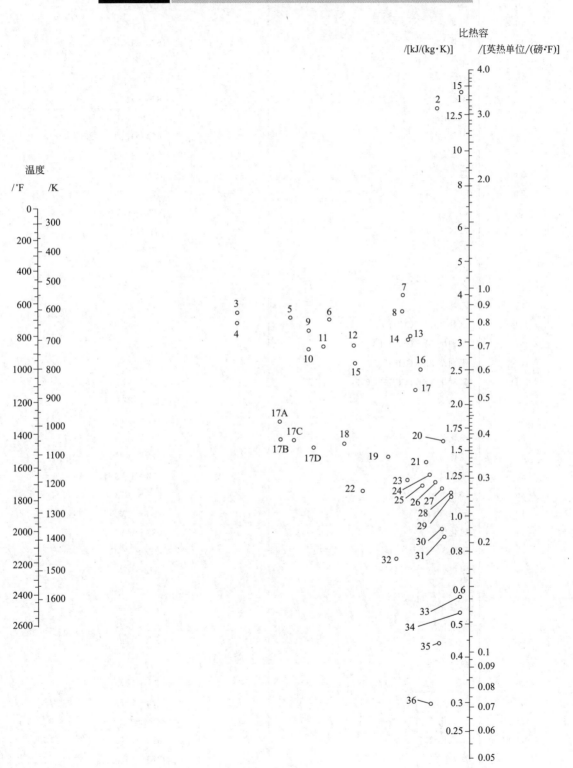

气体比热容共线图的坐标值

号数	气体	范围/K
10	乙炔	273～473
15	乙炔	473～673
16	乙炔	673～1673
27	空气	273～1673
12	氨	273～873
14	氨	873～1673
18	二氧化碳	273～673
24	二氧化碳	673～1673
26	一氧化碳	273～1673
32	氯	273～473
34	氯	473～1673
3	乙烷	273～473
9	乙烷	473～873
8	乙烷	873～1673
4	乙烯	273～473
11	乙烯	473～873
13	乙烯	873～1673
17B	氟利昂-11（CCl_3F）	273～423
17C	氟利昂-21（$CHCl_2F$）	273～423
17A	氟利昂-22（$CHClF_2$）	273～423
17D	氟利昂-113（$CCl_2F-CClF_2$）	273～423
1	氢	273～873
2	氢	873～1673
35	溴化氢	273～1673
30	氯化氢	273～1673
20	氟化氢	273～1673
36	碘化氢	273～1673
19	硫化氢	273～973
21	硫化氢	973～1673
5	甲烷	273～573
6	甲烷	573～973
7	甲烷	973～1673
25	一氧化氮	273～973
28	一氧化氮	973～1673
26	氮	273～1673
23	氧	273～773
29	氧	773～1673
33	硫	573～1673
22	二氧化硫	273～673
31	二氧化硫	673～1673
17	水	273～1673

附录19 液体比汽化热共线图

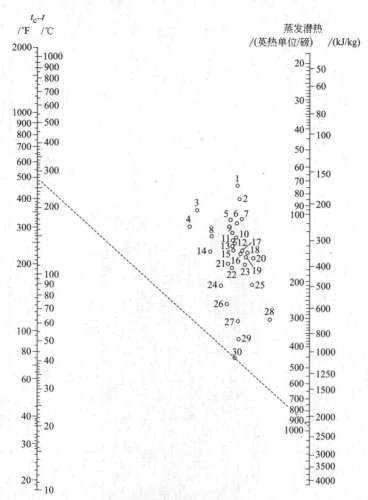

蒸发潜热共线图坐标值

号数	化合物	范围 (t_c-t)/℃	临界温度 t_c/℃	号数	化合物	范围 (t_c-t)/℃	临界温度 t_c/℃
18	醋酸	100~225	321	2	氟利昂-12(CCl_2F_2)	40~200	111
22	丙酮	120~210	235	5	氟利昂-21($CHCl_2F$)	70~250	178
29	氨	50~200	133	6	氟利昂-22($CHClF_2$)	50~170	96
13	苯	10~400	289	1	氟利昂-113($CCl_2F\text{-}CClF_2$)	90~250	214
16	丁烷	90~200	153	10	庚烷	20~300	267
21	二氧化碳	10~100	31	11	己烷	50~225	235
4	二硫化碳	140~275	273	15	异丁烷	80~200	134
2	四氯化碳	30~250	283	27	甲醇	40~250	240
7	三氯甲烷	140~275	263	20	氯甲烷	0~250	143
8	二氯甲烷	150~250	516	19	一氧化二氮	25~150	36
3	联苯	175~400	5	9	辛烷	30~300	296
25	乙烷	25~150	32	12	戊烷	20~200	197
26	乙醇	20~140	243	23	丙烷	40~200	96
28	乙醇	140~300	243	24	丙醇	20~200	264
17	氯乙烷	100~250	187	14	二氧化硫	90~160	157
13	乙醚	10~400	194	30	水	100~500	374
2	氟利昂-11(CCl_3F)	70~250	198				

附录20　液体表面张力共线图

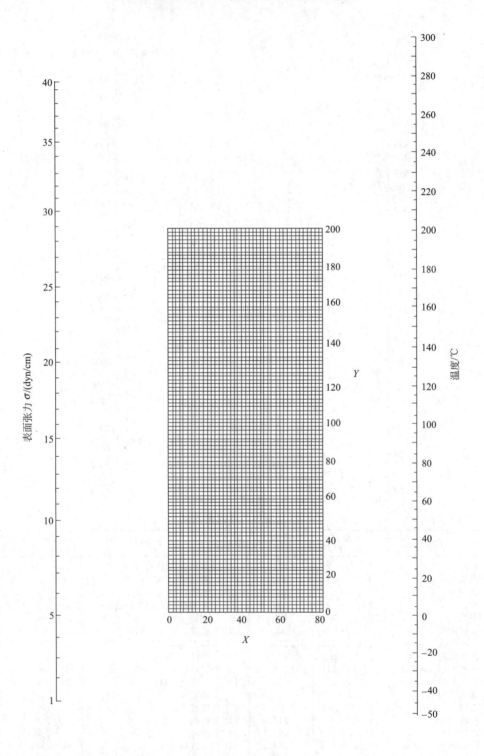

有机液体的表面张力共线图坐标值

序号	名　　称	X	Y	序号	名　　称	X	Y
1	环氧乙烷	42	83	48	戊酮-3	20	101
2	乙苯	22	118	49	异戊醇	6	106.8
3	乙胺	11.2	83	50	四氯化碳	26	104.5
4	乙硫醇	35	81	51	辛烷	17.7	90
5	乙醇	10	97	52	苯	30	110
6	乙醚	27.5	64	53	苯乙酮	18	168
7	乙醛	33	78	54	苯乙醚	20	134.2
8	乙醛肟	23.5	127	55	苯二乙胺	17	142.6
9	乙酰胺	17	192.5	56	苯二甲胺	20	149
10	乙酰乙酸乙酯	21	132	57	苯甲醚	24.4	138.9
11	二乙醇缩乙醛	19	88	58	苯胺	22.9	171.8
12	间二甲苯	20.5	118	59	苯(基)甲胺	25	156
13	对二甲苯	19	117	60	苯酚	20	168
14	二甲胺	16	66	61	氢	56.2	63.5
15	二甲醚	44	37	62	氧化亚氮	62.5	0.5
16	二氯乙烷	32	120	63	氯	45.5	59.2
17	二硫化碳	35.8	117.2	64	氯仿	32	101.3
18	丁酮	23.6	97	65	对-氯甲苯	18.7	134
19	丁醇	9.6	107.5	66	氯甲烷	45.8	53.2
20	异丁醇	5	103	67	氯苯	23.5	132.5
21	丁酸	14.5	115	68	吡啶	34	138.2
22	异丁酸	14.8	107.4	69	丙腈	23	108.6
23	丁酸乙酯	17.5	102	70	丁腈	20.3	113
24	丁(异)酸乙酯	20.9	93.7	71	乙腈	33.5	111
25	丁酸甲酯	25	88	72	苯腈	19.5	159
26	三乙胺	20.1	83.9	73	氰化氢	30.6	66
27	三甲苯-1,3,5	17	119.8	74	硫酸二乙酯	19.5	139.5
28	三苯甲烷	12.5	182.7	75	硫酸二甲酯	23.5	158
29	三氯乙醛	30	113	76	硝基乙烷	25.4	126.1
30	三聚乙醛	22.3	103.8	77	硝基甲烷	30	139
31	己烷	22.7	72.2	78	萘	22.5	165
32	甲苯	24	113	79	溴乙烷	31.6	90.2
33	甲胺	42	58	80	溴苯	23.5	145.5
34	间-甲酚	13	161.2	81	碘乙烷	28	113.2
35	对-甲酚	11.5	160.5	82	对甲氧基苯丙烯	13	158.1
36	邻-甲酚	20	161	83	醋酸	17.1	116.5
37	甲醇	17	93	84	醋酸甲酯	34	90
38	甲酸甲酯	38.5	88	85	醋酸乙酯	27.5	92.4
39	甲酸乙酯	30.5	88.8	86	醋酸丙酯	23	97
40	甲酸丙酯	24	97	87	醋酸异丁酯	16	97.2
41	丙胺	25.5	87.2	88	醋酸异戊酯	16.4	103.1
42	对-丙(异)基甲苯	12.8	121.2	89	醋酸酐	25	129
43	丙酮	28	91	90	噻吩	35	121
44	丙醇	8.2	105.2	91	环己烷	42	86.7
45	丙酸	17	112	92	硝基苯	23	173
46	丙酸乙酯	22.6	97	93	水(查出之数乘2)	12	162
47	丙酸甲酯	29	95				

附录21 某些气体溶于水的亨利系数

气体	温度/℃															
	0	5	10	15	20	25	30	35	40	45	50	60	70	80	90	100
	$E\times 10^{-6}$/kPa															
H_2	5.87	6.16	6.44	6.70	6.92	7.16	7.39	7.52	7.61	7.70	7.75	7.75	7.71	7.65	7.61	7.55
N_2	5.35	6.05	6.77	7.48	8.15	8.76	9.36	9.98	10.5	11.0	11.4	12.2	12.7	12.8	12.8	12.8
空气	4.38	4.94	5.56	6.15	6.73	7.30	7.81	8.34	8.82	9.23	9.59	10.2	10.6	10.8	10.9	10.8
CO	3.57	4.01	4.48	4.95	5.43	5.88	6.28	6.68	7.05	7.39	7.71	8.32	8.57	8.57	8.57	8.57
O_2	2.58	2.95	3.31	3.69	4.06	4.44	4.81	5.14	5.42	5.70	5.96	6.37	6.72	6.96	7.08	7.10
CH_4	2.27	2.62	3.01	3.41	3.81	4.18	4.55	4.92	5.27	5.58	5.85	6.34	6.75	6.91	7.01	7.10
NO	1.71	1.96	2.21	2.45	2.67	2.91	3.14	3.35	3.57	3.77	3.95	4.24	4.44	4.54	4.58	4.60
C_2H_6	1.28	1.57	1.92	2.90	2.66	3.06	3.47	3.88	4.29	4.69	5.07	5.72	6.31	6.70	6.96	7.01
	$E\times 10^{-5}$/kPa															
C_2H_4	5.59	6.62	7.78	9.07	10.3	11.6	12.9	—	—	—	—	—	—	—	—	—
N_2O	—	1.19	1.43	1.68	2.01	2.28	2.62	3.06	—	—	—	—	—	—	—	—
CO_2	0.738	0.888	1.05	1.24	1.44	1.66	1.88	2.12	2.36	2.60	2.87	3.46	—	—	—	—
C_2H_2	0.73	0.85	0.97	1.09	1.23	1.35	1.48	—	—	—	—	—	—	—	—	—
Cl_2	0.272	0.334	0.399	0.461	0.537	0.604	0.669	0.74	0.80	0.86	0.90	0.97	0.99	0.97	0.96	—
H_2S	0.272	0.319	0.372	0.418	0.489	0.552	0.617	0.686	0.755	0.825	0.889	1.04	1.21	1.37	1.46	1.50
	$E\times 10^{-4}$/kPa															
SO_2	0.167	0.203	0.245	0.294	0.355	0.413	0.485	0.567	0.661	0.763	0.871	1.11	1.39	1.70	2.01	—

附录22 双组分溶液的汽液相平衡数据

(1) 乙醇-水 (101.325kPa)

乙醇摩尔分数/%		温度/℃	乙醇摩尔分数/%		温度/℃
液相中	气相中		液相中	气相中	
0.0	0.0	100.0	32.73	58.26	81.5
1.90	17.00	95.5	39.65	61.22	80.7
7.21	38.91	89.0	50.79	65.64	79.8
9.66	43.75	86.7	51.98	65.99	79.7
12.38	47.04	85.3	57.32	68.41	79.3
16.61	50.89	84.1	67.63	73.85	78.74
23.37	54.45	82.7	74.72	78.15	78.41
26.08	55.80	82.3	89.43	89.43	78.15

(2) 苯-甲苯 (101.325kPa)

苯摩尔分数/%		温度/℃	苯摩尔分数/%		温度/℃
液相中	气相中		液相中	气相中	
0.0	0.0	110.6	59.2	78.9	89.4
8.8	21.2	106.1	70.0	85.3	86.8
20.0	37.0	102.2	80.3	91.4	84.4
30.0	50.0	98.6	90.3	95.7	82.3
39.7	61.8	95.2	95.0	97.9	81.2
48.9	71.0	92.1	100.0	100.0	80.2

(3) 氯仿-苯 (101.325kPa)

氯仿质量分数/%		温度/℃	氯仿质量分数/%		温度/℃
液相中	气相中		液相中	气相中	
10	13.6	79.9	60	75.0	74.6
20	27.2	79.0	70	83.0	72.8
30	40.6	78.1	80	90.0	70.5
40	53.0	77.2	90	96.1	67.0
50	65.0	76.0			

(4) 水-醋酸

水摩尔分数/%		温度/℃	压强/kPa	水摩尔分数/%		温度/℃	压强/kPa
液相中	气相中			液相中	气相中		
0.0	0.0	118.2	101.3	83.3	88.6	101.3	101.3
27.0	39.4	108.2		88.6	91.9	100.9	
45.5	56.5	105.3		93.0	95.0	100.5	
58.8	70.7	103.8		96.8	97.7	100.2	
69.0	79.0	102.8		100.0	100.0	100.0	
76.9	84.5	101.9					

(5) 甲醇-水

甲醇摩尔分数/%		温度/℃	压强/kPa	甲醇摩尔分数/%		温度/℃	压强/kPa
液相中	气相中			液相中	气相中		
5.31	28.34	92.9	101.3	29.09	68.01	77.8	101.325
7.67	40.01	90.3		33.33	69.18	76.7	
9.26	43.53	88.9		35.13	73.47	76.2	
12.57	48.31	86.6		46.20	77.56	73.8	
13.15	54.55	85.0		52.92	79.71	72.7	
16.74	55.85	83.2		59.37	81.83	71.3	
18.18	57.75	82.3		68.49	84.92	70.0	
20.83	62.73	81.6		77.01	89.62	68.0	
23.19	64.85	80.2		87.41	91.94	66.9	
28.18	67.75	78.0					

附录23 管子规格

(1) **低压流体输送用焊接钢管** 用于输送水、空气、采暖蒸汽、燃气等低压流体。摘自 GB/T 3091—2008。其尺寸、外形和重量在 GB/T 21835 中详细列表。长度通常为 3000～12000mm。外径共分为三个尺寸：系列1为通用系列，属推荐使用的系列；系列2为非通用系列，不推荐使用；系列3为少数特殊、专用系列。以下摘自系列1，单位皆为 mm。

名义口径DN（公称直径）	外径	钢管壁厚		名义口径DN（公称直径）	外径	钢管壁厚	
		普通管	加厚管			普通管	加厚管
6	10.2	—	—	40	48.3	3.5	4.5
8	13.5	2.5	2.8	50	60.3	3.8	4.5
10	17.2	2.5	2.8	65	76.1	4.0	4.5
15	21.3	2.8	3.5	80	88.9	4.0	5.0
20	26.9	2.8	3.5	100	114.3	4.0	5.0
25	33.7	3.2	4.0	125	139.7	4.0	5.5
32	42.4	3.25	4.0	150	168.3	4.5	6.0

(2) 输送流体用无缝钢管 摘自 GB/T 8163—2008。其尺寸、外形和重量在 GB/T 17395中详细列表。长度通常为3000～12500mm。外径也如上述分为三个系列，以下摘自系列1，单位皆为 mm。

外径	壁厚		外径	壁厚		外径	壁厚	
	从	到		从	到		从	到
10	0.25	3.5	60	1.0	16	325	7.5	100
13.5	0.25	4.0	76	1.0	20	356	9.0	100
17	0.25	5.0	89	1.4	24	406	9.0	100
21	0.40	6.0	114	1.5	30	457	9.0	100
27	0.40	7.0	140	3.0	36	508	9.0	110
34	0.40	8.0	168	3.5	45	610	9.0	120
42	1.0	10	219	6.0	55	711	12	120
48	1.0	12	273	6.5	85	1016	25	120

(3) 连续铸铁管（连续法铸成） 摘自 GB/T 3422—2008。有效长度3000～6000mm；壁厚分为LA（最薄）、A、B三级。表中列出的为A级，单位皆为mm。

公称直径	外径	壁厚	公称直径	外径	壁厚	公称直径	外径	壁厚
75	93.0	9.0	350	374.0	12.8	800	833.0	21.1
100	118.0	9.0	400	425.6	13.8	900	939.0	22.9
150	169.0	9.2	450	476.8	14.7	1000	1041.0	24.8
200	220.6	10.1	500	528.0	15.6	1100	1144.0	26.6
250	271.6	11.0	600	630.8	17.4	1200	1246.0	28.4
300	322.8	11.9	700	733.0	19.3			

附录24 IS型离心泵规格

泵型号	流量/(m³/h)	扬程/m	转速/(r/min)	气蚀余量/m	泵效率/%	轴功率/kW	配带功率/kW	泵外形尺寸(长×宽×高)/mm	吸入口径/mm	排出口径/mm
IS50-32-125	7.5		2900				2.2	465×190×252	50	32
	12.5	20	2900	2.0	60	1.13	2.2			
	15		2900				2.2			
	3.75		1450				0.55			
	6.3	5	1450	2.0	54	0.16	0.55			
	7.5		1450				0.55			
IS50-32-160	7.5		2900				3	465×240×292	50	32
	12.5	32	2900	2.0	54	2.02	3			
	15		2900				3			
	3.75		1450				0.55			
	6.3	8	1450	2.0	48	0.28	0.55			
	7.5		1450				0.55			
IS50-32-200	7.5	52.5	2900	2.0	38	2.62	5.5	465×240×340	50	32
	12.5	50	2900	2.0	48	3.54	5.5			
	15	48	2900	2.5	51	3.84	5.5			
	3.75	13.1	1450	2.0	33	0.41	0.75			
	6.3	12.5	1450	2.0	42	0.51	0.75			
	7.5	12	1450	2.5	44	0.56	0.75			
IS50-32-250	7.5	82	2900	2.0	28.5	5.67	11	600×320×405	50	32
	12.5	80	2900	2.0	38	7.16	11			
	15	78.5	2900	2.5	41	7.83	11			
	3.75	20.5	1450	2.0	23	0.91	15			
	6.3	2.0	1450	2.0	32	1.07	15			
	7.5	19.5	1450	2.5	35	1.14	15			
IS65-50-125	15		2900				3	465×210×252	65	50
	25	20	2900	2.0	69	1.97	3			
	30		2900				3			
	7.5		1450				0.55			
	12.5	5	1450	2.0	64	0.27	0.55			
	15		1450				0.55			
IS65-50-160	15	35	2900	2.0	54	2.65	5.5	465×240×292	65	50
	25	32	2900	2.0	65	3.35	5.5			
	30	30	2900	2.5	66	3.71	5.5			
	7.5	8.8	1450	2.0	50	0.36	0.75			
	12.5	8.0	1450	2.0	60	0.45	0.75			
	15	7.2	1450	2.5	60	0.49	0.75			
IS65-40-200	15	53	2900	2.0	49	4.42	7.5	485×265×340	65	40
	25	50	2900	2.0	60	5.67	7.5			
	30	47	2900	2.5	61	6.29	7.5			
	7.5	13.2	1450	2.0	43	0.63	1.1			
	12.5	12.5	1450	2.0	55	0.77	1.1			
	15	11.8	1450	2.5	57	0.85	1.1			

续表

泵型号	流量/(m³/h)	扬程/m	转速/(r/min)	气蚀余量/m	泵效率/%	功率/kW 轴功率	功率/kW 配带功率	泵外形尺寸（长×宽×高)/mm	泵口径/mm 汲入	泵口径/mm 排出
IS65-40-250	15		2900				15			
	25	80	2900	2.0	53	10.3	15			
	30		2900				15	600×320×405	65	40
	7.5		1450				2.2			
	12.5	20	1450	2.0	48	1.42	2.2			
	15		1450							
IS65-40-315	15	127	2900	2.5	28	18.5	30			
	25	125	2900	2.5	40	21.3	30			
	30	123	2900	3.0	44	22.8	30	625×345×450	65	40
	7.5	32.0	1450	2.5	25	2.63	4			
	12.5	32.0	1450	2.5	37	2.94	4			
	15	31.7	1450	3.0	41	3.16	4			
IS80-65-125	30	22.5	2900	3.0	64	2.87	5.5			
	50	20	2900	3.0	75	3.63	5.5			
	60	18	2900	3.5	74	3.93	5.5	485×240×292	80	65
	15	5.6	1450	2.5	55	0.42	0.75			
	25	5	1450	2.5	71	0.48	0.75			
	30	4.5	1450	3.0	72	0.51	0.75			
IS80-65-160	30	36	2900	2.5	61	4.82	7.5			
	50	32	2900	2.5	73	5.97	7.5			
	60	29	2900	3.0	72	6.59	7.5	485×265×340	80	65
	15	9	1450	2.5	55	0.67	1.5			
	25	8	1450	2.5	69	0.75	1.5			
	30	7.2	1450	3.0	68	0.86	1.5			
IS80-50-200	30	53	2900	2.5	55	7.87	15			
	50	50	2900	2.5	69	9.87	15			
	60	47	2900	3.0	71	10.8	15	485×265×360	80	50
	15	13.2	1450	2.5	51	1.06	2.2			
	25	12.5	1450	2.5	65	1.31	2.2			
	30	11.8	1450	3.0	67	1.44	2.2			
IS80-50-160	30	84	2900	2.5	52	13.2	22			
	50	80	2900	2.5	63	17.3		1370×540×565	80	50
	60	75	2900	3	64	19.2				
IS80-50-250	30	84	2900	2.5	52	13.2	22			
	50	80	2900	2.5	63	17.3	22			
	60	75	2900	3.0	64	19.2	22	625×320×405	80	50
	15	21	1450	2.5	49	1.75	3			
	25	20	1450	2.5	60	2.27	3			
	30	18.8	1450	3.0	61	2.52	3			

续表

泵型号	流量/(m³/h)	扬程/m	转速/(r/min)	气蚀余量/m	泵效率/%	功率/kW 轴功率	功率/kW 配带功率	泵外形尺寸（长×宽×高）/mm	泵口径/mm 汲入	泵口径/mm 排出
IS80-50-315	30	128	2900	2.5	41	25.5	37	625×345×505	80	50
	50	125	2900	2.5	54	31.5	37			
	60	123	2900	3.0	57	35.3	37			
	15	32.5	1450	2.5	49	3.4	5.5			
	25	32	1450	2.5	52	4.19	5.5			
	30	31.5	1450	3.0	56	4.6	5.5			
IS100-80-125	60	24	2900	4.0	67	5.86	11	485×280×340	100	80
	100	20	2900	4.5	78	7.00	11			
	120	16.5	2900	5.0	74	7.28	11			
	30	6	1450	2.5	64	0.77	1.5			
	50	5	1450	2.5	75	0.91	1.5			
	60	4	1450	3.0	71	0.92	1.5			
IS100-80-160	60	36	2900	3.5	70	8.42	15	600×280×360	100	80
	100	32	2900	4.0	78	11.2	15			
	120	28	2900	5.0	75	12.2	15			
	30	9.2	1450	2.0	67	1.12	2.2			
	50	8.0	1450	2.5	75	1.45	2.2			
	60	6.8	1450	3.5	71	1.57	2.2			
IS100-65-200	60	54	2900	3.0	65	13.6	22	600×320×405	100	65
	100	50	2900	3.6	76	17.9	22			
	120	47	2900	4.8	77	19.9	22			
	30	13.5	1450	2.0	60	1.84	4			
	50	12.5	1450	2.0	73	2.33	4			
	60	11.8	1450	2.5	74	2.61	4			
IS100-65-250	60	87	2900	3.5	61	23.4	37	625×360×450	100	65
	100	80	2900	3.8	72	30.3	37			
	120	74.5	2900	4.8	73	33.3	37			
	30	21.3	1450	2.0	55	3.16	5.5			
	50	20	1450	2.0	68	4.00	5.5			
	60	19	1450	2.5	70	4.44	5.5			
IS100-65-315	60	133	2900	3.0	55	39.6	75	655×400×505	100	65
	100	125	2900	3.6	66	51.6	75			
	120	118	2900	4.2	67	57.5	75			
	30	34	1450	2.0	51	5.44	11			
	50	32	1450	2.0	63	6.92	11			
	60	30	1450	2.5	64	7.67	11			

续表

泵型号	流量/(m³/h)	扬程/m	转速/(r/min)	气蚀余量/m	泵效率/%	功率/kW 轴功率	功率/kW 配带功率	泵外形尺寸（长×宽×高）/mm	泵口径/mm 汲入	泵口径/mm 排出
IS125-100-200	120	57.5	2900	4.5	67	28.0	45	625×360×480	125	100
	200	50	2900	4.5	81	33.6				
	240	44.5		5.0	80	36.4				
	60	14.5		2.5	62	3.83	7.5			
	100	12.5	1450	2.5	76	4.48				
	120	11.0		3.0	75	4.79				
IS125-100-250	120	87	2900	3.8	66	43.0	75	670×400×505	125	100
	200	80	2900	4.2	78	55.9				
	240	72		5.0	75	62.8				
	60	21.5		2.5	63	5.59	11			
	100	20	1450	2.5	76	7.17				
	120	18.5		3.0	77	7.84				
IS125-100-315	120	132.5	2900	4.0	60	72.1	11	670×400×565	125	100
	200	125	2900	4.5	75	90.8				
	240	120		5.0	77	101.9				
	60	33.5		2.5	56	9.4	15			
	100	32	1450	2.5	73	11.9				
	120	30.5		3.0	74	13.5				
IS125-100-400	60	52	1450	2.5	53	16.1	30	670×500×635	125	100
	100	50	1450	2.5	65	21.0				
	120	48.5		3.0	67	23.6				
IS150-125-250	120	22.5	1450	3.0	71	10.4	18.5	670×400×605	150	125
	200	20	1450	3.0	81	13.5				
	240	17.5		3.5	78	14.7				
IS150-125-315	120	34	1450	2.5	70	15.9	30	670×500×630	150	125
	200	32	1450	2.5	78	22.1				
	240	29		3.0	80	23.7				
IS150-125-400	120	53	1450	2.0	62	27.9	45	670×500×715	150	125
	200	50	1450	2.6	75	36.3				
	240	46		3.5	74	40.6				
IS200-150-250	240		1450	—	82	26.6	37	690×500×655	200	150
	400	20								
	460									
IS200-150-315	240	37	1450	3.0	70	34.6	55	830×550×715	200	150
	400	32	1450	3.5	82	42.5				
	460	28.5		4.0	80	44.6				
IS200-150-400	240	55	1450	3.0	74	48.6	90	830×550×765	200	150
	400	50	1450	3.8	81	67.2				
	460	45		4.5	76	74.2				

附录25 热交换器系列标准（摘自JB/T 4714—1992、JB/T 4715—1992）

固定管板式

外壳直径 D/mm			159			273				
公称压强 p_g/(kgf/cm²)			25			25				
公称面积 A/m²			1	2	3	3	4	5	7	
管子排列方法①			△	△	△	△	△	△	△	
管长 l/m			1.5	2	3	1.5	1.5	2	2	3
管子外径 d_o/mm			25	25	25	25	25	25	25	25
管子总数 N/根			13	13	13	32	38	32	38	32
管程数			1	1	1	2	1	2	1	2
壳程数			1	1	1	1	1	1	1	1
管程通道面积/m²			0.00408	0.00408	0.00408	0.00503	0.01196	0.00503	0.01196	0.00503
壳程通道截面积/m²	折流板间距/mm	150 a型②	—	—	—	0.0156	0.01435	0.017	0.0144	0.01705
		150 b型②	—	—	—	0.0165	0.0161	0.0181	0.0176	0.0181
		300 a型								
		300 b型								
		600 a型	0.01024	0.01295	0.01223	0.0273	0.0232	0.0312	0.0266	0.0197
		600 b型	0.01325	0.015	0.0143	0.029	0.0282	0.0332	0.0323	0.00316
折流板切去弓形缺口高度/mm		a型	50.5	50.5	50.5	85.5	80.5	85.0	80.5	85.5
		b型	46.5	46.5	46.5	71.5	71.5	71.5	71.5	71.5

外壳直径 D/mm			400			600		800		
公称压强 p_g/(kgf/cm²)			16、25			10、16、25		6、10、16、25		
公称面积 A/m²			10	20	40	60	120	100	200	230
管子排列方法①			△	△	△	△	△	△	△	△
管长 l/m			1.5	3	6	3	6	3	6	6
管子外径 d_o/mm			25	25	25	25	25	25	25	25
管子总数 N/根			102	86	86	86	269	254	456	444	444	501
管程数			2	4	4	4	1	2	4	6	6	1
壳程数			1	1	1	1	1	1	1	1	1	1
管程通道面积/m²			0.01605	0.00692	0.00692	0.00692	0.0845	0.0399	0.0358	0.02325	0.02325	0.1574
壳程通道截面积/m²	折流板间距/mm	150 a型②	0.0214	0.0231	0.0208	0.0196	—	—	—	—	—	—
		150 b型②	0.0286	0.0296	0.0276	0.0137	—	—	—	—	—	—
		300 a型	—	—	—	—	0.0377	0.0378	0.0662	0.0806	0.0724	0.0594
		300 b型	—	—	—	—	0.053	0.0534	0.097	0.0977	0.0898	0.0836
		600 a型	0.0308	0.0332	0.0363	0.036	0.0504	0.0553	0.0718	0.0875	0.094	0.0774
		600 b型	0.013	0.0427	0.0466	0.05	0.0707	0.0782	0.105	0.0344	0.14	0.1092
折流板切去弓形缺口高度/mm		a型	93.5	104.5	104.5	104.5	132.5	138.5	166	188	188	177
		b型	86.5	86.5	86.5	86.5	122.5	122.5	158	152	152	158

① △表示管子为正三角排列。
② a型折流板缺口上下排列，b型折流板缺口左右排列。

附录26 部分三元组分体系的平衡数据

1. 丙酮-二氯乙烷-水

单位：%

水相			三氯乙烷相		
三氯乙烷	水	丙酮	三氯乙烷	水	丙酮
0.52	93.52	5.96	90.93	0.32	8.75
0.73	82.23	17.04	73.76	1.10	25.14
1.02	72.06	26.92	59.21	2.27	38.52
1.17	67.95	30.88	53.92	3.11	42.97
1.60	62.67	35.73	47.53	4.26	48.21
2.10	57.00	40.90	40.00	6.05	53.95
3.75	50.20	46.05	33.70	8.90	57.40
6.52	41.70	51.78	26.26	13.40	60.34

2. 乙酸-水-异丙醚

单位：%

水相			异丙醚相		
乙酸	水	异丙醚	乙酸	水	异丙醚
0.69	98.1	1.2	0.18	0.5	99.3
1.41	97.1	1.5	0.37	0.7	98.9
2.89	95.5	1.6	0.79	0.8	98.4
6.42	91.7	1.9	1.9	1.0	97.1
13.34	84.4	2.3	4.8	1.9	93.3
25.50	71.7	3.4	11.4	3.9	84.7
36.7	58.9	4.4	21.6	6.9	71.5
44.3	45.1	10.6	31.1	10.8	58.1
46.40	37.1	16.5	36.2	15.1	48.7

3. 乙酸-水-乙醚

单位：%

水相			乙醚相		
乙酸	水	乙醚	乙酸	水	乙醚
0	93.3	6.7	0	2.3	97.7
5.1	88.0	6.9	3.8	3.6	92.6
8.8	84.0	7.2	7.3	5.0	87.7
13.8	78.2	8.0	12.5	7.2	80.3
18.4	72.1	9.5	18.1	10.4	71.5
23.1	65.0	11.9	23.6	15.1	61.3
27.9	55.7	16.4	28.7	23.6	47.7

4. 丙酮-乙酸乙酯-水

单位：%

水相			乙酸乙酯相		
丙酮	乙酸乙酯	水	丙酮	乙酸乙酯	水
0.0	7.4	92.6	0.0	96.3	3.5
3.2	8.3	88.5	4.8	91.0	4.2
6.0	8.0	86.0	9.4	85.6	5.0
9.5	8.3	82.2	13.5	80.5	6.0
12.8	9.2	78.0	16.6	77.2	6.2
14.8	9.8	75.4	20.0	73.0	7.0
17.5	10.2	72.3	22.4	70.0	7.6
21.2	11.8	67.0	27.8	62.0	10.2
26.4	15.0	58.6	32.6	51.0	13.2

5. 吡啶-水-氯苯

单位：%

氯苯相			水相		
吡啶	水	氯苯	吡啶	水	氯苯
0.00	0.05	99.95	0.00	99.92	0.08
11.05	0.67	88.28	5.02	94.82	0.16
18.95	1.15	79.90	11.05	88.71	0.24
24.10	1.62	74.48	18.90	80.72	0.38
28.60	2.25	69.15	25.50	73.92	0.58
31.55	2.87	65.58	36.10	62.05	1.85
35.05	3.59	61.00	44.95	50.87	4.18
40.60	6.4	53.0	53.2	37.9	8.9
49.00	13.2	37.8	49.0	13.2	37.8

注：以上各表的数据为质量分数。

参 考 文 献

[1] 贾绍义,柴诚敬. 化工传质与分离过程 [M]. 第 2 版. 北京：化学工业出版社, 2007.
[2] 柴诚敬. 化工原理：上、下册 [M]. 第 2 版. 北京：高等教育出版社, 2009.
[3] 陈敏恒,丛德滋,方图南,等. 化工原理：上、下册 [M]. 第 3 版. 北京：化学工业出版社. 2006.
[4] 谭天恩,麦本熙,丁惠华. 化工原理：上、下册 [M]. 第 2 版. 北京：化学工业出版社, 2001.
[5] 时钧. 化学工程手册：上卷 [M]. 北京：化学工业出版社, 1996.
[6] 机械工程手册、电机工程手册编辑委员会. 机械工程手册：第 12 卷 通用设备卷 [M]. 第 2 版. 北京：机械工业出版社, 1997.
[7] 柴诚敬,王军,陈常贵,等. 化工原理课程学习指导 [M]. 天津：天津大学出版社, 2007.
[8] 刘乃鸿. 工业塔新型规整填料应用手册 [M]. 天津：天津大学出版社. 1993.